北京市高等教育精品教材立项项目

普通高等教育"十一五"国家级规划教材

"十二五"普通高等教育本科国家级规划教材

化 学 与 环 境

第三版

任 仁 于志辉 陈 莎 张敦信 编

U0380754

化 学 工 业 出 版 社

·北京·

《化学与环境（第三版）》在第二版——普通高等教育"十一五"国家级规划教材的基础上，根据教学需要在基础理论部分补充了钻穿效应、键级和分子轨道理论的应用；在应用部分补充了新型高分子材料；在联系实际的部分，收入最新发生的事件，编入最新的事实和最近权威机构发布的数据。使教材的基础理论部分更加完善，趋于经典；联系实际部分与时俱进，常讲常新。

本书可以作为工科类院校非化学化工专业的普通化学课程教材，也可供相关专业人员、关注环境问题的有关人员参考。

图书在版编目（CIP）数据

化学与环境/任仁等编. —3 版. —北京：化学工业出版社，2012.5
（2024.7 重印）
北京市高等教育精品教材立项项目. 普通高等教育"十一五"国家级规划教材，"十二五"普通高等教育本科国家级规划教材
ISBN 978-7-122-13382-3

Ⅰ. 化… Ⅱ. 任… Ⅲ. 环境化学-高等学校-教材 Ⅳ. X13

中国版本图书馆 CIP 数据核字（2012）第 017207 号

责任编辑：刘俊之　　　　　　　　　装帧设计：刘丽华
责任校对：宋　玮

出版发行：化学工业出版社（北京市东城区青年湖南街 13 号　邮政编码 100011）
印　　装：北京盛通数码印刷有限公司
787mm×1092mm　1/16　印张 17¾　彩插 1　字数 449 千字　2024 年 7 月北京第 3 版第 9 次印刷

购书咨询：010-64518888　　　　　　　售后服务：010-64518899
网　　址：http://www.cip.com.cn
凡购买本书，如有缺损质量问题，本社销售中心负责调换。

定　　价：49.80 元

前　　言

《化学与环境》（第一版）于 2004 年被评为北京高等教育精品教材。

《化学与环境》（第二版）是普通高等教育"十一五"国家级规划教材。从 2006 年秋开始，我们在北京工业大学"化学与环境"课程中全面使用这本教材，效果很好。至今已经印刷 5 次，印数超过 12000 册。

《化学与环境》（第三版）列入北京市高等教育精品教材建设项目重点支持项目。在第三版中，我们在第十五章可持续发展和中国的环境保护中增加了"循环经济"和"低碳"两节内容。新增加的内容还有：第三章物质结构中的钻穿效应、键级和分子轨道理论的应用，第四章有机化学反应和高分子材料中自由基的基本概念、新型高分子材料，第六章有机污染物中斯德哥尔摩公约第四、五次缔约方大会新增的十种 POPs，第七章环境中的胶体物质中的 PM2.5，第八章大气污染与防治中的《环境空气质量标准（GB 3095—2012）》、《环境空气质量指数（AQI）技术规定（HJ 633—2012）》，第十章土壤污染与防治中我国的重金属污染防治、荒漠化与沙化，第十一章食品污染中我国对食品添加剂的管理现状、三聚氰胺奶制品污染事件、台湾省的塑化剂事件，第十二章日常生活污染中塑料制品的身份符号，第十三章可持续发展和中国的环境保护中的节能减排。限于篇幅，这一版删去了前两版中生命科学基础和现代仪器分析技术两章。

我们对部分内容进行了更新，例如，采用最新的化学数据和国家标准；在联系实际的部分，收入最新发生的事件，如"美国墨西哥湾漏油事件"、"日本福岛核泄漏事件"；编入最新的事实和数字。

在六年的教学实践中，我们也发现第二版中有一些错误和应该修改之处，在第三版中进行了全面修订。

参加这一版修订工作的有：北京工业大学环境与能源工程学院环境科学系任仁（绪论、第五、第七、第八、第九、第十三章）、于志辉（第一、第二、第十、第十一、第十二章、附录）、陈莎（第三、第四、第六章），全书由任仁统一修改定稿。

本书第三版的修订出版得到北京市高等教育精品教材建设项目重点支持项目资助，也得到北京工业大学的大力支持，在此一并表示衷心的感谢。

敬请读者指正。

编　者
2012 年 3 月

第二版前言

《化学与环境》一书于 2002 年 3 月出版，至今已经两次印刷，印数超过了一万册。我们对第一版进行修订。现将第二版与第一版的区别说明如下。

编者调整了章节内容的安排，使其更加合理。将第一版中的第十二章生命与化学改名为生命科学基础，并移至第二版中的第五章。将第一版中的第八章现代分析测试技术改名为现代仪器分析技术，并移至第二版中的第六章。这样，第二版中的前六章以化学内容为主。后九章以环境内容为主，脉络更加清晰，层次更加分明。另外，对化学基本原理、电化学、物质结构、有机污染物、土壤污染与防治、日常生活污染等章的名称或内容也作了一些调整。

在第二版中，我们对部分内容进行更新，例如，我们采用最新的化学数据和国家标准；在联系实际的部分，收入最新发生的事件，编入最新的事实和数字。在有机污染物这一章，增加了持久性有机污染物一节，在日常生活污染一章，增加了白色污染与废弃电子产品污染一节。

在两年的教学实践中，我们也发现第一版中有一些错误和应该修改之处，在第二版中，我们进行了全面修订。

参加本书编写工作的有：北京工业大学环境与能源工程学院环境科学系任仁（绪论、第七、第九、第十、第十一、第十五章）、张敦信（第四、第八、第十二、第十三、第十四章）、于志辉（第一、第二章、附录）、陈莎（第三、第五、第六章），全书由任仁统一修改定稿。

编者的同事王道教授对本书第一、第二章的内容提出很多修改意见，谨表示感谢。

本书第二版的出版得到北京工业大学教育教学研究项目（2005 年面上项目 35 号）资助。

敬请读者指正。

编　者
2005 年 7 月

第一版前言

化学与环境的关系十分密切。环境污染问题正在日益显著,人们也正在认识周围世界中某些微妙的相互作用,发现以前没有注意到的化学反应。许多大规模的化学污染事件提醒人们:大规模地生产消费品,必须妥善地处置有潜在危险的原料和半成品。本书内容力求体现现代观点,引入化学和环境科学中的一些新概念,介绍一些新发生的事件和与环境有关的热点话题。使读者对化学最基本的内容以及环境科学中与化学有关的内容有总括的了解,并认识到这两门一级学科之间如何交叉和融合。

全书共分十五章,前三章为化学的基础理论,重点介绍化学平衡原理、电化学和物质结构知识;第四、第八、第十二章介绍几个化学分支学科的知识:有机化学反应与高分子材料、现代分析测试技术、生命与化学;第五章至第七章以环境中的化学污染物和背景物质为对象,以元素周期表中的族为线索,介绍环境中的无机污染物、有机污染物和胶体物质的基本知识;第九、第十、第十一、第十三、第十四、第十五章介绍各类与化学有关的环境污染及其防治的基本知识,包括大气污染与防治、水污染与防治、土壤污染与防治、食品污染、日常生活污染、可持续发展战略与中国的环境保护。

《普通化学》是高等学校对非化学、化工类专业实施化学教育的基础课程,近年来,各种对《普通化学》课程进行改革的方案蜂起。另外,在高等学校中要求开设《环境保护》课程的呼声渐高,人们深感对大学生进行环境教育之必要。本书把《普通化学》与《环境保护》这两门课程的内容有机地融合在一起,注意与现行中学化学内容合理衔接。对于传统普通化学课程中的元素、无机化合物、有机化合物部分,本书集中关注环境中的污染物和某些背景物质,但编排线索又以周期表中的族来排列。既不同于传统的普通化学教材,又区别于一般的环境化学教材。在各类污染与防治部分,本书主要选取由化学污染物造成的污染与防治,突出环境科学中与化学有关的内容,在这方面,又有别于一般的环境保护教材。本书注意编入最新的化学概念(超分子化学、人类基因组计划、基因工程等)和环境科学概念(二噁英、环境激素、绿色化学等),讨论新近发生的污染事件和社会关注的热点问题(比利时污染鸡事件、斯德哥尔摩公约、毒品等),使本书具有时代的特征,新世纪的特点。

参加本书编写工作的有:北京工业大学环境与能源工程学院环境科学系任仁(绪论、第五、第七、第九、第十、第十五章)、张敦信(第四、第六、第十一、第十三、第十四章)、于志辉(第一、第二章、附录)、陈莎(第三、第八、第十二章),全书由任仁统一修改定稿。

衷心感谢北京工业大学出版基金对本书的资助。

对于这样一门新的课程,新的教材,难以做到成熟和完善,敬请读者指正。

编 者

2001 年 10 月 31 日

目 录

绪论 ……………………………………………………………………………………… 1
  第一节 化学的发展 ……………………………………………………………… 1
  第二节 环境与生态平衡 ………………………………………………………… 5
  第三节 化学与环境 ……………………………………………………………… 9
  习题 …………………………………………………………………………… 10

第一章 化学基本原理 ………………………………………………………………… 11
  第一节 化学热力学基础 ………………………………………………………… 11
  第二节 化学平衡原理 …………………………………………………………… 17
  第三节 水溶液中的离子平衡 …………………………………………………… 23
  第四节 配位平衡 ………………………………………………………………… 29
  第五节 沉淀-溶解平衡 ………………………………………………………… 31
  习题 …………………………………………………………………………… 36

第二章 电化学基础 …………………………………………………………………… 39
  第一节 氧化还原反应与原电池 ………………………………………………… 39
  第二节 电极电势及其应用 ……………………………………………………… 41
  第三节 化学电源 ………………………………………………………………… 48
  第四节 金属的腐蚀与防护 ……………………………………………………… 54
  习题 …………………………………………………………………………… 57

第三章 物质结构 ……………………………………………………………………… 59
  第一节 原子结构与元素周期律 ………………………………………………… 59
  第二节 分子结构 ………………………………………………………………… 71
  第三节 固体结构 ………………………………………………………………… 82
  习题 …………………………………………………………………………… 86

第四章 有机化学反应与高分子材料 ………………………………………………… 89
  第一节 加成反应 ………………………………………………………………… 89
  第二节 取代反应 ………………………………………………………………… 93

第三节　氧化还原反应 ……………………………………………………………… 99
第四节　聚合反应与有机高分子材料 …………………………………………… 101
习题 ……………………………………………………………………………… 107

第五章　无机污染物 …………………………………………………………… 109

第一节　金属无机污染物 ………………………………………………………… 109
第二节　含碳、硅的无机污染物 ………………………………………………… 114
第三节　含氮、砷的无机污染物 ………………………………………………… 117
第四节　含氧、硫、硒的无机污染物 …………………………………………… 118
第五节　含氟、溴的无机污染物 ………………………………………………… 121
习题 ……………………………………………………………………………… 122

第六章　有机污染物 …………………………………………………………… 124

第一节　金属有机污染物 ………………………………………………………… 124
第二节　烃污染物 ………………………………………………………………… 126
第三节　含氮、磷的有机污染物 ………………………………………………… 128
第四节　含氧、硫的有机污染物 ………………………………………………… 134
第五节　含卤素的有机污染物 …………………………………………………… 135
第六节　天然产物污染物 ………………………………………………………… 139
第七节　持久性有机污染物（POPs） …………………………………………… 141
习题 ……………………………………………………………………………… 145

第七章　环境中的胶体物质 …………………………………………………… 146

第一节　大气气溶胶 ……………………………………………………………… 146
第二节　水体中的胶体物质 ……………………………………………………… 151
第三节　土壤胶体 ………………………………………………………………… 153
习题 ……………………………………………………………………………… 155

第八章　大气污染与防治 ……………………………………………………… 157

第一节　光化学烟雾 ……………………………………………………………… 157
第二节　煤烟型污染 ……………………………………………………………… 159
第三节　酸雨 ……………………………………………………………………… 161
第四节　臭氧层耗损 ……………………………………………………………… 163
第五节　全球气候变暖 …………………………………………………………… 168
第六节　大气污染防治 …………………………………………………………… 172
习题 ……………………………………………………………………………… 183

第九章　水污染与防治 ………………………………………………………… 185

第一节　水体富营养化 …………………………………………………………… 186
第二节　水体需氧物质污染 ……………………………………………………… 188

第三节　水体中有毒元素污染 ……………………………………………… 189

第四节　水污染防治 …………………………………………………………… 192

习题 ……………………………………………………………………………… 198

第十章　土壤污染与防治 …………………………………………………… 199

第一节　土壤污染过程 ………………………………………………………… 199

第二节　重金属污染 …………………………………………………………… 201

第三节　农药的污染 …………………………………………………………… 205

第四节　固体废弃物污染 ……………………………………………………… 209

第五节　肥料的污染 …………………………………………………………… 210

第六节　荒漠化和沙化 ………………………………………………………… 211

第七节　土壤污染防治 ………………………………………………………… 213

习题 ……………………………………………………………………………… 214

第十一章　食品污染 ………………………………………………………… 215

第一节　食品添加剂污染 ……………………………………………………… 215

第二节　食品霉变污染 ………………………………………………………… 223

第三节　食品加工污染 ………………………………………………………… 224

第四节　环境激素污染 ………………………………………………………… 227

第五节　食品污染的预防 ……………………………………………………… 229

习题 ……………………………………………………………………………… 230

第十二章　日常生活污染 …………………………………………………… 231

第一节　居室环境污染 ………………………………………………………… 231

第二节　生活用品污染 ………………………………………………………… 234

第三节　白色污染和废旧家用电器污染 ……………………………………… 240

第四节　不良生活习惯危害 …………………………………………………… 242

习题 ……………………………………………………………………………… 245

第十三章　可持续发展战略与中国的环境保护 …………………………… 246

第一节　可持续发展战略 ……………………………………………………… 246

第二节　循环经济 ……………………………………………………………… 249

第三节　清洁生产 ……………………………………………………………… 251

第四节　低碳 …………………………………………………………………… 254

第五节　绿色化学 ……………………………………………………………… 257

第六节　中国的环境保护 ……………………………………………………… 261

习题 ……………………………………………………………………………… 265

附录 …………………………………………………………………………… 266

附录一　一些弱酸、弱碱的解离常数 ………………………………………… 266

附录二　一些配离子的稳定常数（298.15K）┄┄┄┄┄┄┄┄┄┄┄┄┄┄ 266
附录三　溶度积常数（298.15K）┄┄┄┄┄┄┄┄┄┄┄┄┄┄┄┄┄┄┄┄┄ 267
附录四　标准电极电势┄┄┄┄┄┄┄┄┄┄┄┄┄┄┄┄┄┄┄┄┄┄┄┄┄┄┄ 268
附录五　常用单位换算和物理常数┄┄┄┄┄┄┄┄┄┄┄┄┄┄┄┄┄┄┄┄ 269
附录六　我国地表水环境质量标准（GB 3838—2002）┄┄┄┄┄┄┄┄┄┄ 270
附录七　我国环境空气质量标准（GB 3095—2012）┄┄┄┄┄┄┄┄┄┄┄ 273
附录八　我国土壤环境质量标准（GB 15618—1995）┄┄┄┄┄┄┄┄┄┄ 273

参考文献 ┄┄┄┄┄┄┄┄┄┄┄┄┄┄┄┄┄┄┄┄┄┄┄┄┄┄┄┄┄┄┄┄┄ 274

绪　　论

第一节　化学的发展

化学是研究物质的性质、组成、结构、变化和应用的科学。世界是由物质组成的，化学则是人类认识和改造物质世界的主要方法和手段之一，它是一门历史悠久又富有活力的学科，它的成就是社会文明的重要标志。

一、化学的历史与新世纪的化学

（一）悠久的历史

人类的化学实践，在历史上很早就开始了。从火的利用，到烧制陶器、冶炼金属以及酿酒、造纸、染色等工艺的出现，都是古代实用化学的发展。我国是世界上化学工艺发展最早的国家之一，优美的陶瓷制品是中国对世界文明的一大贡献。在铜、钢铁、银、锡、铅、锌、汞等金属的冶炼史上中国均居于世界的前列。中国在四千多年前就已知利用酒曲酿酒。中国古代的本草和炼丹术也是世界闻名。火药则是中国的四大发明之一。

17世纪后期，英国著名科学家波义耳（Boyle）提出了科学的元素概念，化学走上了科学的道路。1803年，英国化学家道尔顿（Dalton）提出了原子学说。1811年，意大利物理学家阿佛加德罗（Avogadro）又提出了分子的概念，1860年，正式建立了分子学说。1869年，俄国著名化学家门捷列夫（Mendeleev）提出了元素周期律。19世纪末期，阴极射线、X射线和放射性三大重要科学发现证明原子是可分的并且有复杂的结构。

（二）20世纪的化学

进入20世纪以后，化学学科不仅在认识物质的组成、结构、反应、合成和测试等方面都有了长足的进展，而且在理论方面取得了许多重要成果。在无机化学、分析化学、有机化学和物理化学四大分支学科的基础上产生了许多新的化学分支学科。

在结构化学方面，应用量子力学研究分子结构，产生了量子化学，逐步揭示了化学键的本质，化学反应理论也深入到微观境界。应用X射线可以洞察物质的晶体结构，研究物质结构的谱学方法也由光谱扩展到核磁共振谱、光电子能谱等。电子显微镜放大倍数不断提高，人们已经可以直接观察分子的结构。

经典的元素学说由于放射性的发现而产生深刻的变革。从同位素的发现到人工核反应和核裂变的实现、中子和正电子及其他基本粒子的发现，使人类的认识深入到亚原子层次；放射化学和核化学等分支学科相继产生；至今元素周期表扩充到116种元素。

在化学反应理论方面，经典的、统计的反应理论已进一步深化，逐渐向微观的反应理论发展，用分子轨道理论研究微观的反应机理。分子束、激光和等离子技术的应用，使化学动力学深入到单个分子或原子水平的微观反应动力学。计算机技术的发展，使得化学统计、化学模式识别都得到较大的进展。从无机催化到有机催化和生物催化，已经开始研究酶类的作用。

分析方法和手段是化学研究的基本方法和手段。经典的成分和组成分析方法仍在不断改进，分析灵敏度从常量发展到微量、超微量、痕量；新的分析方法可以深入到进行结构分析、各种活泼中间体的直接测定。分离手段也不断革新，离子交换、膜技术，特别是各种色谱法得到迅速的发展。各种分析仪器，如质谱仪、极谱仪、色谱仪广泛应用并实现微机化、自动化。

在无机合成方面，氨的合成开创了无机合成工业，而且带动了催化化学，发展了化学热力学和反应动力学；后来相继合成了红宝石、人造水晶、硼氢化合物、金刚石、半导体、超导材料和多种配位化合物，稀有气体化合物的合成成功又向化学家提出了新的挑战。无机化学在与有机化学、生物化学、物理学等学科相互渗透中产生了有机金属化学、生物无机化学、无机固体化学等新兴学科。

酚醛树脂的合成，开辟了高分子科学领域，高分子化学得以迅速发展。各种高分子材料（塑料、橡胶和纤维）的合成和应用，提供了多种性能优异而成本较低的重要材料，成为现代文明的重要标志。

20 世纪是有机合成的黄金时代，一方面，合成了各种具有特种结构和特种性能的有机化合物；另一方面，合成了从不稳定的自由基到有生物活性的蛋白质、核酸等生命基础物质，例如胰岛素、核糖核酸等。有机化学家还合成了复杂结构的天然有机化合物，如吗啡、血红素、叶绿素、甾族激素、维生素 B_{12} 和有特效的药物，如磺胺、抗生素等。

在 20 世纪，新化合物的数目从 55 万种增加到 2000 万种以上。

20 世纪以来，化学发展的趋势可以归纳为：由宏观到微观、由定性到定量、由稳定态向亚稳态发展、由经验上升到理论，再用于指导设计和开创新的研究。

（三）21 世纪的化学

1. 研究对象的更新

（1）在数量上，新分子和新化合物将以指数函数的速度增长，大约每隔 10 年翻一番以上[1]。

（2）在质量上，将更加重视人类需要的功能分子和功能材料。

（3）人们将不再满足于合成新分子，而要把分子扩展组装成分子材料、分子器件、分子机器，例如碳纳米管分子导线、分子开关、分子磁体、分子电路、分子计算机等。

2. 研究对象丰富多彩 从研究对象的不同可以划分为 8 个层次。

（1）原子层次的化学 其中包括核化学、放射化学、同位素化学、元素化学、单原子操纵和检测化学等。

（2）分子片（molecular fragment）层次的化学 原子只有 110 余种，但分子数已经超过 6000 万种，因此有必要在原子和分子之间引入一个"分子片"的新层次。分子片这一名

---

[1] 化学物质的总数是重要的指标，它标志着化学的成就和进步。世界上登记化学物质的权威机构是美国化学文摘社（CAS），登录网址：http://www.cas.org/，可以得到化学物质总数的最新数据。以 2012 年 3 月 17 日为例，CAS 登记了 65542520 种有机和无机物质。

词是由霍夫曼（Hoffmann）在他的"等瓣心原理"（isolobal principle）中首先提到的。高分子化学中的单体、蛋白质中的氨基酸、DNA 中的 4 种碱基也可以认为是一种分子片。在 21 世纪，将开展分子片化学的研究。

（3）分子层次的化学　分子是一个可以独立存在的、具有一定化学特性的物质微粒。惰性气体原子可以生成单原子分子，其他元素的分子则是由 2 个或多个原子通过共价键或共价配位键连接起来的。高分子、生物大分子、自由基、准分子（即分子的激发态、过渡态、吸附态等）和带电荷的分子、离子都属于分子的范畴。现已合成 6000 多万种分子和化合物，通常把它们分为无机、有机和高分子化合物。但是近 30 多年来合成的众多化合物，如金属有机化合物、元素有机化合物、原子簇化合物、金属酶、金属硫蛋白、富勒烯、团簇、配位高分子等很难适应老的分类法，21 世纪将研究分子的多元分类法，如按照分子片结合方式和生成的分子结构类型分类等。

（4）超分子层次的化学　超分子是由 2 个或 2 个以上分子通过非共价键的分子间作用力结合起来的物质微粒。这些分子间作用力包括范德华引力、各种不同类型的氢键、疏水-疏水基团相互作用、疏水-亲水基团相互作用、亲水-亲水基团相互作用、静电引力、极化作用、电荷迁移、分子的堆积和组装、位阻和空间效应等等。相对于共价键而言，分子间作用力研究得很不够，是今后要重视的方向。

（5）生物分子层次的化学　其中包括生物化学、分子生物学、化学生物学、酶化学、脑化学、神经化学、基因化学、生命调控化学、药物化学、手性化学、环境化学、生命起源、认知化学、从生物分子到分子生物的飞跃等。

（6）宏观聚集态的化学　其中包括固体化学、晶体化学、非晶态化学、流体和溶液化学、等离子体化学、胶体化学、界面化学等。

（7）介观聚集态的化学　根据最新的科学观点，把物质世界划分为宏观、介观和微观三种，介观世界物质的尺度在 $0.1 \sim 100nm$，介于宏观世界和微观世界之间，其中包括纳米化学、微乳化学、溶胶-凝胶化学、软物质化学、胶团-胶束化学、气溶胶化学等。

（8）复杂分子体系的化学　其中包括分子材料、分子器件（如分子开关、分子探针）、分子芯片、分子机器（如分子计算机）等。

3. 研究方法的更新

（1）合成化学的发展趋势　从合成有机化合物到设计合成符合人类需要的功能分子；计算机辅助合成的方法将被广泛使用；从合成单个化合物到合成数以千百计的类似化合物的组合化学，从中筛选出我们需要的药物；利用生物工程来进行化学合成，例如，用大肠杆菌来生产胰岛素等药物；各种新的合成方法将不断出现，如手性合成、自组织合成、相转移合成、模板合成、原子经济合成、环境友好合成、极端条件下的合成、太空无重力条件下的晶体生长等。

（2）分离化学的发展趋势　提高现有各种分离方法（萃取化学、离子交换、色层分离、电泳、离心分离、扩散分离、电磁分离、重力分离等）的效率，并发展新的分离方法；把合成和分离结合起来，变成一个过程，例如把反应物 A 接到离子交换树脂上，让反应物 B 在溶液中和树脂上的 A 起反应，则反应产物就自动和 A 分离；把分离和性能测试两者结合起来，例如把抗原接在树脂上，让一批候补的化合物在溶液中通过树脂，如果其中含有抗体，就能和树脂中的抗原结合。

（3）分析化学的发展趋势　从化学分析拓宽到生命科学中的分析；从常规分析到流动注射分析、活体分析、单细胞分析、单原子和单分子检测和分析、各种传感器的广泛使用；各类分析方法的联用，例如，色谱和质谱联用、色谱和光谱联用、电感耦合等离子光谱-质谱联用等；从静态分析到原位、实时、在线和高灵敏度、高选择性的新型动态分析和无损探测方法；把分析化学实验室搬到芯片上：现在有十几家化学仪器公司正在玻璃、塑料或硅片上刻蚀化学实验室，把试管、烧杯、漏斗、本生灯等搬到芯片上，化学家只要把 $1\mu L$ 或 $1nL$ 的样品注入化学芯片，几分钟后就能在计算机的屏幕上看到分析结果；分析化学的信息化和化学计量学在发展。

二、化学的学科分类

（一）化学的分支学科

化学在发展过程中，依照所研究的分子类别和研究手段、目的、任务的不同，派生出不同层次的许多分支学科。根据当今化学学科的发展，化学这个一级学科的分支学科见表0-1。

表 0-1　化学的分支学科

二级学科	三　级　学　科
化学史	
无机化学	元素化学、配位化学、同位素化学、无机固体化学、无机合成化学、无机分离化学、物理无机化学、生物无机化学
有机化学	元素有机化学、天然产物有机化学、有机固体化学、有机合成化学、有机光化学、物理有机化学、生物有机化学、金属有机光化学
分析化学	化学分析、电化学分析、光谱分析、波谱分析、质谱分析、热化学分析、色谱分析、光度分析、放射分析、状态分析与物相分析、分析化学计量学
物理化学	化学热力学、化学动力学、结构化学、量子化学、胶体化学与界面化学、催化化学、热化学、光化学、电化学、磁化学、高能化学、计算化学
化学物理学	
高分子物理	
高分子化学	无机高分子化学、天然高分子化学、功能高分子、高分子合成化学、高分子物理化学、高分子光化学
核化学	放射化学、核反应化学、裂变化学、聚变化学、重离子核化学、核转变化学、环境放射化学
应用化学	
化学生物学	
材料化学	软化学、碳化学、纳米化学

注：根据 GB/T 13745—2009 学科分类与代码。

（二）边缘学科

根据化学学科与天文学、物理学、数学、生物学、医学、地学等学科相互交叉和渗透的情况，出现了大量边缘学科，例如，生物化学是化学和生物学的交叉学科，内容有：多肽与蛋白质生物化学、核酸生物化学、多糖生物化学、脂类生物化学、酶学、膜生物化学、激素生物化学、生殖生物化学、免疫生物化学、毒理生物化学、比较生物化学、生物化学工程、应用生物化学等。

其他与化学有关的边缘学科还有：地球化学、海洋化学、大气化学、环境化学、宇宙化学、星际化学等等。

第二节　环境与生态平衡

一、基本概念

（一）生态系统

特定地段中的全部生物（即生物群落）和物理环境相互作用的整体叫做生态系统（ecosystem）。在生态系统内，能量的流动导致形成一定的营养结构、生物多样性和物质循环（即生物和非生物之间的交换）。从营养关系看，有自养成分和异养成分的区分。自养成分是生产者，主要是绿色植物；异养成分是消费者，包括草食者、肉食者和分解者。因为生态系统包括生物与非生物环境，并且每一部分又影响另一部分，两者都是地球上生命所必需，因此生态系统就成为生态学中的基本功能单位。生态系统是一个很广的概念，可以从实验室橱窗中含有藻类和原生动物的一瓶水到巨大的热带雨林，甚至地球本身。

按照植物区系、动物区系和它们的环境特点，地球上自然生态系统可以归并成淡水型、海洋型和陆生型三大生态系统。淡水型又分为流水的和静水的两种；海洋型又分为海岸带、浅海带、上涌带、远洋带和珊瑚礁等五种；陆生型又分为荒漠、冻原、极地、高山、草原、稀树草原、温带针叶林和热带雨林等八种。

（二）生态平衡

生态平衡又叫自然平衡，指生态系统的能量流动、物质循环和信息传递都处于稳定和通畅的状态。在自然生态系统中，平衡还表现为物种数量的相对稳定。生态系统之所以能保持相对的平衡稳定状态，是因为其内部具有自动调节（或自我恢复）能力。这种自动调节能力是有限度的，如果外力干扰超过限度，就会引起生态平衡破坏，表现为结构破坏和功能衰退。引起生态平衡破坏的有自然灾害，也有人类不适当的活动，包括人类生活和生产废物污染和对自然资源的过量开发利用等。人为破坏作用造成对生态系统三方面的压力：①生物种类成分的改变；②引起生物赖以生存的环境条件改变；③引起生物系统的信息流通系统的破坏，从而改变生物繁殖状况。

在人类对自然作用力如此之大的今天，生态平衡已经成为全球人们所共同关心的大问题。

二、当代资源与环境问题

资源与环境问题是当前世界人类面临的重要问题之一。由于人类利用资源和环境不当，以及人类社会发展与自然不协调，导致资源和环境问题。

（一）资源短缺

1. 水资源　水是生命的命脉，也是工农业生产的必要条件，又是清洁、理想的能源，保护珍贵的淡水资源是至关重要的一件大事。1997 年 6 月，在纽约召开的联合国第二次全球环境首脑会议突出提及水资源问题，并警告："地区性的水危机可能预示着全球性危机的到来"（参见第九章）。

2. 土地资源　作为一种资源，土地有两个主要属性：面积和质量。随着世界人口的增长，人类正在面临土地资源不足的问题（参见第十章）。

3. 能源　从不同的角度可以把能源分为不同的类型，比如一次能源和二次能源。当前世界能源主要来自一次不可再生能源。总的趋势是，世界能源消耗在继续增长（参见第八章）。

4. **矿产资源** 由地质作用形成的，具有利用价值的，呈固态、液态、气态的自然资源叫做矿产资源。矿产资源是人类生活资料和生产资料的主要来源，目前 95％以上的能源、80％以上的工业原料、70％以上的农业生产资料、30％以上的工农业用水都来自矿产资源。矿产资源绝大多数是不可再生的、有限的耗竭性自然资源，其区域性分布很不平衡。

矿产资源存在着供需矛盾。在可预见的未来，经济上和技术上可供开采的矿产资源是有限的，而人类的需求却在不断地增长，这个矛盾最终会导致矿产资源的耗竭，而且这种耗竭的前景已迫在眉睫。几十亿年地质历史时期内形成的矿产资源在几百年的人类现代历史中被耗竭，将成为历史上的一大悲剧。

目前我国已发现矿种 174 个。可分为能源矿产（如煤、石油、地热）、金属矿产（如铁、锰、铜）、非金属矿产（如金刚石、石灰岩、黏土）和水气矿产（如地下水、矿泉水、二氧化碳气）四大类。其特点是：资源总量较大，居世界第三位。我国矿产资源地区分布不平衡，主要富集在中部或西部地区，而加工消费区集中在东南沿海区；据最新一轮对我国 45 种主要矿产可采储量对 2010 年经济建设的保证程度分析，有包括石油、天然气、铁、锰、铜等在内的 10 余种矿产不能保证、部分矿产需长期进口补缺；而铬、钴、铂、钾盐、金刚石等 5 种矿产资源短缺，主要依赖进口。在全部 45 种矿产中，中国有 27 种矿产的人均占有量低于世界人均水平，有 22 种属于对经济建设不能保证或基本保证但存在不足的矿产，占所论证矿种数的 48.9％，其中多数是经济建设需求量大的关键矿产或支柱性矿产。

（二）环境污染

环境污染主要指人类活动引起环境质量下降，有害于人类及其他生物的正常生存和发展的现象。自然过程引起的同类现象，叫做自然灾害或异常。环境污染的产生有一个从量变到质变的发展过程，当某种能造成污染的物质的浓度或总量超过环境自净的能力，就会产生危害。目前环境污染产生的主要原因是资源的浪费和不合理使用，使有些资源变为废物进入环境而造成危害。

工业革命以后，工业生产迅速发展，人类排放的污染物大量增加，以至在一些地区发生环境污染事件，如 1850 年英国伦敦附近泰晤士河中水生生物大量死亡；1873 年开始的伦敦烟雾事件等等。当时，由于受到科学技术和认识水平的限制，环境污染并没有引起重视。20世纪 30～60 年代，由于工业的进一步发展，在世界一些地区先后发生公害事件（见表 0-2），环境污染才逐渐引起人们普遍关注。这个时期的公害事件主要出现在工业发达国家，是局部性、小范围的环境污染问题。

20 世纪 70 年代以来，世界上又发生过多起突发性的严重污染事件（典型的见表 0-3）。

20 世纪 80 年代以来，污染的范围扩大了很多，像全球气候变化、臭氧层被破坏等都属于全球性环境污染，酸雨等属于大面积区域污染。这个时期的环境污染是大范围甚至是全球性的环境污染和大面积的生态破坏，不但包括经济发达国家，也包括众多的发展中国家，甚至有些情况在发展中国家更为严重。

当今世界上大气、水、土壤和生物所受到的污染和破坏已经达到危险的程度；自然界的生态平衡受到日益严重的干扰，自然资源受到大面积破坏，自然环境正在退化。

环境污染有不同的类型。按环境要素可以分为大气污染、水体污染和土壤污染等；按污染物的性质可分为生物污染、化学污染和物理污染；按污染物的形态可分为废气污染、废水污染和固体废弃物污染，以及噪声污染、辐射污染等；按污染产生的原因可分为生产污染和生活污染，生产污染又可分为工业污染、农业污染、交通污染等；按污染物的分布范围又可

表 0-2 世界历史上的八大公害事件

事件名称	时间和地点	污染源及现象	主 要 危 害
马斯河谷烟雾	1930 年 12 月,比利时马斯河谷工业区	二氧化硫、粉尘蓄积于空气中	约 60 人死亡,数千人患呼吸道疾病
洛杉矶光化学烟雾	1943 年,美国洛杉矶	晴朗天空出现蓝色刺激性烟雾,主要由汽车尾气经光化学反应造成的烟雾	眼红、喉痛、咳嗽等呼吸道疾病,死亡 400 多人
多诺拉烟雾	1948 年,美国宾夕法尼亚州多诺拉镇	炼锌、钢铁、硫酸等工厂的废气,蓄积于深谷空气中	死亡 10 多人,患病约 6000 人
伦敦烟雾	最严重的一次在 1952 年 12 月,英国伦敦	二氧化硫、烟尘在一定气象条件下形成刺激性烟雾	诱发呼吸道病,死亡 4000 多人
四日市哮喘病	1961 年,日本四日市	炼油厂和工业燃油排放废气中的二氧化硫、烟尘	800 多人患哮喘病,死亡 10 多人
富山县痛痛病	1955 年,日本富山县神通川流域	冶炼铅锌的工厂排放的含镉废水	引起痛痛病,患者 300 多人,死亡 200 多人
水俣病	1956 年,日本熊本县水俣湾	化肥厂排放的含汞废水	中枢神经受伤害,听觉、语言、运动失调,死亡 1000 多人
米糠油事件	1968 年,日本北九州地区	米糠油中混入多氯联苯	死亡 30 多人,中毒 1000 余人

表 0-3 20 世纪 70 年代以来突发性的严重污染事件

事件名称	时 间	地 点	危 害	原 因
阿摩柯卡的斯油轮泄油	1978 年 3 月	法国西北部布列塔尼半岛	藻类、潮间带动物、海鸟灭绝,工农业生产、旅游业损失巨大	油轮触礁,22 万吨原油入海
三里岛核电站泄漏	1979 年 3 月 28 日	美国宾夕法尼亚州	周围 80km² 的 200 万人极度不安,直接损失 10 多亿美元	核电站反应堆严重失水
墨西哥油库爆炸	1984 年 11 月 9 日	墨西哥	4200 人受伤,400 人死亡,300 栋房屋被毁,10 万人被疏散	石油公司一个油库爆炸
博帕尔农药厂泄漏	1984 年 12 月 2 日	印度中央邦博帕尔市	1408 人死亡,2 万人严重中毒,15 万人接受治疗,20 万人逃离	41 吨异氰酸甲酯泄漏
威尔士饮用水污染	1985 年 1 月	英国威尔士	200 万居民饮水污染,44% 的人中毒	化工公司将酚排入迪河
切尔诺贝利核电站泄漏	1986 年 4 月 26 日	前苏联乌克兰	31 人死亡,203 人受伤,13 万人被疏散,直接损失 30 亿美元	4 号反应堆机房爆炸
莱茵河污染	1986 年 11 月 1 日	瑞士巴塞尔市	事故段生物绝迹,160km 内鱼类死亡,480km 内的水不能饮用	化学公司仓库起火,30 吨含硫、磷、汞的剧毒物入河
莫农格希拉河污染	1988 年 11 月 1 日	美国	沿岸 100 万居民生活受严重影响	石油公司油罐爆炸,1.3 万立方米原油入河
埃克森·瓦尔迪兹号油轮漏油	1989 年 3 月 24 日	美国阿拉斯加	海域严重污染	漏油 4.2 万立方米

续表

事件名称	时　间	地点	危　害	原　因
海湾战争油污染事件	1990 年 8 月 2日 至 1991 年 2月 28 日	波斯湾	科威特接近沙特阿拉伯的海面上形成长 16km、宽 3km 油带,部分油膜起火燃烧,伊朗南部降了"黑雨"。数万只海鸟丧命,并毁灭了波斯湾一带大部分海洋生物	海湾战争酿成的油污染事件。据估计,先后泄入海湾的石油达 150 万吨
比利时污染鸡事件	1999 年 2 月至 6 月	比利时	2000 多家养鸡户的鸡生长及产蛋异常,波及欧洲;导致比利时政府内阁辞职	鸡饲料中混入二噁英
美国墨西哥湾原油泄漏事件	2010 年 4 月20 日	美国墨西哥湾	导致 11 名工人死亡,并引发美国历史上最严重的原油泄漏事故。事故发生后,英国石油公司试图采取"灭顶法"等多种方法封堵漏油,但直到 7 月中旬,才用一个临时控漏罩首次完全控制住漏油点。大约 500 多万桶原油已漏入墨西哥湾,生态损害难以估量	英国石油公司租赁的"深水地平线"海上石油钻井平台在美国路易斯安那州附近的墨西哥湾水域发生爆炸并沉没
日本核泄漏事件	2011 年 3 月12 日	日本福岛工业区	受地震影响,福岛第一核电站的部分放射性物质泄漏到外部。核泄漏事故列为最高的 7 级,放射性物质通过大气、水体污染了周边地区,世界多处检出了痕量放射性物质	福岛核电站是目前世界最大的核电站。受里氏 9.0 级的东日本特大地震影响,福岛第一核电站的放射性物质泄漏到外部

分为全球性污染、区域性污染、地方性污染和局部性污染等。本书后面的章节将要分别介绍不同类型的污染情况。

　　（三）环境保护和可持续发展战略

　　环境保护是指采取行政、法律、经济、科学技术等多方面措施,合理地利用自然资源,防治环境污染和破坏,以求保持和发展生态平衡,扩大有用自然资源的再生产,保障人类社会的发展。

　　20 世纪 50 年代,有些国家出现反污染运动。科学家们惊奇地发现,短短几十年时间内,工业的发展却把人类带进了一个被毒化了的环境,而且环境污染造成的损害是全面的、长期的、严重的。1972 年联合国人类环境会议提出环境问题不仅是一个区域性问题,而且是一个全球性问题,于是,"环境保护"这一术语被广泛地采用。

　　联合国于 1983 年成立了世界环境与发展委员会。该委员会于 1987 年向联合国大会提交的研究报告《我们共同的未来》提出了"可持续发展"的概念。

　　1992 年,联合国环境与发展大会在巴西里约热内卢召开。会议通过了《里约环境与发展宣言》和《21 世纪议程》两个纲领性文件;大会为人类高举可持续发展旗帜、走可持续发展道路发出了总动员。

　　以"拯救地球、重在行动"为宗旨的可持续发展世界首脑会议 2002 年 8 月 26 日在南非约翰内斯堡隆重开幕。120 多个国家的领导人出席。会议在通过《可持续发展世界首脑会议执行计划》、《约翰内斯堡宣言》等文件后于 9 月 4 日闭幕。

第三节　化学与环境

一、化学与环境的密切关系

人们一直注意改善自己的衣食住行条件，以创造一个有益于健康的环境，当这些基本需要得到保证的时候，人们的注意力就转向对舒适和方便的追求。所有这些愿望能得到满足的程度决定了生活的质量。然而，一般来说，由于某种质量的取得很容易以牺牲其他方面为代价来实现，因此需要作出抉择。现在我们发现，要获得更丰富的消费品和能源以及满足人们的愿望同保持一个有益健康的环境是互相抵触的。当代的一个重大问题就是：面对世界人口日益增长并不断集中（城市化），生活水平不断提高，我们应该如何保护环境。

环境污染问题正在日益显著，人们也正在认识周围世界中某些微妙的相互作用，发现以前没有注意到的化学反应。许多大规模的化学污染事件提醒人们：大规模地生产消费品，需要妥善地处置有潜在危险的原料和半成品。公众对保护环境已经有了比较深刻的认识，比如，多数人都表示愿意为环境友好的产品，比如无铅汽油付更多的钱。

要保护我们的环境，需要充分的知识和合理的对策。我们必须能够回答下列问题。

（1）在我们的空气、水、土壤和食品中，存在着哪些潜在的有害物质？

（2）这些物质来自何方？

（3）有什么方案（例如代用品和改变生产工艺）能缓解和消除存在的污染问题？

（4）某种物质的危险程度与人们接触它们的程度之间的依赖关系如何？在现有的改进方案中我们应如何作出选择？

十分明显，在解决前三个重要问题方面，化学家可以起核心作用。要了解在环境中存在哪些物质，我们就需要分析化学家开发越来越灵敏、选择性越来越高的分析技术。为了对污染物溯本求源，我们也指望分析化学家经常与气象学家、海洋学家、火山学家、生物学家及水文学家开展合作研究，起到侦探的作用。寻根觅源可能需要从化学上详细了解在污染源与最终有害或有毒产物之间发生的各种反应，因此，解决方案的制订需要全面的化学知识。如果我们必须使用较低级的能源来满足对能源的需求，那么，能开发出哪些催化剂和新工艺来避免目前燃煤电厂导致的酸雨和致癌物排放问题进一步恶化？

因此，我们要想及早发现环境污染的出现，要想了解环境污染的根源，要想选择经济上可行的解决方案，就必须保证化学事业的健康发展。其他学科也能作出各自独特的贡献，但是化学能起相当重要的作用。

上述最后一个问题，即对某一物质必须接触到何种程度才具有危险性，则是医学家、毒理学家和流行病学家的研究领域。

最后，在各种解决方案之间必须由政府作出抉择。化学家及其他相关学科的科学家在此肩负着重要的提供信息的责任。每一项抉择都应该得到最全面、最客观、最有效的科学资料，对于公民和政府来说，最大的困境莫过于面临决策时还不掌握全部事实和有关的科学知识。包括化学家在内的科学家们必需肩负起责任，向公众、新闻传媒和政府提供通俗易懂的客观情况，这种客观情况必须能为某项决策奠定科学基础，并摆出可供选择的各种方案。

二、《化学与环境》课程的目的和内容

（一）《化学与环境》课程的主要目的

首先，在高等学校普遍开展化学教育，是加强素质教育的需要。《化学与环境》课程在中学化学内容的基础上，介绍最基本的化学原理、化学物质和若干化学分支学科的内容，使学生的科学素质配套齐整，不致在化学这个领域形成空白或缺口。

人类在20世纪中叶开始了一场新的觉醒，即对环境问题的认识。人类正遭受严重环境问题的威胁和危害，既关系到当今人类的健康、生存与发展，更危及地球的命运和人类的前途。为了保护环境，走可持续发展的道路，起根本作用的是全人类的觉醒和一致行动，尤其是年轻的大学生，作为将来社会的栋梁，其意识、伦理、知识、信念，都将极大程度地决定世界的未来，所以在高等学校开设有关环境的课程极为重要。

化学与环境的关系极为密切。大多数环境问题和污染事件都是由化学污染物造成的，而这些环境问题的解决也主要采用化学或物理化学的方法。因此，开设《化学与环境》课程是大势所趋，水到渠成。

（二）《化学与环境》课程的主要内容

《化学与环境》课程并非《普通化学》课程和《环境保护》课程的简单、机械加和，而是以环境为依托，融入化学的基本原理、基础知识，并与现代科技相沟通形成的新课程。在化学原理和分支部分，注意与现行中学化学内容合理衔接，选取大学生必备、环境保护中必需的内容。在环境污染物和背景物质部分，又分为无机污染物、有机污染物和胶体物质三章，其中无机污染物与有机污染物的分类却又按照元素周期表中的族来讨论，两门课程的融合在这一部分体现得最为鲜明。在本书最后各类污染及其防治当中，主要选取由化学污染物造成的污染。于是，两门以前完全独立的课程有机地融合成一门新的课程。

本书内容力求体现现代观点，引入化学和环境科学中一些新概念，介绍一些新发生的事件和与环境有关的热点话题，既突出基本内容，又扩大学生的知识面，以适应新世纪科学技术和社会发展的需要，加强素质教育，使学生在科学文化和环境意识方面均有所收益。

习 题

1. 在20世纪当中，化学学科取得了哪些发展和进步？

2. 21世纪的化学研究有哪些特点？

3. 当今化学有哪些分支学科？

4. 什么是生态系统？它有哪些类型？

5. 什么是生态平衡？

6. 当今世界有哪些资源短缺问题？

7. 什么是环境污染？环境污染分哪些类型？

8. 什么是环境保护？

9. "可持续发展战略"是如何提出来的？

10. 化学与环境有什么样的关系？

11. 《化学与环境》课程的主要目的和主要内容是什么？

第一章 化学基本原理

第一节 化学热力学基础

热力学是在生产实践中逐渐发展起来的一门科学。人们早就知道，伴随化学反应的发生，能量也发生转化。热力学是研究热与功的转换规律的科学。

一、化学反应的热效应

（一）热力学的一些基本概念

1. 系统与环境 系统就是所研究的对象，在化学中就是所研究的物质和空间。系统之外并与系统有密切联系的其他物质和空间称为环境。系统和环境的范围是人为划定的，目的是便于研究。例如我们要研究一杯水的变化，则把水选择为系统，水之外的物质和空间如杯子、空气等均为环境。如果环境与系统之间既有物质交换又有能量交换，则该系统称为敞开系统（open system）；环境与系统之间只有能量交换而没有物质交换，则该系统称为封闭系统（closed system）；环境与系统之间既无物质交换又无能量交换，则该系统称为孤立系统（isolated system）。

2. 单相系统与多相系统 系统中物理性质和化学性质完全相同的任何均匀部分，而且同其他部分有一定的界面分隔开来的，叫作一个相。系统按照其相的组成可以分为单相系统和多相系统。

单（均）相系统：只有一个相，比如氯化钠水溶液。溶液都是单相系统。单相系统不一定只有一种物质。

多（非均）相系统：有两个或更多个相。比如冰、水、水蒸气系统，牛奶都是多相系统。胶体、悬浊液、乳浊液都是多相系统。

3. 状态与状态函数 热力学状态不是指物质的聚集状态（固、液、气态），而是指系统的物理性质和化学性质的总和（如质量、温度、压力、体积、密度、组成等）。当这些性质都有确定的值时，就说系统处于一定的状态，即热力学状态。

系统的状态可由状态量进行描述。所谓状态量，就是描述系统性质有确定值的物理量。例如以气体为系统时，气体的物质的量 n，气体的压力 p，体积 V，温度 T 等，都是状态量。因为系统的状态是系统多种性质的综合体现，所以状态量之间存在着相互联系而不是各自独立的，例如，理想气体有 $pV=nRT$ 的关系，p、V、n、T 这些状态量，就可以相互构成函数关系，如 $p=f(V、n、T)$ 等。这样，状态量就常称为状态函数（state functions）。当系统的状态发生变化时，状态函数的变化值，只与系统的始态和终态有关，而与变化途径无关，这是状态函数最重要的特性。

4. 过程　系统只要有一个性质在随时间而发生变化，就叫做发生着过程，例如，某气体的压力由 100kPa 变成 200kPa，或某系统发生化学组成的变化，都叫做发生着过程。

5. 途径　状态变化所经历的具体步骤称为途径。例如，一定量的某理想气体，由始态 $p_1=100kPa$，$V_1=2m^3$，变成终态 $p_2=200kPa$，$V_2=1m^3$，此过程可以有两个不同途径：

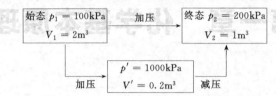

然而，不管过程是一次加压而达到终点，还是经过加压和减压两步而达到终点，只要始态和终态一定，则其状态函数 p，V 的变化是定值，即

$$\Delta p = p_2 - p_1 = 200kPa - 100kPa = 100kPa$$
$$\Delta V = V_2 - V_1 = 1m^3 - 2m^3 = -1m^3$$

6. 内能　系统内各物质的微观粒子都在不停地运动和相互作用着，以各种形式的能量表现出来，如分子平动能、分子转动能、分子振动能、分子间势能、原子间键能、电子运动能、核内基本粒子间核能等。系统内部这些能的总和叫做系统的热力学能（thermodynamic energy）或内能，以 U 表示，单位是 J，kJ。

内能是系统内部能量的总和，是系统本身的性质，所以仅决定于状态，在一定状态下，有一定的值，换言之，内能是状态函数。内能的变化量 ΔU，只与物质的始态和终态有关，与变化的途径无关。由于物质内部结构的复杂性、能量形式的多样性，内能的绝对值尚无法测定，但内能的变化量 ΔU 是可以测定的。根据能量守恒与转化定律，内能变化量可以由系统与环境间交换的热和功来加以确定。

我们把由于温度不同而在系统与环境之间传递的能量叫做热量，以 q 表示；将除了热的形式以外，各种被传递的能量全部叫做功，以 W 表示。热量的单位和功的单位一样，都是 J，kJ。由热量和功的定义可知，热量和功总是与状态的变化联系着，若无过程，而系统处于定态，则不存在系统与环境之间的能量交换，也就没有热量和功。因此，热量和功与内能不同，它们不是状态的属性，也不是状态函数。

（二）反应热效应的理论计算

1. 能量守恒定律　自然界一切物质都具有能量，能量有各种不同的形式，能够从一种形式转化为另一种形式，从一种物质传递给另一种物质，而在转化和传递中能量的总量不变，这就是能量守恒定律，也称为热力学第一定律（the first law of thermodynamics）。

我们在物理中学过能量守恒，如动能与势能之间的转化等等，在化学变化中能量的转化同样存在，例如燃烧反应放出热量，一些反应吸收热量，这中间同样存在能量守恒。热是能的一种转换和传递方式，在放热反应中放出的热是由系统物质原有的内部能量部分转化而来。

根据内能、功和热的有关知识，就能够得到能量守恒定律的数学表达式。如果有一个封闭系统，它处于一种特定的内能状态 U_1（也就是这个系统含有的总能量是 U_1），我们给这个系统输入一定的热量 q，同时环境对系统做了一些功 W，结果使系统过渡到一个新的内能状态 U_2。按照能量守恒定律，这个系统应该遵守如下关系

$$U_2 = U_1 + (q + W)$$

$$U_2 - U_1 = q + W$$

$$\Delta U = U_2 - U_1 = q + W \tag{1-1}$$

此式是对于一个封闭系统的能量守恒定律的数学表达式。

化学热力学规定，系统从环境吸收热量，q 为正值；系统向环境放热，q 为负值；环境对系统作功，W 为正值；系统对环境作功，W 为负值。

2. 化学反应的热效应　功的形式有多种，这里讨论只作体积功 W'（即系统对环境作功）的情况。

若在等容条件下，由于反应或过程中系统体积不变，即 $\Delta V = 0$，也就是说，系统与环境之间未产生体积功，即 $W' = 0$。而此时的反应热效应为等容热效应，即 $q = q_V$，则式（1-1）变为

$$\Delta U = U_2 - U_1 = q_V \tag{1-2}$$

反应中系统内能的变化（ΔU）在数值上等于等容热效应 q_V。

若在等压条件下（例如在大气压力下敞口容器中进行的反应），不少涉及气体的化学反应会发生很大的体积变化（从 V_1 变到 V_2），因此可认为反应系统与环境之间产生了体积功 W'，而此时的反应热效应可认为是等压热效应 q_p，则式（1-1）变为

$$\Delta U = q_p + W'$$

$$U_2 - U_1 = q_p - p(V_2 - V_1) \quad （系统对环境作功，W 为负）$$

$$q_p = U_2 - U_1 + p(V_2 - V_1)$$

$$= U_2 + pV_2 - (U_1 + pV_1)$$

令

$$H \equiv U + pV$$

$$q_p = \Delta H = H_2 - H_1 \tag{1-3}$$

H 称为系统的焓（enthalpy）。ΔH 称为反应或过程中系统焓的变化，简称（反应的）焓变。

因为 U，p，V 均为状态函数，所以它们的组合仍为状态函数，即 H 为状态函数。由式（1-3）可知，一般反应的焓变 ΔH 在数值上等于等压热效应 q_p，它只与系统的始态和终态有关而与反应的过程无关。

热力学规定，系统从环境吸收热量，ΔH 为正值；系统向环境放出热量，ΔH 为负值。

注意：任何化学反应只要始终在恒容条件下或始终在恒压条件下进行，其热效应 q_V 或 q_p 就只与始态和终态有关，与中间变化的途径和步骤无关，即 q_V、q_p 具有了状态函数的性质。恒容过程，$q_V = \Delta U$；恒压过程，$q_p = \Delta H$。ΔU、ΔH 的基本单位均为 $kJ \cdot mol^{-1}$。

3. 标准摩尔生成焓　H 与 U 相似，物质的焓绝对值难以确定，而实际应用中，人们关心的是反应或过程中系统的焓变 ΔH，为此人们采用了相对值的办法，即规定了物质的相对焓值。

化学热力学中规定，压力为标准压力 $p^{\ominus}$（100kPa❶）（在气体混合物中，指各气态物质的分压均为标准压力 $p^{\ominus}$）或溶液中溶质（如水合离子或分子）的浓度（确切地说应为有效浓度或活度）均为标准浓度 $c^{\ominus}$（$1mol \cdot L^{-1}$）的条件为标准条件。若某物质或溶质是在标准条件下就称为处于标准状态。

在标准条件下，由稳定状态的纯态单质生成单位物质的量纯物质时，反应的焓变叫做该

---

❶ 过去曾规定为标准压力 $p^{\ominus} = 101.325kPa$，即 1atm。

为方便计算，国际标准化组织（ISO）把标准压力由 101.325kPa 改为 100kPa（或 1bar），我国国家技术监督局于1993 年公布的国家标准（GB 3100～3102—93）也已做了相应的改动。

物质的标准摩尔生成焓（standard molar enthalpy of formation）。通常 $T = 298.15K$。以 $\Delta_f H_m^{\ominus}(298.15K)$ 表示，简写为 $\Delta_f H^{\ominus}$ (298.15K)，单位为 $kJ \cdot mol^{-1}$，其中 $\ominus$ 表示"标准"；f 表示"生成"；m 表示"摩尔"。例如，液态水的标准摩尔生成焓 $\Delta_f H^{\ominus}$ (H_2O, l, 298.15K) = $-285.8 kJ \cdot mol^{-1}$，即

$$H_2(g) + \frac{1}{2}O_2(g) \Longrightarrow H_2O(l) \qquad \Delta H^{\ominus}(298.15K) = -285.8 kJ \cdot mol^{-1}$$

注意：上式右方为该纯物质，化学计量数必须是 1，表示生成 1mol 该纯物质；上式左方必须为稳定态单质。

稳定态单质如 $O_2(g)$，C(石墨)，$H_2(g)$，$N_2(g)$，$Br_2(l)$，…，其 $\Delta_f H^{\ominus}$ (298.15K) = $0 kJ \cdot mol^{-1}$。

关于水合离子的相对焓值，规定以水合氢离子的标准摩尔生成焓为零，通常选定温度为 298.15K，称之为水合氢离子在 298.15K 时的标准摩尔生成焓，以 $\Delta_f H_m^{\ominus}(H^+, aq, 298.15K)$ 表示；即 $\Delta_f H^{\ominus}m(H^+, aq, 298.15K) = 0 kJ \cdot mol^{-1}$。

化合物的标准摩尔生成焓是很重要的基础数据，可以计算化学反应的热效应。可从手册中查出。

4. 反应的标准摩尔焓变　在标准条件下反应或过程的摩尔焓变叫做反应的标准摩尔焓变（standard molar enthalpy change），以 $\Delta_r H_m^{\ominus}$ 表示；简写为标准焓变 $\Delta H^{\ominus}$。

根据标准摩尔生成焓的定义，可以得出关于 298.15K 时反应标准焓变 $\Delta H^{\ominus}$ (298.15K) 的一般计算规则：

$$\Delta H^{\ominus}(298.15K) = \sum [\Delta_f H^{\ominus}(298.15K)]_{生成物} - \sum [\Delta_f H^{\ominus}(298.15K)]_{反应物} \qquad (1-4)$$

对于某一反应

$$aA + bB \Longrightarrow gG + dD$$

在 298.15K 时，反应的标准焓变：

$$\Delta H^{\ominus}(298.15K) = [g\Delta_f H^{\ominus}(G, 298.15K) + d\Delta_f H^{\ominus}(D, 298.15K)] -$$
$$[a\Delta_f H^{\ominus}(A, 298.15K) + b\Delta_f H^{\ominus}(B, 298.15K)] \qquad (1-5)$$

二、化学反应的方向和限度

在对大量的化学反应或物理过程的焓变进行研究时，发现许多自发进行的反应或过程，其焓变均为负值。所谓自发进行，就是过程一旦发生，不需要外界对系统作功，即可进行下去，如铁生锈，甲烷燃烧，水从高处流向低处，热从高温物体传向低温物体等等。大量事实说明，任何系统都有放出能量使本身能量降低的倾向，有鉴于此，曾经有人提出：在恒温、恒压下，反应的 ΔH 若为负值，反应就能自发进行。但是，这一结论并未成为一条普遍规律。

人们从进一步研究中发现，有一些反应或过程的 ΔH 为正值时（吸热），也可自发进行，如

$$N_2O_5(g) \Longrightarrow 2NO_2(g) + \frac{1}{2}O_2(g)$$
$$H_2O(s) \Longrightarrow H_2O(l)$$

为什么这些能量升高的过程也能自发进行呢？因为上述过程都有一个共同的特点，即系统的混乱度增大。这表明系统还有一种自发趋势，就是从有序变成无序、从混乱度小变成混乱度大。而在判断反应或过程的自发性时，这一因素也必须考虑。

（一）熵与熵变

1. 熵的概念 熵（entropy）是系统内部质点混乱程度或无序程度的量度，以"S"表示。任何系统或过程都是自发地向着混乱度增大的方向进行，例如，用隔板把密闭容器从中间隔开，两边各盛放一种气体，若将隔板除去，这两种气体就会混合在一起，这个过程是自发进行的，但不能自发地逆向进行。系统的混乱度增加，熵值增大。系统倾向于取得最大的混乱度。

熵值大小实质上代表系统的混乱度大小。任何物质气态下熵值最大，因气态下分子混乱度最大；晶态下熵值最小，因晶态下微观粒子排列整齐，混乱度最小。一定量的任何物质在一定状态下就有一定的熵值。系统的熵值就是组成系统的各物质熵值的和。

在热力学零度时，分子的热运动可认为完全停止，物质微观粒子处于完全整齐有序的情况。热力学规定：在热力学零度时，任何纯净的完整晶态物质的熵等于零，即 $S(0K)=0$。

因此，若知道某一物质从热力学零度到指定温度下的一些热化学数据如热容等，就可以求出该温度的熵值，称为这一物质的规定熵（与内能和焓不同，物质的内能和焓的绝对值是难以求得的）。单位物质的量纯物质在标准条件下的规定熵叫做该物质的标准摩尔熵（standard molar entropy）。以 $S_m^{\ominus}$ 表示，简写为 $S^{\ominus}$，单位为 $J \cdot K^{-1} \cdot mol^{-1}$。常用物质的 $S^{\ominus}$ 可以从手册查出。

2. 反应的标准摩尔熵变 熵也是状态函数，系统在一定状态下，熵具有确定的值，系统状态发生变化时，系统的熵变 ΔS 只与系统的始、终态有关，与变化的途径无关。反应的标准摩尔熵变，以 $\Delta_r S_m^{\ominus}$ 表示，简写成标准熵变，以 $\Delta S^{\ominus}$ 表示。

反应的标准熵变 $\Delta S^{\ominus}$ 可由反应物与生成物的标准熵进行计算，设反应

$$aA+bB \Longrightarrow gG+dD$$

则 $\Delta S^{\ominus}(298.15K) = \sum [S^{\ominus}(298.15K)]_{生成物} - \sum [S^{\ominus}(298.15K)]_{反应物}$

$$= [gS^{\ominus}(G,298.15K) + dS^{\ominus}(D, 298.15K)] -$$

$$[aS^{\ominus}(A, 298.15K) + bS^{\ominus}(B, 298.15K)] \tag{1-6}$$

应当指出，虽然物质的标准熵随温度的升高而增大，但只要温度升高时，没有引起物质聚集状态的改变，则 $\Delta S^{\ominus}$ 变化不大，所以反应的 $\Delta S^{\ominus}$ 与 $\Delta H^{\ominus}$ 相似；通常在近似计算中，可忽略温度的影响，用 $\Delta S^{\ominus}(298.15K)$ 来代替其他温度时的 $\Delta S^{\ominus}(T)$。

[例题 1-1] 试计算石灰石（$CaCO_3$）热分解反应的 $\Delta H^{\ominus}(298.15K)$ 和 $\Delta S^{\ominus}(298.15K)$ 的值，并初步分析该反应的自发性。

解 查出各物质的 $\Delta_f H^{\ominus}(298.15K)$ 和 $S^{\ominus}(298.15K)$ 值

	$CaCO_3(s)$	$CaO(s)$	$CO_2(g)$
$\Delta_f H^{\ominus}(298.15K)/(kJ \cdot mol^{-1})$	-1206.92	-635.09	-393.50
$S^{\ominus}(298.15K)/(J \cdot K^{-1} \cdot mol^{-1})$	92.9	39.75	213.64

根据式（1-5）、式（1-6）得

$$\Delta H^{\ominus}(298.15K) = \Delta_f H^{\ominus}(CaO,s,298.15K) + \Delta_f H^{\ominus}(CO_2,g,298.15K) -$$

$$\Delta_f H^{\ominus}(CaCO_3,s,298.15K)$$

$$= (-635.09) + (-393.50) - (-1206.92)$$

$$= 178.33(kJ \cdot mol^{-1})$$

$$\Delta S^{\ominus}(298.15K) = S^{\ominus}(CaO,s,298.15K) + S^{\ominus}(CO_2,g,298.15K) -$$

$$S^{\ominus}(CaCO_3,s,298.15K)$$

$$= (39.75 + 213.64) - 92.9$$
$$= 160.5(\text{J} \cdot \text{K}^{-1} \cdot \text{mol}^{-1})$$

从计算结果来看，$CaCO_3$ 的分解反应既是一个吸热过程又是一个混乱度增大的过程，吸热使系统能量升高，不利于反应进行；混乱度增大却利于反应进行。这表明，对此反应的进行，焓变所起的作用即焓效应，与熵变所起的作用即熵效应是相反的。这样的反应其方向如何判断？事实告诉我们，在常温时 $CaCO_3$ 的分解反应是不能进行的，而达到一定温度时反应却能自发进行，这说明判断反应方向时还要考虑到温度的条件。

（二）吉布斯函数与吉布斯函数变

1. 吉布斯函数　1876 年，美国科学家吉布斯（J. W. Gibbs）提出了一个新的热力学函数：

$$G \equiv H - TS$$

G 称为吉布斯函数或吉布斯自由能。从定义可知，由于系统在一定状态下 H 的绝对值无法测定，因此，G 绝对值也无法测得，只能测定状态变化过程中的吉布斯函数的变化值 ΔG。

G 是状态函数，因此当系统状态发生变化时，吉布斯函数的变化值 ΔG 只与系统的始、终态有关，与变化的途径无关。

设系统由状态 1 变到状态 2，则

$$\Delta G = G_2 - G_1 = (H_2 - T_2 S_2) - (H_1 - T_1 S_1)$$
$$= (H_2 - H_1) - (T_2 S_2 - T_1 S_1)$$

若系统是恒温过程，即 $T_2 = T_1 = T$，则

$$\Delta G = (H_2 - H_1) - T(S_2 - S_1)$$
$$\Delta G = \Delta H - T \Delta S$$

或写成

$$\Delta G_T = \Delta H_T - T \Delta S_T \tag{1-7}$$

上式称为吉布斯公式。ΔG 表示反应或过程的吉布斯函数的变化，简称吉布斯函数变（Gibbs function change）。

2. 标准摩尔生成吉布斯函数和反应的摩尔吉布斯函数变　化学热力学规定，反应在 298.15K，100kPa 下进行时的吉布斯函数变，称为标准吉布斯函数变。以 $\Delta_r G^{\ominus}$ (298.15K) 表示，单位为 $\text{kJ} \cdot \text{mol}^{-1}$，简写为 $\Delta G^{\ominus}$。

在标准条件下，由稳定态单质生成单位物质的量纯物质时，反应的吉布斯函数变，称为该物质的标准摩尔生成吉布斯函数（standard molar Gibbs function of formation），以 $\Delta_f G_m^{\ominus}$ 表示，简称标准生成吉布斯函数，以 $\Delta_f G^{\ominus}$ 表示；单位为 $\text{kJ} \cdot \text{mol}^{-1}$。

例如

$$H_2(g) + \frac{1}{2}O_2(g) =\!\!=\!\!= H_2O(l)$$
$$\Delta G^{\ominus}(298.15K) = -237\text{kJ} \cdot \text{mol}^{-1}$$
$$\Delta_f G^{\ominus}(H_2O, l, 298.15K) = -237\text{kJ} \cdot \text{mol}^{-1}$$

稳定态单质本身，如 $O_2(g)$，$H_2(g)$，$N_2(g)$，C（石墨）等，其标准摩尔生成吉布斯函数为零。常用物质的 $\Delta_f G^{\ominus}$ (298.15K) 可以从手册中查出。

与反应的标准焓变的计算类似，在 298.15K 时，对于反应

$$a\text{A} + b\text{B} =\!\!=\!\!= g\text{G} + d\text{D}$$
$$\Delta G^{\ominus}(298.15K) = \sum [\Delta_f G^{\ominus}(298.15K)]_{\text{生成物}} - \sum [\Delta_f G^{\ominus}(298.15K)]_{\text{反应物}}$$

$$=[g\Delta_f G^{\ominus}(G,298.15K)+d\Delta_f G^{\ominus}(D,298.15K)]$$
$$-[a\Delta_f G^{\ominus}(A,298.15K)+b\Delta_f G^{\ominus}(B,298.15K)] \tag{1-8}$$

（三）反应自发性的判断（以 ΔG 为判断依据）

吉布斯公式 $\Delta G_T=\Delta H_T-T\Delta S_T$ 综合反映了影响反应的焓效应和熵效应，并考虑系统所处的温度条件。对于恒温、恒压下只作体积功的一般反应来说：

$\Delta G<0$，自发过程，过程能向正方向进行；

$\Delta G=0$，平衡状态；

$\Delta G>0$，非自发过程，过程能向逆方向进行。

从公式 $\Delta G=\Delta H-T\Delta S$ 可看出，恒温、恒压下吉布斯函数变的变化值 ΔG 是由两项决定的，一项是焓变 ΔH，另一项是与熵变有关的 $T\Delta S$，如这两个量使 ΔG 成为负值，则正反应是一个自发反应。因此，焓和熵对化学反应进行的方向都产生影响，只是在不同温度下产生影响的大小不同而已。概括起来有四种情况，见表 1-1。

表 1-1 恒压下温度对反应自发性的影响

类　型	ΔH	ΔS	$\Delta G=\Delta H-T\Delta S$	评　论
类型 1	－	＋	永远是－	任何温度都是自发反应
类型 2	＋	－	永远是＋	任何温度都是非自发反应
类型 3	－	－	低温－ 高温＋	低温时自发 高温时非自发
类型 4	＋	＋	低温＋ 高温－	低温时非自发 高温时自发

第二节　化学平衡原理

化学反应的可逆性是普遍存在的，不可逆的反应（如 $2KClO_3 == 2KCl+3O_2$）极少；当一个可逆反应的正反应速率与逆反应速率相等时，反应即达到了化学平衡状态。

化学平衡状态，具有正、逆反应速率相等，各物质浓度不再改变和处于动态平衡等特征。这种平衡状态，既可以从正反应开始，也可以从逆反应开始，最后到达正、逆反应速率相等。

一、分压定律

气体的压力可以看作是在一个密闭容器中，由于气体分子碰撞器壁，而产生的气体对器壁的压力。当合成氨反应在密闭容器中达到平衡时，容器中存在着由 N_2、H_2 和 NH_3 三种气体组成的混合气体。实验表明，在一个密闭容器中，混合气体的总压力（p）等于各组分气体（A,B,…）的分压力 $[p(A),p(B),…]$ 之和，这就是气体的分压定律（law of partial pressure），又称道尔顿分压定律。即

$$p=p(A)+p(B)+\cdots \tag{1-9}$$

分压的计算一般有以下几种方法。

1. 根据分压定律，计算分压

若　　　　　　　　　　　　　　　$p=p(1)+p(2)$

则　　　　　　　　　　　　　　　$p(1)=p-p(2)$

2. **根据气体状态方程计算** 理想气体状态方程：$pV=nRT$

式中，p 为气体压力，单位是 Pa；V 为气体的体积，单位是 m^3；n 为气体的物质的量，单位是 mol；R 为气体常数，$R=8.314J \cdot K^{-1} \cdot mol^{-1}$；$T$ 为热力学温度，单位是 K。

对于混合气体来说

$$pV=nRT \tag{1-10}$$

式中，p、V、n 均为混合气体的总压力、总体积、总物质的量。

混合气体中某组分的分压，就是该组分气体单独占有总体积时所产生的压力（见图1-1）。

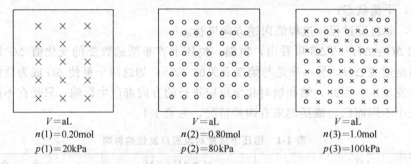

$V=aL$ $V=aL$ $V=aL$
$n(1)=0.20mol$ $n(2)=0.80mol$ $n(3)=1.0mol$
$p(1)=20kPa$ $p(2)=80kPa$ $p(3)=100kPa$

图 1-1 混合气体总压与分压关系示意图

恒容时，对于某组分气体

$$p(i)V=n(i)RT \tag{1-11}$$

$$p(i)=\frac{n(i)RT}{V}=c(i)RT$$

3. **利用摩尔分数计算** 将式(1-11)、式(1-10) 两式相除，得

$$\frac{p(i)}{p}=\frac{n(i)}{n}$$

$$p(i)=\frac{n(i)}{n}p \tag{1-12}$$

式中，$\frac{n(i)}{n}$ 称为摩尔分数，分压就等于摩尔分数乘以总压。

4. **利用体积分数计算** 气体常用体积来度量。混合气体中某组分的含量，也常用体积分数来表示，如氧气约占空气体积的1/5，氮气约占空气体积的4/5等。实际上，在空气这种混合气体中，氧气、氮气和其他气体并未分占不同的空间，所谓体积分数，是由摩尔分数得出的。根据气体状态方程，当 p、T 一定时，n 与 V 是成正比的，故有如下关系：

$$\frac{n(i)}{n}=\frac{p(i)}{p}=\frac{V(i)}{V}$$

$$p(i)=\frac{V(i)}{V}p \tag{1-13}$$

二、标准平衡常数及其计算

（一）标准平衡常数及其表达式

当可逆反应达到平衡时，反应并未停止，只是由于正、逆反应速率相等，各反应物和生成物的浓度不再改变，此时的浓度即平衡浓度。大量实验表明，在一定温度下，可逆反应达到平衡时，各物质平衡浓度之间存在着一定的定量关系。这种定量关系就是以化学平衡常数来表示的。

若反应式为

$$aA(g)+bB(g)\xlongequal{\quad\quad} gG(g)+dD(g)$$

则
$$K^{\ominus}=\frac{[p^{eq}(G)/p^{\ominus}]^g[p^{eq}(D)/p^{\ominus}]^d}{[p^{eq}(A)/p^{\ominus}]^a[p^{eq}(B)/p^{\ominus}]^b} \quad\quad (1\text{-}14)$$

此式称为平衡常数表达式，$K^{\ominus}$ 称为标准平衡常数，简称平衡常数 （equilibrium constant）。式中 $p^{\ominus}=100\text{kPa}$，为气体的标准压力；$p^{eq}(i)$ 为 i 物质的平衡分压，$p^{eq}(i)/p^{\ominus}$ 为 i 物质的相对分压。

对于水溶液中的反应

$$aA(aq)+bB(aq)\xlongequal{\quad\quad} gG(aq)+dD(aq)$$

则平衡常数表达式为

$$K^{\ominus}=\frac{[c^{eq}(G)/c^{\ominus}]^g[c^{eq}(D)/c^{\ominus}]^d}{[c^{eq}(A)/c^{\ominus}]^a[c^{eq}(B)/c^{\ominus}]^b} \quad\quad (1\text{-}15)$$

式中，$c^{\ominus}=1.0\text{mol}\cdot\text{L}^{-1}$，为标准浓度；$c^{eq}(i)$ 为 i 物质的平衡浓度，$c^{eq}(i)/c^{\ominus}$ 为 i 物质的相对浓度。

（二）标准平衡常数的物理意义及特征

（1）标准平衡常数是可逆反应进行程度的特征常数，其值越大，表明正反应趋势越大，反应物的平衡转化率也越大，如表 1-2、表 1-3 所示的反应。

（2）平衡常数不因浓度的改变而改变，而是温度的函数。表 1-2 中反应的 $K^{\ominus}$ 值，随温度降低而增大，此反应为放热反应；表 1-3 中反应的 $K^{\ominus}$ 值，随温度升高而增大，此反应为吸热反应。

表 1-2　$SO_2(g)+\dfrac{1}{2}O_2(g)\xlongequal{\quad}$

$SO_3(g)$（放热反应）

T/K	400	500	600
$K^{\ominus}$	442.4	50.0	9.37
SO_2 的转化率/%	99.2	93.5	73.6

表 1-3　$CH_4(g)+H_2O(g)\xlongequal{\quad}$

$CO(g)+3H_2(g)$（吸热反应）

T/K	600	700	900
$K^{\ominus}$	0.38	7.4	1.3×10^3
CH_4 的转化率/%	65	92	99

（3）平衡常数表达式与化学方程式的书写形式有关。例如

①
$$N_2(g)+3H_2(g)\xlongequal{\quad\quad} 2NH_3(g)$$

$$K_1^{\ominus}=\frac{[p^{eq}(NH_3)/p^{\ominus}]^2}{[p^{eq}(N_2)/p^{\ominus}][p^{eq}(H_2)/p^{\ominus}]^3}$$

②
$$\frac{1}{2}N_2(g)+\frac{3}{2}H_2(g)\xlongequal{\quad\quad} NH_3(g)$$

$$K_2^{\ominus}=\frac{[p^{eq}(NH_3)/p^{\ominus}]}{[p^{eq}(N_2)/p^{\ominus}]^{\frac{1}{2}}[p^{eq}(H_2)/p^{\ominus}]^{\frac{3}{2}}}$$

③
$$2NH_3(g)\xlongequal{\quad\quad} N_2(g)+3H_2(g)$$

$$K_3^{\ominus}=\frac{[p^{eq}(N_2)/p^{\ominus}][p^{eq}(H_2)/p^{\ominus}]^3}{[p^{eq}(NH_3)/p^{\ominus}]^2}$$

$$K_1^{\ominus}=(K_2^{\ominus})^2=\frac{1}{K_3^{\ominus}}$$

由此可见，在温度相同，各组分平衡分压也相同的条件下，反应式的书写形式不同则有不同的 $K^{\ominus}$ 值。

（4）若有 n 个反应式相加得一总反应式，其平衡常数就等于 n 个相加反应平衡常数的乘

积，这就是多重平衡规则。例如

① $A(g) + B(g) \rightleftharpoons AB(g)$，$K_1^\ominus = \dfrac{[p^{eq}(AB)/p^\ominus]}{[p^{eq}(A)/p^\ominus][p^{eq}(B)/p^\ominus]}$

② $AB(g) + B(g) \rightleftharpoons AB_2(g)$，$K_2^\ominus = \dfrac{[p^{eq}(AB_2)/p^\ominus]}{[p^{eq}(AB)/p^\ominus][p^{eq}(B)/p^\ominus]}$

③ $A(g) + 2B(g) \rightleftharpoons AB_2(g)$，$K_3^\ominus = \dfrac{[p^{eq}(AB_2)/p^\ominus]}{[p^{eq}(A)/p^\ominus][p^{eq}(B)/p^\ominus]^2}$

式①＋式②＝式③

则

$$K_1^\ominus \cdot K_2^\ominus = \frac{[p^{eq}(AB)/p^\ominus]}{[p^{eq}(A)/p^\ominus][p^{eq}(B)/p^\ominus]} \times$$

$$\frac{[p^{eq}(AB_2)/p^\ominus]}{[p^{eq}(AB)/p^\ominus][p^{eq}(B)/p^\ominus]}$$

$$= \frac{[p^{eq}(AB_2)/p^\ominus]}{[p^{eq}(A)/p^\ominus][p^{eq}(B)/p^\ominus]^2} = K_3^\ominus$$

（5）若反应中涉及固体、纯液体和稀溶液中的溶剂（接近于纯液体），因其浓度是常数，在反应过程中几乎保持恒定，所以，在平衡常数表达式中不计在内。例如

$$CaCO_3(s) \rightleftharpoons CaO(s) + CO_2(g)$$

$$K^\ominus = p(CO_2)/p^\ominus$$

（三）标准平衡常数的有关计算

[**例题 1-2**]　$1.0mol\ SO_2$ 和 $1.0mol\ O_2$ 在某温度和 $100kPa$ 下反应

$$2SO_2(g) + O_2(g) \rightleftharpoons 2SO_3(g)$$

达到平衡时，测得混合气中 O_2 为 $0.60mol$，求此温度下反应的 $K^\ominus$。

解　设反应达平衡后，混合气体中 SO_2 为 x mol，SO_3 为 y mol，则

$$2SO_2(g) + O_2(g) \rightleftharpoons 2SO_3(g)$$

$n_{始}/(mol)$ 　　　　　　　1.0　　　　　1.0　　　　　0

$n_{平}/(mol)$ 　　　　　　　x　　　　　0.60　　　　y

$$x = 1.0 - 2(1.0 - 0.60) = 0.20\ (mol)$$

$$y = 2(1.0 - 0.60) = 0.80\ (mol)$$

则

$$n = 0.20 + 0.60 + 0.80 = 1.60\ (mol)$$

因为

$$p(i) = \frac{n(i)}{n}p$$

所以

$$K^\ominus = \frac{[p(SO_3)/p^\ominus]^2}{[p(SO_2)/p^\ominus]^2[p(O_2)/p^\ominus]}$$

$$= \frac{\left[\dfrac{n(SO_3)}{n}p/p^\ominus\right]^2}{\left[\left(\dfrac{n(SO_2)}{n}p\right)/p^\ominus\right]^2\left[\left(\dfrac{n(O_2)}{n}p\right)/p^\ominus\right]}$$

$$= \frac{\left(\dfrac{0.80}{1.60} \times 100/100\right)^2}{\left(\dfrac{0.20}{1.60} \times 100/100\right)^2\left(\dfrac{0.60}{1.60} \times 100/100\right)}$$

$$= 43$$

[**例题 1-3**]　蔗糖水解反应为 $C_{12}H_{22}O_{11} + H_2O \rightleftharpoons C_6H_{12}O_6(葡萄糖) + C_6H_{12}O_6(果糖)$

（1）当蔗糖的起始浓度为 $2A \text{mol} \cdot L^{-1}$，反应达平衡时，蔗糖有 50% 发生水解，求 $K^{\ominus}$。

（2）当蔗糖的起始浓度为 $A \text{mol} \cdot L^{-1}$，在同一温度下达平衡时，三种糖的浓度各是多少？

解　（1）$C_{12}H_{22}O_{11} + H_2O \Longrightarrow C_6H_{12}O_6（葡萄糖） + C_6H_{12}O_6（果糖）$

$c_{始}/(\text{mol} \cdot L^{-1})$　　$2A$　　　　　　　0　　　　　　　　0

$c_{平}/(\text{mol} \cdot L^{-1})$　　A　　　　　　　A　　　　　　　　A

$$K^{\ominus} = \frac{[c(C_6H_{12}O_6)/c^{\ominus}]^2}{c(C_{12}H_{22}O_{11})/c^{\ominus}} = \frac{(A/1.0)^2}{A/1.0} = A$$

（2）设反应达平衡时，葡萄糖的浓度为 $x \text{ mol} \cdot L^{-1}$。

$$C_{12}H_{22}O_{11} + H_2O \Longrightarrow C_6H_{12}O_6 + C_6H_{12}O_6$$

$c_{始}/(\text{mol} \cdot L^{-1})$　　　　　　A　　　　　　0　　　　0

$c_{平}/(\text{mol} \cdot L^{-1})$　　　　　　$A-x$　　　　x　　　　x

$$K^{\ominus} = \frac{x^2}{A-x} = A$$

$$x^2 + Ax - A^2 = 0, \quad x = 0.62A$$

$$A - x = A - 0.62A = 0.38A$$

则平衡时蔗糖浓度为 $0.38A \text{mol} \cdot L^{-1}$，葡萄糖和果糖浓度均为 $0.62 A \text{mol} \cdot L^{-1}$。

三、反应商与平衡移动

世间一切平衡都是相对而不是绝对的，都是暂时而不是永恒的，化学平衡也不例外。一个处于平衡状态的化学反应，如果所处的条件发生改变，平衡状态就会被打破，然后，在新的条件下，去建立新的平衡。这种由原平衡状态转向新平衡状态的过程，就叫做化学平衡的移动。引起化学平衡移动的条件，主要是浓度、压力和温度。

（一）反应商

为了判断化学反应的方向，在化学上提出了反应商的概念。在任意条件（不一定是平衡条件）下，各生成物相对浓度的总乘积与反应物相对浓度的总乘积之比，或是各生成物相对分压的总乘积与各反应物相对分压的总乘积之比，称为反应商（reaction quotient），用 Q 表示。

对于气体反应

$$aA(g) + bB(g) \Longrightarrow gG(g) + dD(g)$$

$$Q = \frac{[p(G)/p^{\ominus}]^g [p(D)/p^{\ominus}]^d}{[p(A)/p^{\ominus}]^a [p(B)/p^{\ominus}]^b}$$

对于水溶液中的离子反应

$$aA(aq) + bB(aq) \Longrightarrow gG(aq) + dD(aq)$$

$$Q = \frac{[c(G)/c^{\ominus}]^g [c(D)/c^{\ominus}]^d}{[c(A)/c^{\ominus}]^a [c(B)/c^{\ominus}]^b}$$

反应商 Q 与平衡常数 $K^{\ominus}$ 的关系可作为反应方向的判据：

$Q < K^{\ominus}$　　反应向正反应方向进行；

$Q = K^{\ominus}$　　平衡状态；

$Q > K^{\ominus}$　　反应向逆反应方向进行。

（二）影响化学平衡的因素

1. 浓度的影响 对处于平衡状态的可逆反应，若保持温度不变而增大反应物的浓度，由于反应物在反应商表达式中的分母项里，则此刻的 $Q<K^{\ominus}$，平衡正向移动，直至再次达到 $K^{\ominus}$ 值（恒温下 $K^{\ominus}$ 值不变），建立新的平衡。

对处于平衡状态的可逆反应，若在恒温下增大生成物浓度，则此时 $Q>K^{\ominus}$，平衡就会逆向移动，直至达到新的平衡。

2. 压力的影响 对平衡系统增大或减小压力，是对总压力而言。若压力增大 n 倍，平衡系统中各组分气体的分压也相应增大 n 倍，平衡能否移动？向什么方向移动？这要看具体反应而定。

例如 $$CO(g)+H_2O(g)\Longrightarrow CO_2(g)+H_2(g)$$

这是一个反应前后气体分子数的和相等的反应，增大压力时的反应商为

$$Q=\frac{[np^{eq}(CO_2)/p^{\ominus}][np^{eq}(H_2)/p^{\ominus}]}{[np^{eq}(CO)/p^{\ominus}][np^{eq}(H_2O)/p^{\ominus}]}$$

$$=\frac{[p^{eq}(CO_2)/p^{\ominus}][p^{eq}(H_2)/p^{\ominus}]}{[p^{eq}(CO)/p^{\ominus}][p^{eq}(H_2O)/p^{\ominus}]}=K^{\ominus}$$

所以，平衡不移动。

又如 $$N_2O_4(g)\Longrightarrow 2NO_2(g)$$

当压力增大为 n 倍时，其反应商为

$$Q=\frac{[np^{eq}(NO_2)/p^{\ominus}]^2}{[np^{eq}(N_2O_4)/p^{\ominus}]}=\frac{n[p^{eq}(NO_2)/p^{\ominus}]^2}{[p^{eq}(N_2O_4)/p^{\ominus}]}>K^{\ominus}$$

所以，平衡逆向移动。

再如 $$N_2(g)+3H_2(g)\Longrightarrow 2NH_3(g)$$

$$Q=\frac{[np^{eq}(NH_3)/p^{\ominus}]^2}{[np^{eq}(N_2)/p^{\ominus}][np^{eq}(H_2)/p^{\ominus}]^3}$$

$$=\frac{[p^{eq}(NH_3)/p^{\ominus}]^2}{n^2[p^{eq}(N_2)/p^{\ominus}][p^{eq}(H_2)/p^{\ominus}]^3}<K^{\ominus}$$

所以，平衡正向移动。

由此可见，对处于平衡状态的气体反应来说，增大压力，平衡向气体分子数减少的方向移动；反之，减小压力，则平衡向气体分子数增多的方向移动。

3. 温度的影响 前面讨论的浓度或压力对化学平衡的影响，是由于浓度或压力的改变，使反应商大于或小于 $K^{\ominus}$ 值，从而造成了平衡的移动，这种移动直到再次达到平衡即达到 $K^{\ominus}$ 值为止。在恒温下，改变浓度或压力，$K^{\ominus}$ 值不会发生改变（假定各种气体都是理想气体）。温度对化学平衡的影响则是通过 $K^{\ominus}$ 值改变，从而使平衡发生移动。

若可逆反应的正反应是吸热反应，升高温度时，平衡常数 $K^{\ominus}$ 值就会变大；若正反应为放热反应，升高温度时，平衡常数 $K^{\ominus}$ 值变小，见表1-3、表1-2。因此，升高温度平衡向吸热方向移动，降低温度则平衡向放热方向移动。

总结平衡移动的规律性，法国著名科学家吕·查德里（Le Chatelier）提出了平衡移动原理：若对处于平衡状态的可逆反应，施加某种影响（如改变浓度、压力、温度等条件），则平衡就会向着削弱这种影响的方向移动。

最后应指出的是催化剂的使用。催化剂可以增大反应速率，但正反应速率与逆反应速率以相同的倍数增大，从而加快了到达平衡的时间，而平衡不发生移动。

第三节　水溶液中的离子平衡

化学平衡的基本原理，应用于许多方面。大量的溶液反应特别是与离子有关的反应，也存在着离子平衡问题。水溶液中的离子平衡表现在几个方面：弱电解质的解离平衡、配合物的配位平衡、难溶电解质的沉淀溶解平衡。

一、酸碱质子理论

酸碱反应是一类重要的化学反应，有十分广泛的应用。人类对酸碱的认识，也经历了一个由浅入深、逐步发展的历史过程。1884 年，瑞典科学家阿仑尼乌斯（S. A. Arrhenius）提出酸碱电离理论。他提出，酸是在水溶液中解离只生成 H^+ 一种正离子的物质；碱是在水溶液中解离只生成 OH^- 一种负离子的物质；酸与碱作用生成盐和水的反应称为中和反应。这一理论的提出，对化学科学的发展起了很大的作用，至今还在广泛应用。但是，这一理论并不完善，有其局限性，它把酸碱局限于水溶液，而对非水溶液中的酸碱性问题无法解释。它把碱仅看作是解离出 OH^- 的氢氧化物，而对氨水显碱性则无法解释。为此，后来又提出了酸碱质子理论（proton theory of acid-base）、酸碱电子理论（electron theory of acid-base），扩大了酸碱的范围，更新了酸碱的概念。这里我们仅介绍酸碱质子理论。

1923 年，布朗斯特（J. N. Bronsted）和劳莱（T. M. Lowry）提出了质子理论。质子理论认为，凡是能给出质子（H^+）的物质都是酸；凡是能接受质子（H^+）的物质都是碱。酸和碱并不限于分子，可以是正离子或负离子。酸给出质子后生成碱，碱接受质子后生成酸。如：

$$HCl(aq) \Longrightarrow Cl^-(aq) + H^+(aq)$$
$$NH_4^+(aq) \Longrightarrow NH_3(aq) + H^+(aq)$$
$$H_2PO_4^-(aq) \Longrightarrow HPO_4^{2-}(aq) + H^+(aq)$$

HCl、NH_4^+、$H_2PO_4^-$ 都能给出质子，所以它们都是酸。由此可见，酸可以是分子、正离子或负离子。

酸给出质子的过程是可逆的，酸给出质子后余下的部分 Cl^-，NH_3，HPO_4^{2-} 都能接受质子，它们都是碱，所以，碱也可以是分子或离子。

酸与对应的碱存在如下的相互依赖关系：

$$酸 = 质子 + 碱$$

这种相互依存、相互转化的关系叫做酸碱的共轭关系。酸失去质子后形成的碱叫做酸的共轭碱；碱结合质子后形成的酸叫做碱的共轭酸。

质子理论认为，酸碱反应就是质子转移的反应。如：

氨与水的反应　　　　$NH_3 + H_2O \Longrightarrow NH_4^+ + OH^-$

NaAc 水解　　　　　$Ac^- + H_2O \Longrightarrow HAc + OH^-$

HCl（g）与 NH_3（g）反应

$$HCl + NH_3 \Longrightarrow NH_4^+ + Cl^-$$

非水溶剂中液氨自解离

$$NH_3 + NH_3 \rightleftharpoons NH_4^+ + NH_2^-$$

酸碱质子理论，扩大了酸碱的含义和酸碱反应的范围，加深了人们对酸碱的认识，解释了一些用电离理论难以解释的问题。但是，这一理论仅限于质子的授受，而对于没有质子参与的反应无法说明。

二、一元弱酸、弱碱的解离平衡

（一）一元弱酸、弱碱的解离常数及其表达式

在水溶液中仅能部分解离的电解质称为弱电解质，弱电解质在水溶液中存在的平衡称为弱电解质的解离平衡（dissociation equilibrium）。弱酸、弱碱均为弱电解质，只能解离出一个 H^+ 的弱酸分子为一元弱酸，如 $HAc(CH_3COOH)$；只能解离出一个 OH^- 的弱碱分子为一元弱碱，如 $NH_3 \cdot H_2O$。

一元弱酸在水溶液中存在下列解离平衡

一般式为 $$HA + H_2O \rightleftharpoons H_3O^+ + A^-$$

常简写为 $$HA \rightleftharpoons H^+ + A^-$$

根据平衡原理，有如下关系：

$$K_a^\ominus = \frac{[c^{eq}(H^+)/c^\ominus][c^{eq}(A^-)/c^\ominus]}{c^{eq}(HA)/c^\ominus} \tag{1-16}$$

式 (1-16) 为弱酸的解离平衡表达式，$K_a^\ominus$ 称为弱酸的解离平衡常数。因为标准态浓度 $c^\ominus = 1.0 \text{mol} \cdot L^{-1}$，上式可以简化为

$$K_a^\ominus = \frac{[c^{eq}(H^+)][c^{eq}(A^-)]}{c^{eq}(HA)} \tag{1-17}$$

应当注意浓度 c 是有量纲的，在表达式中浓度 c 必须以 $\text{mol} \cdot L^{-1}$ 为单位代入。

一元弱碱在水溶液中存在下列解离平衡

一般式为 $$BOH \rightleftharpoons B^+ + OH^-$$

根据平衡原理，有如下关系

$$K_b^\ominus = \frac{[c^{eq}(B^+)/c^\ominus][c^{eq}(OH^-)/c^\ominus]}{c^{eq}(BOH)/c^\ominus} \tag{1-18}$$

式 (1-18) 为弱碱的解离平衡表达式，$K_b^\ominus$ 称为弱碱的解离平衡常数。其式可简化为

$$K_b^\ominus = \frac{[c^{eq}(B^+)][c^{eq}(OH^-)]}{c^{eq}(BOH)} \tag{1-19}$$

同样浓度 c 必须以 $\text{mol} \cdot L^{-1}$ 为单位代入。

解离常数具有平衡常数的一般属性，它与解离平衡系统中各组分浓度无关，其值大小反映了弱酸、弱碱解离能力的大小。通常，弱酸、弱碱的 $K^\ominus$ 在 $10^{-4} \sim 10^{-7}$ 之间，中强酸、中强碱的 $K^\ominus$ 在 $10^{-1} \sim 10^{-4}$ 之间，而 $K^\ominus < 10^{-7}$ 的则称为极弱酸、极弱碱。

一些常见的弱酸、弱碱的解离平衡常数可从手册或本书后附录一中查出。利用解离平衡常数可以计算溶液各平衡组分的浓度、解离度及溶液的 pH 值。

（二）一元弱酸、弱碱的解离平衡的计算

设 HA 浓度为 $c_{酸}$，解离度为 α，x 为 H^+ 的平衡浓度，对于反应

$$HA \rightleftharpoons H^+ + A^-$$

平衡浓度 $\qquad\qquad c_{酸} - x \qquad x \qquad x$

根据式 (1-17) 有

$$K_a^{\ominus}=\frac{[c^{eq}(H^+)][c^{eq}(A^-)]}{c^{eq}(HA)}=\frac{x^2}{c_{酸}-x}$$

当 $c_{酸}/K_a^{\ominus}>400$ 或解离度 $\alpha<5\%$ 时，可做近似计算 $c_{酸}-x\approx c_{酸}$，则

$$K_a^{\ominus}\approx\frac{x^2}{c_{酸}}$$

$$x\approx\sqrt{K_a^{\ominus}c_{酸}}$$

则
$$c^{eq}(H^+)\approx\sqrt{K_a^{\ominus}c_{酸}} \tag{1-20}$$

因为
$$\alpha=c(H^+)/c_{酸}$$

所以
$$\alpha\approx\sqrt{\frac{K_a^{\ominus}}{c_{酸}}} \tag{1-21}$$

式 (1-20)、式 (1-21) 为一元弱酸的近似计算公式。式 (1-21) 表明，溶液的解离度与一元弱酸浓度的平方根成反比，即浓度越稀，解离度越大，这个关系称为稀释定律。

同理可得一元弱碱的近似计算公式为

$$c^{eq}(OH^-)\approx\sqrt{K_b^{\ominus}c_{碱}} \tag{1-22}$$

$$\alpha\approx\sqrt{\frac{K_b^{\ominus}}{c_{碱}}} \tag{1-23}$$

[例题 1-4] 已知 HAc 的 $K_a^{\ominus}=1.75\times10^{-5}$(298K)，计算 $0.10\ mol\cdot L^{-1}$ HAc 溶液的 $c(H^+)$、pH 值和 HAc 的解离度。

解
$$HAc\Longrightarrow H^++Ac^-$$
$$c_{酸}=0.10mol\cdot L^{-1}$$

因为
$$c_{酸}/K_a^{\ominus}>400$$

所以可利用式 (1-20) 进行计算

$$\begin{aligned}
c^{eq}(H^+)&\approx\sqrt{K_a^{\ominus}c_{酸}}\\
&=\sqrt{1.75\times10^{-5}\times0.10}\\
&=1.3\times10^{-3}(mol\cdot L^{-1})
\end{aligned}$$

$$pH=-\lg c(H^+)=-\lg(1.3\times10^{-3})=2.89$$

HAc 的解离度
$$\alpha=\frac{1.3\times10^{-3}}{0.10}\times100\%=1.3\%$$

(三) 同离子效应与缓冲溶液

1. 同离子效应 根据平衡原理，增加生成物浓度就会使平衡向逆反应方向移动，如在 HAc 溶液中加入 NaAc

$$HAc\Longrightarrow H^++Ac^-$$
$$NaAc\Longrightarrow Na^++Ac^-$$

由于 Ac^- 离子浓度的增大，平衡会向逆反应方向移动，从而使 HAc 的解离度降低。同样，如果在氨水中加入 NH_4Cl

$$NH_3\cdot H_2O\Longrightarrow NH_4^++OH^-$$
$$NH_4Cl\Longrightarrow NH_4^++Cl^-$$

平衡也会向逆反应方向移动，使氨水的解离度降低。

由此得出，在弱电解质溶液中，加入与弱电解质具有相同离子的电解质时，可使弱电解质的解离度降低，这种效应称作同离子效应 (common ion effect)。

2. **缓冲溶液** 实验证明，弱酸及其盐或弱碱及其盐组成的混合溶液，如 HAc 与 NaAc 的混合溶液、氨水与 NH_4Cl 的混合溶液，都有一种能抵抗外来少量酸碱，而保持溶液 pH 值基本不变的作用。具有这种作用的溶液，称作缓冲溶液（buffer solution）。

缓冲溶液的这种特殊作用，通过下列计算可以具体说明。

如果在 90mL，pH＝7.00 的纯水中，加入 10mL $0.010 mol \cdot L^{-1}$ 的 HCl 溶液，溶液的 $c(H^+)$ 为

$$c(H^+)=0.010\times\frac{10}{90+10}=1.0\times10^{-3}(mol \cdot L^{-1})$$

$$pH=-lg(1.0\times10^{-3})=3.00$$

pH 值变化 7.00→3.00

如果在 90mL，pH＝7.00 的纯水中，加入 10mL $0.010 mol \cdot L^{-1}$ 的 NaOH 溶液，溶液的 $c(OH^-)$ 为

$$c(OH^-)=0.010\times\frac{10}{90+10}=1.0\times10^{-3}(mol \cdot L^{-1})$$

$$pH=14.00-[-lg(1.0\times10^{-3})]=11.00$$

pH 值变化：7.00→11.00

上述两种情况，pH 值的变化都很大，是 4 个 pH 值单位。

如果在缓冲溶液中加入酸碱，情况就不同了。若在 $0.10 mol \cdot L^{-1}$ 的 HAc 溶液中，加入固体的 NaAc 并使其浓度达到 $0.10 mol \cdot L^{-1}$，此种混合液的浓度可表示为 $0.10 mol \cdot L^{-1}$ HAc-$0.10 mol \cdot L^{-1}$ NaAc。

［例题 1-5］ 计算 $0.10 mol \cdot L^{-1}$ HAc-$0.10 mol \cdot L^{-1}$ NaAc 缓冲溶液的 pH 值。

解 设缓冲溶液中 H^+ 浓度为 x $mol \cdot L^{-1}$

$$HAc \rightleftharpoons H^+ + Ac^-$$

$c^{eq}/mol \cdot L^{-1}$ $0.10-x$ x $0.10+x$

≈ 0.10 ≈ 0.10

根据式（1-17），得

$$K_{HAc}^{\ominus}=\frac{c(H^+)c(Ac^-)}{c(HAc)}$$

$$=\frac{0.10x}{0.10}=1.75\times10^{-5}$$

$$x=\frac{0.10}{0.10}\times1.75\times10^{-5}$$

$$=1.75\times10^{-5}(mol \cdot L^{-1})$$

$$pH=-lg(1.75\times10^{-5})=4.757$$

从以上计算中可得出近似计算公式

$$c(H^+)\approx K_a^{\ominus}\frac{c_{酸}}{c_{盐}} \tag{1-24}$$

此公式为弱酸-弱酸盐组成的缓冲溶液中 $c(H^+)$ 的近似计算公式。若弱碱-弱碱盐组成的缓冲溶液，则

$$c(OH^-)\approx K_b^{\ominus}\frac{c_{碱}}{c_{盐}} \tag{1-25}$$

缓冲溶液 pH 值的计算公式为

$$pH \approx pK_a^{\ominus} - lg\frac{c_{酸}}{c_{盐}} \tag{1-26}$$

$$pOH \approx pK_b^{\ominus} - lg\frac{c_{碱}}{c_{盐}}$$

$$pH \approx 14.00 - pK_b^{\ominus} + lg\frac{c_{碱}}{c_{盐}} \tag{1-27}$$

[例题 1-6] 若在 90mL 0.10mol·L^{-1} HAc-0.10mol·L^{-1} NaAc 缓冲溶液中，加入 10mL 0.010mol·L^{-1}的 HCl 溶液后，溶液的 pH 值是多少？

解 混合后的起始浓度为

$$c(HAc) = c(NaAc) = 0.10 \times \frac{90}{90+10}$$

$$= 0.090(mol·L^{-1})$$

$$c(HCl) = 0.010 \times \frac{10}{90+10}$$

$$= 0.0010(mol·L^{-1})$$

因为缓冲溶液中有大量的 Ac$^-$，加入的 H$^+$（0.0010mol·L^{-1}）基本上都与 Ac$^-$结合生成 HAc 分子。

则

$$c(HAc) = 0.090 + 0.0010$$

$$= 0.091(mol·L^{-1})$$

即

$$c_{酸} = 0.091(mol·L^{-1})$$

$$c(Ac^-) = 0.090 - 0.0010$$

$$= 0.089 \ (mol·L^{-1})$$

即

$$c_{盐} = 0.089(mol·L^{-1})$$

根据式（1-24），得

$$c(H^+) \approx K_{HAc}^{\ominus}\frac{c(HAc)}{c(Ac^-)} = 1.75 \times 10^{-5} \times \frac{0.091}{0.089}$$

$$= 1.79 \times 10^{-5}(mol·L^{-1})$$

$$pH = -lg(1.79 \times 10^{-5})$$

$$= 4.747$$

pH 值变化 4.757→4.747

同理可以计算出，若在 90mL 上述缓冲溶液中，加入 10mL 0.010mol·L^{-1}的 NaOH 溶液，由于加入的 OH$^-$与 H$^+$结合，使下列平衡正向移动：

$$HAc \Longrightarrow H^+ + Ac^-$$

结果是 $c(HAc)$ 减少至 0.089mol·L^{-1}，而 $c(Ac^-)$ 增加至 0.091mol·L^{-1}。

$$c(H^+) \approx 1.75 \times 10^{-5} \times \frac{0.089}{0.091}$$

$$= 1.71 \times 10^{-5}(mol·L^{-1})$$

$$pH = -lg(1.71 \times 10^{-5})$$

$$= 4.767$$

pH 值变化 4.757→4.767

上述两种情况，pH 值的变化只有 0.01，可以认为基本不变。

通过以上的计算，就可以看出缓冲作用的原理，即在 HAc-NaAc 的混合溶液中，含有

大量的 Ac^- 和 HAc。当有 H^+ 加入时，Ac^- 与之结合为 HAc，维持 HAc 的解离平衡；当有 OH^- 加入时，H^+ 与 OH^- 结合为 H_2O，而 HAc 又不断解离补充消耗的 H^+，维持 HAc 的解离平衡。缓冲溶液中的 Ac^- 起到抗酸的作用，而 HAc 起到抗碱的作用。

$$NaAc \rightleftharpoons Na^+ + Ac^-$$

$$HAc \rightleftharpoons H^+ + Ac^-$$

（抗碱成分） + （抗酸成分）

$$\overset{\displaystyle OH^-}{\underset{\displaystyle H_2O}{\shortmid}}$$

显然，当加入大量的强酸或强碱，溶液中的弱酸及弱酸盐或弱碱及弱碱盐的某一种成分消耗将尽时，缓冲溶液就失去了缓冲能力，所以，缓冲溶液的缓冲能力是有一定限度的。

缓冲溶液的弱酸与弱酸盐或弱碱与弱碱盐称为缓冲对。根据缓冲原理，一些多元弱酸盐及其次级盐也可组成缓冲对。例如

弱酸-弱酸盐

HAc-NaAc $NaHCO_3$-Na_2CO_3

H_2CO_3-$NaHCO_3$ NaH_2PO_4-Na_2HPO_4

3. 缓冲溶液的应用和选择　　缓冲溶液在工业、农业、生物学等方面应用很广。例如，在硅半导体器件的生产过程中，需要用氢氟酸腐蚀以去除硅片表面没用胶膜保护的那部分氧化膜 SiO_2，反应为

$$SiO_2 + 6HF \rightleftharpoons H_2[SiF_6] + 2H_2O$$

如果单独用 HF 溶液作腐蚀液，水合 H^+ 浓度太大，而且随着反应的进行水合 H^+ 浓度会发生变化，即 pH 值不稳定，造成腐蚀的不均匀。因此需要应用 HF 和 NH_4F 的混合溶液进行腐蚀，才能达到工艺的要求。又如，金属器件进行电镀时的电镀液中，常用缓冲溶液来控制一定的 pH 值。在土壤中，由于含有 H_2CO_3-$NaHCO_3$ 和 NaH_2PO_4-Na_2HPO_4 以及其他有机弱酸及其共轭碱所组成的复杂的缓冲系统，能使土壤维持一定的 pH 值，从而保证了植物的正常生长。人体的血液也依赖 H_2CO_3-$NaHCO_3$ 等所形成的缓冲系统以维持 pH 值在 7.4 附近。如果酸碱度突然发生改变，就会引起"酸中毒"或"碱中毒"，当 pH 值的变化超过 0.5 时，就可能会导致生命危险。

在实际工作中常会遇到缓冲溶液的选择问题。从式(1-26) 可以看出，缓冲溶液的 pH 值取决于缓冲对中的 $K_a^\ominus$ 值以及缓冲对的两种物质的浓度。缓冲对中任一种物质的浓度过小都会使溶液丧失缓冲能力，因此两者浓度之比值最好趋近于 1。若 $c_{酸} = c_{盐}$，则 $c(H^+) = K_a^\ominus$，$pH = pK_a^\ominus$。所以，在选择具有一定 pH 值的缓冲溶液时，应当选用 $pK_a^\ominus$ 接近或等于该 pH 值的弱酸与其相应的弱酸盐的混合溶液。例如，如果需要 pH＝5 左右的缓冲溶液，选用 HAc 与 NaAc 的混合溶液比较适宜，因为 HAc 的 $pK_a^\ominus$ 等于 4.757，与所需的 pH 值接近。同样，需要 pH＝9、pH＝7 左右的缓冲溶液，则可以分别选用氨水与 NH_4Cl、NaH_2PO_4 与 Na_2HPO_4 的混合溶液。表 1-4 列出了常用缓冲溶液及其 pH 值范围。

4. 有关缓冲溶液的计算

［例题 1-7］　现有 125mL 浓度为 $1.00mol \cdot L^{-1}$ 的 NaAc 溶液，欲配制 250mL pH＝5.00 的缓冲溶液，问需加浓度 $6.00mol \cdot L^{-1}$ 的 HAc 溶液多少 mL？

解　pH＝5.00，即 $c(H^+) = 1.00 \times 10^{-5} mol \cdot L^{-1}$

表 1-4 常用缓冲溶液及其 pH 值范围

pH 值范围	组 成		$pK_a^{\ominus}$
	酸性组分	碱性组分	
2.8~4.6	甲酸($HCOOH$)	甲酸钠($NaCOOH$)	3.75
3.4~5.1	苯乙酸($C_6H_5CH_2COOH$)	苯乙酸钠($C_6H_5CH_2COONa$)	4.31
3.7~5.6	醋酸(HAc)	醋酸钠($NaAc$)	4.76
5.9~8.0	磷酸二氢钠(NaH_2PO_4)	磷酸氢二钠(Na_2HPO_4)	7.21
7.8~10.0	硼酸(H_3BO_3)	硼酸钠(NaH_2BO_3)	9.27
8.3~10.2	氯化铵(NH_4Cl)	氨(NH_3)	9.26
9.6~11.0	碳酸氢钠($NaHCO_3$)	碳酸钠(Na_2CO_3)	10.33

设所需 HAc 溶液为 x mL

根据 $c(H^+) \approx K_a^{\ominus} \dfrac{c_{酸}}{c_{盐}}$，则

$$1.00 \times 10^{-5} = 1.75 \times 10^{-5} \times \frac{6.00x}{250} \bigg/ \left(\frac{1.00 \times 125}{250} \right)$$

$$x = 11.9 (\text{mL})$$

[**例题 1-8**] 50mL $0.10\,\text{mol} \cdot \text{L}^{-1}$ 的某一元弱酸 HA 溶液与 20mL $0.10\,\text{mol} \cdot \text{L}^{-1}$ 的 KOH 溶液混合，并加水稀释至 100mL，测得此溶液的 pH = 5.25，求此一元弱酸的解离常数。

解 混合后发生化学反应

$$HA + KOH \Longrightarrow KA + H_2O$$

从已知条件可知，KOH 完全反应生成 KA 后，仍有过量的 HA，故形成 HA-KA 缓冲溶液。

$$c(HA) = \frac{(0.10 \times 50) - (0.10 \times 20)}{100} = 0.030 (\text{mol} \cdot \text{L}^{-1})$$

$$c(KA) = \frac{0.10 \times 20}{100} = 0.020 (\text{mol} \cdot \text{L}^{-1})$$

已知 $\qquad\qquad$ pH = 5.25，$-\lg c(H^+) = 5.25$

则 $\qquad\qquad c(H^+) = 5.6 \times 10^{-6} (\text{mol} \cdot \text{L}^{-1})$

据 $\qquad\qquad c(H^+) \approx K_a^{\ominus} \dfrac{c_{酸}}{c_{盐}}$

$$K_a^{\ominus} \approx c(H^+) \frac{c_{盐}}{c_{酸}} = 5.6 \times 10^{-6} \times \frac{0.020}{0.030} = 3.7 \times 10^{-6}$$

第四节 配 位 平 衡

溶液中的均相离子平衡，除弱酸、弱碱的解离平衡以外还有一种配位平衡，即配合物在溶液中的解离平衡。在讨论配位平衡之前，首先介绍一下配合物的组成。

一、配合物的组成

由中心离子或中心原子与一定数目的分子或负离子以配位键相结合所形成的物质叫作配位化合物（coordination compounds），简称配合物。

中心离子（或原子）处于配合物中心位置，与之结合的分子或负离子是配位体（如 NH_3，CN^-）。配位体中与中心离子（或原子）成键的原子（如 NH_3 分子中的 N）称配位原子，与中心离子（或原子）成键的配位原子数称配位数。例如

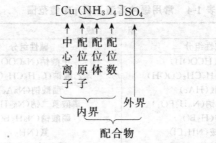

在 $[Cu(NH_3)_4]SO_4$ 中，Cu^{2+} 与 NH_3 以配位键结合形成配离子 $[Cu(NH_3)_4]^{2+}$，是配合物的内界，配离子 $[Cu(NH_3)_4]^{2+}$ 与 SO_4^{2-} 以离子键结合，SO_4^{2-} 是配合物的外界。配离子可以是正离子，也可以是负离子。

配合物的种类较多，主要有以下两类。

1. 简单配合物　只含一个中心离子而且每个配位体中只有一个配位原子成键。在这种配合物中，配位体数＝配位原子数＝配位数。

2. 螯合物　又称内配合物，它所含的每个配位体至少含有两个或两个以上的配位原子成键，形成环形结构。显然，在螯合物中配位数大于配位体数。如二乙二胺合铜（Ⅱ），其中乙二胺是配位体，可用符号 en 表示，其结构式为

$$\begin{array}{ccccc} & & H & H & \\ & & | & | & \\ H-\dot{N}-&C-&C-&\dot{N}-&H \\ & | & | & | & | \\ & H & H & H & H \end{array}$$

每一个乙二胺分子有两个 N 原子与中心离子 Cu^{2+} 形成配位键，二乙二胺合铜（Ⅱ）$[Cu(en)_2]^{2+}$ 的结构为

$$\left(\begin{array}{ccc} H_2C-H_2N & & NH_2-CH_2 \\ & \diagdown Cu^{2+}\diagup & \\ H_2C-H_2N & & NH_2-CH_2 \end{array}\right)^{2+}$$

在 $[Cu(en)_2]^{2+}$ 中，有两个五元环（每个环连结 5 个原子），其配位体数是 2，配位数是 4。

能形成螯合物的配位体（也称螯合剂）还有许多，常用的如乙二胺四乙酸的酸根离子

$$\begin{array}{ccc} {}^-\ddot{O}OC-H_2C & & CH_2-CO\ddot{O}^- \\ & \diagdown \dot{N}-CH_2-CH_2-\dot{N}\diagup & \\ {}^-\ddot{O}OC-H_2C & & CH_2-CO\ddot{O}^- \end{array}$$

乙二胺四乙酸常用 H_4Y 表示，符号 EDTA。从其酸根 Y^{4-} 结构可以看出，它有 6 个可成键的配位原子，若与 Ca^{2+} 形成螯合物 $[CaY]^{2-}$，其配位体数是 1，配位数是 6，是有五个五元环的结构。由于螯合物都具有环状结构，所以，它比一般配合物更稳定。$[CaY]^{2-}$ 的结构如下

二、配位平衡

在溶液中，当某种金属离子与配位体形成配离子的时候，配离子也会有少量的解离。溶液中配离子的形成与解离之间的平衡，称为配位平衡。例如

$$Ag^+ + 2NH_3 \rightleftharpoons [Ag(NH_3)_2]^+$$

平衡时，

$$K_\text{稳}^\ominus = \frac{c^\text{eq}\{[Ag(NH_3)_2]^+\}/c^\ominus}{[c^\text{eq}(Ag^+)/c^\ominus][c^\text{eq}(NH_3)/c^\ominus]^2}$$

简化为

$$K_\text{稳}^\ominus = \frac{c^\text{eq}\{[Ag(NH_3)_2]^+\}}{[c^\text{eq}(Ag^+)][c^\text{eq}(NH_3)]^2} \tag{1-28}$$

平衡常数 $K_\text{稳}^\ominus$ 称为配离子的稳定常数，对于组成类型相同的配离子来说，$K_\text{稳}^\ominus$ 越大，配离子越稳定。

若上述平衡式写作

$$[Ag(NH_3)_2]^+ \rightleftharpoons Ag^+ + 2NH_3$$

则

$$K_\text{不稳}^\ominus = \frac{[c^\text{eq}(Ag^+)/c^\ominus][c^\text{eq}(NH_3)/c^\ominus]^2}{c^\text{eq}\{[Ag(NH_3)_2]^+\}/c^\ominus}$$

简化为

$$K_\text{不稳}^\ominus = \frac{[c^\text{eq}(Ag^+)][c^\text{eq}(NH_3)]^2}{c^\text{eq}\{[Ag(NH_3)_2]^+\}} \tag{1-29}$$

$K_\text{不稳}^\ominus$ 称为配离子的不稳定常数，与 $K_\text{稳}^\ominus$ 互为倒数

$$K_\text{不稳}^\ominus = \frac{1}{K_\text{稳}^\ominus}$$

[例题 1-9]　将 $0.010mol$ 的 $AgNO_3$ 固体，溶于 $1.0L$ 浓度为 $0.030mol \cdot L^{-1}$ 的氨水中，求溶液中 $c(Ag^+)$、$c(NH_3)$、$c\{[Ag(NH_3)_2]^+\}$ 各是多少（$K_\text{稳}^\ominus = 1.7 \times 10^7$）？

解　设 $c(Ag^+)$ 为 x mol $\cdot$ L^{-1}

	Ag^+	$+$	$2NH_3$	$\rightleftharpoons$	$[Ag(NH_3)_2]^+$
$c_\text{始}/(mol \cdot L^{-1})$	0.010		0.030		0
$c_\text{平}/(mol \cdot L^{-1})$	x		$0.030-2(0.010-x)$		$0.010-x$
			≈ 0.010		≈ 0.010

$$K_\text{稳}^\ominus = \frac{c\{[Ag(NH_3)_2]^+\}}{c(Ag^+)[c(NH_3)]^2} = \frac{0.010}{x(0.010)^2} = 1.7 \times 10^7$$

则

$$x = 5.9 \times 10^{-6} (mol \cdot L^{-1})$$

$$c(Ag^+) = 5.9 \times 10^{-6} mol \cdot L^{-1}$$

$$c(NH_3) = 0.010 mol \cdot L^{-1}$$

$$c\{[Ag(NH_3)_2]^+\} = 0.010 mol \cdot L^{-1}$$

应当注意，在上题计算中设的 x 应是平衡组分中的极小量，只有这样 $c-x \approx c$，方可做近似计算，若设 x 为 $c\{[Ag(NH_3)_2]^+\}$，则不可做近似计算，应解一元二次方程。

第五节　沉淀-溶解平衡

在难溶电解质固体的饱和溶液中，存在着固体与由它解离的离子间的平衡，这是一种多

相离子平衡，常称为沉淀-溶解平衡（precipitation-dissolution equilibrium）。

一、溶度积与溶解度

沉淀溶解平衡如同其他平衡一样，也存在着平衡常数。如

$$AgCl(s) \underset{沉淀}{\overset{溶解}{\rightleftharpoons}} Ag^+ + Cl^-$$

（未溶解固体）　　　（溶液中离子）

即
$$K_{sp}^{\ominus} = [c^{eq}(Ag^+)/c^{\ominus}][c^{eq}(Cl^-)/c^{\ominus}] = 1.77 \times 10^{-10}$$

此式表明：难溶电解质的饱和溶液中，当温度一定时，其离子浓度的乘积为一个常数，这个平衡常数 $K_{sp}^{\ominus}$ 称为溶度积常数，简称溶度积（solubility product）。

对于任意一种难溶电解质，如果在一定温度下建立沉淀-溶解平衡，都应遵循溶度积常数的表达式。即

$$A_nB_m(s) = nA^{m+} + mB^{n-}$$

则
$$K_{sp}^{\ominus} = [c^{eq}(A^{m+})/c^{\ominus}]^n [c^{eq}(B^{n-})/c^{\ominus}]^m \qquad (1\text{-}30)$$

简化为
$$K_{sp}^{\ominus} = [c^{eq}(A^{m+})]^n [c^{eq}(B^{n-})]^m \qquad (1\text{-}31)$$

在一定温度下，对于一个难溶电解质 $K_{sp}^{\ominus}$ 为一个定值；$K_{sp}^{\ominus}$ 的大小反映了难溶电解质溶解程度的大小；组成类型相同的难溶电解质，$K_{sp}^{\ominus}$ 越大其溶解度也越大。但类型不同的难溶电解质，其 $K_{sp}^{\ominus}$ 值大小顺序和溶解度大小顺序不一定完全一致。

这里的溶解度是指摩尔溶解度（S），即 1L 饱和溶液中所溶解溶质的物质的量，单位是 $mol \cdot L^{-1}$。从表 1-5 的数据可以看出，类型不同的 AgCl 和 Ag_2CrO_4，其 $K_{sp}^{\ominus}$ 大小的顺序与溶解度（S）大小顺序是不一致的。

表 1-5　一些难溶电解质的溶度积与溶解度（298K）

类　型	化学式	溶度积 $K_{sp}^{\ominus}$	溶解度 $S/(mol \cdot L^{-1})$
	AgI	8.52×10^{-17}	9.1×10^{-8}
AB 型	AgBr	5.35×10^{-13}	7.1×10^{-7}
	AgCl	1.77×10^{-10}	1.3×10^{-5}
A_2B 型	Ag_2CrO_4	1.12×10^{-12}	6.5×10^{-5}
AB_2 型	CaF_2	3.45×10^{-11}	2.1×10^{-4}

1. AB 型　如 AgCl，设溶解度为 S mol · L^{-1}

$$AgCl(s) \rightleftharpoons Ag^+ + Cl^-$$

$c^{eq}/(mol \cdot L^{-1})$ 　　　　　　　　　　　S　　S

$$K_{sp}^{\ominus} = [c^{eq}(Ag^+)][c^{eq}(Cl^-)] = S^2$$

则
$$S = \sqrt{K_{sp}^{\ominus}}$$

2. A_2B 型（或 AB_2 型）　如 Ag_2CrO_4，设溶解度为 S mol · L^{-1}

$$Ag_2CrO_4(s) \rightleftharpoons 2Ag^+ + CrO_4^{2-}$$

$c^{eq}/(mol \cdot L^{-1})$ 　　　　　　　　　　$2S$　　S

$$K_{sp}^{\ominus} = [c^{eq}(Ag^+)]^2 [c^{eq}(CrO_4^{2-})] = (2S)^2 S = 4S^3$$

则
$$S = \sqrt[3]{\frac{K_{sp}^{\ominus}}{4}}$$

利用上述的关系式，可以进行溶度积与溶解度的换算。但是应该指出溶度积和溶解度在

应用上也是有区别的，溶解度是指物质在纯水中溶解形成饱和溶液时，单位体积溶液中溶质的量，若将 AgCl 溶在 NaCl 溶液中而不是纯水中，由于 Cl^- 的存在会产生同离子效应，致使溶解度降低。但在这种情况下，平衡常数 $K_{sp}^{\ominus}$ 是不会因 Cl^- 浓度的改变而改变。只要温度不变，在达到平衡状态时，$c^{eq}(Ag^+)$ 与 $c^{eq}(Cl^-)$ 的乘积仍为 $K_{sp}^{\ominus}$。

　　[例题 1-10]　已知某温度下 AgCl(s) 的 $K_{sp}^{\ominus}=1.77\times10^{-10}$，计算此温度下：(1) AgCl 在纯水中的溶解度；(2) 在 $0.010mol\cdot L^{-1}$ 的 NaCl 溶液中，AgCl 的溶解度。

　　解　(1) 代入关系式
$$S_1=\sqrt{K_{sp}^{\ominus}}=\sqrt{1.77\times10^{-10}}=1.3\times10^{-5}(mol\cdot L^{-1})$$

(2)
$$NaCl \Longrightarrow Na^+ \ + \ Cl^-$$
$$AgCl(s) \Longrightarrow Ag^+ \ + \ Cl^-$$

$c^{eq}/mol\cdot L^{-1}$　　　　　　　　　　　　　　S_2　　$0.010+S_2\approx0.010$

$$K_{sp}^{\ominus}=c^{eq}(Ag^+)\cdot c^{eq}(Cl^-)=0.010S_2=1.77\times10^{-10}$$

则
$$S_2=1.77\times10^{-8} \ (mol\cdot L^{-1})$$

二、溶度积规则

任意浓度的离子积，可看做反应商。对于难溶电解质 A_nB_m 来说，反应商 Q 为
$$Q=[c(A^{m+})/c^{\ominus}]^n[c(B^{n-})/c^{\ominus}]^m$$

若　　$Q>K_{sp}^{\ominus}$　则生成沉淀（直至溶液达到饱和）；

　　　　$Q<K_{sp}^{\ominus}$　则不生成沉淀（未饱和溶液）；

　　　　$Q=K_{sp}^{\ominus}$　则不生成沉淀（饱和溶液）。

以上关系就是溶度积规则 (the rule of solubility product)。应用此规则可以判断沉淀的生成和溶解。

　　[例题 1-11]　在 $10.0mL$ $0.0015mol\cdot L^{-1}$ 的 $MnSO_4$ 溶液中，加入 $5.0mL$ $0.15mol\cdot L^{-1}$ 的氨水，问能否生成 $Mn(OH)_2$ 沉淀 $[K_{sp}^{\ominus}=1.9\times10^{-13}, K_b^{\ominus}(NH_3)=1.80\times10^{-5}]$？

　　解　混合后的 $c_{始}$
$$c(MnSO_4)=0.0015\times\frac{10.0}{15.0}=0.0010(mol\cdot L^{-1})$$

$$c(NH_3)=0.15\times\frac{5.0}{15.0}=0.050(mol\cdot L^{-1})$$

溶液中的 $c(OH^-)$
$$c(OH^-)=\sqrt{K_{(NH_3)}^{\ominus}\cdot c(NH_3)}=\sqrt{1.80\times10^{-5}\times0.050}$$
$$=9.4\times10^{-4}(mol\cdot L^{-1})$$

$$Q=c(Mn^{2+})\cdot[c(OH^-)]^2=0.0010\times(9.4\times10^{-4})^2$$
$$=8.8\times10^{-10}$$

$$Q>K_{sp}^{\ominus}，生成沉淀。$$

三、溶度积规则的应用

1. 沉淀的生成

(1) 开始沉淀与沉淀完全　根据溶度积规则，当 $Q>K_{sp}^{\ominus}$ 时即可生成沉淀。开始沉淀的条件，就是看由起始浓度得出的反应商是否大于 $K_{sp}^{\ominus}$。

在溶液中，由于沉淀-溶解平衡的存在，被沉淀离子不可能完全沉淀出来。在定性分析中，当被沉淀离子的浓度小于 $1.0\times10^{-5}mol\cdot L^{-1}$ 时，就认为沉淀完全了，这是考虑到各

方面的应用情况人为的一项规定，也就是沉淀完全的条件。

[例题 1-12] 计算 $0.10mol \cdot L^{-1}$ 的 Fe^{3+} 溶液，开始生成 $Fe(OH)_3$ 沉淀与沉淀完全时的 pH 值各是多少（$K_{sp}^{\ominus} = 2.79 \times 10^{-39}$）？

解
$$Fe(OH)_3(s) \Longleftrightarrow Fe^{3+} + 3OH^-$$
$$K_{sp}^{\ominus} = c(Fe^{3+}) \cdot [c(OH^-)]^3$$

开始沉淀

$$c(OH^-) = \sqrt[3]{\frac{K_{sp}^{\ominus}}{c(Fe^{3+})}} = \sqrt[3]{\frac{2.79 \times 10^{-39}}{0.10}} = 3.0 \times 10^{-13} (mol \cdot L^{-1})$$
$$pH = 14.00 - [-lg(3.0 \times 10^{-13})] = 1.48$$

沉淀完全

$$c(OH^-) = \sqrt[3]{\frac{2.79 \times 10^{-39}}{1.0 \times 10^{-5}}} = 6.5 \times 10^{-12} (mol \cdot L^{-1})$$
$$pH = 14.00 - [-lg(6.5 \times 10^{-12})] = 2.81$$

即 pH>1.48 开始沉淀；pH≥2.81 沉淀完全。

（2）分步沉淀　当溶液中存在两种或两种以上的被沉淀离子，若逐滴加入沉淀剂时，则沉淀的生成将分步进行。这种先后沉淀的现象称为分步沉淀（fraction precipitation）。

[例题 1-13] 在浓度均为 $0.10mol \cdot L^{-1}$ 的 KCl 与 K_2CrO_4 的混合溶液中，逐滴加入 $AgNO_3$ 溶液时（引起的体积变化忽略不计），先沉淀的是 AgCl 还是 Ag_2CrO_4？当后一种沉淀析出时，前一种被沉淀离子的浓度是多少 [$K_{sp}^{\ominus}(AgCl) = 1.77 \times 10^{-10}$，$K_{sp}^{\ominus}(Ag_2CrO_4) = 1.12 \times 10^{-12}$]？

解　计算达到 $K_{sp}^{\ominus}$ 所需 $c(Ag^+)$

AgCl
$$K_{sp}^{\ominus} = c(Ag^+) \cdot c(Cl^-)$$
$$c(Ag^+) = \frac{K_{sp}^{\ominus}}{c(Cl^-)} = \frac{1.77 \times 10^{-10}}{0.10} = 1.77 \times 10^{-9} (mol \cdot L^{-1})$$

Ag_2CrO_4
$$K_{sp}^{\ominus} = [c(Ag^+)]^2 \cdot c(CrO_4^{2-})$$
$$c(Ag^+) = \sqrt{\frac{K_{sp}^{\ominus}}{c(CrO_4^{2-})}} = \sqrt{\frac{1.12 \times 10^{-12}}{0.10}} = 3.35 \times 10^{-6} (mol \cdot L^{-1})$$

计算结果表明，AgCl 开始沉淀时，所需 $c(Ag^+)$ 较小，故 AgCl 先沉淀，即先达到 $K_{sp}^{\ominus}$ 的先沉淀。

而后一种 Ag_2CrO_4 沉淀开始析出时，溶液中的 $c(Ag^+)$ 既满足 $K_{sp}^{\ominus}(AgCl)$ 又满足 $K_{sp}^{\ominus}(Ag_2CrO_4)$。$Ag_2CrO_4$ 沉淀开始析出时

$$c(Cl^-) = \frac{K_{sp}^{\ominus}(AgCl)}{c(Ag^+)} = \frac{1.77 \times 10^{-10}}{3.35 \times 10^{-6}} = 5.28 \times 10^{-5} (mol \cdot L^{-1})$$

2. 沉淀的溶解　使沉淀溶解的方法很多，主要有利用生成弱酸、弱碱和水的反应，利用生成配合物的反应，利用氧化还原反应使沉淀溶解等。概括起来，就是通过各种办法，使沉淀-溶解平衡向溶解方向移动，从而达到沉淀溶解的目的。例如

$$ZnS(s) + 2H^+ \Longleftrightarrow Zn^{2+} + H_2S$$
$$Mg(OH)_2(s) + 2NH_4^+ \Longleftrightarrow Mg^{2+} + 2NH_3 + 2H_2O$$
$$Fe(OH)_3(s) + 3H^+ \Longleftrightarrow Fe^{3+} + 3H_2O$$
$$AgCl(s) + 2NH_3 \Longleftrightarrow [Ag(NH_3)_2]^+ + Cl^-$$

使沉淀溶解所采用的方法，与难溶电解质的 $K_{sp}^{\ominus}$ 密切相关。例如，金属硫化物其 $K_{sp}^{\ominus}$ 大于 10^{-24} 的如 ZnS、FeS、NiS 等，可溶于稀盐酸；而 $K_{sp}^{\ominus}$ 小的如 CuS（$K_{sp}^{\ominus}=6\times10^{-36}$），只好利用 HNO_3 的氧化性使其溶解

$$3CuS+8HNO_3 \Longrightarrow 3Cu(NO_3)_2+3S+2NO+4H_2O$$

又如，$Mg(OH)_2$ 可溶于铵盐，但多数金属氢氧化物沉淀不溶于铵盐。再如，$AgCl$ 可在氨水中溶解，但 $K_{sp}^{\ominus}$ 更小的 AgI，却不溶于氨水。

[**例题 1-14**] 恰好溶解 $0.010mol$ $Mn(OH)_2$，需要 $1.0L$ 多大浓度的 NH_4Cl？已知 $K_{sp}^{\ominus}[Mn(OH)_2]=1.9\times10^{-13}$，$K_b^{\ominus}(NH_3 \cdot H_2O)=1.80\times10^{-5}$。

解 $Mn(OH)_2$ 溶于 NH_4Cl 的反应为

$$Mn(OH)_2(s)+2NH_4^+ \Longrightarrow Mn^{2+}+2NH_3 \cdot H_2O$$

该反应的平衡常数 $K^{\ominus}$ 可从下式中得出

$$Mn(OH)_2 \Longrightarrow Mn^{2+}+2OH^- \qquad K_{sp}^{\ominus}[Mn(OH)_2]=1.9\times10^{-13}$$

$$\underline{+)2NH_4^+ +2OH^- \Longrightarrow 2NH_3 \cdot H_2O \;[1/K_b^{\ominus}(NH_3 \cdot H_2O)]^2=[1/1.80\times10^{-5}]^2}$$

$$Mn(OH)_2(s)+2NH_4^+ \Longrightarrow Mn^{2+}+2NH_3 \cdot H_2O$$

$$K^{\ominus}=\frac{K_{sp}^{\ominus}[Mn(OH)_2]}{[K_b^{\ominus}(NH_3 \cdot H_2O)]^2}=\frac{1.9\times10^{-13}}{(1.80\times10^{-5})^2}=5.86\times10^{-4}$$

即

$$K^{\ominus}=\frac{c^{eq}(Mn^{2+})[c^{eq}(NH_3 \cdot H_2O)]^2}{[c^{eq}(NH_4^+)]^2}=5.86\times10^{-4}$$

设溶解平衡时，$c^{eq}(NH_4^+)=x$ $mol \cdot L^{-1}$

则 $c^{eq}(NH_3 \cdot H_2O)=0.020mol \cdot L^{-1}$，$c^{eq}(Mn^{2+})=0.010mol \cdot L^{-1}$

$$K^{\ominus}=\frac{0.010\times0.020^2}{x^2}=5.86\times10^{-4}$$

$$x=0.083mol \cdot L^{-1}$$

因为溶解 $0.010mol$ $Mn(OH)_2$ 需消耗 $2\times0.010mol$ NH_4^+，所以恰好溶解 $0.010mol$ $Mn(OH)_2$，需要 $1.0L$ NH_4Cl 的浓度为

$$2\times0.010+0.083=0.103 （mol \cdot L^{-1}）$$

3. 沉淀的转化 由于难溶电解质的 $K_{sp}^{\ominus}$ 有很大差异，所以，可使一种沉淀溶解转化为另一种更难溶的沉淀。我们把这种由一种沉淀转化为另一种沉淀的过程称为沉淀的转化 (inversion of precipitation)。例如，$CaSO_4$ 与 $CaCO_3$ 都是 AB 型难溶电解质，但它们的 $K_{sp}^{\ominus}$ 分别是

$$K_{sp}^{\ominus}(CaSO_4)=4.93\times10^{-5}$$

$$K_{sp}^{\ominus}(CaCO_3)=3.36\times10^{-9}$$

若用 Na_2CO_3 溶液处理 $CaSO_4$，则可使之转化成为 $CaCO_3$ 沉淀

$$CaSO_4(s)+CO_3^{2-} \Longrightarrow CaCO_3(s)+SO_4^{2-}$$

这一转化反应的平衡常数计算如下

$$CaSO_4(s) \Longrightarrow Ca^{2+}+SO_4^{2-} \qquad K_{sp}^{\ominus}(CaSO_4)$$

$$\underline{+)Ca^{2+}+CO_3^{2-} \Longrightarrow CaCO_3(s) \qquad 1/K_{sp}^{\ominus}(CaCO_3)}$$

$$CaSO_4(s)+CO_3^{2-} \Longrightarrow CaCO_3(s)+SO_4^{2-}$$

$$K^{\ominus}=\frac{K_{sp}^{\ominus}(CaSO_4)}{K_{sp}^{\ominus}(CaCO_3)}=\frac{4.93\times10^{-5}}{3.36\times10^{-9}}=1.47\times10^4$$

$K^\ominus$ 值较大，说明这一转化可以实现。这一转化反应可用于锅炉的除垢。锅炉中的 $CaSO_4$ 不溶于水也不溶于酸，很难除去，而将其转化成 $CaCO_3$ 后就可溶于酸而容易清除。

如果用 Na_2CO_3 溶液使 AgI 沉淀转化为 Ag_2CO_3，情况就不同了。

$$2AgI(s) \Longrightarrow 2Ag^+ + 2I^- \qquad [K_{sp}^\ominus(AgI)]^2$$
$$+) \, 2Ag^+ + CO_3^{2-} \Longrightarrow Ag_2CO_3(s) \qquad 1/K_{sp}^\ominus(Ag_2CO_3)$$
$$\overline{2AgI(s) + CO_3^{2-} \Longrightarrow Ag_2CO_3(s) + 2I^-}$$

$$K^\ominus = \frac{[K_{sp}^\ominus(AgI)]^2}{K_{sp}^\ominus(Ag_2CO_3)} = \frac{(8.52 \times 10^{-17})^2}{8.46 \times 10^{-12}} = 8.58 \times 10^{-22}$$

由于 $K^\ominus$ 值很小，这种转化是不可能进行的。

可见，沉淀的转化是有条件的。由一种难溶电解质转化为另一种更难溶电解质是比较容易的，反之，则比较困难，甚至不可能转化。总而言之，如果转化反应的平衡常数 $K^\ominus$ 值较大，转化就比较容易实现；如果转化反应的平衡常数 $K^\ominus$ 值很小，则不可能转化；某些转化反应的平衡常数既不很大，又不很小，则在一定条件下转化也是可能实现的。$K^\ominus$ 值越大，转化率越大。

习　题

1. 写出下列反应的 $K^\ominus$ 表达式。

$$CH_4(g) + 2O_2(g) \Longrightarrow CO_2(g) + 2H_2O(g)$$

$$NO(g) + \frac{1}{2}O_2(g) \Longrightarrow NO_2(g)$$

$$Fe_2O_3(s) + 3H_2(g) \Longrightarrow 2Fe(s) + 3H_2O(g)$$

$$CaCO_3(s) \Longrightarrow CaO(s) + CO_2(g)$$

$$Sn^{2+}(aq) + 2Fe^{3+}(aq) \Longrightarrow Sn^{4+}(aq) + 2Fe^{2+}(aq)$$

$$Zn(s) + 2H^+(aq) \Longrightarrow H_2(g) + Zn^{2+}(aq)$$

2. 已知某温度下合成氨反应

$$N_2(g) + 3H_2(g) \Longrightarrow 2NH_3(g)$$

其 $K^\ominus = 7.8 \times 10^{-8}$。计算该温度下下列反应的 $K^\ominus$ 值。

$$\frac{1}{2}N_2(g) + \frac{3}{2}H_2(g) \Longrightarrow NH_3(g)$$

$$2NH_3(g) \Longrightarrow N_2(g) + 3H_2(g)$$

3. 1362K 时，下列反应的 $K^\ominus$ 值为

(1) $H_2(g) + \frac{1}{2}S_2(g) \Longrightarrow H_2S(g)$　$K_1^\ominus = 0.80$

(2) $3H_2(g) + SO_2(g) \Longrightarrow H_2S(g) + 2H_2O(g)$　$K_2^\ominus = 1.8 \times 10^4$，

计算该温度下反应

$$4H_2(g) + 2SO_2(g) \Longrightarrow S_2(g) + 4H_2O(g)$$

其 $K^\ominus$ 值为多少？

4. CO_2 与 H_2 混合气，在 1123K 时建立了下列平衡

$$CO_2(g) + H_2(g) \Longrightarrow CO(g) + H_2O(g)$$

$K^\ominus = 1.0$。若平衡时有 90% 的 H_2 变成了 H_2O，问原来 CO_2 与 H_2 的物质的量之比为多少？

5. 298K 时，在水面上收集氢气，共得 0.355L 气体。该气体的总压为 100kPa（298K 时水的蒸汽压为 3.2kPa）。计算氢气的分压是多少？收集的氢气有多少摩尔？

6. 合成氨反应

$$N_2(g) + 3H_2(g) \Longrightarrow 2NH_3(g)$$

所用原料气 N_2 与 H_2 的物质的量之比为 1：3，在 673K 和 5000kPa 下达到平衡，其 $K^\ominus = 1.64 \times 10^{-4}$，求平衡时各物质的分压。

7. 已知 $2SO_2(g) + O_2(g) \Longrightarrow 2SO_3(g)$ 在 1026K 时平衡常数 $K^\ominus = 0.955$。若在该温度下，于某一容器中放入 SO_2、O_2、SO_3 三种气体，它们的起始分压分别是：$p(SO_2) = 30.4kPa$，$p(O_2) = 60.8kPa$，$p(SO_3) = 25.3kPa$，试判断反应进行的方向。

8. 在 298K 和 100kPa 条件下，$N_2O_4(g) \Longrightarrow 2NO_2(g)$ 反应达平衡时，N_2O_4 的分解率为 18%，求平衡时 N_2O_4 和 NO_2 的分压及 $K^\ominus$ 值。

9. 在一密闭容器中，存在下列平衡

$$Fe_2O_3(s) + 3H_2(g) \Longrightarrow 2Fe(s) + 3H_2O(g)$$

若在某温度下达平衡，$p(H_2O) = 0.690kPa$，$p(H_2) = 10.08kPa$，问在同一温度下，若氢气的初始压力为 100kPa 时，达平衡后，各气体分压是多少？

10. PCl_5 的分解反应为

$$PCl_5(g) \Longrightarrow PCl_3(g) + Cl_2(g)$$

在 523K 时，$K^\ominus = 1.85$。（1）若在 5L 密闭容器中，装有等物质的量的 PCl_3 和 Cl_2，523K 达平衡时，$p(PCl_5) = 100kPa$，问原来装入的 PCl_3 和 Cl_2 各多少摩尔？（2）若在另一密闭容器中，装入 PCl_5，523K 达平衡时，有 30% 的 PCl_5 发生分解，问总压是多少？

11. 乙烷裂解反应为：$C_2H_6(g) \Longrightarrow C_2H_4(g) + H_2(g)$，在 1273K 和 100kPa 下，反应达平衡时各组分的分压为：$p(C_2H_6) = 2.65kPa$，$p(C_2H_4) = 49.34kPa$，$p(H_2) = 49.34kPa$，求 $K^\ominus$ 值。若在恒温、恒压下，采用加入水蒸气的方法（水蒸气不参加反应），能否提高乙烯产率？为什么？

12. 合成氨的造气工段，在某温度同时存在下列两个平衡

$$C(s) + H_2O(g) \Longrightarrow CO(g) + H_2(g) \quad K_1^\ominus = 2.82$$

$$C(s) + 2H_2O(g) \Longrightarrow CO_2(g) + 2H_2(g) \quad K_2^\ominus = 2.19 \times 10^{-2}$$

计算平衡时，$p(CO)：p(CO_2)$ 是 $p(H_2)：p(H_2O)$ 的多少倍？

13. 溶液反应

$$A(aq) + B(aq) \Longrightarrow G(aq) + D(aq)$$

在某温度下达到平衡时，各物质浓度均为 $1.0mol \cdot L^{-1}$。反应的 $K^\ominus = 1.0$。若在平衡状态下，增加 B 至 $2.0mol \cdot L^{-1}$，那么，达到平衡状态时各物质的浓度是多少？

14. 计算下列溶液的 pH 值。

(1) $0.050mol \cdot L^{-1}$ 的 HAc 溶液；

(2) $0.010mol \cdot L^{-1}$ 的氨水；

(3) 将 pH = 8.00 和 pH = 10.00 的两种 NaOH 溶液等体积混合后的溶液。

15. 已知 $0.10mol \cdot L^{-1}$ 的氨水，pH = 11.11，求氨水的 $K_b^\ominus$。

16. 向 $0.10mol \cdot L^{-1}$ 的 HAc 溶液，加入少量固体 NaAc 并使其浓度达到 $0.20mol \cdot L^{-1}$。求溶液的 pH 值及 HAc 的解离度，并与纯水中 HAc 的解离度加以比较。

17. 将 $0.50mol \cdot L^{-1}$ 的 HAc 溶液与等体积 $0.20mol \cdot L^{-1}$ 的 KOH 溶液混合，求溶液的 pH 值。

18. 在 200mL 浓度为 0.80mol·L^{-1} 的 HAc-1.00mol·L^{-1} NaAc 的溶液中，加入 10.5mL 的 2.00mol·L^{-1} HCl 溶液，求溶液的 pH 值。

19. 现有 125mL1.0mol·L^{-1} NaAc 溶液，欲配制 250mL pH 值为 5.0 的缓冲溶液，需加入 6.0mol·L^{-1} HAc 溶液多少 mL?

20. 计算 1.0L 6.0mol·L^{-1} 的氨水，能溶解多少摩尔的 AgCl?

21. 在 1.0L 6.0mol·L^{-1} 的氨水中，加入 0.10mol 的 $CuSO_4$ 粉末。求溶液中的 $c(Cu^{2+})$。

22. 计算下列反应的平衡常数：

$$[Cu(NH_3)_2]^+ + 2CN^- \Longleftrightarrow [Cu(CN)_2]^- + 2NH_3$$
$$[HgCl_4]^{2-} + 4I^- \Longleftrightarrow [HgI_4]^{2-} + 4Cl^-$$

23. 举例说明简单配合物与螯合物的主要区别是什么？

24. 指出下列配合物中的配位原子和配位数。

$[Ni(en)_3]Cl_2$; $[Cr(H_2O)_4Cl_2]Cl$; $[Pt(NH_3)_2Cl_2]$; $Na_3[AlF_6]$; $[FeY]^-$（H_4Y 为 EDTA）。

25. 分别计算 CaF_2 在水中（$K_{sp}^{\ominus} = 3.45 \times 10^{-11}$）和在 0.10mol·$L^{-1}$ 的 NaF 溶液中的溶解度（mol·L^{-1}）。

26. 难溶电解质 AB_2（相对分子质量 80），常温下在水中的溶解度是每 100mL 溶液中含有 2.4×10^{-4}g，求 AB_2 在常温下的 $K_{sp}^{\ominus}$。

27. 将 30mL 0.020mol·L^{-1} 的 $MnSO_4$ 溶液与 20mL 1.2mol·L^{-1} 的氨水及 10mL 盐酸相混合，为了防止出现 $Mn(OH)_2$ 沉淀，盐酸的最低浓度是多少？

28. 要使 20.8mL 海水试样中的 Mg^{2+} 刚开始沉淀出来，需加 21.4mL 0.100mol·L^{-1} 的 NaOH 溶液，问海水中 Mg^{2+} 的浓度是多少？

29. 在一溶液中含有 Ag^+、Ba^{2+}、Pb^{2+}，各离子的浓度均为 0.10mol·L^{-1}。当逐滴加入 K_2CrO_4 溶液时（引起的体积变化忽略不计），上述三种离子先后沉淀的顺序是怎样的？

30. 欲溶解 0.10mol 的 AgBr，最少需要 2.0mol·L^{-1} 的 $Na_2S_2O_3$ 溶液多少 mL?

31. 在含有 Fe^{2+} 和 Fe^{3+} 且离子浓度均为 0.050mol·L^{-1} 的溶液中，若逐滴加入 NaOH 溶液（引起的体积变化忽略不计），使 $Fe(OH)_3$ 沉淀而 $Fe(OH)_2$ 不沉淀，$c(OH^-)$ 应控制在什么范围？采用此法能否将两种离子分离？

32. 工业废水的排放标准规定 Cd^{2+} 降到 0.10mg·L^{-1} 以下即可排放。若用加消石灰中和沉淀法除去 Cd^{2+}，按理论上计算，废水溶液中的 pH 值至少应为多少？

33. 在 1.0L 1.6mol·L^{-1} Na_2CO_3 溶液中，能否使 0.10mol 的 $BaSO_4$ 沉淀完全转化为 $BaCO_3$? 已知 $K_{sp}^{\ominus}(BaSO_4) = 1.08 \times 10^{-10}$，$K_{sp}^{\ominus}(BaCO_3) = 2.58 \times 10^{-9}$。

第二章　电化学基础

电化学是研究电能与化学能相互转化规律的科学。进行这个转化的基本条件有两个，一是所涉及的化学反应必须有电子的转移，这类反应主要是氧化还原反应；二是化学反应必须在电极上进行。

第一节　氧化还原反应与原电池

一、氧化还原反应

1. 氧化值（oxidization number）　元素的氧化值是划分氧化还原反应和非氧化还原反应的主要依据，也是定义氧化剂、还原剂的重要概念。

1970 年国际纯粹和应用化学联合会（IUPAC）较严格地确定了氧化值的概念：氧化值是某元素一个原子的荷电数，这种荷电数可由假设把每个键中的电子指定给电负性更大的原子而求得。

美国化学家鲍林（L. Pauling）等将氧化值的定义与确定氧化值的方法结合起来，得出了氧化值的确定规则如下：

（1）在离子型化合物中，元素原子的氧化值就等于离子电荷。如 $MgCl_2$ 中，Mg 的氧化值为 $+2$，Cl 的氧化值为 -1。

（2）在共价化合物中，把共用电子对指定给电负性大的原子后，在两原子中留下的表观电荷数就是它们的氧化值。如 HCl 中，H 的氧化值为 $+1$，Cl 的氧化值为 -1。

（3）分子或离子的总电荷数等于各元素氧化值的代数和。分子的总电荷数为零。

例如，在 Fe_3O_4 中，O 的氧化值是 -2，Fe 的氧化值为 $+8/3$。可以看出，氧化值可以是分数，而化合价只能是整数；在同一种化合物中，某一元素有多个原子，认为它们的氧化值相同，实际上，它们的化合价可以不同，例如在 Fe_3O_4 中，3 个 Fe 中有 2 个 Fe 是 $+3$ 价的，有 1 个 Fe 是 $+2$ 价的。

2. 氧化还原反应

氧化还原反应是化学反应的主要类型之一。氧化及还原的基本概念，是指凡是元素的氧化值升高的过程称为氧化（oxidation），元素的氧化值降低的过程称为还原（reduction）。而氧化还原反应就是指元素的氧化值有改变的反应。

氧化还原的本质是电子的得失或转移，元素氧化值的变化是电子得失的结果。因此，可以说，一切失去电子而元素氧化值升高的过程称为氧化，一切获得电子而元素氧化值降低的过程称为还原。一物质（分子、原子或离子）失去电子，同时必有另一物质获得电子。失去电子的物质称为还原剂（**reducing** agent），获得电子的物质称为氧化剂（oxidizing agent）。还原剂具有还原性，它在反应中因失去电子而被氧化，所以其中必有元素的氧化值升高；氧化剂具有氧化性，它在反应中获得电子而被还原，所以其中必有元素的氧化值降低。可见，氧化剂与还原剂在反应中既相互对立，又相互依存。

物质的氧化还原性质是相对的。有时，同一种物质和强氧化剂作用，表现出还原性；而和强还原剂作用，又表现出氧化性。例如反应

$$2MnO_4^- + 5H_2O_2 + 6H^+ === 2Mn^{2+} + 5O_2(g) + 8H_2O$$

反应中 $KMnO_4$ 是强氧化剂，H_2O_2 是还原剂。但当 H_2O_2 和 I^- 作用时

$$H_2O_2 + 2I^- + 2H^+ === I_2 + 2H_2O$$

因为 I^- 具有强还原性，所以 H_2O_2 表现出氧化剂的性质。

在无机反应中常见的氧化剂一般是活泼的非金属单质（如卤素和氧等）和高氧化值的化合物（如 HNO_3、$KMnO_4$、$K_2Cr_2O_7$、$KClO_3$、PbO_2 和 $FeCl_3$ 等）。还原剂一般是活泼的金属（如 K、Na、Ca、Mg、Zn 和 Al 等）和低氧化值的化合物（如 H_2S、KI、$SnCl_2$、$FeSO_4$ 和 CO 等）。具有中间氧化值的物质（如 SO_2、HNO_2 和 H_2O_2 等）常既具有氧化性，又具有还原性。另外，某些氧化还原反应还与介质的酸碱性有关。

二、原电池

（一）原电池的装置

如果把一块锌片放入 $CuSO_4$ 溶液中，即发生下列氧化还原反应

$$Zn + Cu^{2+} === Zn^{2+} + Cu$$

由于锌与 $CuSO_4$ 直接接触，电子从锌原子直接转移给 Cu^{2+}，电子的流动是无序的，反应中产生的化学能直接转化为内能，所以得不到电流。实验室中可采取如图 2-1 的装置来达到这一转变。将 Zn 的氧化反应与 Cu^{2+} 的还原反应分别在两只烧杯中进行，一只烧杯放入硫酸锌溶液和锌片，另一只烧杯中放入硫酸铜溶液和铜片，将两只烧杯中的溶液用盐桥连接起来，用导线连接锌片和铜片，并在导线中间连一只电流计，就可以看到电流计的指针发生偏转。此时，系统的化学能转变为电能。这种通过氧化还原反应把化学能直接转变为电能的装置叫做原电池（primary cell）。

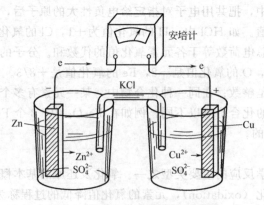

图 2-1 铜锌原电池的装置示意图

原电池是由两个半电池构成的。在 Cu-Zn 原电池中，锌和铜各在其盐溶液中形成了锌半电池和铜半电池，半电池又称为原电池的电极。原电池中电子流出的一极叫做负极，电子流入的一极叫做正极。负极上发生氧化反应，正极上发生还原反应。上述铜锌原电池的电极

反应为

负极　　$Zn \Longrightarrow Zn^{2+} + 2e^-$　　氧化反应

正极　　$Cu^{2+} + 2e^- \Longrightarrow Cu$　　还原反应

将两反应式合并即得整个原电池发生的反应式

$$Zn + Cu^{2+} \Longrightarrow Zn^{2+} + Cu$$

原电池中的盐桥（salt bridge）通常是一个 U 型管，其中装入含有琼胶的饱和氯化钾溶液。在氧化还原反应进行过程中，Zn 氧化成 Zn^{2+}，使硫酸锌溶液因 Zn^{2+} 增加而带正电荷；Cu^{2+} 还原成 Cu 沉积在铜片上，使硫酸铜溶液因 Cu^{2+} 减少而带负电荷。这两种电荷都会阻碍原电池中的反应继续进行。当有盐桥时，盐桥中的 K^+ 和 Cl^- 分别向硫酸铜溶液和硫酸锌溶液扩散（K^+ 和 Cl^- 在溶液中迁移速度近于相等），从而保持了溶液的电中性，使原电池反应继续进行，电流就能继续产生。

（二）原电池符号

原电池的装置可用符号表示（又称原电池图式），如铜锌原电池的电池符号为

$$(-)Zn\,|\,ZnSO_4\,(c_1)\,\|\,CuSO_4\,(c_2)\,|\,Cu(+)$$

其中（一）表示负极，（＋）表示正极，"‖"表示盐桥，"∣"表示两相界面。负极一般写在左边，正极写在右边，c_1、c_2 指两种溶液的浓度。

原则上讲任何自发进行的氧化还原反应均可设计为原电池。原电池中的每一个电极都是由同一元素不同氧化值的两类物质组成，一类是可做还原剂的物质称为还原态物质，另一类是可做氧化剂的物质称为氧化态物质，它们构成一个氧化还原电对，可表示为：氧化态/还原态，如 Zn^{2+}/Zn，H^+/H_2 等。

任意一个氧化还原电对原则上都可以构成一个半反应，即组成电极。其电极反应一般采用还原反应的形式书写

$$氧化型 + ne^- \Longrightarrow 还原型$$

例如，电对 Zn^{2+}/Zn 和电对 Cu^{2+}/Cu 的电极反应为

$$Zn^{2+} + 2e^- \Longrightarrow Zn$$
$$Cu^{2+} + 2e^- \Longrightarrow Cu$$

对于金属与其离子组成的电对，由于金属本身就是导电体，本身即构成电极。其他电对需外加一个能导电又不参加电极反应的惰性电极如铂或石墨等，这样的电极可用符号表示为：$Pt\,|\,H_2\,(p)\,|\,H^+\,(c)$；$Pt\,|\,Fe^{3+}\,(c_1)$，$Fe^{2+}\,(c_2)$；$Pt\,|\,O_2\,(p)\,|\,OH^-\,(c)$；$Pt\,|\,Cl_2\,(p)\,|\,Cl^-\,(c)$ 等。金属及其难溶性盐也可以构成氧化还原电对，例如 $AgCl/Ag$ 的电极符号为 $Ag\,|\,AgCl(s)\,|\,Cl^-\,(c)$。

第二节　电极电势及其应用

一、电极电势

（一）电极电势的产生

原电池能够产生电流，说明在原电池的两个电极之间有电势差存在，也表明每一个电极都存在电势。电极电势的产生可用双电层理论来说明。

1889 年，德国化学家能斯特（H. W. Nernst）提出了双电层理论（double layer theory）。

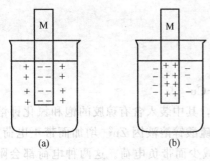

图 2-2　金属电极的双电层

该理论认为，把金属放入其盐溶液中，金属表面的正离子受到水分子的吸引（由于水分子是极性分子），有进入溶液变为水合离子的趋向，而将电子留在金属的表面，金属越活泼或溶液中金属离子的浓度越小，这种趋向就越大。另一方面溶液中的金属离子则有从溶液中沉积到金属表面上的趋向，溶液中金属离子的浓度越大，这种趋向就越大。在一定条件下，这两种相反的过程达到动态平衡。

$$M \Longrightarrow M^{n+} + ne^-$$

金属溶解和金属离子沉积两种趋向的大小不同可以形成两种结果，或者金属带负电，溶液带正电 [图 2-2 (a)]；或者金属带正电，溶液带负电 [图 2-2(b)]；即在电极表面均能形成双电层（图 2-2）。由于双电层的存在，使金属和溶液之间产生了电势差，这种电势差就称为电极电势（electrode potential）。

显而易见，金属的活泼性不同，其电极电势的大小也是不相同的。若将电极电势不相同的两个电极连接起来，两电极间就有电势差存在，从而产生电流。

（二）标准电极电势及其测定

金属电极电势的大小可以反映金属在水溶液中得失电子能力的大小，如果能测得电极电势的数值，就可以定量比较金属在溶液中的活泼性。但到目前为止，测定电极电势的绝对值尚有困难。在实际应用中，我们只需要知道它们的相对值而不必去追究其绝对值。

在实验中，我们能精确地测量原电池的电动势，当选择某一电极作为标准，人为地规定它的电极电势为零，而把其他电极与此标准电极组成的原电池电动势的大小，作为该电极反应的电极电势，就好像以海平面为零作为衡量山的海拔高度一样。

国际上规定标准氢电极作为标准电极，标准氢电极的电极符号为

$$Pt|H_2(100kPa)|H^+(1.0mol \cdot L^{-1})$$

并规定在任何温度下，标准氢电极的（平衡）电极电势为零，以 $E^{\ominus}(H^+/H_2) = 0V$ 表示。这样，以标准氢电极作为负极与待定电极作为正极组成的原电池，电动势的数值就是该待定电极的电极电势，例如，在下列原电池中

$$(-) Pt|H_2(100kPa)|H^+(1.0mol \cdot L^{-1}) \|$$
$$Cu^{2+}(1.0mol \cdot L^{-1})|Cu(+)$$

原电池的电动势就等于铜电极的标准电极电势。这里铜电极为原电池的正极，所以电极电势为正。

由于上述待定电极处于标准条件下，所以对应的电极电势均为电极反应的标准电极电势，简称标准电极电势（standard electrode potential），以 $E^{\ominus}$（氧化态/还原态）表示。

标准氢电极的组成和结构如图 2-3 所示，它是将镀有一层疏松铂黑的铂片插入标准 H^+ 浓度的酸溶液中，并不断通入压力为 100kPa 的纯氢气流。这时溶液中的氢离子与被铂黑所吸附的氢气建立起下列动态平衡

$$2H^+(aq) + 2e^- \Longrightarrow H_2(g)$$

通常简写为

$$2H^+ + 2e^- \Longrightarrow H_2$$

标准氢电极用做其他电极电极电势的相对比较标准时，由于要求氢气纯度很高，压力稳定，并且铂在溶液中易吸附其他组分而中毒，失去活性；因此，实际上常用易于制备、使用

方便而且电极电势稳定的甘汞电极或氯化银电极等作为电极电势的对比参考，称为参比电极。图 2-4 为甘汞电极示意图。

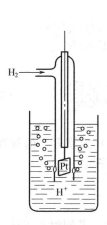

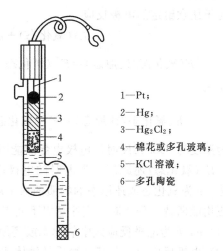

1—Pt；

2—Hg；

3—Hg_2Cl_2；

4—棉花或多孔玻璃；

5—KCl 溶液；

6—多孔陶瓷

图 2-3　标准氢电极　　　　　　　图 2-4　甘汞电极

以饱和甘汞电极为例，它是由 Hg、糊状 Hg_2Cl_2、饱和 KCl 溶液组成，电极符号可表示为

$$Pt|Hg|Hg_2Cl_2(糊状)|KCl(饱和)$$

其电极反应为

$$Hg_2Cl_2(s)+2e^-\!=\!\!=\!2Hg(l)+2Cl^-(aq)$$

其标准电极电势为：$E^\ominus(Hg_2Cl_2/Hg)=0.26808V$。

已知原电池的两个电极的标准电极电势，根据

$$E^\ominus\!=\!\!=\!E^\ominus(+)-E^\ominus(-) \tag{2-1}$$

可计算出原电池的标准电动势（$E^\ominus$）。常见的氧化还原电对的标准电极电势可从书后附录四或手册中查到。

关于标准电极电势需要说明几点。

（1）电极反应的电极电势值与电极反应的系数无关。例如，对于标准氢电极

$$2H^++2e^-\!=\!\!=\! H_2 \qquad E^\ominus(H^+/H_2)=0.00000V$$

$$H^++e^-\!=\!\!=\!\frac{1}{2}H_2 \qquad E^\ominus(H^+/H_2)=0.00000V$$

（2）$E^\ominus$（氧化态/还原态）是水溶液系统的标准电极电势，对于非标准状态、非水溶液系统，不能用 $E^\ominus$（氧化态/还原态）。

（3）同一还原剂或氧化剂因为在不同介质中的产物不同，所以标准电极电势值可能是不同的，因此在查阅标准电极电势值时，要注意电对的具体存在形式、状态和介质条件等必须完全符合。

二、能斯特方程及其应用

（一）能斯特方程

原电池中发生的氧化还原反应一般都在非标准状态下进行，而且反应过程中离子浓度也不断改变，电极电势也会发生变化。

电极电势不仅决定于物质的本性，而且与温度及物质的浓度、气体的分压有关。由于反应通常在室温下进行，而且温度对电极电势的影响也比较小，所以温度一般指定为 298.15K

（25℃），这样电极电势与物质浓度、气体分压之间的关系可用能斯特方程式（Nernst equation）表示。

对于任意给定的电极反应

$$a\text{A（氧化态）} + ne^- \rule[0.5ex]{2em}{0.4pt} b\text{B（还原态）}$$

$$E\text{（氧化态/还原态）} = E^\ominus\text{（氧化态/还原态）} - \frac{0.0592}{n}\lg\frac{[c\text{（还原态）}/c^\ominus]^b}{[c\text{（氧化态）}/c^\ominus]^a}$$

可简化为

$$E\text{（氧化态/还原态）} = E^\ominus\text{（氧化态/还原态）} - \frac{0.0592}{n}\lg\frac{[c\text{（还原态）}]^b}{[c\text{（氧化态）}]^a} \tag{2-2}$$

此式为温度为 298.15K 时，电极电势的能斯特方程式。

式中，E（氧化态/还原态）为电对的电极电势；$E^\ominus$（氧化态/还原态）为该电对的标准电极电势；c 为氧化态或还原态的物质的量浓度；n 为电极反应的得失电子数。

应用能斯特方程式时，应注意以下几点：

（1）a，b 为电极反应式中氧化态或还原态物质前的系数；

（2）电极反应中，若某一物质是固体或纯液体，则不列入方程式中，若同时有气体，则气体以相对分压代入；

（3）电极反应中，若有介质（H^+ 或 OH^-）参加反应，则这些离子的浓度及其在反应式中的系数也应写在能斯特方程式中。

下面举例说明能斯特方程式的具体写法。

（1）已知 $Fe^{3+} + e^- \rule[0.5ex]{2em}{0.4pt} Fe^{2+}$　$E^\ominus(Fe^{3+}/Fe^{2+}) = 0.771V$

$$E(Fe^{3+}/Fe^{2+}) = E^\ominus(Fe^{3+}/Fe^{2+}) - 0.0592\lg\frac{c(Fe^{2+})}{c(Fe^{3+})}$$

$$= 0.771 - 0.0592\lg\frac{c(Fe^{2+})}{c(Fe^{3+})}$$

（2）已知 $Br_2(l) + 2e^- \rule[0.5ex]{2em}{0.4pt} 2Br^-$　$E^\ominus(Br_2/Br^-) = 1.066V$

$$E(Br_2/Br^-) = E^\ominus(Br_2/Br^-) - \frac{0.0592}{2}\lg\frac{[c(Br^-)]^2}{1}$$

$$= 1.066 - \frac{0.0592}{2}\lg\frac{[c(Br^-)]^2}{1}$$

（3）已知 $MnO_2(s) + 4H^+ + 2e^- \rule[0.5ex]{2em}{0.4pt} Mn^{2+} + 2H_2O$
$$E^\ominus(MnO_2/Mn^{2+}) = 1.224V$$

$$E(MnO_2/Mn^{2+}) = E^\ominus(MnO_2/Mn^{2+}) - \frac{0.0592}{2}\lg\frac{c(Mn^{2+})}{[c(H^+)]^4}$$

$$= 1.224 - \frac{0.0592}{2}\lg\frac{c(Mn^{2+})}{[c(H^+)]^4}$$

（4）$O_2(g) + 4H^+(aq) + 4e^- \rule[0.5ex]{2em}{0.4pt} 2H_2O(l)$
$$E^\ominus(O_2/H_2O) = 1.229V$$

$$E(O_2/H_2O) = E^\ominus(O_2/H_2O) - \frac{0.0592}{4}\lg\frac{1}{[p(O_2)/p^\ominus][c(H^+)/c^\ominus]^4}$$

$$= 1.229 - \frac{0.0592}{4}\lg\frac{1}{[p(O_2)/p^\ominus][c(H^+)/c^\ominus]^4}$$

（二）能斯特方程的应用

[例题 2-1]　计算 298.15K 时，金属锌放入 $0.01\text{mol} \cdot \text{L}^{-1}$ Zn^{2+} 溶液中的电极电势。

解 查表得知 $Zn^{2+}+2e^-\!\!=\!\!=\!\!Zn$ $E^\ominus(Zn^{2+}/Zn)=-0.7618V$

$$c(Zn^{2+})=0.01mol\cdot L^{-1}\quad n=2$$

根据式（2-2），得

$$E(Zn^{2+}/Zn)=E^\ominus(Zn^{2+}/Zn)-\frac{0.0592}{n}\lg\frac{1}{c(Zn^{2+})}$$

$$=-0.7618-\frac{0.0592}{2}\lg\frac{1}{0.01}$$

$$=-0.7618-\frac{0.0592}{2}\times2$$

$$=-0.821(V)$$

[例题 2-2] 求 I_2 在 $0.01mol\cdot L^{-1}KI$ 溶液中，298.15K 时的电极电势。

解 查表得知 $I_2+2e^-\!\!=\!\!=\!\!2I^-$ $E^\ominus(I_2/I^-)=0.5355V$

根据式（2-2），得

$$E(I_2/I^-)=E^\ominus(I_2/I^-)-\frac{0.0592}{2}\lg\frac{[c(I^-)]^2}{1}$$

$$=0.5355-0.0296\lg0.01^2$$

$$=0.654(V)$$

[例题 2-3] 求 $KMnO_4$ 在 $c(H^+)=1.0\times10^{-5}mol\cdot L^{-1}$ 时的弱酸介质中的电极电势。设其中的 $c(MnO_4^-)=c(Mn^{2+})=1.0mol\cdot L^{-1}$，$T=298.15K$。

解 在酸性介质中，MnO_4^- 的还原产物为 Mn^{2+} 离子，其电极反应和标准电极电势为

$$MnO_4^-+8H^++5e^-\!\!=\!\!=\!\!Mn^{2+}+4H_2O$$

$$E^\ominus(MnO_4^-/Mn^{2+})=1.507V$$

根据式（2-2），得

$$E(MnO_4^-/Mn^{2+})=E^\ominus(MnO_4^-/Mn^{2+})-\frac{0.0592}{5}\lg\frac{[c(Mn^{2+})]}{[c(MnO_4^-)][c(H^+)]^8}$$

$$=1.507-\frac{0.0592}{5}\lg\frac{1}{(1.0\times10^{-5})^8}$$

$$=1.507-0.474$$

$$=1.033(V)$$

从以上例题可以看出如下几点。

(1) 当氧化态物质浓度减小时，电极电势的值减小。当还原态物质浓度减小时，电极电势的值增大。

(2) 介质的酸碱性对含氧酸盐氧化能力影响较大。一般说来，含氧酸盐在酸性介质中表现出较强的氧化性。例如，$KMnO_4$ 作为氧化剂，当介质中 H^+ 的浓度从 $1.0mol\cdot L^{-1}$ 降到 $1.0\times10^{-5}mol\cdot L^{-1}$ 时，电对的电极电势从 1.507V 降低到 1.033V。

从浓度对电极电势的影响还可以看出，金属电极的电极电势会因其离子浓度的不同而不同。由两种不同浓度的某金属离子的溶液分别与该金属所形成的两个电极，也可以组成原电池，这种电池称为浓差电池。

三、电极电势的应用

电极电势是电化学中很重要的数据，除了用以计算原电池的电动势外，还可以比较氧化剂和还原剂的相对强弱、判断氧化还原反应进行的方向和程度等。

（一）氧化剂、还原剂相对强弱的判定

电极电势的大小反映了电对中氧化态物质得电子能力和还原态物质失电子能力的强弱，E（氧化态/还原态）值越大，其电对中氧化态物质的氧化性就越强；E（氧化态/还原态）值越小，其电对中还原态物质的还原性就越强。

因此利用能斯特方程式就可以计算物质浓度变化时 E（氧化态/还原态）值的变化，了解电对中物质氧化性或还原性的增强或减弱。

例如，有下列三个电对

电对	电极反应	标准电极电势 $E^{\ominus}$（氧化态/还原态）/V
I_2/I^-	$I_2(s)+2e^- \Longrightarrow 2I^-(aq)$	$+0.5355$
Fe^{3+}/Fe^{2+}	$Fe^{3+}(aq)+e^- \Longrightarrow Fe^{2+}(aq)$	$+0.771$
Br_2/Br^-	$Br_2(l)+2e^- \Longrightarrow 2Br^-(aq)$	$+1.066$

从标准电极电势可以看出，在离子浓度为 $1.0mol \cdot L^{-1}$ 的条件下，I^- 是其中最强的还原剂，它可以还原 Fe^{3+} 或 Br_2；而其对应的 I_2 是其中最弱的氧化剂，它不能氧化 Br^- 或 Fe^{2+}。Br_2 是其中最强的氧化剂，它可以氧化 Fe^{2+} 或 I^-；而其对应的 Br^- 是其中最弱的还原剂，它不能还原 I_2 或 Fe^{3+}。Fe^{3+} 的氧化性比 I_2 的要强而比 Br_2 弱，因而它只能氧化 I^- 而不能氧化 Br^-；Fe^{2+} 的还原性比 Br^- 强而比 I^- 弱，因而它可以还原 Br_2 而不能还原 I_2。

（二）氧化还原反应方向的判定

氧化还原反应是争夺电子的反应，反应总是在得电子能力强的氧化剂与失电子能力强的还原剂之间发生，也就是说只有 E（氧化态/还原态）值大的电对中的氧化态物质和 E（氧化态/还原态）值小的电对中的还原态物质才能发生反应。只有这样才能保证电池反应电动势 $E=E(+)-E(-)>0$。

通常从手册中能查到 $E^{\ominus}$（氧化态/还原态）值，从而计算得到 $E^{\ominus}$，但 $E^{\ominus}$ 严格说来只能用来判断标准状态下氧化还原反应的方向。但在对反应方向作粗略判断时，也可直接用 $E^{\ominus}$ 数据。因为在一般情况下，$E^{\ominus}$ 值在 E 中占主要部分，当标准电动势 $E^{\ominus}$ 较大时，一般不会因浓度的变化而使电动势 E 改变符号，因此对于非标准条件下的反应仍可以用 $E^{\ominus}>0$ 或 $E^{\ominus}$（正）$>E^{\ominus}$（负）来进行判别。但如果反应中的 $E^{\ominus}$ 很小时，物质浓度的改变，可能会改变电动势 E 的符号，则必须用 $E>0$ 或 E（正）$>E$（负）来进行判别，即要利用能斯特方程先求出非标准条件下的电极电势再进行判断。

［例题 2-4］ 判断下列氧化还原反应进行的方向。

(1) $Sn+Pb^{2+}(1.0mol \cdot L^{-1}) \Longrightarrow Sn^{2+}(1.0mol \cdot L^{-1})+Pb$

(2) $Sn+Pb^{2+}(0.10mol \cdot L^{-1}) \Longrightarrow Sn^{2+}(1.0mol \cdot L^{-1})+Pb$

解 查表得知

$$Sn^{2+}+2e^- \Longrightarrow Sn \qquad E^{\ominus}(Sn^{2+}/Sn)=-0.1375V$$

$$Pb^{2+}+2e^- \Longrightarrow Pb \qquad E^{\ominus}(Pb^{2+}/Pb)=-0.1262V$$

(1) 当 $c(Sn^{2+})=c(Pb^{2+})=1.0mol \cdot L^{-1}$ 时，可用 $E^{\ominus}$（氧化态/还原态）值直接比较，因为 $E^{\ominus}$ $(Pb^{2+}/Pb)>E^{\ominus}$ (Sn^{2+}/Sn)，此时 Sn 作还原剂，Pb^{2+} 作氧化剂。反应按下列方向进行

$$Sn+Pb^{2+}(1.0mol \cdot L^{-1}) \longrightarrow Sn^{2+}(1.0mol \cdot L^{-1})+Pb$$

(2) 当 $c(Sn^{2+})=1.0mol \cdot L^{-1}$，$c(Pb^{2+})=0.10mol \cdot L^{-1}$ 时，因为两电极的标准电极电势相差甚小 (0.0113V)，所以要考虑离子浓度对 E（氧化态/还原态）值的影响，此时

$$E(Pb^{2+}/Pb) = E^{\ominus}(Pb^{2+}/Pb) - \frac{0.0592}{n}lg\frac{1}{c(Pb^{2+})}$$

$$= -0.1262 - \frac{0.0592}{2}lg\frac{1}{0.10}$$

$$= -0.156(V)$$

$E(Sn^{2+}/Sn) = E^{\ominus}(Sn^{2+}/Sn) > E(Pb^{2+}/Pb)$，所以此时 Pb 作还原剂，$Sn^{2+}$ 作氧化剂。反应按下列方向进行

$$Sn^{2+}(1.0mol \cdot L^{-1}) + Pb \longrightarrow Sn + Pb^{2+}(0.10mol \cdot L^{-1})$$

（三）氧化还原反应进行程度的衡量

氧化还原反应同其他反应一样，在一定条件下也能达到化学平衡，在一定温度下有平衡常数存在。

我们已经知道当 $E > 0$ 时，氧化还原反应自发进行，随着反应的进行，反应物浓度减小，生成物浓度增大，E（氧化态/还原态）值也在不停地变化，当 $E = 0$ 时就达到了平衡状态，这时 $E(+) = E(-)$。既然如此，就可以通过能斯特方程来讨论 $K^{\ominus}$ 与 $E^{\ominus}$ 的关系，下面通过一个例子来说明。

已知反应　　　$2Fe^{3+} + Sn^{2+} \Longrightarrow 2Fe^{2+} + Sn^{4+}$

负极反应　　　$Sn^{2+} \Longrightarrow Sn^{4+} + 2e^-$　　$E^{\ominus}(-) = 0.151V$

正极反应　　　$Fe^{3+} + e^- \Longrightarrow Fe^{2+}$　　$E^{\ominus}(+) = 0.771V$

在温度为 298.15K 时，由能斯特方程得

$$E(-) = E^{\ominus}(-) - \frac{0.0592}{2}lg\frac{c(Sn^{2+})}{c(Sn^{4+})}$$

$$E(+) = E^{\ominus}(+) - \frac{0.0592}{1}lg\frac{c(Fe^{2+})}{c(Fe^{3+})}$$

当反应达平衡时，$E(+) = E(-)$，整理后可得

$$\frac{0.0592}{2}lg\frac{[c(Sn^{4+})][c(Fe^{2+})]^2}{[c(Sn^{2+})][c(Fe^{3+})]^2} = E^{\ominus}(+) - E^{\ominus}(-)$$

反应达平衡时各离子浓度均为平衡浓度，则

$$\frac{[c^{eq}(Sn^{4+})][c^{eq}(Fe^{2+})]^2}{[c^{eq}(Sn^{2+})][c^{eq}(Fe^{3+})]^2} = K^{\ominus}, \quad E^{\ominus}(+) - E^{\ominus}(-) = E^{\ominus}$$

则　　　　　　　　　　　　$$lgK^{\ominus} = \frac{2E^{\ominus}}{0.0592}$$

将此关系式推广，在 298.15K 时，对于任何氧化还原反应，其平衡常数 $K^{\ominus}$ 与 $E^{\ominus}$ 的关系符合下式

$$lgK^{\ominus} = \frac{nE^{\ominus}}{0.0592} \qquad (2-3)$$

式中，n 为氧化还原反应中的得失电子数。显然，$E^{\ominus}$ 值越大，氧化还原的平衡常数 $K^{\ominus}$ 就越大。

[例题 2-5]　求反应 $Zn + Cu^{2+} \Longrightarrow Zn^{2+} + Cu$ 在 298.15K 时的平衡常数 $K^{\ominus}$。

解　查表得知

$$E^{\ominus}(Cu^{2+}/Cu) = 0.3419V$$

$$E^{\ominus}(Zn^{2+}/Zn) = -0.7618V$$

$$E^{\ominus} = E^{\ominus}(Cu^{2+}/Cu) - E^{\ominus}(Zn^{2+}/Zn) = 0.3419 - (-0.7618)$$

$$= 1.1037(V)$$

$$n = 2$$

根据式（2-3）得

$$\lg K^{\ominus} = \frac{2 \times 1.10}{0.0592} = 37.3$$

$$K^{\ominus} = 2 \times 10^{37}$$

第三节 化学电源

化学电源就是实用的电池。出于商业目的，一般需满足成本低、能量高、坚固、轻便、耐储存、放电时电压稳定等要求。常用的化学电源按工作性质一般可分为三类：一次性电池、二次性电池和燃料电池。

一、一次性电池

一次性电池又称原电池（primary cell），是指电池放电后不能用简单的充电方式使活性物质恢复而继续使用的电池。

（一）锌-锰电池

锌-锰电池俗称干电池，是一次性电池。干电池阳极是一个锌筒，用作电解质的容器，中央的一根石墨棒作为阴极，周围填充由二氧化锰、氯化铵和氯化锌配制成的糊状物，其结构见图 2-5。

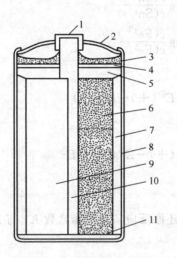

1—铜帽；2—电池盖；3—封口剂；
4—纸圈；5—空气室；6—正极；
7—隔离层（糊层或浆层纸）；
8—负极；9—包电芯的棉纸；
10—碳棒；11—底垫

图 2-5 圆筒形锌-锰干电池结构图

干电池的电池符号为

$$(-)Zn \mid ZnCl_2, NH_4Cl(糊状) \mid MnO_2 \mid C(+)$$

电池反应为

负极（阳极）

$$Zn(s) = Zn^{2+}(aq) + 2e^-$$

正极（阴极）

$$2MnO_2(s) + 2NH_4^+(aq) + 2e^- = Mn_2O_3(s) + 2NH_3(aq) + H_2O(l)$$

总反应

$$Zn(s)+2MnO_2(s)+2NH_4{}^+(aq)=\!=\!=$$

$$Zn^{2+}(aq)+Mn_2O_3(s)+2NH_3(aq)+H_2O(l)$$

干电池的开路电压为 1.5V，其电容量较小，使用寿命不长。若用氢氧化钾代替氯化铵，就得到碱性干电池，这比普通干电池价格贵，但使用寿命可增加 50%。

碱性锌-锰电池是 20 世纪 60 年代才商品化的电池，它是在锌-锰干电池的基础上发展起来的。它以锌粉为负极，二氧化锰为正极，电解液采用 NaOH 或 KOH。

碱性锌-锰电池的电池符号为

$$(-)Zn\,|\,KOH\,|\,MnO_2\,|\,C(+)$$

电池反应为

负极（阳极）　　$Zn(s)+2OH^-(aq)=\!=\!=ZnO(s)+H_2O(l)+2e^-$

正极（阴极）　　$2MnO_2(s)+2H_2O(l)+2e^-=\!=\!=2MnOOH(s)+2OH^-(aq)$

总反应　　$Zn(s)+2MnO_2(s)+H_2O(l)=\!=\!=ZnO(s)+2MnOOH(s)$

由于锌-锰电池具有便于携带、成本低廉、结构简单、原材料丰富等优点，被广泛地应用于信号装置、仪器仪表、通讯、照明以及各种家用电器用的直流电源。近 40 多年以来，锌-锰电池的发展非常迅速，品种规格越来越多，其应用范围越来越广，总的趋势是向着质量轻、体积小、能量大、功率高和无污染方向发展。特别需要指出，在各种不同的锌-锰电池中都采用了汞齐化锌阳极，目的是减轻锌极的自放电。然而，汞是剧毒物质，它的使用不仅危害工人的身心健康，而且电池使用后的废弃物将污染环境。进入 20 世纪 80 年代以来，各国都在解决汞污染问题，寻找替代汞的缓蚀剂。20 世纪 90 年代开始，无汞锌锰电池纷纷问世，在不久的将来，无污染的绿色电池将广泛地应用于人们的日常生活中。

（二）锂电池

凡是以金属锂为负极的化学电源系列统称为锂电池。由于锂的电极电势较低$[E^\ominus(Li^+/Li)=-3.0401V]$，故它是属于高电压、高能量的一类化学电源系列。

20 世纪 60 年代开始了锂电池的研究，经过近 10 年的努力，1971 年长寿命、高性能的 Li-$(CF)_n$ 电池研制成功，并投入实际使用。随后相继有 Li-SO_2、Li-Ag_2CrO_4、Li-I_2、Li-$SOCl_2$ 和 Li-MnO_2 等一批电池研制成功，部分电池投入市场，继后又开发了 Li-HgO、Li(Al)-FeS_x 熔融电池、Li-H_2O 电池等。

锂电池主要用于手表、计算机、照相机、心脏起搏器、航标灯、无线电、遥控系统以及鱼雷、潜艇、声呐、飞机等。电池的形状有矩形、圆筒形和纽扣形几种，电池的容量从 5mA·h 到 2000 A·h。下面介绍常用的锂电池——锂-二氧化锰电池。

锂-二氧化锰电池是一种典型的有机电解质电池。它是以金属锂为负极，二氧化锰为正极，电解质溶液是高氯酸锂溶解于有机溶剂碳酸丙烯酯（PC）和乙二醇二甲醚（DME）之中所构成。它是目前锂电池产量最大的一种。图 2-6 为纽扣式锂-二氧化锰电池结构图。

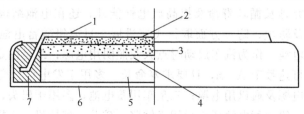

图 2-6　纽扣式 Li-MnO₂ 电池结构图

1—负极盖；2—负极集流体；3—锂负极；4—有机电解质及隔膜；
5—MnO₂ 正极；6—正极壳体；7—绝缘垫圈

锂-二氧化锰电池的电池符号为

$$(-)Li|LiClO_4,PC,DME|MnO_2(+)$$

电极反应为

负极　　$Li \Longrightarrow Li^+ + e^-$

正极　　$MnO_2 + Li^+ + e^- \Longrightarrow (MnO_2)^-(Li^+)$

电池反应为　　$Li + MnO_2 \Longrightarrow (MnO_2)^-(Li^+)$

按照上述反应认为，锂-二氧化锰电池放电时，负极锂失去电子发生阳极溶解，锂离子进入溶液，电极中 MnO_2 在得到电子还原成三价锰的同时，锂离子进入 MnO_2 晶格形成了 $(MnO_2)^-(Li^+)$。

锂-二氧化锰电池的特点是具有较高的工作电压和比能量。其开路电压为 3.5V，负荷电压为 2.8V，实际比能量 $200W \cdot h \cdot kg^{-1}$，其值是干电池的 5～10 倍，可以在 $-20 \sim 50$℃ 之间工作。这种电池还具有自放电小、价格低廉、材料来源丰富、安全无公害等特点，被广泛应用于电子钟表、计算器、助听器、收音机、照相机及中小型低功率的电子通讯装置和无线电设备之中。

二、二次电池

二次电池又称蓄电池（storage cell），是指电池在放电后可通过充电的方式使活性物质复原而继续使用的电池，而这种充放电可以达数十次乃至上千次循环。

（一）铅酸蓄电池

铅-二氧化铅电池常被称作铅酸蓄电池，它是二次电池中应用最多、最广泛的一种，是由海绵状的铅作为负极活性物质，二氧化铅作为正极活性物质，硫酸作为电解质。铅酸蓄电池的电池符号为

$$(-)Pb|H_2SO_4|PbO_2(+)$$

电池放电时的反应为

负极　　$Pb(s) + HSO_4^- \Longrightarrow PbSO_4(s) + H^+ + 2e^-$

正极　　$PbO_2(s) + HSO_4^- + 3H^+ + 2e^- \Longrightarrow PbSO_4(s) + 2H_2O(l)$

电池反应为　　$Pb(s) + 2H_2SO_4 + PbO_2(s) \Longrightarrow 2PbSO_4(s) + 2H_2O(l)$

电池电动势值与硫酸的浓度有关。在正常情况下铅酸蓄电池的电动势为 2.0V，随着放电的进行，电池内硫酸浓度降低，当硫酸的密度由 $1.28g \cdot cm^{-3}$ 降低到 $1.05g \cdot cm^{-3}$ 时，电池电动势降至 1.9V，此时应该停止使用，用外来直流电充电直到硫酸的密度恢复到 $1.28g \cdot cm^{-3}$ 时为止。

铅酸蓄电池的充放电可逆性好、稳定可靠、温度及电流密度适应性强、价格低，因此使用很广泛。近年来随着新材料、新技术的出现，铅酸蓄电池的制造技术也不断提高。新材料的不断应用，除了研究延长循环寿命及提高放电性能外，还在电池结构，制造过程的机械化、自动化方面，以及防尘、防毒方面取得飞速进展。目前铅酸蓄电池大量应用于三个方面：一是汽车启动用电池，作为汽车启动时点火及照明用电源；二是固定性铅酸蓄电池，要求这种电池容量大，可达数千 $A \cdot h$，且要求寿命长，多用于发电厂、变电所的开关操作电源和公共设施的备用电源及通讯用电源；三是车用蓄电池，多用于码头、车站、工厂的搬运叉车的动力源。此外，铅酸蓄电池还广泛用于铁路、矿井、拖拉机、飞机、坦克、潜艇等作为照明、应急或动力源。

近年来，又开发应用电动自行车、电动汽车，特别是小容量密封型铅酸蓄电池的研制成

功，为铅酸蓄电池的应用开拓了广泛的领域。

（二）镉-镍蓄电池

镉-镍蓄电池是在 20 世纪初期出现的。在 20 世纪 50 年代以前，主要是有极板盒式电池，也称为袋式或盒式电池。它是把正极和负极活性物质分别装在由穿孔的镀镍钢带做成的扁盒子里。20 世纪 50 到 60 年代，研制出了烧结式电池，也称为无极板盒式电池。它是用镍粉加发孔剂压制成型，然后烧结成基板（骨架），再用浸渍的方法把活性物质渗入基板。它克服了有极板盒式电池的缺点。目前无极板盒式电池不仅有烧结式的，还发展了压成式、粘接式、发泡式的等。

随着科学技术及生产的发展，对电池提出了新的要求。到 20 世纪 60 年代研制出了密封镉-镍蓄电池，它是最先研制成为密封蓄电池的电化学系统。由于密封，它可以在任意位置工作，不需维护，这就大大扩大了镉-镍蓄电池的应用范围。

镉-镍蓄电池的负极活性物质为海绵状镉，正极活性物质为（羟基）氧化镍，电解质溶液是氢氧化钾或氢氧化钠水溶液。因为电解质溶液为碱性，所以它属于碱性电池。

镉-镍电池的电池符号为

$$（-）Cd \mid KOH \mid NiOOH（+）$$

电极反应为

正极　$2NiOOH + 2H_2O + 2e^- \rightleftharpoons 2Ni(OH)_2 + 2OH^-$

负极　$Cd + 2OH^- \rightleftharpoons Cd(OH)_2 + 2e^-$

电池反应为　$Cd + 2NiOOH + 2H_2O \rightleftharpoons 2Ni(OH)_2 + Cd(OH)_2$

由电池反应可知，电解质 KOH 不参加反应，只起导电作用，但由于反应中有水参加，所以电解液的量不能太少。

镉-镍蓄电池最突出的特点是使用寿命长，视放电深度及放电率不同，循环次数可达几千甚至上万次，总的使用寿命可达 8～25 年；密封镉-镍蓄电池循环寿命可达 500 次以上。另外，镉-镍蓄电池自放电小、适用温度范围广、耐过充过放、放电电压平稳、机械性能好。不足之处是输出效率低、活性物质利用率低、成本较高、烧结式电池有记忆效应、负极镉有毒。

镉-镍蓄电池可用做铁路的照明、信号灯电源、矿灯及一些部门的贮备及应急电源。此外，还广泛应用于现代军事武器、航海、航空及航天事业。密封镉-镍蓄电池作为便携式电源应用于各个领域。

（三）锂离子二次电池

锂离子二次电池是近年发展起来的一种高能量的二次电池，由于其优异的电性能及安全无公害等特点，发展极快，为各国所重视。1990 年日本的索尼公司首先成功地开发了锂离子二次电池，1993 年实现商品化并进入市场。现在日本的主要电池公司都能生产这种电池。1996 年加拿大的莫利公司开始规模化生产，美国、法国、德国的一些公司也开始生产。目前，我国在锂离子二次电池的研制方面已取得很大的进展，并开始规模化生产。

锂离子二次电池目前所采用的负极材料是碳，正极是嵌锂的金属氧化物，如 $LiCoO_2$，电解质溶液是由无机盐 $LiPF_6$ 或 $LiClO_4$ 溶解于有机溶剂所组成。具有层状结构的碳和 $LiCoO_2$ 必须经过充电后才能转化变成待放电状态的活性物质 Li_xC_6 和 $Li_{1-x}CoO_2$。电池工作时的工作原理如图 2-7 所示。

当锂离子二次电池在充电时正极失去电子，同时正极中的锂离子脱嵌进入溶液，而负极

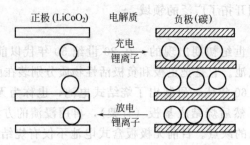

图 2-7 锂离子二次电池的工作原理

在得到电子的同时，溶液中的锂离子嵌入负极的碳中形成 Li_xC_6；放电时与充电相反，锂离子从负极脱嵌到正极嵌入，其反应式为

负极　　$Li_xC_6 \rightleftharpoons xLi^+ + 6C + xe^-$

正极　　$Li_{1-x}CoO_2 + xLi^+ + xe^- \rightleftharpoons LiCoO_2$

电池反应为　$Li_xC_6 + Li_{1-x}CoO_2 \rightleftharpoons 6C + LiCoO_2$

锂离子二次电池的符号为：

$$(-)Li_xC_6 \,|\, LiClO_4 + 有机溶剂 \,|\, Li_{1-x}CoO_2(+)$$

锂离子二次电池的开路电压高，单体电池电压高达 $3.6 \sim 3.8V$；其比能量大，目前实际比能量已达到 $100 \sim 115W \cdot h \cdot kg^{-1}$ 和 $240 \sim 253W \cdot h \cdot L^{-1}$，是镉-镍蓄电池的 2 倍，预计比能量可达 $150W \cdot h \cdot kg^{-1}$ 和 $400W \cdot h \cdot L^{-1}$；其循环寿命长，可达 1000 次以上；而且安全性能好，无公害，无记忆效应；自放电小，室温时每月的容降率为 10%。因此，锂离子二次电池受到人们的信赖，目前主要用于便携式计算机、摄放像机、笔记本电脑、移动电话以及其他用电器具。

（四）碱锰二次电池

碱锰二次电池是在 20 世纪 60 年代开始研究，80 年代研制成功，从而使锌-锰一次电池成为可充电的二次电池，对于节约资源有重大的意义。

在碱性介质中，锌具有良好的可逆性，要实现碱性锌-锰电池可充电的关键在 MnO_2 电极，提高 MnO_2 电极的可逆性是多年来研究人员一直关注的中心。通过各种方法将某些金属的氧化物或氢氧化物加到 MnO_2 中去，从而提高 MnO_2 的可逆性，并能使 MnO_2 活性提高，增大放电的容量。

碱锰二次电池由于价格便宜、自放电小、电压比镉-镍电池高等优点，使其商品化大规模生产对于节约资源有积极意义，符合可持续发展战略。但目前还存在循环寿命不长、性能稳定性不高、密封爬碱等问题，这些都是研究人员正在努力解决的问题，碱锰二次电池具有很大的发展前景。

三、燃料电池

燃料电池（fuel cell）是一种直接将燃料通过电化学反应产生低压直流电的装置。燃料电池在工作时不断从外界输入氧化剂和还原剂，同时将电极反应产物不断排出，所以可不断地放电使用，因而又称连续电池。

燃料电池以还原剂（氢气、肼、烃、甲醇等）为负极反应物质，以氧化剂（氧气、空气）为正极反应物质。为了使燃料便于进行电极反应，要求电极材料兼有催化剂的特性，故多采用多孔碳、多孔镍、铂、银等材料，例如氢-氧燃料电池，其工作原理如图 2-8 所示。氢-氧燃料电池的电池符号为

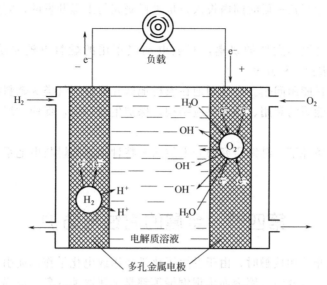

图 2-8　氢-氧燃料电池工作原理示意图

$$(-)C\,|\,H_2(g)\,|\,NaOH(aq)\,|\,O_2(g)\,|\,C(+)$$

负极　$H_2 + 2OH^- \Longrightarrow 2H_2O + 2e^-$

正极　$O_2 + 2H_2O + 4e^- \Longrightarrow 4OH^-$

电池反应为　$2H_2 + O_2 \Longrightarrow 2H_2O$

　　在燃料电池工作时，氢气和氧气连续不断通入多孔石墨中，电解质溶液也有一部分扩散到电极孔中，在电极的催化作用下，H_2 和 O_2 反应生成水，从电池内排出。

　　燃料电池是直接将化学能转变成电能，因而理论上能量利用率可达 100%，而且对环境污染少，对其研究有重大的实际意义。

　　燃料电池的分类有多种方法，按照工作温度，燃料电池可分为高、中、低温型三类，工作温度从室温至 373K，称为常温燃料电池；工作温度介于 373～573K 之间的为中温燃料电池；工作温度在 873K 以上的为高温燃料电池。按燃料的来源，燃料电池可分为三类，第一类是直接式燃料电池，其燃料直接用氢气；第二类是间接式燃料电池，其燃料不是直接用氢气，而是通过某种方法（如蒸汽转化）把甲烷、甲醇或烃类转变成氢（或含氢混合物）后再供应给燃料电池来发电；第三类是再生式燃料电池，它是指把燃料电池反应生成的水，经某种方法分解成氢和氧，再将氢和氧重新输入燃料电池中发电。还可以按燃料电池的电解质类型分类，这种分类方法已逐渐被国外燃料电池研究者所采纳。目前正在开发的商用燃料电池，依据电解质类型可以分为五大类：磷酸型燃料电池（phosphoric acid fuel cell，PAFC）、固体聚合物燃料电池（solid polymer fuel cell，SPFC）、熔融碳酸盐燃料电池（molten carbonate fuel cell，MCFC）、固体氧化物燃料电池（solid oxide fuel cell，SOFC）和碱性燃料电池（alkaline fuel cell，AFC）。

　　自 1839 年格拉夫（G. R. Grove）提出燃料电池概念以来，燃料电池已经历了 160 余年的发展历史，而促使燃料电池技术从太空技术转向民用的直接原因是 20 世纪 70 年代末的世界性能源危机及环境问题的加剧。近代技术突飞猛进，使燃料电池的产业应用成为可行。

　　燃料电池有着非常良好的发展前景，主要应用背景有四个方面。

　　第一，生活小区及较偏远地区供电，发电容量在数十 kW 至 MW 级范围内。适合建立燃料电池电站的是 PAFC、MCFC 和 SOFC。目前，PAFC 技术基本成熟，MCFC 和 SOFC

是值得我国在今后相当长一段时间内投入力量进行研究与工程开发的，它们将成为洁净煤发电的技术之一。

第二，利用电动汽车发展的机遇，开展电动汽车用的燃料电池系统研究，主要研究SPFC 系统技术并进行工程开发。

第三，解决农村能源问题。有计划地在农村地区开展以沼气类为燃料的燃料电池系统开发，综合治理农村能源的利用、能源供应结构，保护生态环境，促使"绿色能源"计划的逐步实现。

第四，在一定条件下，继续研究与开发航天及特种用途的燃料电池系统，如航天器、舰船、潜艇用能源等。

第四节　金属的腐蚀与防护

当金属和周围介质相接触时，由于发生了化学作用或电化学作用而引起的破坏叫做金属的腐蚀，如铁生锈、银变暗、铜表面出现铜绿等都是金属腐蚀现象。世界上每年因腐蚀而不能使用的金属制品的质量大约相当于金属年产量的 $1/4 \sim 1/3$，因此研究金属腐蚀和防腐是一项很重要的工作。

一、腐蚀的分类及其机理

金属的腐蚀过程可按化学反应和电化学反应两种不同的机理进行，因而可分为化学腐蚀和电化学腐蚀两类。

（一）化学腐蚀

单纯由化学作用而引起的腐蚀叫化学腐蚀。其特点是介质为非电解质溶液或干燥气体，腐蚀过程无电流产生，例如润滑油、液压油以及干燥空气中 O_2、H_2S、SO_2、Cl_2 等物质与金属接触时，在金属表面生成相应的氧化物、硫化物、氯化物都属于化学腐蚀。温度对化学腐蚀的速率影响很大，例如钢铁在常温和干燥的空气中不易腐蚀，但在高温下（如轧钢时）易被氧化生成一种氧化皮（由 FeO、Fe_2O_3、Fe_3O_4 组成），同时若温度高于 $700℃$ 还会发生脱碳现象，这是由于钢铁中渗碳体 Fe_3C 与高温气体发生了反应

$$Fe_3C(s)+O_2(g) \Longrightarrow 3Fe(s)+CO_2(g)$$
$$Fe_3C(s)+CO_2(g) \Longrightarrow 3Fe(s)+2CO(g)$$
$$Fe_3C(s)+H_2O(g) \Longrightarrow 3Fe(s)+CO(g)+H_2(g)$$

这些反应在高温下速率是很可观的。由脱碳产生的 H_2 气，可以向金属内部扩散渗透，而产生氢脆。脱碳和氢脆都会造成钢铁表面硬度和内部强度的降低，使其性能变坏。

（二）电化学腐蚀

当金属与电解质溶液接触时，由于电化学作用而引起的腐蚀叫电化学腐蚀。电化学腐蚀的特点是形成腐蚀电池。在腐蚀电池中，发生氧化反应的负极称为阳极，发生还原反应的正极称为阴极。电化学腐蚀分为析氢腐蚀、吸氧腐蚀和差异充气腐蚀等，其阳极过程均为金属阳极的溶解。

1. 析氢腐蚀　在酸性介质中，金属及其制品发生析出氢气的腐蚀称为析氢腐蚀。例如，将 Fe 浸在无氧的酸性介质中（如钢铁酸洗时），Fe 作为阳极而腐蚀，碳或其他比铁不活泼的杂质作为阴极，为 H^+ 的还原提供反应界面，腐蚀过程为

阳极（Fe）　　$Fe \under{=\!=} Fe^{2+} + 2e^-$

阴极（杂质）　$2H^+ + 2e^- \under{=\!=} H_2(g)$

总反应　　　　$Fe + 2H^+ \under{=\!=} Fe^{2+} + H_2(g)$

2. **吸氧腐蚀**　由于氢超电势的影响，在中性介质中不可能发生析氢腐蚀。日常遇到大量的腐蚀现象往往是在有氧存在、pH 值接近中性条件下的腐蚀，称为吸氧腐蚀。此时，金属仍作为阳极溶解，金属中的杂质为溶于水膜中的氧获取电子提供反应界面，腐蚀反应为

阳极（Fe）　　$2Fe \under{=\!=} 2Fe^{2+} + 4e^-$

阴极（杂质）　$O_2 + 2H_2O + 4e^- \under{=\!=} 4OH^-$

总反应　　$2Fe + O_2 + 2H_2O \under{=\!=} 2Fe(OH)_2(s) \xrightarrow{O_2} 2Fe(OH)_3(s)$

在 pH＝7 时，$E(O_2/OH^-) > E(H^+/H_2)$，加之大多数金属电极电势低于 $E(O_2/OH^-)$，所以大多数金属都可能发生吸氧腐蚀，甚至在酸性介质中，金属发生析氢腐蚀的同时，若有氧存在也会发生吸氧腐蚀。

3. **差异充气腐蚀**　差异充气腐蚀是由于金属处在含氧量不同的介质中引起的腐蚀。根据能斯特方程，在 298.15K 时，对于电极反应

$$O_2 + 2H_2O + 4e^- \under{=\!=} 4OH^-$$

$$E(O_2/OH^-) = E^{\ominus}(O_2/OH^-) - \frac{0.0592}{4}\lg\frac{[c(OH^-)]^4}{p(O_2)/p^{\ominus}}$$

$$= E^{\ominus}(O_2/OH^-) - 0.0592\lg[c(OH^-)] + \frac{0.0592}{4}\lg\frac{p(O_2)}{p^{\ominus}}$$

$$= E^{\ominus}(O_2/OH^-) + 0.0592(14-pH) + \frac{0.0592}{4}\lg\frac{p(O_2)}{p^{\ominus}}$$

因为　　　$E^{\ominus}(O_2/OH^-) = 0.401$

所以　　　$E(O_2/OH^-) = 1.23 - 0.0592pH + \frac{0.0592}{4}\lg\frac{p(O_2)}{p^{\ominus}}$

该式表明：在 $p(O_2)$ 大的部位，$E(O_2/OH^-)$ 值大，在 $p(O_2)$ 小的部位，$E(O_2/OH^-)$ 值小。根据电池组成原则，E（氧化态/还原态）大为阴极，E（氧化态/还原态）小为阳极，因而在充气小的部位，金属成为阳极而发生失去电子反应被腐蚀。例如水滴落在金属表面，并长期保留，水滴边缘有较多的氧气，而水滴下方则含氧较少，所以穿孔在水滴中心部位，而不是边缘。又如钢铁管道通过黏土和沙土，埋在黏土部分的钢铁管道腐蚀快，这是因为黏土湿润，含氧量少，而沙土干燥多孔，含氧量高。

二、金属腐蚀的防护

金属腐蚀的防护，首先要正确选用金属材料，合理设计金属结构。选用金属材料时应以在具体环境和条件下不易腐蚀为原则。设计金属结构时，应避免用电势差大的金属材料相互接触。同时，对金属材料本身进行一定的防腐措施，主要的方法有：金属覆盖层、电化学保护、对腐蚀介质进行处理及添加缓蚀剂等。

（一）金属覆盖层保护

金属覆盖层保护是采用耐腐蚀性能良好的金属或非金属覆盖在基体金属表面，使基体金属与腐蚀介质隔离，以达到防止腐蚀的目的。这种方法是一种应用广泛且十分重要的方法，它不仅能达到防腐蚀目的，而且还能节省大量的金属及其合金。覆盖层主要有金属覆盖层和非金属覆盖层两类。

1. 金属覆盖层　　金属覆盖层主要是利用电镀、喷镀、渗镀、热浸镀、化学镀等技术，将耐腐蚀的金属镀覆在耐腐蚀性差的金属表面形成的，又称金属镀层。

根据金属镀层在介质中的电化学行为可将它们分为阳极性和阴极性两种。阳极性镀层是指镀层的电极电势比基体金属的电极电势更低。这种镀层即使存在微孔、裂纹或其他缺陷时，在腐蚀环境中，镀层金属便成为腐蚀电池的阳极而被腐蚀，基体金属则成为腐蚀电池的阴极而得到保护。如在钢铁表面镀锌、镀镉等金属都属于阳极性镀层。阴极性镀层是指镀层金属的电极电势高于基体金属的电极电势。若这种镀层存在微孔、皱纹或其他缺陷时，露出的基体金属与镀层间将形成大阴极小阳极的腐蚀电池，会使基体金属遭到严重的腐蚀。因此，阴极镀层必须足够完整时才能起到保护基体金属的作用。通常钢铁上的铜、锡、铬、镍、银、金等镀层都属于阴极性镀层。

2. 非金属覆盖层　　在金属表面覆盖上一层非金属材料，主要是有机涂料。涂料是一种涂覆于物体表面并能形成牢固附着连续薄膜的物质，通常是以树脂或油为主，加以颜料、填料，用有机溶剂或水调制而成的黏稠液体。近年来也出现了以固体形式存在的粉末涂料。

涂层之所以能起到保护金属的作用，其原因如下。

(1) 屏蔽作用　　涂层将金属的表面与环境隔离开来，起到屏蔽作用。

(2) 缓蚀作用　　借助于涂料内部金属氧化物与金属反应，使金属表面钝化，同时一些油料在金属皂的催化作用下生成降解产物，起到延缓金属基体腐蚀的作用。

(3) 电化学保护作用　　涂料中往往选用比铁活性高的金属作填料，如富锌涂料，就是一种含有大约 $85\%\sim95\%$ 锌粉的涂料，一旦化学介质渗入，穿透涂层金属即发生电化学腐蚀，锌作为牺牲阳极，保护铁不遭受破坏。

(二) 电化学保护

电化学保护法又分为阳极保护法和阴极保护法。

1. 阴极保护　　阴极保护法是使被保护的金属作为腐蚀电池的阴极，可通过两种方法实现。一种是将较活泼金属与被保护金属连接，较活泼金属作为腐蚀电池的阳极而被腐蚀（作为牺牲阳极），被保护金属则得到电子作为阴极而达到保护的目的。目前此法已在船舶、海上设备、水下设备、地下管道和电缆、海水冷却系统中得到广泛应用。另一种方法是，利用外加电流，将被保护的金属与外电源负极相接，变为阴极，废钢或石墨作为阳极，这叫外加电流阴极保护法。这种方法保护效果良好且简便易行，目前广泛应用于地下管线，贮槽以及受海水、淡水腐蚀的设备，如船舶、水闸、采油平台等。

2. 阳极保护　　阳极保护是将被保护的金属设备与外加直流电源的正极相连，在电解质溶液中，给金属设备通以阳极电流，使金属设备达到阳极钝态，表面生成一层稳定的钝化膜，阳极溶解受到抑制，腐蚀速度明显降低，使设备得到保护。

阳极保护只能应用于具有活性-钝性型的金属，即在阳极电流作用下能建立钝态并生成稳定的钝化膜的金属如钛、不锈钢等，并且它只能用于一定环境，因为有些电解质成分会影响钝态。

(三) 添加缓蚀剂

在腐蚀介质中，加入少量能减小腐蚀速率的物质以防止腐蚀的方法称为缓蚀剂法。常用的缓蚀剂有无机缓蚀剂，如铬酸盐、重铬酸盐、磷酸盐、碳酸氢盐等，它们主要是在金属表面形成氧化膜和沉淀物。有机缓蚀剂一般则是含有 S，N，O 的有机化合物，如胺类、有机硫化物、醛类等，其缓蚀作用主要是由于它们有被金属表面强吸附的特性。

不同的缓蚀剂各自对某些金属在特定的温度和浓度范围内才有效，具体需要由实验决定，也就是说，缓蚀剂有一定的针对性，对于某种介质和金属具有较好效果的缓蚀剂，对另一种介质和金属就不一定有效，甚至有害。因此应根据具体情况严格选择。例如，在水中加入 $0.5\% \sim 2\%$ 亚硝酸钠，能大大减轻水对钢铁的腐蚀；又如，在酸洗设备过程中，加入 $8 \sim 10g \cdot L^{-1}$ 的乌洛托品，能减轻盐酸或硫酸对碳钢的腐蚀。还要指出的是缓蚀剂只能用在封闭和循环的系统中，且不适宜在高温下使用。

习 题

1. 参考标准电极电势表，选择一氧化剂，能够氧化 (1) Cl^- 成 Cl_2；(2) Pb 成 Pb^{2+}；(3) Fe^{2+} 成 Fe^{3+}。再选择一还原剂能够还原 (1) Fe^{2+} 至 Fe；(2) Ag^+ 至 Ag；(3) Mn^{2+} 至 Mn。

2. 如果把下列氧化还原反应装配成原电池，试以符号表示之（设溶液浓度为 $1mol \cdot L^{-1}$）。

(1) $Zn + CdSO_4 \longrightarrow ZnSO_4 + Cd$

(2) $Fe^{2+} + Ag^+ \longrightarrow Fe^{3+} + Ag$

3. 将锡和铅的金属片分别插入含有该金属离子的盐溶液中并组成原电池

(1) $c(Sn^{2+}) = 0.010mol \cdot L^{-1}, c(Pb^{2+}) = 1.0mol \cdot L^{-1}$

(2) $c(Sn^{2+}) = 1.0mol \cdot L^{-1}, c(Pb^{2+}) = 0.10mol \cdot L^{-1}$

分别用符号表示上述原电池，注明正负极，写出两电极反应和电池总反应式，并计算原电池的电动势。

4. 求反应 $Zn + Fe^{2+} \longrightarrow Zn^{2+} + Fe$ 在 298K 时的平衡常数；若将过量极细的锌粉加入到 Fe^{2+} 溶液中，求平衡时 $c(Fe^{2+})$ 与 $c(Zn^{2+})$ 的关系。

5. 计算 $c(OH^-) = 0.05mol \cdot L^{-1}$，$p(O_2) = 1.0 \times 10^3 Pa$ 时，氧电极的电极电势。已知 $O_2 + 2H_2O + 4e^- \longrightarrow 4OH^-$，$E^\ominus$（氧化态/还原态）$= 0.40V$。

6. 通过实验得到如下现象

(1) 在水溶液中 KI 能与 $FeCl_3$ 反应生成 I_2 与 $FeCl_2$，而 KBr 则不能与 $FeCl_3$ 反应。

(2) 溴水能与 $FeSO_4$ 溶液反应生成 Fe^{3+} 和 Br^-，而碘水则不能与 $FeSO_4$ 溶液反应。试定性比较 Br_2/Br^-、I_2/I^-、Fe^{3+}/Fe^{2+} 三个电对电极电势的相对大小。

7. 下列电池反应中，当 $c(Cu^{2+})$ 为何值时，该原电池电动势为零。

$$Ni(s) + Cu^{2+}(aq) \longrightarrow Ni^{2+}(1.0mol \cdot L^{-1}) + Cu(s)$$

8. 当 pH = 5.00，$c(MnO_4^-) = c(Cl^-) = c(Mn^{2+}) = 1.00mol \cdot L^{-1}$，$p(Cl_2) = 100kPa$ 时，能否用下列反应 $2MnO_4^- + 16H^+ + 10Cl^- \longrightarrow 5Cl_2 + 2Mn^{2+} + 8H_2O$ 制备 Cl_2？通过计算说明之。

9. 由镍电极和标准氢电极组成原电池，若 $c(Ni^{2+}) = 0.0100mol \cdot L^{-1}$ 时，原电池的 $E = 0.288V$，其中 Ni 为负极，计算 $E^\ominus(Ni^{2+}/Ni)$。

10. 判断下列氧化还原反应进行的方向（设离子浓度均为 $1mol \cdot L^{-1}$）。

(1) $Sn^{4+} + 2Fe^{2+} \longrightarrow Sn^{2+} + 2Fe^{3+}$

(2) $2Cr^{3+} + 3I_2 + 7H_2O \longrightarrow Cr_2O_7^{2-} + 6I^- + 14H^+$

(3) $Cu + 2FeCl_3 \longrightarrow CuCl_2 + 2FeCl_2$

11. 根据电极电势计算下列反应的平衡常数和所组成原电池的电动势（设离子浓度均为 $1mol \cdot L^{-1}$）。

$$Fe^{3+}+I^-=\!=\!=Fe^{2+}+\frac{1}{2}I_2$$

当等体积的 $2mol \cdot L^{-1}Fe^{3+}$ 和 $2mol \cdot L^{-1}I^-$ 溶液混合后，会发生怎样的变化？

12. 由标准钴电极和标准氯电极组成原电池，测得其电动势为 1.63V，此时钴电极为负极。现已知氯的标准电极电势为 +1.36V，问：(1) 此电池反应的方向如何？(2) 钴标准电极的电极电势是多少？(不查表) (3) 当氯气的压力增大或减小时，电池的电动势将如何变化？(4) 当 Co^{2+} 浓度降低到 $0.1mol \cdot L^{-1}$ 时，电池的电动势将如何变化？

13. 从标准电极电势值分析下列反应，应向哪一方向进行？

$$MnO_2+4Cl^-+4H^+=\!=\!=MnCl_2+Cl_2+2H_2O$$

实验室中是根据什么原理，采取什么措施使之产生 Cl_2 气体的？

14. 在 pH=7.0 时，下列反应能否自发进行？通过计算说明（除 H^+、OH^- 外，其他离子和气体均处于标准状态）。

(1) $Cr_2O_7{}^{2-}+H^++Br^- \longrightarrow Br_2(l)+Cr^{3+}+H_2O$

(2) $MnO_4{}^-+H^++Cl^- \longrightarrow Cl_2(g)+Mn^{2+}+H_2O$

(3) $F_2+H_2O \longrightarrow O_2+HF$

15. 什么叫一次电池？什么叫二次电池？什么叫燃料电池？

16. 燃料电池的工作原理是什么？

17. 锂离子二次电池的工作原理是什么？

18. 金属腐蚀如何分类？

19. 金属防护的方法有哪些？

第三章　物　质　结　构

　　物质宏观上所表现的物理性质和化学性质是由其内部的微观结构所决定的。微观结构包括组成物质不同层次的粒子，如分子、原子、原子核、电子、质子等以及这些粒子间的相互作用力。在一般化学反应中只涉及核外电子运动状态的改变，原子核并没有改变，因此它所涉及的粒子层次最小到原子和核外电子。

　　20 世纪初人类打开了原子这个微粒的大门，经众多科学家的不懈努力，步步深入地认识了原子内部结构的复杂性，建立了原子结构的有关理论，从此人类进入微观世界，抓住了事物变化的内在本质，化学也因此得到迅速发展。本章将在讨论原子结构的基础上，进一步讨论化学键、分子结构和晶体结构等理论和知识。

第一节　原子结构与元素周期律

　　1808 年英国化学家道尔顿（J. Dalton）提出物质由原子构成，原子不可再分。1897 年英国物理学家汤姆生（J. J. Thomson）发现了电子。1911 年卢瑟福（E. Rutherford）根据粒子散射实验，提出行星式含核模型的假说，打破了原子不可分割的旧看法。

　　1913 年，丹麦年仅 28 岁的物理学家玻尔（N. H. D. Bohr）发表了他的假说，认为原子核外电子在不同半径的轨道上绕核做圆周运动，不同的轨道对应不同的能级，而且能级的能量不是连续变化的；当电子在不同的能级之间跃迁时吸收或辐射能量，是两个轨道之间的能量差。玻尔将这种能量的不连续称作能量量子化，每份能量的最小单位是 $h\nu$，其中 h 是普朗克常数（$h = 6.626 \times 10^{-34} \text{J} \cdot \text{s}$），$\nu$ 是光的频率。玻尔理论揭示了氢原子光谱为线状光谱的事实，然而只能解释核外只有一个电子的氢原子或类氢离子（如 He^+），解释不了核外具有两个或两个以上电子的原子光谱。

一、微观粒子的波粒二象性和测不准原理

（一）微观粒子的波粒二象性

　　光的波动性和粒子性经过了几百年的争论，到了 20 世纪初，人们对光的本性有了比较正确的认识，即光具有波动性也具有粒子性。光的干涉、衍射等现象说明光具有波动性，而光电效应、原子光谱又说明光具有粒子性，称之为光的波粒二象性。

　　1924 年德布罗意（L. DeBrogli）受光的波粒二象性启发，提出了一个大胆的假设：具有静止质量的微观粒子也具有波粒二象性，并预言具有质量为 m、速率为 v 的粒子其波长 λ 为

$$\lambda = \frac{h}{mv} \tag{3-1}$$

于是，描述粒子性的物理量 m、v 和描述波动性的物理量 λ 三者通过普朗克常数 h 联系起来。

德布罗意的假设在 1927 年被戴维逊（C. T. Divission）和革末（L. H. Germeer）的电子衍射实验所证实。他们在纽约贝尔实验室用一束电子流通过作为光栅的镍晶体，在照相底版上得到了和光衍射相似的一系列衍射条纹（图 3-1），根据衍射实验得到的电子波长与按德布罗意公式计算出来的波长相符，说明电子具有波动性。以后又证明了中子、质子等其他微粒都具有波动性。1930 年前后诞生的第一台电子显微镜就是用电子束代替可见光射到物体上放大成像的。

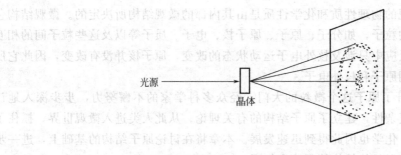

图 3-1　电子衍射示意图

微观粒子具有波动性，宏观物体其实也具有波动性，但极微弱，可以认为不表现出波动性。如质量为 1g，速度为 $1.0 \times 10^{-2} \text{m} \cdot \text{s}^{-1}$ 的小球，其物质波的波长为

$$\lambda = \frac{h}{mv} = \frac{6.626 \times 10^{-34}}{1 \times 10^{-3} \times 1.0 \times 10^{-2}} = 6.6 \times 10^{-31} (\text{m})$$

物质的波动性是大量微粒运动（或者是一个微粒的千万次运动）所表现出来的性质。从电子的衍射图像上可以看出，衍射强度（即电子波强度）大的地方，电子出现的机会多，或用数学术语讲，电子出现的概率大；衍射强度小的地方，电子出现的机会少，即电子出现的概率小。也就是说，空间任何一点波的强度和微粒在该点出现的概率成正比，所以物质波又称概率波。

（二）测不准原理

对于宏观物体，如飞机、汽车、行星等，根据经典物理学原理，我们可以准确地知道它们在运动中某一瞬间的速度和位置，而具有波粒二象性的微粒和宏观物体的运动有很大的不同，它的运动不能用经典力学来描述。

1927 年，德国物理学家海森堡（W. Heisenberg）提出了微观粒子的测不准原理：对于具有波粒二象性的微粒而言，不可能同时准确测定它们在某瞬间的位置和速度（或动量），微粒的运动位置测得越准确，则相应的速度越测不准，反之亦然。其数学表达式为

$$\Delta x \cdot \Delta p \approx h \tag{3-2}$$

式中，Δx 为粒子的位置不确定量，Δp 为动量不确定量，h 为普朗克常数。上式说明粒子位置测定越准确（Δx 越小），则其相应动量的准确度就越小（Δp 越大），即位置和动量不能同时被准确测定。因此不能根据经典力学，用动量和坐标来描述核外电子的运动状态，而只能用统计的方法统计核外电子在一个特定位置或在一定空间体积中出现的概率是多少。20 世纪 20 年代发展起来的量子力学正是研究电子等微观粒子运动规律的。

二、波函数（原子轨道）和电子云

1926 年奥地利物理学家薛定谔（E. Schrödinger）根据德布罗意物质波的观点，引用电磁波的波动方程，提出了描述微观粒子运动规律的波动方程——薛定谔方程，建立了近代量子力学理论。

薛定谔方程是一个二阶偏微分方程

$$\frac{\partial^2 \psi}{\partial x^2} + \frac{\partial^2 \psi}{\partial y^2} + \frac{\partial^2 \psi}{\partial z^2} + \frac{8\pi^2 m}{h^2}(E-V)\psi = 0 \tag{3-3}$$

方程中的 ψ 是微观粒子的空间坐标 x，y，z 的函数，称为波函数，常表示为 $\psi(x,y,z)$；m 为微观粒子的质量；E 为粒子的总能量；V 为粒子的势能；h 为普朗克常数。解薛定谔方程就可求出描述微观粒子（如电子）运动状态的函数式——波函数 ψ 以及与此状态相对应的能量 E。

（一）波函数（原子轨道）的概念

在量子力学里，将描述原子中单个电子运动状态的数学函数式称为波函数，习惯上又称为原子轨道，其物理意义要通过 $|\psi|^2$ 来理解。波的强度可以用 $|\psi|^2$ 来表示，而微观粒子（如电子）在空间某点波的强度与粒子在该点出现的概率密度成正比。所以，空间某点电子波的 $|\psi|^2$ 代表了电子出现的概率密度，$|\psi|^2$ 值大，表示单位体积内电子出现的概率大；反之亦然。

解薛定谔方程时，根据其边界条件会自然产生三个参数 n，l，m，叫做三个量子数。n：主量子数；l：角量子数；m：磁量子数。这三个确定的量子数就规定了波函数的具体形式 $\psi(n,l,m)$。这三个量子数的取值规律是

主量子数　$n=1$，2，3，…；

角量子数　$l=0$，1，2，…，$(n-1)$，共可取 n 个值；

磁量子数　$m=0$，±1，±2，…，$\pm l$，共可取 $2l+1$ 个值。

可见，l 的取值受 n 的限制，例如 $n=1$ 时，l 只可取 0；$n=2$ 时，l 只可取 0 和 1。m 的取值又受 l 的限制，例如，$l=0$ 时，m 只可取 0；$l=1$ 时，m 只可取 -1，0，$+1$。

通常把 $l=0$，1，2，3 的原子轨道分别叫做 s、p、d、f 轨道。例如，当 $n=1$ 时，$l=0$，$m=0$，只有一个原子轨道，可写成 1s 轨道；当 $n=2$ 时，$l=0$，$m=0$，为 2s 轨道，同时，l 还可取 1，m 取 0，±1，组合起来就是三个 2p 轨道，即 p_x、p_y、p_z 轨道，所以当 $n=2$ 时有四个原子轨道；而当 $n=3$ 时，就有一个 s 轨道，三个 p 轨道，五个 d 轨道（d_{xy}、d_{yz}、d_{xz}、d_{z^2}、$d_{x^2-y^2}$），一共九个原子轨道。

（二）电子云

电子在核外空间的概率分布（概率密度 $|\psi|^2$ 的大小）通常用电子云来形象地表示。它是用黑点的疏密对电子出现概率密度的形象化描述。如图 3-2 为一些电子云的示意图。

图中小黑点稀疏的地方，表示 $|\psi|^2$ 数值小，即电子在该处出现的概率小；小黑点密集的地方，表示 $|\psi|^2$ 数值大，即电子在该处出现的概率大。

注意：电子云是没有明显边界的，在离核很远的地方，电子仍有出现的可能，只是出现的概率很小，可以忽略不计。

（三）波函数（原子轨道）的角度分布图

波函数 $\psi(x,y,z)$ 一般又可以用球极坐标来表示，即 $\psi(r,\theta,\varphi)$，它可经变量分离为径向部分 $R(r)$ 与角度部分 $Y(\theta,\varphi)$，即

$$\psi(r,\theta,\varphi)=R(r) \cdot Y(\theta,\varphi)$$

r 为一定值时，$R(r)$ 为常数，将 $Y(\theta,\varphi)$ 绘制成图形，称为波函数（原子轨道）的角度分布图，它表示在同一球面的不同方向 ψ 值相对大小。如图 3-3 所示。

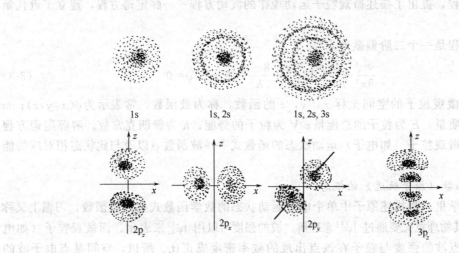

图 3-2 电子云示意图

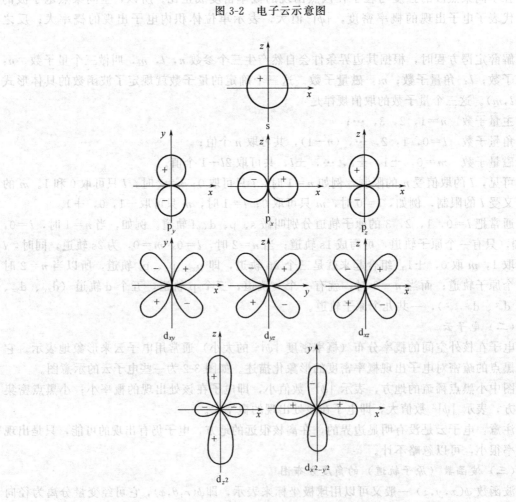

图 3-3 波函数（原子轨道）角度示意图

由图可知原子轨道的一些特征：

（1）原子轨道具有一定形状，如 s 轨道为球形对称，p 轨道为哑铃形；

（2）原子轨道在空间有一定的伸展方向，如 p_x 轨道沿 x 轴方向伸展；

（3）原子轨道在空间有正、负之分，这里的正负只是代表 ψ 的角度部分 Y 值的正负，并不含有其他物理意义。

（四）电子云的角度分布图

波函数的角度部分 $Y(\theta,\varphi)$ 反映了原子轨道的角度分布情况，相应地 $Y^2(\theta,\varphi)$ 也就反映了电子云（$|\psi|^2$）的角度分布情况。$Y^2(\theta,\varphi)$ 就叫做电子云的角度分布函数，将 $Y^2(\theta,\varphi)$ 随 θ,φ 的变化作图就得到电子云的角度分布图。如图 3-4 所示。

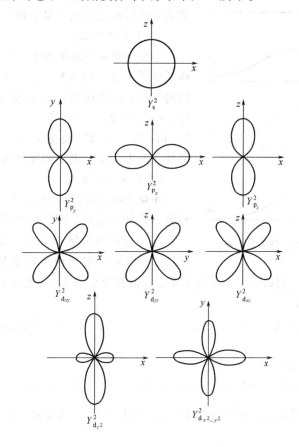

图 3-4　电子云的角度分布示意图

电子云的角度分布图与波函数（原子轨道）的角度分布图有些相似，但有两点不同：①原子轨道的角度分布图除 s 态外均有正负之分，而电子云的角度分布因 Y 值平方后均为正值；②电子云的角度分布图比原子轨道的角度分布图要"瘦"些，这是因为 Y 值是小于等于 1 的，所以 Y^2 值一般就更小些。

掌握原子轨道和电子云的角度分布图形的特点对研究共价键的形成是很有用的。

（五）电子云的径向分布图

从理论上可推导出波函数的径向分布函数 $D(r)=r^2R^2(r)$，以 D 对 r 作图，就是电子云的径向分布图，如图 3-5 所示。它描述了电子离核远近的概率分布情况，在 l 相同而 n 不同的情况下（如 1s，2s，3s），n 越大，电子云沿 r 扩展得就越远。当 n 相同时，l 越小峰的数

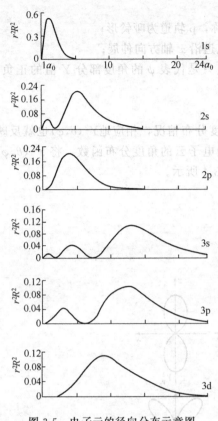

图 3-5 电子云的径向分布示意图

目就越多。虽然 l 小者主要的峰（即离核最远的峰）比 l 大者主要的峰离核更远，但其最小峰却比 l 大者最小峰离核更近。在讨论多电子原子的屏蔽效应时需要注意这种情况。

三、电子运动状态的完全描述与四个量子数

三个确定的量子数 n，l，m 组成的一套参数即可确定一个原子轨道，但要完全描述核外电子的运动状态还需确定第四个量子数——自旋量子数 m_s。

（一）主量子数 n

主量子数 n 的取值为 1，2，3，…正整数，它描述了原子中电子出现概率最大的区域（电子云）离核的远近，n 值越大，电子云离核的平均距离就越远。n 值 1，2，3，4，5，6，7 可用相应的字母 K，L，M，N，O，P，Q 来表示，习惯上称电子层。n 值越大的电子层，电子的能量越高。

（二）角量子数 l

角量子数 l 的取值为 0，1，2，…，$(n-1)$ 的整数，它基本反映了原子轨道或电子云的形状。

与 n 表示电子层相对应，角量子数 l 表示电子亚层，即在同一电子层中将角量子数 l 相同的各原子轨道归并起来，称它们属于同一个电子亚层，简称亚层，如 s 亚层，p 亚层，d 亚层。

（三）磁量子数 m

磁量子数 m 的取值为 0，± 1，± 2，…，$\pm l$，它反映了原子轨道或电子云在空间的伸展方向。

（四）自旋量子数 m_s

电子除轨道运动以外，还存在自旋运动，在同一个轨道上运动的电子有两种不同的自旋运动状态即正自旋与反自旋。用自旋量子数 m_s 来表示，m_s 只能取 $+\dfrac{1}{2}$ 和 $-\dfrac{1}{2}$ 两个值。

四、多电子原子的电子排布和周期性

除氢原子外，其他元素的原子核外都不止一个电子，统称为多电子原子。要了解多电子原子的核外电子排布，必须了解多电子原子的能级。

（一）多电子原子的能级

1932 年美国化学家鲍林（L. Pauling）归纳出中性原子轨道能量高低的能级图（图3-6）。

图中每一个圆圈代表一个原子轨道，圆圈的位置越低，表示能级越低。由图可以看出，多电子原子的能级不仅与主量子数 n 有关，还和角量子数 l 有关。

当 l 相同时，n 越大，能级越高，即 1s＜2s＜3s＜4s…；

当 n 相同，l 不同时，l 越大，能级越高，即 ns＜np＜nd＜nf…；

对于 n 和 l 都不同的原子轨道，有时会出现能级交错的现象，即 n 值大的亚层的能量反

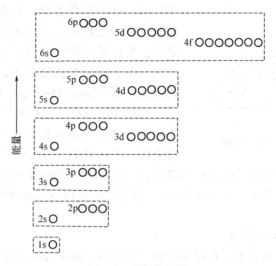

图 3-6 近似能级图

而比 n 值小的能量低，如 $4s<3d$，$5s<4d$，$6s<4f<5d$，…

根据原子中各轨道能量大小相近的情况，把原子轨道划分为七个能级组（图 3-6 中分别用虚线方框表示）。相邻两个能级组之间的能量差比较大，而同一能级组中各轨道的能量差较小。这种能级组的划分与元素周期系中元素周期的划分是一致的。

原子轨道的能级组由低到高的顺序为

1s；2s，2p；3s，3p；4s，3d，4p；5s，4d，5p；6s，4f，5d，6p；…

上述能级交错现象可以用屏蔽效应和钻穿效应来解释。

（二）屏蔽效应

在多电子原子中，电子不仅受到原子核的吸引，而且电子之间存在着排斥作用。某一个电子受其余电子的排斥作用，与原子核对该电子的吸引作用正好相反。可以认为，其余电子屏蔽了或削弱了原子核对该电子的吸引作用，即该电子实际上受到的引力要比等于原子序数 Z 的核电荷引力小，因此要从 Z 中减去一个值 σ，σ 称为屏蔽常数。通常把电子实际上所受到的核电荷称为有效核电荷，用 Z^* 表示，则

$$Z^* = Z - \sigma \tag{3-4}$$

这种将其他电子对某个电子的排斥作用，归结为抵消一部分核电荷的作用，称为屏蔽效应。离核较近电子层内的电子，由于被屏蔽程度小，受核引力较大，故能量较低；反之亦然。

要知道原子中某一电子所经受的有效核电荷，必须知道屏蔽常数 σ 的值。σ 的值可以通过斯莱脱（J. C. Slater）提出的经验规则算出，因而可以计算出有效核电荷。例如，对于钾原子，根据斯莱脱规则计算，如果最后一个电子填在 4s 上，则受到的有效核电荷为 2.2，若填在 3d 上，则受到的有效核电荷为 1.0，因此 $4s<3d$。

（三）钻穿效应

在原子核附近出现概率较大的电子，可更多地避免其余电子的屏蔽，受到核较强的吸引而更靠近核，这种进入原子内部空间的作用叫做钻穿作用。图 3-7 为电子概率径向分布图。由图可见，同属第四电子层的 4s，4p，4d，4f 轨道，其概率径向分布有很大不同。4s 有四个峰，说明 4s 电子能更好地钻到（或渗入）内部空间靠近原子核，使其能量得到降低。而 4s，4p，4d，4f 各轨道上电子的钻穿作用依次减弱，钻穿作用的大小对轨道的能量有明显

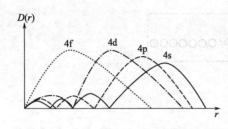

图 3-7 电子概率径向分布图

的影响，电子钻得越深，它受其他电子的屏蔽作用就越小，而受核的吸引力越大，因而本身能量也就越低。所以说，钻穿作用越大的电子能量越低。这种由于电子的钻穿作用的不同而使其能量发生变化的现象，称为钻穿效应（penetration effect）。

钻穿作用与原子轨道的径向分布函数有关。l 愈小的轨道径向分布函数峰的个数愈多，第一个峰钻得愈深，离核愈近。角量子数小的能级上的电子，如 4s 电子能钻到近核内层空间运动，这样它受到其他电子的屏蔽作用就小，受核引力就强，因而电子能量降低，造成 $E(4s) < E(3d)$。钻穿效应可以更充分地解释原子轨道的能级交错现象。

（四）核外电子的排布原则

原子处于基态时，核外电子的排布遵循三个原则：能量最低原理、泡利不相容原理、洪特规则。

（1）能量最低原理 我们知道，自然界任何系统的能量越低，则所处的状态越稳定，电子进入原子轨道也是如此。因此，核外电子在轨道上的排布，也应使整个原子的能量处于最低状态。故在填充电子时，要按照能级图中能级的顺序由低到高填充。这一原则称为能量最低原理。

（2）泡利不相容原理 1925 年，泡利（W. Pauli）根据原子光谱并考虑到周期系中每一周期的元素数目，提出泡利不相容原理：在同一个原子中不可能有两个电子具有完全相同的四个量子数。根据泡利不相容原理可以得到以下几点。①每一个原子轨道的电子最大容纳量为 2。②各亚层的电子容纳量：s 亚层为 2；p 亚层为 6；d 亚层为 10；f 亚层为 14。③各电子层的电子最大容纳量为 $2n^2$。

（3）洪特规则 原子中同一亚层轨道（又叫简并轨道）上的电子首先要分占不同的轨道，并且自旋方向相同。例如，N 原子核外有 7 个电子，其电子排布式为 $1s^2 2s^2 2p^3$。由于 p 亚层有 3 个轨道，因此 2p 亚层上的 3 个电子应分占 3 个轨道且自旋平行；如用箭头表示自旋方向，圆圈代表原子轨道，则 N 原子电子排布可写成：

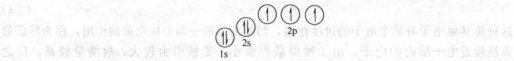

另外，当相同主量子数和角量子数的轨道处于全充满（p^6，d^{10}，f^{14}）和半充满（p^3，d^5，f^7）或全空状态时通常是比较稳定的。

根据上述原则，可以写出各元素基态原子的电子结构，例如 Fe 的原子序数 $Z = 26$，则核外 26 个电子的构型或排布可表示为 $1s^2 2s^2 2p^6 3s^2 3p^6 3d^6 4s^2$。化学反应时，参与反应的只是原子的外层电子，其内层电子结构通常是不变的。将一个原子中相当于上一周期稀有气体元素结构的部分称为"原子实"，用相应的稀有气体元素符号加方括号来表示，如 [He] 表示 $1s^2$ 两个电子在最内层轨道上的排布，而 [Kr] 表示了 $1s^2 2s^2 2p^6 3s^2 3p^6 3d^{10} 4s^2 4p^6$ 36 个内层电子的结构。参与反应的外层电子是填充在最高能级组中有关轨道上的电子，这组轨道称为价电子轨道或价轨道，占有这些轨道的电子就称为价电子。我们可以用"原子实"的表达方式表达原子核外全部电子的排布情况。如锰原子（原子序数 25）的电子排布式可写成：[Ar]$3d^5 4s^2$；同理 71 号元素镥原子电子排布式可写成：[Xe]$4f^{14}5d^1 6s^2$。至于 Cr 基态原子

为 $[Ar]3d^5 4s^1$，而不是 $[Ar]3d^4 4s^2$，则属于特例，可以用洪特规则，半充满 d^5 的电子排布比较稳定来解释；Sn（$Z=50$）的电子构型为 $[Kr]4d^{10}5s^2 5p^2$，这里的 $4d^{10}$ 既不属于价电子，也不在原子实内，不要遗漏。

（五）原子的电子结构和元素周期表

1869 年门捷列夫将当时已发现的 63 种元素按化学和物理性质的相似性分组并按周期性变化进行排列形成了元素周期表。尽管当时人们对物质结构的认识还十分肤浅，但元素周期律的发现无疑是化学史上的一个重要里程碑。随着对原子结构研究的不断深入，逐步揭示了原子核外电子排布的规律，从而指明了元素周期律的内在原因，元素周期律是原子中电子层结构周期性变化的必然结果。分析一下周期表可得出如下关系。

（1）元素所在的周期数等于其基态原子中电子占据的最高能级组的序数，或者说，基态原子最外层轨道中电子的主量子数即为该元素所在的周期数，而每周期的元素数目等于相应能级组中所能容纳的电子总数。

（2）主族（ⅠA～ⅦA）和副族（ⅠB～ⅡB）的族数是基态原子最高占有能级（$ns+np$）的电子数，但电子构型为 $1s^2$ 的 He 及 $ns^2 np^6$ 的稀有气体（Ne，Ar，…）称零族；副族 ⅢB～ⅦB 的族数是基态原子最高占有能级组中 $[(n-1)d+ns]$ 的电子数。最高占有能级组中 $ns^2(n-1)d^{6～8}$ 的电子构型有三纵列，称为Ⅷ族。因此周期表中共有 ⅠA～ⅦA、ⅠB～ⅦB、Ⅷ和零 16 个族。

（3）元素的分区。根据原子的电子层结构特征，可把全部元素分成 5 个区，即 s、p、d、ds 和 f 区。

s 区：包括 ⅠA、ⅡA 族元素，外层电子构型为 ns^1 和 ns^2。

p 区：包括 ⅢA 至 ⅦA 族和零族元素（零族元素为稀有气体元素），外层电子构型一般为 $ns^2 np^1$ 至 $ns^2 np^6$（零族中的 He 为 $1s^2$）。

d 区：包括 ⅢB 至 ⅦB 族和Ⅷ族元素，外层电子构型一般为 $(n-1)d^1 ns^2$ 至 $(n-1)d^8 ns^2$，但有例外，如第五周期的钯 Pd，外层电子构型为 $4d^{10}$。

ds 区：包括 ⅠB、ⅡB 族元素，外层电子构型为 $(n-1)d^{10}ns^1$ 至 $(n-1)d^{10}ns^2$，d 区和 ds 区元素叫做过渡元素。

f 区：包括镧系中 58 到 71 号元素和锕系中 90 至 103 号元素。外层电子构型为 $(n-2)f^1 ns^2$ 至 $(n-2)f^{14}ns^2$，但例外情况比 d 区更多（图 3-8 所示为周期表中元素的分区）。

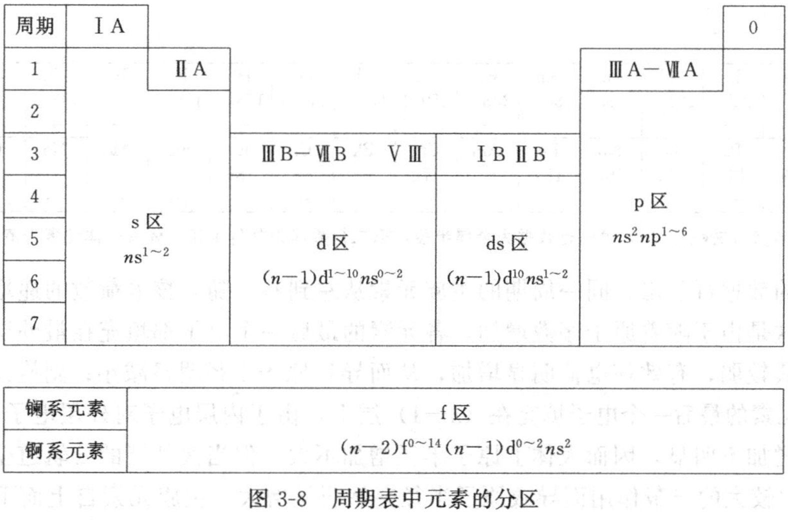

周期	ⅠA					0
1		ⅡA				ⅢA－ⅦA
2						
3			ⅢB－ⅦB	Ⅷ	ⅠB ⅡB	
4	s 区					p 区
5	$ns^{1～2}$		d 区		ds 区	$ns^2 np^{1～6}$
6			$(n-1)d^{1～10}ns^{0～2}$		$(n-1)d^{10}ns^{1～2}$	
7						

镧系元素	f 区
锕系元素	$(n-2)f^{0～14}(n-1)d^{0～2}ns^2$

图 3-8　周期表中元素的分区

五、元素基本性质的周期性

随着原子序数的递增，元素性质逐渐发生变化。原子结构决定着元素的性质，可以根据元素在周期表中的位置推知元素的许多重要信息。

（一）原子半径

按近代原子结构的概念，核外电子呈概率分布，原子的大小无明显界限，通常用原子半径来近似描述原子的大小。在单质和化合物中，元素的原子常以化学键结合在一起，因此将同种相邻原子形成单键间距的一半定为共价半径，在金属晶体中则称为金属半径，以范德华力（分子间作用力）结合的则称为范德华半径。例如，在 Cl_2 分子中，两个氯原子的核间距为 199pm，所以，氯原子半径是 99pm；钙的金属半径是 197pm，说明在钙的金属晶体中，相邻两原子的核间距是 394pm；测得 Ar 晶体中，两个氩原子之间的距离是 382pm，则氩原子的范德华半径是 191pm。原子半径的大小与原子核外的电子数、电子构型及元素的核电荷数有关。表 3-1 为元素的原子半径。

表 3-1 元素的原子半径/pm

周期	IA	IIA	IIIB	IVB	VB	VIB	VIIB	VIII			IB	IIB	IIIA	IVA	VA	VIA	VIIA	0
1	H — 30																	He — 180
2	Li 152	Be 111.3 106											B 86 88	C — 77.2	N — 70	O — 66	F — 64	Ne — 160
3	Na 186	Mg 160 140											Al 143.1 126	Si 118 117	P 108 110	S 106 104	Cl — 99	Ar — 191
4	K 232	Ca 197	Sc 162	Ti 147	V 134	Cr 128	Mn 127	Fe 126	Co 125	Ni 124	Cu 128 135	Zn 134 131	Ga 135 126	Ge 128 122	As 124.8 121	Se 116 117	Br — 114	Kr — 200
5	Rb 248	Sr 215	Y 180	Zr 160	Nb 146	Mo 139	Tc 136	Ru 134	Rh 134	Pd 137	Ag 144 152	Cd 148.9 148	In 167 144	Sn 151 140	Sb 145— 141	Te 142 137	I — 133	Xe — 220
6	Cs 265	Ba 217.3	La 183	Hf 159	Ta 146	W 139	Re 137	Os 135	Ir 135.5	Pt 138.5	Au 144 148	Hg 151 148	Tl 170	Pb 175	Bi 154.7	Po 164	At —	Rn — 214
7	Fr 270	Ra (220)	Ac —															

Ce	Pr	Nd	Pm	Sm	Eu	Gd	Tb	Dy	Ho	Er	Tm	Yb	Lu
181.8	182.4	181.4	183.4	180.4	208.4	180.4	177.3	178.1	176.2	176.1		193.3	—
Th	Pa	U	Np	Pu	Am	Cm	Bk	Cf	Es	Fm	Md	No	Lr
179	163	156	155	159	—	174			186				

注：数据摘自参考文献 [11]，第一行数据为金属半径，第二行数据为共价半径，稀有气体元素为范德华半径。

从表中的数据可看出，同一周期的主族元素从左到右，随着核电荷数的递增，原子半径逐渐减小。这是由于随着原子序数增加，各元素的最后一个电子都填充在最外层上，由于同层上电子屏蔽较弱，有效核电荷明显增加，从而导致原子半径明显减小；副族元素从左至右递变时，各元素的最后一个电子填充在 $(n-1)$ 层上，由于内层电子对外层电子的屏蔽较强，有效核电荷增加不明显，因而大体上原子半径增加不大。但当次外层的 d 轨道全充满时，由于 $(n-1)d^{10}$ 较大的屏蔽作用而导致原子半径突然明显增大。主族元素自上而下，增加了电子层，而电子构型基本不变，原子半径显著增大；副族元素自上而下，有效核电荷增加不明显，因而原子半径基本不变。镧系元素从左至右，各元素的最后一个电子填充在 $(n-2)$ 层上，由于内层电子对外层电子的屏蔽较有效，因此有效核电荷增加很少，故原子半径略有收缩（约 1pm），称之为镧系收缩。镧系收缩又导致其后的元素与其相应上一周期的同族元素的原子半径接近，如 Zr 与 Hf，Nb 与 Ta，Mo 与 W 等，它们的化学性质也极相近，常以共生矿存在于地球上，化学上分离它们具有一定难度。

（二）电离能

电离能是元素的气态原子失去电子成为气态离子所需要的能量，用 I 表示，单位 kJ·mol^{-1}。基态原子失去一个电子成为 +1 价离子所需要的能量为第一电离能，以 I_1 表示，从 +1 价离子再失去一个电子成为 +2 价离子所需要的能量为第二电离能，以 I_2 表示，其余类推。

$$M(g) - e^- \longrightarrow M^+(g) \qquad\qquad I_1$$

$$M^+(g) - e^- \longrightarrow M^{2+}(g) \qquad\qquad I_2$$

电离能可以用来衡量气态原子失去电子的难易程度，同时也能说明元素的稳定氧化态。例如钠的第一电离能的值很低，I_1 为 495.8kJ·mol^{-1}，而第二电离能突升至 4562.3kJ·mol^{-1}，说明钠容易失去 1 个电子成为 +1 价的正离子。

元素第一电离能的变化规律如图 3-9 所示。

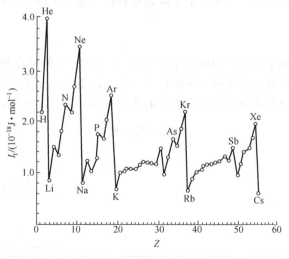

图 3-9 元素第一电离能的周期性变化规律

从图中可以看出，同一周期，从左至右，元素电离能总的变化趋势是增大的。每一周期中，碱金属的电离能最低，稀有气体元素的电离能最高，说明碱金属原子很容易失去电子，随着原子序数的增大，元素原子失电子能力减弱，电离能逐渐增大，稀有气体元素原子的核外电子是稳定的 ns^2np^6（或 $1s^2$）构型，电离能达到最大值。每一周期的电离能曲线稍有起伏，这是因为第二主族元素的电子构型为 ns^2（全满），第五主族元素的电子构型为 ns^2np^3（半充满），都是较为稳定的结构，不易失去电子，因此其电离能比同周期第三主族元素（ns^2np^1）、第六主族元素（ns^2np^4）的电离能稍大一些。同一主族，从上到下，原子的外电子构型相同，原子半径增大，原子核对外层电子的吸引力减弱，电离能减小。

（三）电子亲和能

基态气态原子获得电子成为气态负离子所放出的能量称为电子亲和能，用 E 表示，单

位 $kJ \cdot mol^{-1}$。电子亲和能也有第一、第二等，如果不加注明，都是指第一电子亲和能。如

$$O(g) + e^- \longrightarrow O^-(g) \qquad E_1$$

$$O^-(g) + e^- \longrightarrow O^{2-}(g) \qquad E_2$$

电子亲和能的测定比较困难，通常用间接方法计算，因此，它们数值的准确度要比电离能差，而且数据也不完整。表 3-2 列出了部分主族元素的电子亲和能。

表 3-2 主族元素的电子亲和能/$kJ \cdot mol^{-1}$

H 72.55						
Li 59.63	Be (240)	B 26.7	C 121.85	N (58)	O 140.98	F 328.16
Na 52.87	Mg (230)	Al 42.5	Si 133.6	P 72.03	S 200.41	Cl 348.57
K 48.38	Ca 1.78	Ga 29	Ge 222.75	As 78	Se 194.96	Br 324.54
Rb 46.88	Sr 4.6	In 29	Sn 107.3	Sb 100.9	Te 190.15	I 295.15

注：数据摘自参考文献 [11]，表中未加括号的数据为实验值，加括号的数据为理论值。

电子亲和能的大小反映了原子得电子的难易程度。随原子序数的增加，电子亲和能的变化呈现出周期性。

（四）电负性

为了定量地比较原子在分子中吸引电子的能力，1932 年鲍林在化学中引入了电负性的概念。电负性是原子在分子中吸引电子的能力，电负性越大，原子在分子中吸引电子的能力越大；电负性越小，原子在分子中吸引电子的能力越小。表 3-3 为电负性表。

表 3-3 电负性表

周期	ⅠA																	0
1	H 2.20	ⅡA											ⅢA	ⅣA	ⅤA	ⅥA	ⅦA	He
2	Li 0.98	Be 1.57											B 2.04	C 2.55	N 3.04	O 3.44	F 3.90	Ne
3	Na 0.93	Mg 1.31	ⅢB	ⅣB	ⅤB	ⅥB	ⅦB		Ⅷ		ⅠB	ⅡB	Al 1.61	Si 1.90	P 2.19	S 2.58	Cl 3.16	Ar
4	K 0.82	Ca 1.00	Sc 1.36	Ti 1.54	V 1.63	Cr 1.66	Mn 1.55	Fe 1.83	Co 1.88	Ni 1.91	Cu 1.90	Zn 1.65	Ga 1.81	Ge 2.01	As 2.18	Se 2.55	Br 2.96	Kr 2.9
5	Rb 0.82	Sr 0.95	Y 1.22	Zr 1.33	Nb 1.6	Mo 2.16	Tc 2.10	Ru 2.20	Rh 2.28	Pd 2.20	Ag 1.93	Cd 1.69	In 1.78	Sn 1.96	Sb 2.05	Te 2.1	I 2.66	Xe 2.6
6	Cs 0.79	Ba 0.89	La 1.10	Hf 1.3	Ta 1.5	W 1.7	Re 1.9	Os 2.2	Ir 2.2	Pt 2.2	Au 2.4	Hg 1.9	Tl 1.8	Pb 1.8	Bi 1.9	Po 2.0	At 2.2	Rn

La 1.10	Ce 1.12	Pr 1.13	Nd 1.14	Pm	Sm 1.17	Eu	Gd 1.20	Tb	Dy 1.22	Ho 1.23	Er 1.24	Tm 1.25	Yb	Lu 1.27

注：数据摘自参考文献 [11]。

元素的电负性也呈现出明显的周期性变化。同一周期中，从左到右，元素的电负性递增；同一主族中，从上到下，元素的电负性递减。从表中也可以看出，金属元素的电负性在 2.0 以下，非金属元素的电负性一般在 2.0 以上。电负性可以综合衡量各种元素的金属性和非金属性。

（五）元素的金属性和非金属性

元素的金属性是指原子失去电子变成正离子的性质，非金属性是指原子得到电子而变成负离子的性质。通常可以用电离能、电负性的数值来衡量元素的金属性和非金属性。电离能、电负性越小，元素的金属性越强；电离能、电负性越大，非金属性越强。因此，同一周期元素从左到右金属性逐渐减弱，非金属性逐渐增强；同一族元素从上到下，金属性逐渐增强，非金属性逐渐减弱。周期表左下角和右上角的元素分别是最活泼的金属和非金属，其分界线在 B、Si、As、Te、At 与 Al、Ge、Sb、Po 两条对角线元素上。此区域及其附近元素常成为半导体材料，这些元素有时被称为半金属，它们的电负性约在 2.0 左右，在不同的条件下或呈金属性或呈非金属性。

应该指出，原子愈难失去电子，不一定愈易与电子结合。例如，稀有气体原子由于具有稳定的电子层结构，既难失去电子又不易与电子结合。

第二节　分子结构

分子结构包含两个方面，即化学键（chemical bond）和分子构型。化学键是分子中存在于相邻原子间强的作用力；分子构型是指分子中原子的排列方式。化学键一般分为三大类型：离子键、共价键和金属键。化学键的类型和强弱是决定物质性质的重要因素。

一、离子键

（一）定义

离子键是由正、负离子间静电引力结合的化学键。以离子键结合的化合物称为离子型化合物，如 Na^+ 和 Cl^- 之间通过静电引力形成离子型化合物 $NaCl$。电负性相差较大的元素易形成离子型化合物，一般认为，元素的电负性之差大于 1.7 的典型的金属和非金属元素才能形成离子键，元素电负性相差越大，键的离子性越强。

（二）离子键的特点

1. 离子键的本质是静电引力　这种引力 f 与两种离子电荷（q^+ 和 q^-）的乘积成正比，而与离子间距离 R 的平方成反比

$$f \propto \frac{q^+ \cdot q^-}{R^2} \tag{3-5}$$

由此可见，离子的电荷越大，离子间的距离越小（在一定范围内），则离子间的引力越强。

2. 离子键无方向性　由于离子键是由正、负离子间的静电引力形成的，而且带电离子的电荷分布是球形对称的，所以在任何方向上都可以与带相反电荷的离子发生电性吸引作用。所以说离子键没有方向性。

3. 离子键无饱和性　只要空间条件许可，每个离子将尽可能地与带相反电荷的离子相互吸引。例如，在 $NaCl$ 晶体中，一个 Na^+ 周围通过静电不只吸引一个 Cl^-，而是吸引 6 个 Cl^-。同样一个 Cl^- 周围吸引 6 个 Na^+。吸引异号电荷离子的数目不受电荷数的限制，只受

空间因素的限制。

二、共价键

电负性差异甚大的原子靠离子键结合成分子，而电负性相近甚至相同的原子是靠原子共享电子，形成共价键结合成分子的。以氢分子的形成为例。图 3-10 表明两个自由氢原子从 $R=\infty$ 远处逐渐靠近时，系统势能 E 的变化。实验指出，当两个带有自旋方向相同电子的氢原子靠近时，氢原子之间的斥力越来越大，系统的势能上升（虚线），而不能形成稳定的氢分子；当两个带有自旋方向相反电子的氢原子靠近时，系统势能变化如图实线所示。在 $R=R_0(74\text{pm})$ 时，出现一个最低点，系统释放出 $436\text{kJ} \cdot \text{mol}^{-1}$ 的能量，达到稳定状态，这种状态称为基态。当核间距继续减小时，两核的排斥力将迅速升高，排斥作用又将氢原子推回平衡位置，说明氢分子中的两个氢原子是在平衡间距 R_0 附近振动。此时，两个氢

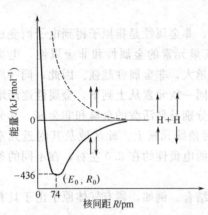

图 3-10　氢原子形成氢分子的示意图

原子的轨道发生了重叠，电子云密集在两核之间，为两核共享，这就是共价键。正是通过共价键，两个氢原子形成了稳定的氢分子。可见，共价键的本质是原子共享电子，被共享的电子就像一个带负电荷的桥，把两个带正电荷的核吸引在一起，从而形成了稳定的分子。研究共价分子的理论有现代价键理论和分子轨道理论。

（一）现代价键理论要点

现代价键理论是德国化学家海特勒（W. Heitler）和伦敦（F. London）用量子力学处理氢分子的形成而发展起来的，其基本要点如下所述。

1. 自旋方向相反的未成对电子互相配对可以形成共价键　若 A、B 两原子各有 1 个未成对电子，则可形成共价单键（A—B）；若 A、B 两原子各有 2 个或 3 个未成对电子，则可形成双键（A=B）或三键（A≡B），共用电子对数目大于等于 2 的称为多重键；若 A 原子有 2 个未成对电子，B 有 1 个，则 1 个 A 原子与 2 个 B 原子结合而形成 AB_2 分子。

2. 在形成共价键时原子轨道总是尽可能地达到最大限度的重叠使系统能量最低。

3. 原子轨道同号重叠成键，异号重叠不成键。

（二）共价键的特点

1. 共价键具有饱和性　根据自旋方向相反的未成对电子可以配对成键的论点，在形成共价键时，几个未成对电子只能和几个自旋方向相反的未成对电子配对成键，这便是共价键的"饱和性"。例如氢原子只有一个未成对电子 $1s^1$，它只能和另一个氢原子的 $1s^1$ 配对后形成 H_2，H_2 则不能再与第三个原子的未成对电子配对了；又如氮原子的电子构型为 $1s^22s^22p^3$，有 3 个未成对电子，它只能和 3 个氢原子 $1s^1$ 配对形成三个共价单键，结合为 NH_3 分子。

2. 共价键具有方向性　两个原子的价电子轨道重叠得越多，系统能量降低得越多，所形成的共价键越稳定。共价键形成时尽可能采用原子轨道重叠最大方向，这是共价键具有方向性的原因。我们知道，除了 s 轨道是球形外，其他的 p、d、f 轨道在空间都有一定伸展方向，因此除了 s 轨道与 s 轨道成键没有方向限制外，其他原子轨道只有沿着一定方向才会有最大的重叠。如 HCl 分子中 H（1s）原子只能沿着 Cl（3p）的轨道"迎头"重叠时，才发

生最大有效重叠而成键，当"拦腰"重叠时，不能重叠成键，如图 3-11 所示。

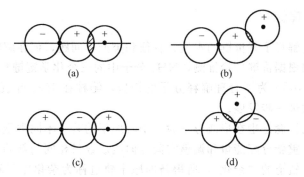

图 3-11 s 轨道和 p_x 轨道的重叠方式

（三）共价键的类型

共价键的形成是由于原子与原子接近时它们的原子轨道重叠的结果，根据轨道重叠的方式及重叠部分的对称性，共价键可划分为不同的类型，最常见的是 σ 键和 π 键。

1. σ 键 两原子轨道沿着键轴（成键原子核连线）的方向"头碰头"地同号重叠形成的共价键叫 σ 键。σ 键原子轨道及其重叠部分对键轴呈圆柱形对称，图 3-12 表示 H_2、HCl、Cl_2 分子中 σ 键的形成。

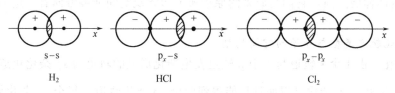

图 3-12 σ 键

2. π 键 原子轨道沿着键轴方向在键轴两侧"肩并肩"地重叠形成的共价键称为 π 键。π 键原子轨道及其重叠部分对等地分布在包括键轴在内的对称平面上下两侧，呈镜面反对称（形状相同，符号相反）。图 3-13 表示 π 键的形成。

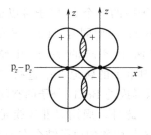

图 3-13 π 键

σ 键和 π 键由于重叠方式不同而具有不同的性质。

σ 键原子轨道的重叠程度大，电子云在两原子核之间，受原子核的控制程度大，不易流动，稳定性强。π 键原子轨道重叠程度小，电子云分布在键轴平面两侧，原子核对其控制能力小，所以 π 键电子的流动性大，易受外电场的影响，稳定性弱。

共价单键一般是 σ 键；在共价双键中，除 σ 键外，还有 π 键。在共价三键中，除一个 σ 键外，还有两个 π 键。例如氮分子中，每个氮原子有三个未成对的电子，在形成氮分子时，两个氮原子以一个 p 轨道沿着键轴方向"头碰头"地重叠形成 σ 键，而其余的两个 p 轨道，采取"肩并肩"的重叠形成 2 个相互垂直的 π 键。

三、杂化轨道理论

价键理论成功地解释了共价键的本质、特征和类型等问题，但在解释分子的空间构型方面却遇到了困难。如根据价键理论推测，NH_3 分子中的三个化学键键角应是 90°，而实际测得氨分子的键角为 107°。为了合理解释分子的构型，鲍林在 1931 年提出了杂化轨道理论，它是现代价键理论的进一步发展。

所谓杂化轨道的概念是指在形成分子时，中心原子的若干不同类型、能量相近的原子轨道经过混杂平均化，重新分配能量和调整空间方向组成数目相同的新的原子轨道，这种混杂平均化过程称为原子轨道的"杂化"，所得新的原子轨道称为杂化原子轨道，或简称为杂化轨道。

（一）杂化轨道理论的要点

1. 同一原子中能量接近的原子轨道之间可以通过叠加混杂，形成成键能力更强的新轨道，即杂化轨道。

2. 杂化轨道的数目等于杂化前参与杂化的原子轨道数目。杂化轨道的总能量等于杂化前原子轨道的总能量。

3. 为了减少轨道之间的斥力，杂化轨道在空间的分布采取最大的夹角。杂化轨道有一定的形状及空间伸展方向，它们与原来的原子轨道形状及空间伸展方向有一定的联系但并不相同。

（二）杂化轨道类型与分子的空间构型

1. sp 杂化 由 1 个 s 轨道与 1 个 p 轨道发生杂化形成的轨道为 sp 杂化轨道。由杂化轨道的基本要点可知，sp 杂化可以而且只能得到两个 sp 杂化轨道，每个 sp 杂化轨道含有 $\frac{1}{2}$ s 轨道成分和 $\frac{1}{2}$ p 轨道成分，两个 sp 杂化轨道间的夹角为 180°，轨道在空间的伸展方向为直线形。如实验测得，气态 $BeCl_2$ 是一个直线形的共价分子，即两个 Be—Cl 键的夹角为 180°。Be 原子的电子层结构为 $1s^2 2s^2$，根据价键理论，原子无未成对电子，不应形成共价键。而杂化轨道理论认为，成键时 Be 原子中的一个 2s 电子可以被激发到空轨道上去，使基态 Be 原子转变为激发态 Be 原子（$2s^1 2p^1$）；与此同时，Be 原子的 2s 轨道和一个刚跃迁一个电子的 2p 轨道发生 sp 杂化，形成两个等同的 sp 杂化轨道，每个杂化轨道与氯原子（$1s^2 2s^2 2p^6 3s^2 3p_y^2 3p_z^2 3p_x^1$）中未成对电子的轨道 $3p_x$ 进行"头碰头"的重叠形成两个 σ 键。由于杂化轨道间夹角是 180°，所以形成的 $BeCl_2$ 分子的空间结构是直线形分子。推断的结果和实验事实相符，如图 3-14 所示。此外，周期表 ⅡB 族元素 Zn、Cd、Hg 的某些化合物，其中心原子也是采取 sp 杂化的方式与相邻的原子结合在一直线上。

2. sp^2 杂化 由一个 s 轨道和两个 p 轨道杂化而形成三个 sp^2 杂化轨道称为 sp^2 杂化。这三个 sp^2 杂化轨道在空间也有一定的取向，其轨道间的夹角为 120°，空间构型为平面三角形，其中每一个 sp^2 杂化轨道都含有 $\frac{1}{3}$ s 轨道和 $\frac{2}{3}$ p 轨道成分。例如 BF_3 分子中的 B 原子与 F 原子结合时，B 原子价电子首先被激发成 $2s^1 2p_x^1 2p_y^1$，然后杂化为能量等同的 3 个 sp^2 杂化轨道。

在 BF_3 分子中，3 个 F 原子的 2p 轨道与 B 原子的 3 个 sp^2 杂化轨道沿着平面三角形的三个顶点相对重叠形成 3 个等同的 B—F σ键，整个分子呈平面三角形结构，如图 3-15

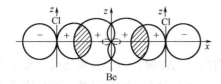

图 3-14　sp 杂化轨道及 BeCl₂ 的成键　　　图 3-15　sp² 杂化轨道和 BF₃ 平面
　　　　　　　　　　　　　　　　　　　　　　　三角形的空间构型

所示。

实验事实也证实了上述结果。除气态 BF_3 分子以外，其他气态卤化硼分子如 BCl_3 等分子，其中心原子 B 也是采取 sp² 杂化方式成键，因此这些分子内的键角都为 120°。

3. sp³ 杂化　由一个 s 轨道和三个 p 轨道发生的杂化，称为 sp³ 杂化。杂化后组成四个 sp³ 杂化轨道。每个 sp³ 杂化轨道含有 $\frac{1}{4}$ s 轨道和 $\frac{3}{4}$ p 轨道成分，sp³ 杂化轨道间的夹角为 109°28′，空间构型为正四面体。

例如 CH_4 分子的结构经实验测知为正四面体，键角为 109°28′。杂化轨道理论认为，C 原子（$1s^2 2s^2 2p_x^1 2p_y^1$）在形成分子时，C 原子的一个 2s 电子激发到空的 $2p_z$ 轨道，使 C 原子的电子层结构成为 $1s^2 2s^1 2p_x^1 2p_y^1 2p_z^1$。1 个 2s 轨道和 3 个 2p 轨道杂化，形成 4 个 sp³ 杂化轨道。sp³ 杂化轨道与氢原子的 1s 轨道形成四个 σ 键，根据理论推算，键角为 109°28′，表明分子为正四面体结构，与实验事实完全相符（图 3-16）。

除 CH_4 分子以外，CCl_4、CF_4、SiH_4、$SiCl_4$、$GeCl_4$ 等分子也是采取 sp³ 杂化的方式成键的。

4. 等性杂化和不等性杂化　同种类型的杂化又分为等性杂化和不等性杂化两种类型。凡是杂化轨道成分相同的杂化称为等性杂化，如上述 sp^n 杂化轨道所含的 s 成分均为 $1/(1+n)$，p 成分都是 $n/(1+n)$；另一类杂化轨道，中心原子中有孤对电子，使所含的 s 和 p 成分不完全相同，这种杂化称为不等性杂化。如 NH_3 与 H_2O 分子中 N 原子和 O 原子就采用了不等性的 sp³ 杂化，分别形成 4 个不等性 sp³ 杂化轨道，有一对或两对孤对电子分别占据在一个或两个 sp³ 杂化轨道上，同时它们分别与 3 个或 2 个 H 原子形成 σ 键。由于孤对电子对成键电子有较大的推斥作用，致使 NH_3 分子中的 N—H 键角和 H_2O 分子中的 O—H 键角受到压缩，故而 NH_3 和 H_2O 分子中相应的键角∠HNH、∠HOH 分别为 107°、104°40′，而不是像 CH_4 分子一样的 109°28′，见图 3-17。

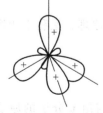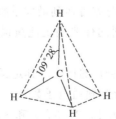

(a) 4 个sp³杂化轨道　(b) 正四面体形结构的CH₄分子

图 3-16　sp³ 杂化轨道和 CH₄
分子的空间构型

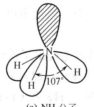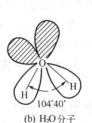

(a) NH₃分子　　　　(b) H₂O分子

图 3-17　NH₃ 分子和 H₂O 分子
空间构型示意图

值得指出的是在 CH_3Cl 分子中，C 原子进行 sp³ 杂化，杂化轨道空间构型为正四面体，由于结合的四个原子不完全相同，其分子的空间构型不是正四面体而是四面体。同样的例子

还有 CH_2Cl_2、$CHCl_3$ 等。

四、分子轨道理论的基本要点

现代价键理论强调分子中相邻两原子因共享配对电子而成键，相当直观地成功解释了物质的分子结构。但由于过分强调两原子间的电子配对，而显示出它的局限性，例如价键理论无法解释小分子 B_2、O_2 等的顺磁性。分子轨道（molecular orbital，MO）理论自然、合理地解释了这些现象。分子轨道理论和价键理论是从不同的侧面探索研究分子结构的方法。在许多问题上两种方法得出同样的结论，但有时两种方法各有其优缺点，目前尚不可偏废。不过由于计算机等新技术的迅猛发展和广泛应用，MO 理论方法已成为当代研究分子结构最普遍和最基本的理论方法。这里介绍 MO 理论的基本要点。

1. **分子中电子运动的整体性**　原子中的电子在以原子核为中心的势场中运动，可用原子轨道（AO）来描述。它们处于一系列分立的能级上。而分子轨道理论认为分子中的电子在整个分子的势场中运动，因此它们属于整个分子，用分子轨道来描述，记作 Ψ，即分子轨道为分子中的单电子波函数，$|\Psi|^2$ 表示分子中的电子在空间各处出现的概率密度或电子云。分子轨道常用 σ、π、$\cdots$ 等符号来表示。

2. **分子轨道的构成**　分子轨道可由原子轨道线性组合而成。分子轨道的数目等于组成分子的各原子轨道数目之和，如两个原子的 AO（ψ_1，ψ_2）可组合成两个 MO（Ψ_1，Ψ_2）。

$$\Psi_1 = C_1\psi_1 + C_2\psi_2 \qquad \Psi_2 = C_1\psi_1 - C_2\psi_2$$

C_1、C_2 为线性组合系数。组成的 MO 中通常一半是成键 MO，即两个原子轨道相加重叠而构成的分子轨道 Ψ_1，一半是反键 MO，即两个原子轨道相减重叠而构成的分子轨道 Ψ_2。例如，第二周期中某些元素的同核双原子分子如 O_2、F_2 等的 MO，可简单地由两个原子的 1s、2s、2p 共 10 个 AO 组合成 10 个 MO，其能量由低到高为 σ_{1s}，σ_{1s}^*，σ_{2s}，σ_{2s}^*，σ_{2p_z}，(π_{2p_x}, π_{2p_y})，$(\pi_{2p_x}^*, \pi_{2p_y}^*)$，$\sigma_{2p_z}^*$（右上角 * 表示反键轨道），如图 3-18 所示。

3. **AO 组成 MO 的原则**　能量相近：只能由能量相近的两个原子轨道才能有效地组合成两个 MO。两个原子轨道能量越相近，所构成的成键 MO 能量越低于能量低的 AO，而反键 MO 能量则越高于能量高的 AO。若两个原子轨道能量相差悬殊，则不能有效组合成 MO，电子仍在各自的原子轨道上运动。

最大重叠：凡参与成键的 AO 之间其波函数符号相同部分重叠得越多者，成键 MO 能量越低，越稳定。

对称性匹配：对称性匹配的原子轨道相互重叠时方可达到最大重叠。

4. **电子填充原则**　分子轨道中电子的填充原则同样要满足能量最低原理、泡利不相容原理和洪特规则。

5. **键级**　分子轨道理论提出了键级（bond order）的概念，其定义为：

$$键级 = (成键轨道电子数 - 反键轨道电子数)/2$$

例如，H_2、O_2、N_2、HF 和 CO 的键级分别为 1，2，3，1 和 3。与组成分子的原子系统相比，成键轨道中电子数目越多，使分子系统的能量降低得越多，增强了分子的稳定性；反之，反键轨道中电子数目增多则削弱了分子的稳定性。所以键级越大，分子也越稳定。

6. **分子轨道理论的应用**

(1) 推测分子的存在和阐明分子的结构　第一、第二周期元素的同核双原子分子中：

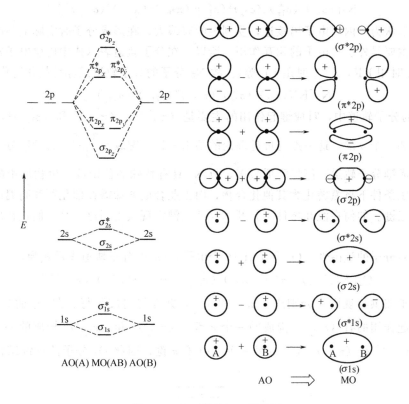

图 3-18　AO 形成 MO 示意图

H_2、O_2、N_2、F_2 分子我们早已熟悉；H_2^+、He_2^+、Li_2^+ 和 B_2 等分子虽较少见，但在气相中已被观测到并被研究过；而 Be_2 和 He_2 分子则至今未发现。利用分子轨道理论可以推测上述分子的存在，并且阐明其分子的结构。

如 H_2^+ 分子离子只有 1 个电子，它占据 σ_{1s} 成键分子轨道，H_2^+ 的分子轨道表示式为：

$$H_2^+ \left[(\sigma_{1s})^1 \right]$$

由于有一个电子进入能量较 1s 原子轨道低的 σ_{1s} 成键轨道，系统能量下降了，因此 H_2^+ 分子离子可以存在。键级 $= \dfrac{1}{2}$。H_2^+ 分子离子中的键称为单电子 σ 键。

He_2 分子有 4 个电子，其分子轨道表示式为：

$$He_2 \left[(\sigma_{1s})^2 (\sigma_{1s}^*)^2 \right]$$

进入 σ_{1s} 和 σ_{1s}^* 轨道的电子各有 2 个，形成分子后系统的能量没有降低，可以预期 He_2 分子不能稳定存在。键级 $= \dfrac{2-2}{2} = 0$。这正是稀有气体为单原子分子的原因。而 He_2^+ 分子离子有 3 个电子，其分子轨道表示式为：

$$He_2^+ \left[(\sigma_{1s})^2 (\sigma_{1s}^*)^1 \right]$$

进入 σ_{1s} 和 σ_{1s}^* 轨道的电子分别为 2 个和 1 个，系统能量下降了，因此 He_2^+ 分子离子可以存在。键级 $= \dfrac{1}{2}$。

（2）描述分子结构稳定性　N_2 分子共有 14 个电子，按照分子轨道理论的基本要点，N_2 分子的分子轨道表示式为：

$$N_2\left[(\sigma_{1s})^2(\sigma_{1s}^*)^2(\sigma_{2s})^2(\sigma_{2s}^*)^2(\pi_{2p_y})^2(\pi_{2p_z})^2(\sigma_{2p_x})^2\right]$$

量子力学认为，内层电子离核近，受到核的束缚大，在形成分子时实际上不起作用，原子组成分子主要是外层价电子的相互作用。所以，在分子轨道表示式中内层电子常用符号代替（当 $n=1$ 时用 KK，$n=2$ 时用 LL 等）。故 N_2 分子的分子轨道式亦可简化写作：

$$N_2\left[KK(\sigma_{2s})^2(\sigma_{2s}^*)^2(\pi_{2p_y})^2(\pi_{2p_z})^2(\sigma_{2p_x})^2\right]$$

在 N_2 的分子轨道中，对成键起作用的主要是 $(\pi_{2p_y})^2$、$(\pi_{2p_z})^2$ 和 $(\sigma_{2p_x})^2$，它们形成了二个 π 键和一个 σ 键，这一点与价键理论的结论一致。键级 $=\dfrac{8-2}{2}=3$。N_2 分子中电子充满了所有的成键分子轨道，能量降低最多，故 N_2 具有特殊的稳定性。生物体中的固氮酶可以在常温常压条件下将氮转化为其他化合物，而工业合成氨却需在催化剂和高温高压下才能打开 $N\equiv N$ 三键。如何在温和条件下打开 $N\equiv N$ 三键实现人工固氮，是人们正在研究的一个重要课题。

（3）解释分子的顺磁性 O_2 分子有 16 个电子，O_2 的分子轨道表示式为：

$$O_2\left[KK(\sigma_{2s})^2(\sigma_{2s}^*)^2(\sigma_{2p_x})^2(\pi_{2p_y})^2(\pi_{2p_z})^2(\pi_{2p_y}^*)^1(\pi_{2p_z}^*)^1\right]$$

最后 2 个电子按洪特规则应分别进入 $\pi_{2p_y}^*$ 和 $\pi_{2p_z}^*$，并保持自旋平行。在 O_2 的分子轨道中，实际对成键起作用的有 $(\sigma_{2p_x})^2$ 构成的一个 σ 键，$(\pi_{2p_y})^2$ 和 $(\pi_{2p_y}^*)^1$ 构成的一个三电子 π 键，以及 $(\pi_{2p_z})^2$ 和 $(\pi_{2p_z}^*)^1$ 构成的另一个三电子 π 键，因此 O_2 分子的价键结构式可以表示成：

$$:\!O \underline{\quad\quad} O\!:$$

其中 ∶⋯∶ 表示一个三电子 π 键。每一个三电子 π 键中只有一个净的成键电子，其键能仅仅是正常 π 键的一半，故二个三电子 π 键相当于一个正常 π 键。由于 O_2 分子中含有二个自旋方向平行的单电子，因此表现出顺磁性和化学活泼性，这与实验事实相符。键级 $=\dfrac{8-4}{2}=2$。实验测得其键能为 $494\text{kJ}\cdot\text{mol}^{-1}$，相当于双键。圆满解释 O_2 分子的结构是分子轨道理论获得成功的一个重要例证。

分子轨道理论对分子中电子的分布加以统筹安排，使分子中的电子具有整体性，运用该理论说明了共价键的形成，也解释了分子或离子中单电子键和三电子键的形成，应用范围比较广，成功阐明了价键理论不能解释的一些问题。但它对分子几何构型的描述则不如价键理论直观，它和价键理论虽然都基于量子力学，对某些问题的解释有相同的结论，但各有长短，因此两者应该互为补充，相辅相成。近年来随着计算机的飞速发展和运用，分子轨道的定量计算发展很快，有力地推动了新型材料、新型药物的"分子设计"研究和运用。

五、分子间力和氢键

分子间力是一种比化学键弱的力。荷兰物理学家范德华（van der Waals）首先提出并研究了这种力，因而分子间力又称为范德华力。

分子间力的产生和大小取决于分子的性质，而电偶极矩和极化率是分子的两种可由物理实验测得的基本性质。

（一）分子的极性

1. 极性分子和非极性分子 共价键分为非极性键和极性键。如果成键原子的电负性相同，这种键称为非极性键，如单质分子中同种元素的两原子间形成的化学键为非极性键。如果成键原子的电负性不同，形成的化学键为极性键，不同元素的原子间形成的化学键为极性键，如 HCl、H_2O 分子中的化学键。

在任何分子中，存在着带正电荷的原子核和带负电荷的电子，其正、负电荷的总值相等，所以分子是电中性的。但是，分子正、负电荷中心重叠情况是不同的，可以设想分子的负电荷集中于一点，称为负电荷的中心或负极；同样可以把它们的正电荷集中于一点，称为正电荷的中心或正极。如果分子的正、负电荷中心重合，为非极性分子；正、负电荷中心不重合，则为极性分子。

同核双原子分子是非极性键组成的分子，正、负电荷中心重合，一定是非极性分子；异核双原子分子是极性键组成的分子，正、负电荷中心不重合，是极性分子；多原子分子的极性由分子内共价键的极性和分子的空间构型共同决定。如在 CO_2 分子中，C—O 之间的化学键是极性共价键，但由于分子的空间构型是中心对称的，键的极性可以相互抵消，分子的正、负电荷中心重合，所以 CO_2 是非极性分子；由极性键组成的空间构型不中心对称的多原子分子，如 H_2O、NH_3，正、负电荷中心不重合，是极性分子。

2. 分子的偶极矩　分子极性大小常用偶极矩来衡量。在极性分子中正、负电荷中心之间的距离称为偶极长，以 d 表示（单位：m）。极性分子正或负电荷的电量以 q 表示（单位：C）。分子的偶极长和偶极一端电量的乘积定义为分子的偶极矩，以符号 μ 表示（单位：德拜 D，$1D=3.33564\times10^{-30}C\cdot m$），即

$$\mu=q\cdot d \tag{3-6}$$

μ 大于零的分子是极性分子，μ 越大，分子的极性越强。$\mu=0$ 的分子是非极性分子。

分子是否具有极性对一些物质的某些性质会产生影响。如在一般情况下，非极性溶质易溶于非极性溶剂；极性溶质易溶于极性溶剂。这一原理常称为物质的"相似相溶原理"。

3. 分子的极化率　分子中的原子核和电子始终处于运动状态，分子是可变形的。分子越大，分子的变形性越大。在外加电场作用下，由于同极相斥异极相吸，非极性分子原来重合的两极被分开；极性分子原来不重合的两极被进一步拉开。这种正、负两极被分开的过程称为极化。

极化率是指分子（或离子）在单位场强的电场中被极化所产生的偶极矩。极化率表示分子在外加电场作用下的变形性能。极化率越大，分子的变形性越大，反之亦然。同类分子中，相对分子质量越大，分子的极化率越大，变形性越大。

（二）分子间力的类型

分子间力根据产生作用力的不同包括以下三种力。

1. 色散力　任何一个分子，由于电子的运动和原子核的振动可以使正负电荷中心发生瞬时的相对位移，使分子产生瞬时偶极。这种瞬时偶极会诱导邻近的分子产生瞬时偶极，于是两个邻近的分子靠瞬时偶极的异极相互吸引在一起，它们之间的吸引力称为色散力。

色散力大小与极化率有关，极化率越大，色散力越强。色散力不仅存在于非极性分子之间，也同样存在于极性分子之间，以及非极性分子与极性分子之间，只不过色散力是非极性分子之间存在的惟一的一种分子间力。

2. 诱导力　当极性分子和非极性分子靠近时，极性分子固有偶极产生的电场使非极性分子发生变形而产生偶极，这种偶极称为诱导偶极。

诱导偶极与极性分子固有偶极之间的吸引力称为诱导力。诱导力的强弱与极性分子的偶极矩和非极性分子的极化率有关，偶极矩越大，分子的变形性越大，诱导力越强。由于极性

分子在外电场的作用下也会产生诱导偶极，所以极性分子间也存在诱导力。

3. 取向力　极性分子固有的偶极称为永久偶极。当极性分子靠近时，固有偶极之间会产生同极相斥、异极相吸的作用力，这种作用力使极性分子的正、负极呈相邻的状态，称为分子的取向，因此称固有偶极之间的作用力为取向力。取向力的大小与分子的极性、分子间距离有关，分子的极性越大，分子间距离越小取向力越大。

总之，分子间力包括：色散力、诱导力和取向力。它们均为电性引力，既没有方向性也没有饱和性，根据不同情况，存在于各种分子之间。非极性分子之间只存在色散力；极性分子和非极性分子之间存在着色散力和诱导力；极性分子之间存在着色散力、诱导力和取向力。其中色散力在各种分子之间都有，一般也是最主要的；只有分子的极性很大（如 H_2O 分子）时才以取向力为主。

分子间力的强度比化学键小 $1 \sim 2$ 个数量级，并和分子间距离的 7 次方成反比，随着分子间距离的增大迅速减小。分子间力对物质的物理性质有多方面的影响，如熔点、沸点、溶解性等。一般而言，结构相似的同系列物质相对分子质量越大，分子的变形性也就越大，分子间力越强，物质的沸点、熔点也就越高。例如稀有气体、卤素等，其熔点和沸点就是随着相对分子质量的增大而升高的。

分子间力对液体的互溶性以及固、气态非电解质在液体中的溶解度也有一定的影响。溶质和溶剂的分子间力越大，溶解度就越大。

（三）氢键

如前所述，结构相似的同系物质的熔点、沸点一般随着相对分子质量的增大而升高。从图 3-19 中可以看出，大多数氢化物沸点的递变确实符合上述规律，但是 NH_3、H_2O、HF 的沸点较其他同族元素氢化物的沸点反常地高，其原因是这三种氢化物中除了分子间力外还有氢键作用，加强了分子间的吸引。

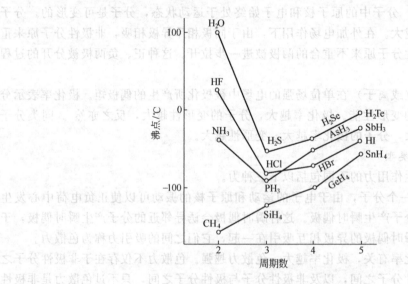

图 3-19　第ⅣA～ⅦA族氢化物的沸点

当氢原子与电负性很大、半径较小的 X 原子（如 F、O、N 原子）形成共价键时，共用电子对强烈地偏向 X 原子，使 H 原子核几乎裸露出来。由于裸露的 H 核体积小、静电场强度大，又无内层电子，具有与另一个电负性很大、半径较小的 Y 原子的孤对电子相吸引的能力，这种吸引作用称为氢键。它可表示为：

$$X—H\cdots Y$$

X 和 Y 既可为同种元素的原子也可为不同元素的原子。

氢键具有饱和性和方向性。氢键的强弱与 X、Y 原子的电负性大小有关，电负性越强，氢键越强；还与 X、Y 原子的半径有关，半径越小，氢键越强。氢键的键能比化学键小得多，与分子间力接近。

能够形成氢键的物质很多，如水、水合物、氨合物、无机酸和某些有机化合物。氢键的存在，会影响到物质的某些性质，例如熔点、沸点、溶解度、密度等。氢键的形成不仅局限于分子之间，有的物质分子内也能形成氢键，例如硝酸分子形成分子内氢键

（四）超分子化学

超分子化学定义为"超越分子的化学"。它是研究两种或两种以上化学物种通过分子间相互作用形成的高度组织、结构稳定，并且具有一定功能超分子的科学。它涉及有机化学和合成过程、配位化学和金属离子配合物、物理化学和相互作用的实验和理论、生物化学和生物过程，是一门化学、物理学和生物学的交叉学科，是共价键分子化学的一次升华和超越。

超分子是两个或两个以上分子通过非共价键的分子间作用力结合起来的物质微粒。这些分子间作用力包括范德华力、各种不同类型的氢键、疏水-疏水基团相互作用、疏水-亲水基团相互作用、亲水-亲水基团相互作用、静电引力、极化作用、电荷迁移等等，如通常的液态水通过 H_2O 与 H_2O 之间以氢键相结合形成超分子，即 $(H_2O)_n$。

组成超分子的两部分，分别叫受体和底物。基于分子互补原理，受体和底物的键合在超分子中形成了分子识别、催化、反应、转换和传递等功能。多分子组织、受体、载体和催化相结合，可导致分子和超分子器件。

贯穿所有超分子研究领域的一条主线就是存储在分子和超分子结构中的信息，即分子间的相互作用，因此超分子化学又称为分子信息化学。

环糊精是超分子化学近年来重点研究的一类重要化合物。它是淀粉酶促水解生成的环状低聚物，含有 6~8 个葡萄糖单元，围成无底空心杯状，上口稍大。分子上的羟基向分子外伸展，使自身具有亲水性，故能溶于水中。而杯腔内部除了醚键就是碳氢键，因此是疏水性的。其最重要的性质就是能与多种分子形成包合物，在包合物中化合物分子的非极性链段在疏水作用驱使下被包覆在环糊精杯腔中。通常将环糊精称为主体，进入杯腔中的化合物称为客体，相互匹配的主客体一般形成 1：1 包合物。包合物的稳定性与主体空腔的容积、客体分子的大小、活性基团的性质及空间构型等因素有关，而且客体分子是按一定的方向和部位自动组装到主体杯腔之中。包合反应有一定选择性，已应用于光敏感、氧气敏感物质、香料、药物、毒物等有机分子、无机分子乃至气体分子的包合和密封，也可利用包合物进行选择性的反应与合成。更重要的是由于选择性的包合作用，一些环糊精的衍生物具有模拟酶的功能，可与特定底物相结合。已经制成人工核糖核酸模拟酶和人工氨基转移酶等，成果喜人。

超分子化学不仅与大环化学的发展关系密切，还与核酸化学、液晶、有机超导体、分子

器件、模板合成等息息相关。超分子化学的理论有待探索和发展，其涵盖的领域在拓宽，应用范围在迅速扩大，新的超分子物种不断涌现，它已成为公认的化学理论和应用技术的前沿领域。

第三节　固体结构

固体是具有一定体积和形状的物质，分成两类：一类具有整齐规则的几何外形、各向异性、有固定的熔点，称作晶体；另一类没有整齐规则的几何外形、各向同性、没有固定熔点，称作非晶体或无定形物质。

一、晶体的类型

若把晶体内部的微粒看成是几何学上的点，这些点按一定规则组成的几何图形叫做晶格或点阵。在晶体中具有代表性的最小部分称为单元晶胞（简称晶胞），晶胞在空间里无限地周期性地重复就成为晶体。

按晶格结点上微粒的种类及其相互作用力的不同，晶体可分为离子晶体、原子晶体、分子晶体、金属晶体和混合型晶体等几种类型。

（一）离子晶体

离子晶体（ionic crystal）的晶格结点上交替排列着正、负离子，正、负离子间靠很强的静电引力结合。NaCl 离子晶体如图 3-20 所示，Na^+ 和 Cl^- 按一定的规则在空间排列着，每一个 Na^+ 的周围有六个 Cl^-，而每一个 Cl^- 的周围也有六个 Na^+。

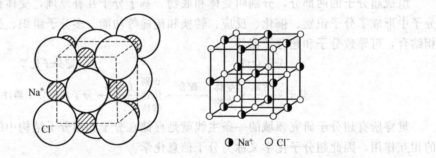

$\bullet$ Na^+　$\circ$ Cl^-

图 3-20　NaCl 离子晶体的结构

不同的离子晶体，离子的排列方式可能不同。离子晶体一般具有较高的熔点和较大的硬度，较脆，延展性差等特性。在熔融状态或水溶液中具有优良的导电性，但在固体状态时离子限制在晶格的一定的位置上振动，所以大多不导电。

各种离子晶体由于离子电荷、离子半径和离子电子层结构的不同，在性质上会有很大的不同。离子间的作用力随离子电荷的增加而增大，随离子半径的增大而减小。其熔点、硬度也有这个规律，其中电荷数起着主要作用，在电荷数相同的情况下，参考离子半径大小。

离子晶体中晶格的牢固程度可用晶格能（U）的大小来衡量。晶格能（lattice energy）是指在标准状态下，使一摩尔的离子晶体变为气态正离子和气态负离子所吸收的能量。晶格能愈大，则破坏离子晶体时所需消耗的能量愈多，离子晶体愈稳定。晶格能较大的离子晶体一般有较高的熔点和较大的硬度。

属于离子晶体的物质通常为活泼金属（如 Na、K 等）的含氧酸盐类和卤化物、氧化物。例如可作为红外光谱仪棱镜的氯化钠、溴化钾，可作为耐火材料的氧化镁，可作为建筑材料的碳酸钙等。因为氯化钠、氯化钾、氯化钡的熔点、沸点较高，稳定性较好，不易受热分解，它们的熔融态被用作高温时的加热介质，叫做盐浴剂。

（二）原子晶体

原子晶体（atomic crystal）的晶格结点上排列着一个个中性原子，原子间以强大的共价键相连接，且成键原子均定域在原子间不能自由运动，因此原子晶体熔点高、硬度大、熔融时导电性差。如金刚石是典型的原子晶体，其中每个碳原子形成四个 sp^3 杂化轨道，可以和四个碳原子形成共价键，组成正四面体。金刚石晶体中原子对称、等距离地排布，结合力特别强，所以金刚石特别硬，是天然物质中最硬的，经琢磨加工可成为名贵的钻石。

原子晶体的延展性差，有脆性。由于原子晶体中没有离子，固态、熔融态都不易导电，故可作为电的绝缘体。但是某些原子晶体如 Si、Ge、Ga、As 等可作为优良的半导体材料。原子晶体在一般溶剂中都不溶解。

（三）分子晶体

分子晶体（molecular crystal）中晶格结点上排列的是分子（也包括像稀有气体那样的单原子分子），这些分子靠分子间力相结合（有时还可能存在氢键）。

属于分子晶体的物质，一般为非金属元素组成的共价化合物，如 SiF_4、$SiCl_4$、$SiBr_4$、SiI_4、H_2O、CO_2、I_2 等。由于分子间力较弱，分子晶体的硬度较小，熔点一般都较低，并有较大的挥发性，如碘片、萘等；分子晶体由电中性分子组成，是电的绝缘体。如六氟化硫是非极性分子，它的熔、沸点低，不着火，能耐高电压而不被击穿，又是优质气体绝缘材料，主要用于变压器及高电压装置中。但某些分子晶体中，由于分子内含有极性较强的共价键，能溶于水生成水合氢离子和水合酸根离子，因而它们的水溶液能导电，如 HCl、HAc 晶体。

稀有气体固态时也是分子晶体，晶格结点上排列着稀有气体的单原子分子，之间以色散力相结合。

（四）金属晶体

金属晶体（metallic crystals）的结点上排列着的是原子和正离子。这些原子和正离子之间存在着电子，它们并不固定在某些金属离子附近，可以在整个晶体中自由运动，叫做自由电子。整个金属晶体中的原子和正离子与自由电子所形成的化学键叫做金属键。形象地讲，可以把金属键说成是"金属原子和正离子浸泡在电子的海洋中"。这些自由电子把原子和正离子"胶合"在一起形成金属键，特称为"改性共价键"。

金属键虽然从某种意义上具有共价键的性质，但它与一般共价键在性质上有极大的不同。金属晶体中的自由电子不属于某个或某几个原子和正离子，而是属于整个晶体，因此称为非定域的自由电子，金属键是一种离域键，而普通共价键是定域在两个或多个原子之间的定域键。金属键的强弱与构成金属晶体原子的半径、有效核电荷、外层电子组态等因素有关。

金属晶体单质多数具有较高的熔点和较大的硬度，通常说的耐高温金属就是指熔点高于铬的熔点（1857℃）的金属，集中在副族，其中熔点最高的是钨（3410℃）和铼（3180℃），它们是测高温用的热电偶材料。也有部分金属单质的熔点较低，如汞的熔点是 −38.87℃，常温下是液体；锡是 231.97℃，铅是 327.5℃，铋是 271.3℃，都是低熔点金属。它们的合金称为易熔合金，熔点更低，应用于自动灭火设备、锅炉安全装置、信号仪表、电路中的保险丝等。金属晶体有优良的导电、导热性能，好的延展性和机械加工性，有金属光泽和光线不能透过等特点。

金属的许多特性都与其具有自由电子有关。良好的延展性是因为金属键为离域键，当某一处金属键被破坏可以在另一处形成新的金属键，金属不会遭到破坏，只会改变形状。另外，金属晶体中的自由电子很容易吸收可见光，使金属晶体不透明，当被激发的电子跳回时又发射出不同波长的光，因而具有金属光泽。

（五）混合型晶体

晶体内晶格结点粒子间包含两种以上键型的为混合型晶体（mixed crystal）。例如，层状结构的石墨、二硫化钼、氮化硼等就属于混合型晶体。在石墨晶体中同层粒子间以共价键结合，而平面结构的层与层之间则以分子间力结合，所以石墨是混合型晶体。由于层与层之间的结合力较弱，容易相对滑动，所以常被用作润滑油和润滑脂的添加剂，以胶粒的形式分散在油或脂中。六方氮化硼又称白色石墨，比石墨更耐高温，化学性质更稳定，可用来制作熔化金属的容器和耐高温实验仪器及耐高温的固体润滑剂。以它为原料制得的氮化硼纤维是一种无机工程材料，可制成防火服、防中子辐射服等。六方氮化硼在适当的条件下可转变为立方氮化硼，在高温中稳定性超过金刚石，是一种超硬材料，用作钻石、磨具和切割工具。

自然界存在的多种硅酸盐晶体也属于混合型晶体。它的基本结构是一个硅原子和四个氧原子以共价键组成负离子硅氧四面体，硅氧四面体间镶嵌着金属正离子，它们之间以离子键结合。

二、晶体的缺陷

晶体中晶格结点上的粒子都是有规则的排列。但实际上，只有在热力学温度为 0K 时才有这种理想的结构，实际晶体中的离子、原子、分子难免占错位置或被杂质取代，这就造成了晶体的缺陷。晶体的缺陷有不利的一面，也有有利的一面，晶体缺陷的存在可以改善固体的导电性、增加固体的化学活性、改变晶体的光学和塑性、硬度、脆性等机械性能，因此缺陷对晶体的利用有着重要的意义。

从几何的角度来看，晶体的缺陷有点缺陷、线缺陷、面缺陷三大类，其中点缺陷最普遍也最重要。

（一）点缺陷

晶体晶格结点粒子发生局部错乱的现象称为点缺陷。有两种点缺陷存在，一种是由于晶体粒子的热运动使晶体中某些粒子从晶格结点上位移，产生空位，称为热缺陷或本征缺陷；另一种是由外来的杂质粒子取代原有的粒子或晶格间隙位置上存在间隙粒子，称之为杂质缺陷。

本征缺陷存在于所有晶体中，因为当热力学温度高于 0K 时，晶格中的粒子就会在其平衡位置附近振动，温度越高，振幅越大，一些粒子的动能就会大到足以克服粒子间的引力而脱离平衡位置，在原来的晶格结点处留下原子空位或离子空位，产生离子空位时正离子和负离子按化学计量比同时空位。本征缺陷既可能发生在晶体内部，也可能波及到晶体表面。

杂质缺陷是由于外来粒子进入晶体所引起的缺陷。杂质进入晶体可看作溶质溶入溶剂的过程，形成的晶体称为固体溶液，简称固溶体。杂质缺陷也有两种形式：间隙式和取代式。间隙式杂质粒子进入晶体，一般发生在外加杂质粒子半径较小的情况。例如 H 原子加入 ZnO 中形成间隙式杂质缺陷，又如 C 或 N 原子进入金属晶体的间隙中，形成填充型合金等杂质缺陷。取代式杂质粒子进入晶体，通常电负性接近、半径相差不大的元素可以相互取代。例如砷化镓（GaAs）晶体中加入 Si 杂质原子，则 Si 既可取代 Ga 的位置，也可取代 As 的位置。

（二）线缺陷

晶体中某些区域发生一列或若干列粒子有规律地错排现象称为线缺陷，又称为位错。

（三）面缺陷

面缺陷是粒子在一个交界面的两侧出现不同排列的缺陷。同一界面内是一个单晶，一个晶粒，不同取向晶粒间的界面称为晶粒间界，互相由界面相隔的许多小晶粒集合就是多晶体，所以多晶体中各晶粒间界附近的粒子排列较为紊乱，构成了面缺陷。多晶体中晶粒的成分和结构可以是同一种类的，也可以是不同种类的。实际上许多场合形成的晶体不是单晶体，而是多晶体，在其内部存在着众多的面缺陷。

晶体结构中存在的各种缺陷对晶体的光学、电学、磁学、热学、声学及其化学活性等都有明显的影响。例如，原本典型的离子晶体是电绝缘体，产生缺陷后居然有了导电性，并且当温度升高到室温以上，缺陷浓度增大，导电性更显著。这种导体因为载流子为离子而得名为离子导体或固体电解质（如 α-AgI、β-矾土等）。

三、非化学计量化合物

晶体尽管普遍存在着缺陷，但它们多数仍然具有固定的组成，其中各元素原子均是简单的整数比，即是化学计量化合物。但是，近代晶体结构理论和实际研究结果表明在晶体化合物中各元素原子并不一定总是简单的整数比，因此有相当一部分是非化学计量化合物（non-stoichiometric compounds）。

非化学计量化合物也称非整比化合物，其形成原因是由于晶体中某些元素呈现多余或不足，所以非化学计量化合物总是伴有晶体缺陷。

近年来，随着固体化学研究工作的深入，出现了一系列具有重要用途的非化学计量化合物，其中高温超导体 $YBa_2Cu_3O_{7-x}$ 就是这一类具有二价和三价铜的混合价态非化学计量化合物。非化学计量化合物的电学、磁学和催化特性正日益引起人们的重视，研究此类化合物的组成、结构、价态、自旋状态与性能，对探索新型的无机功能材料具有特别的重要性。非化学计量化合物产生的原因有以下几种。

1. 金属具有多种氧化值　非化学计量化合物很多是过渡金属化合物，过渡金属常具有多种氧化值，可形成组成元素不成整数比的化合物。由于晶格结点上低氧化值的正离子被高氧化值的正离子所代替，为了保持化合物的电中性而造成正离子的空位。例如 FeS 中部分 Fe^{2+} 被 Fe^{3+} 所代替，Fe 与 S 原子数目之比不再是 1：1，而是 Fe 原子数小于 1，化学式应为 $Fe_{1-x}S$。可以看出，为了保持化合物的电中性，三个 Fe^{2+} 只需二个 Fe^{3+} 代替即可，因而有了一个阳离子的空位，造成晶体缺陷。

2. 存在着超过结构所需数量的原子　有些金属没有多种氧化值也可形成非化学计量化合物，如氧化锌加热时产生 ZnO_{1-x}，氯化钠与钠蒸气作用生成 $NaCl_{1-x}$。这种情况下产生的负离子空位由电子占据。空穴上的电子，有一些可达到激发态，激发能在可见光的范围内，因此这些空穴成为发色中心，通常叫 F 中心或色源 [F 为德文 Farbe（颜色）的第一个字母]。例如，$NaCl_{1-x}$ 为蓝色固体，ZnO_{1-x} 为黄色。这类非化学计量化合物由于空穴上电子的移动而具有导电性（电子导电）。

3. 杂质取代　某些杂质离子引入后，为了保持固体的电中性，原来离子的氧化值发生改变，结果也产生非化学计量化合物。例如，在 NiO 中掺入少量的 Li_2O，Li^+ 进入后，占据了 Ni^{2+} 的位置。为了保持电中性，则必须有部分 Ni^{2+} 转变为 Ni^{3+}。每引入一个 Li^+，将产生一个 Ni^{3+}，减少 2 个 Ni^{2+}，其组成可用 $Li_\delta^+ Ni_{1-2\delta}^{2+} Ni_\delta^{3+}$ 来表示。因为 Ni^{3+} 位置不固定，它与邻近的 Ni^{2+} 进行电子交换，所以 NiO 是绝缘体，而非化学计量化合物 $Li_\delta^+ Ni_{1-2\delta}^{2+} Ni_\delta^{3+}$ 具有半导体的性质。

四、非晶体的结构

粒子在三维空间的排列呈杂乱无序状态即短程（几百 pm 范围内）有序、长程无序的固体统称为非晶体，也称为无定形体、玻璃体。其共同特点是：各向同性；无明显的固定熔点；导热率和热膨胀性小；可塑性、变形性大。非晶体中最具代表性的是玻璃。

1. 玻璃的结构理论 玻璃结构是矛盾的统一体，目前比较统一的观点是认为玻璃的结构具有近程有序、远程无序的基本特征，可将玻璃的微观结构分解为：①近程结构，一个结构单元组成的"超结构单元"，如 SiO_4、P_4O_6 等，近程范围一般小于 0.1nm；②中程结构，由结构单元间相互连接形成的结构，中程结构范围为 10～20nm；③长程结构，其范围大于 20nm，结构无序，但可存在不同区的密度波动。这是近 30 多年玻璃结构研究的重大进展，从而开拓了微晶玻璃、半导体玻璃、特种光学玻璃等许多非晶态材料，如航天器上宇航员座舱的观察窗就使用了氧化硅韧化玻璃和硅酸铝回火玻璃。20 世纪 70 年代制成石英玻璃光导纤维以来，使光纤通信大规模发展。电话、电视、计算机网络等都已成为光纤通信的领域，多束光导纤维支撑的光缆已逐渐代替电缆在当代信息社会中起到重要的作用。

2. 新型非晶体 微晶玻璃是近 30 年发展起来的新品种，它的结构非常致密，基本上没有气孔，其中晶粒的大小为 20～1000nm 左右（大大小于陶瓷体内的晶体）。在玻璃基体中有很多非常细小而弥散的结晶，这些微晶的体积可占总体积的 55%～98%。微晶玻璃与普通玻璃比较，软化点大有提高，约从 500℃ 提高到 1000℃ 左右，断裂强度提高一倍以上，热膨胀系数可以大范围控制，有利于和金属部件相匹配。激光玻璃如钕玻璃作为激光器的工作物质，其输出激光波长 $\lambda=1062nm$，可用于光纤传输。

非晶态半导体是不具有长程有序，只具有短程有序的半导体物质。1968 年奥维辛斯基（Ovshinskg）利用硫系玻璃半导体，如 $Ge_{10}As_{20}Te_{70}$（下标数字为%组成）制成高速开关的半导体器件，且对杂质不敏感，有信息存储性能，从而引起对非晶态半导体的研究。1976 年，斯皮尔（Spear）和勒康姆伯（Le Comber）成功地制得半导体非晶硅，非晶硅对太阳光的吸收系数比单晶硅大得多，单晶硅要 0.2mm 厚才能有效吸收太阳光，而非晶硅只需 0.001mm 厚，其光能转换效率已高达 12%～14%，是价廉而高效的太阳能电池材料。

此外，非晶态磁泡（如 Gd-Co 薄膜）是近年来发展的磁性存储器，对电子计算机极为重要，它由电路和磁场来控制磁泡（类似浮在水面上的水泡）的产生、消失、传输、分裂，以及磁泡间的相互作用，实现信息的存储、记录和逻辑运算等功能。可见非晶态固体已成为推动新科技领域发展，应用前景广阔的一种新材料。

习 题

1. 微观粒子的运动有哪些重要特征？波动性和粒子性如何联系起来？

2. 计算速度为 $2\times10^8 m \cdot s^{-1}$ 电子的德布罗意波长。

3. $|\psi|^2$ 与电子云的关系如何？

4. 原子中的能级主要由哪些量子数来确定？

5. 量子数为 $n=3$，$l=1$ 的原子轨道符号是什么？形状怎样？有几种空间取向？共有几个轨道？可容纳多少电子？

6. 下列各组量子数中哪一组是正确的?

   (1) $n=3$, $l=2$, $m=0$

   (2) $n=4$, $l=-1$, $m=0$

   (3) $n=4$, $l=1$, $m=-2$

   (4) $n=3$, $l=3$, $m=-3$

7. 为什么任何原子的最外层最多只能容纳 8 个电子,次外层最多只能容纳 18 个电子 (由能级交错考虑)?

8. 为什么周期表中各周期的元素数目并不一定等于原子中相应电子层中电子的最大容量数 $(2n^2)$?

9. 填充下表

原子序数	元素符号	名称	电子排布式 (原子实法)	外层电子 排布式	所属 周期	所属族	所属区	最高 正价
49								
			$[He]\,2s^2 2p^6$					
				$4d^5 5s^1$				
					6	ⅡB		

10. 有 A、B、C、D 四种元素,其价电子依次为 1、2、6、7,其电子层数依次减少。已知 D^- 的电子构型与 Ar 原子相同,A、B、C 次外层电子数依次为 8、8、18,试推断这四种元素,并回答下列问题:

(1) 原子半径由小到大的顺序;

(2) 电负性由小到大的顺序;

(3) 金属性由弱到强的顺序;

(4) 分别写出各元素原子最外层 $l=0$ 电子的量子数。

11. 比较下列各对原子半径大小

(1) Ba、Sr   (2) Zr、Hf   (3) Cu、Zn   (4) O、F

12. 第二周期中为什么 Be、N 的第一电离能比同周期前后相邻元素的第一电离能大?

13. 氧和 S、Na、C、B、Ca、N 中的哪些元素能形成离子化合物? 又和哪些元素可形成共价化合物?

14. 试述共价键价键理论的基本要点。根据价键理论说明为什么单质氧、氯等是双原子分子,而稀有气体氖、氩等都是单原子分子。

15. 判断下列叙述是否正确

(1) 离子晶体中离子键的强弱可由晶格能的大小来衡量,而晶格能的大小只与离子电荷和半径有关。

(2) 原子的价电子层若无单电子,则不能形成共价键。

(3) 由不同元素的原子形成的共价键为极性共价键。

(4) 由极性共价键形成的分子必为极性分子。

(5) 分子的空间构型由杂化轨道的类型决定,如 H_2O 中氧为不等性 sp^3 杂化,H_2O 分子为四面体型。

(6) 色散力是分子瞬时偶极之间的作用力,故它只存在于非极性分子之间。

16. 指出下列分子中,中心原子可能采取的杂化轨道类型,并预测分子的几何构型。

(1) $HgCl_2$ (2) PCl_3 (3) BBr_3

(4) CS_2 (5) $SiCl_4$ (6) Cl_2O

17. BCl_3 分子的空间构型与 NCl_3 分子的空间构型有何不同？为什么？

18. 极性键与极性分子的概念有何不同？在 Br_2、CO_2、H_2O、CH_4、PH_3 分子中哪些含有极性键？哪些含有非极性键？哪些是极性分子？哪些是非极性分子？说明理由。

19. 下列每对分子中，哪一个显示较高的极性？并说明理由。

(1) CO_2 和 N_2 (2) NH_3 和 BF_3 (3) $BrCl$ 和 IF

20. 试分析下列分子之间有哪几种作用力。

(1) HCl 分子间   (2) He 分子间   (3) H_2O 和 Ar 分子间

(4) H_2O 分子间   (5) C_6H_6 和 CCl_4 分子间

21. 在化合物 C_2H_6、NH_3、C_2H_5OH、CH_4、H_3BO_3 的分子之间有无氢键存在？为什么？

22. 解释下列现象。

(1) 常温下 CCl_4 是液体，CF_4 是气体，CI_4 是固体。

(2) BeO 的熔点高于 LiF 的熔点。

(3) 苯、一氯代苯、一溴代苯、苯酚的沸点依次为 $80℃$、$132℃$、$156℃$、$182℃$。

23. 指出以下物质各属哪种类型晶体。

CsF、Cu、MgO、$SO_2(s)$、$H_2O(s)$、SiO_2、SiC

24. 比较下列各组物质熔、沸点高低，并说明理由。

(1) HF、HCl、HBr (2) MgO、CaO (3) $SiCl_4$、$SiBr_4$

(4) C_6H_{12}、C_6H_6 (5) CO_2、SiO_2

25. 为什么干冰和石英的物理性质相差很远？

26. 晶体的缺陷有哪几种类型？晶体缺陷对晶体的性质有何影响？

27. 在何种情况下可以形成非化学计量化合物？它与化学整比化合物在性质上有何异同？

28. 玻璃的结构是怎样的？请举出几种新型非晶体的例子，并说明其性能。

第四章 有机化学反应与高分子材料

有机化学是研究有机化合物，即碳化合物的化学。人类一刻也离不开有机化合物。有机化学与环境科学、生命科学、材料科学、医学药学、能源科学等息息相关。

有机化学反应是有机化学的精髓，了解基本有机反应是学习有机化学的基础。由于有机化合物数量巨大，有机化学反应呈现复杂、多样性。但归纳起来，有机化学反应按反应形式可分为加成反应、取代反应、氧化还原反应等；按反应机理或反应历程（化学反应所经历的途径或过程），又可分为离子反应、自由基反应、重排反应、周环反应等。

第一节 加 成 反 应

有机化合物的双键或三键等重键被其他原子或基团所饱和而成单键的反应称为加成反应。加成反应可分为离子型加成反应和自由基加成反应。离子型加成反应为亲电试剂或亲核试剂进攻分子负电或正电中心而引起共价键异裂的反应。自由基加成反应是由共价键均裂成自由基而引起的化学反应，又称游离基反应。

一、亲电加成反应

亲电试剂进攻分子的负电中心引起的加成反应称为亲电加成反应。

亲电试剂（electrophilic，E）：分子中有空轨道，成键时接受反应物分子所提供电子试剂。正离子或带有部分正电荷的试剂为亲电试剂。

（一）烯、炔烃亲电加成

1. 加溴　烯烃加溴

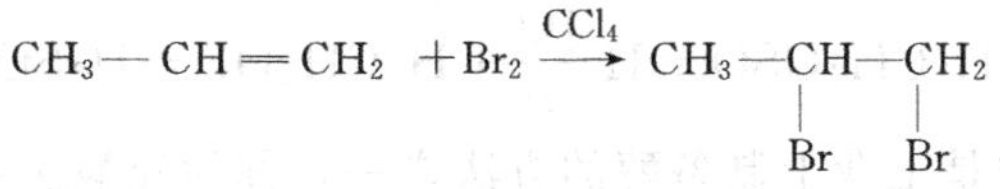

$$CH_3-CH=CH_2 + Br_2 \xrightarrow{CCl_4} CH_3-\underset{\underset{Br}{|}}{CH}-\underset{\underset{Br}{|}}{CH_2}$$

1,2-二溴丙烷

炔烃加溴

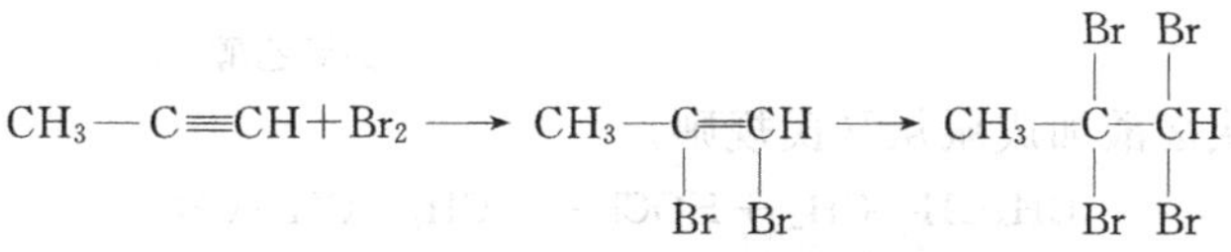

$$CH_3-C\equiv CH + Br_2 \longrightarrow CH_3-\underset{\underset{Br}{|}}{\overset{\overset{}{}}{C}}=\underset{\underset{Br}{|}}{CH} \longrightarrow CH_3-\underset{\underset{Br}{|}}{\overset{\overset{Br}{|}}{C}}-\underset{\underset{Br}{|}}{\overset{\overset{Br}{|}}{CH}}$$

1,2-二溴丙烯　　1,1,2,2-四溴丙烷

上述反应溴的红棕色消失明显，因而可用溴的四氯化碳溶液来分析鉴别烯烃、炔烃以及其他含有碳碳重键的化合物。烯烃与溴的反应速率大于炔烃。工业和实验室常利用烯烃和炔

烃与氯和溴的加成制备连二氯和连二溴化物。

2. 加卤化氢　乙烯与氯化氢在氯化铝催化下，于 130～250℃发生亲电加成，生成氯乙烷，此法为工业制备氯乙烷的方法之一。

$$CH_2=CH_2 + HCl \longrightarrow CH_3-CH_2Cl$$
氯乙烷

丙烯等不对称烯烃与氯化氢加成，主要产物为 2-氯丙烷。

$$CH_3-CH=CH_2 + HCl \longrightarrow CH_3-\underset{\underset{\text{H}}{|}}{\overset{\overset{\text{Cl}}{|}}{C}}-CH_2$$
2-氯丙烷

马尔可夫尼科夫（Марковников）在大量实验基础上得出：丙烯等不对称烯烃与卤化氢亲电加成反应时，氢原子总是加到含氢较多的双键碳原子上，氯原子或其他原子或原子团则加到含氢原子较少的双键碳原子上。这条经验规则称为马氏规则。

炔烃与氯化氢发生亲电反应，反应条件不同，产物也不同。例如，乙炔在汞盐的催化下，可与一分子氯化氢加成，生成氯乙烯；再与一分子氯化氢加成则生成 1,1-二氯乙烷。

$$CH\equiv CH \xrightarrow{HCl} CH_2=CHCl \xrightarrow{HCl} CH_3CHCl_2$$
氯乙烯　　　1,1-二氯乙烷

工业上曾用此法制备氯乙烯和 1,1-二氯乙烷。

不对称炔烃与卤化氢的亲电加成，服从马氏规则。首先，不对称炔烃与一分子卤化氢的亲电加成，生成卤代烯，再与一分子卤化氢的亲电加成，生成同碳二卤代烷。

$$CH_3C\equiv CH \xrightarrow{HCl} CH_3\underset{\underset{\text{Cl}}{|}}{C}=CH_2 \xrightarrow{HCl} CH_3\underset{\underset{\text{Cl}}{|}}{\overset{\overset{\text{Cl}}{|}}{C}}CH_3$$

3. 加硫酸　烯烃可和硫酸发生亲电加成。乙烯通入冷的浓硫酸，生成硫酸氢乙酯。硫酸氢乙酯可溶于硫酸，而烷烃与硫酸不反应，也不溶于硫酸，因而可用冷浓硫酸分离烷烃中的烯烃。乙烯过量也可生成硫酸二乙酯。

不对称烯烃与硫酸的亲电加成，服从马氏规则。

$$CH_3CH=CH_2 + H_2SO_4 \longrightarrow CH_3-\underset{\underset{\text{OSO}_2\text{OH}}{|}}{C}H-CH_3$$
硫酸异丙（醇）酯

硫酸酯水解加热，则生成醇和硫酸。

例如
$$CH_3CH_2OSO_2OH \xrightarrow[\triangle]{H_2O} CH_3CH_2OH + H_2SO_4$$

烯烃加硫酸再水解曾是工业上制备醇的方法之一，称为硫酸法或间接水合法。

4. 加次卤酸　烯烃与次卤酸（HClO）加成生成 β-卤代醇。

例如
$$CH_2=CH_2 + HOCl \longrightarrow Cl-CH_2-CH_2-OH$$
β-氯乙醇

不对称烯烃与次卤酸加成服从马氏规则。

$$CH_3CH=CH_2 + HOCl \longrightarrow CH_3-\underset{\underset{\text{OH}}{|}}{C}H-\underset{\underset{\text{Cl}}{|}}{C}H_2$$
1-氯-2-丙醇

β-氯乙醇和 1-氯-2-丙醇在工业上用来制备环氧乙烷和甘油等。

5. 加水　烯烃和水在硫酸或磷酸的催化下，生成醇（T，P 表示在高温和加压条件下）。

$$CH_2{=}CH_2 + H_2O \xrightarrow[\text{T, P}]{H_3PO_4} CH_3{-}CH_2{-}OH$$

不对称烯烃与水加成服从马氏规则。

$$CH_3CH{=}CH_2 + H_2O \xrightarrow[\text{T, P}]{H_3PO_4} CH_3{-}\underset{\underset{OH}{|}}{CH}{-}CH_3$$

烯烃加水生成醇是工业制备醇的方法之一，称为直接水合法。

炔烃在硫酸汞的硫酸溶液催化下，可和水加成生成羰基化合物。

例如，乙炔加水可生成乙醛。

$$CH{\equiv}CH + H_2O \xrightarrow[H_2SO_4]{HgSO_4} CH_3{-}\overset{\overset{O}{\|}}{C}{-}H$$

乙醛

此法曾是工业生产乙醛的方法之一。不对称炔烃与水加成服从马氏规则。

（二）共轭二烯烃亲电加成

1. 加溴　1,3-丁二烯与溴在较高温度和极性溶剂中发生加成，加成的部位常常在丁二烯的 1-位碳和 4-位碳：

$$CH_2{=}CH{-}CH{=}CH_2 + Br_2 \longrightarrow Br{-}CH_2{-}CH{=}CH{-}CH_2{-}Br$$

1,4-二溴-2-丁烯

2. 加溴化氢　1,3-丁二烯与溴化氢发生加成，加成在 1 位碳和 4 位碳部位，常常称为 1,4 加成。

$$CH_2{=}CH{-}CH{=}CH_2 \xrightarrow{HBr} CH_3CH{=}CHCH_2Br$$

二、亲核加成反应

亲核试剂进攻分子的正电中心引起的加成反应称为亲核加成反应。

亲核试剂（nucleophilic，Nu）：分子中带有负电荷或未共用电子对（孤对电子），成键时提供反应物分子所需要电子的试剂。

（一）炔烃亲核加成

炔烃由于多数电子进入 π-键，其 C—C 周围管状 π-电子云的两端可看成分子的正电荷中心，因此炔烃可与 ROH、RCOOH、HCN 等亲核试剂发生亲核加成反应。在加成产物分子中引入了乙烯基，该类反应因而称为乙烯基化反应。乙炔是重要的乙烯基化试剂。

1. 加醇　乙炔和甲醇在 20％的 KOH 溶液中，高温、催化剂（用 C 表示）和压力下可以生成甲基乙烯基醚。

$$\underset{\text{乙炔}}{CH{\equiv}CH} + \underset{\text{甲醇}}{HOCH_3} \xrightarrow{\text{T, P, C}} \underset{\text{甲基乙烯基醚}}{CH_2{=}CH{-}O{-}CH_3}$$

该反应是制备乙烯基醚的重要方法，乙烯基醚是重要的化工原料。

2. 加酸　乙炔和乙酸在醋酸锌催化及 170～230℃下可以生成乙酸乙烯酯（醋酸乙烯酯）。

$$CH{\equiv}CH + \underset{\text{乙酸}}{HO{-}\overset{\overset{O}{\|}}{C}{-}CH_3} \xrightarrow{(CH_3COO)_2Zn} \underset{\text{乙酸乙烯酯（醋酸乙烯酯）}}{CH_2{=}CH{-}O{-}\overset{\overset{O}{\|}}{C}{-}CH_3}$$

该法曾为工业生产醋酸乙烯酯的主要方法，醋酸乙烯酯是生产合成纤维及其他化工产品的重要原料。

3. 加 HCN 乙炔和氢氰酸在氯化亚铜的催化下可以生成丙烯腈。

$$CH\equiv CH + HCN \xrightarrow{CuCl} CH_2\!\!=\!\!CH\!\!-\!\!CN$$

氢氰酸　　　　　　　丙烯腈

该法曾是工业上生产丙烯腈的方法，丙烯腈是生产腈纶的原料。

（二）醛和酮的羰基亲核加成

醛和酮的羰基 $\overset{\delta^+}{C}\!\!=\!\!\overset{\delta^-}{O}$ 为一不饱和基团，容易发生加成反应，羰基碳的电负性小于羰基氧，使得电子云偏向氧原子而带部分正电。亲核试剂带负电荷部分先进攻带正电荷的羰基碳，然后，带正电荷部分进攻带负电荷的羰基氧打开羰基双键而完成加成反应。

1. 加氢氰酸 醛和大多数甲基酮与氢氰酸作用生成 α-羟基腈，或称 α-氰醇，这是增长碳链的方法之一。例如，丙酮与氢氰酸反应生成丙酮氰酸，丙酮氰酸可在硫酸作用下发生水解后与甲醇发生酯化反应，再进一步发生脱水反应，生成甲基丙烯酸甲酯。

（反应式）

甲基丙烯酸甲酯

甲基丙烯酸甲酯是有机玻璃聚甲基丙烯酸甲酯（PMMA）的原料。

2. 加亚硫酸氢钠 醛和脂肪族甲基酮与亚硫酸氢钠饱和溶液作用，生成 α-羟基磺酸钠，成结晶析出。该反应是可逆反应，可以用来鉴别、提纯醛、脂肪族甲基酮和八个碳以下的环酮。

$$RCHO + NaHSO_3 \rightleftharpoons RCH\!\!-\!\!SO_3Na$$
|
OH

3. 加醇 在无水氯化氢或浓硫酸的作用下，醛或酮和醇发生反应，生成缩醛或缩酮。例如，高分子化合物聚乙烯醇的分子中有很多羟基，因而易溶于水，但用甲醛和其羟基反应生成缩醛，可得到合成纤维维尼纶。

（反应式）

聚乙烯醇　　　　　　聚乙烯醇缩甲醛（维尼纶）

4. 加金属有机试剂 金属有机试剂是指金属直接与碳连接的有机物，例如常称为格氏（Grignard）试剂的有机镁化合物。醛或酮与格氏试剂反应，产物水解后成为醇。该反应用来制备醇。

（反应式）

格氏试剂

5. 加氨的衍生物 醛和酮与氨的衍生物如羟氨、肼和氨基脲等反应，生成相应的肟、腙、脲等。该反应常用来鉴别和分离醛、酮。

$$\begin{array}{c}\diagup\\C=O\\\diagup\end{array}+H_2N-OH\longrightarrow\begin{array}{c}\diagup\\C=N-OH\\\diagup\end{array}$$

羟氨　　　　　肟

三、自由基加成反应

（一）自由基（free radical）基本概念

1. 定义　自由基也可称为游离基，是指具有不成对电子的原子或基团。在书写时，一般在原子或者原子团符号旁边加上一个"·"表示没有成对的电子。自由基可以带正电荷、负电荷或者不带电荷。虽然金属及其离子或配合物有不成对的电子，但按照常规习惯不算是自由基。

除了极个别情况，大多数的未成对电子形成的自由基都具有较高的化学活性。如果人体内含有自由基，被认为会导致退化性疾病或癌症。在许多反应中，自由基以中间体的形式存在，尽管浓度很低，存留时间很短。这样的反应称为自由基反应（radical reactions）。自由基反应在燃烧、大气化学、聚合反应、等离子体化学、生物化学和其他各种化学分支学科中扮演很重要的角色。

2. 自由基的产生　有机化合物发生化学反应时，总是伴随着一部分共价键的断裂和新的共价键的生成。共价键的断裂可以有两种方式：均裂（homolytic bond cleavage）和异裂（heterolytic cleavage）。共价键异裂的结果使共用电子对变为一方所独占，则形成离子；而均裂的结果使共用电子对分属于两个原子（或基团），则形成自由基，所形成的碎片有一个未成对电子，如 $H\cdot$ 、 $\cdot CH_3$ ， $Cl\cdot$ 等。

3. 产生自由基的方法

①引发剂引发，通过引发剂分解产生自由基。②热引发，通过直接对单体进行加热，打开双键生成自由基。③光引发，在光的激发下，使许多烯类单体形成自由基而聚合。④辐射引发，通过高能辐射线，使单体吸收辐射能而分解成自由基。⑤等离子体引发，等离子体可以引发单体形成自由基进行聚合，也可以使杂环开环聚合。⑥微波引发，微波可以直接引发有些烯类单体进行自由基聚合。

自由基引发的加成反应称为自由基加成反应。

（二）丙烯与溴化氢

在光的照射下或在少量过氧化物（ROOR′）的存在下丙烯双键打开，加成溴化氢。溴自由基首先加到丙烯的双键中含氢原子较多的碳原子上，而氢则加到含氢原子较少的碳原子上，生成 1-溴丙烷。这种自由基加成反应生成的产物称为反马氏产物。

$$CH_3CH\!\!=\!\!CH_2+HBr\xrightarrow{\ ROOR'\ }CH_3CH_2CH_2Br$$

不对称烯烃与溴化氢发生的自由基加成反应的方向，以形成更稳定的自由基为原则。

（三）苯加氯

在紫外光的照射下，苯与氯进行自由基加成，生成六氯化苯。六氯化苯系统命名为 1,2,3,4,5,6-六氯环己烷，分子式为 $C_6H_6Cl_6$ ，俗称六六六。

第二节　取代反应

有机化合物的氢原子或其他原子或基团被另外原子或基团所取代的反应称为取代反应。

取代反应可分为离子取代反应和自由基取代反应。亲电试剂或亲核试剂引起的取代反应称为离子取代反应，自由基引起的取代反应称为自由基取代反应。

一、亲电取代反应

亲电试剂进攻有两块负性电子云聚集的苯环上的碳原子，而取代氢原子称为芳环上的亲电取代。代表反应有卤化、硝化、磺化和傅氏反应。该类反应在基本有机化工原料的合成上有很大意义。

（一）卤化

苯在三氯化铁的催化下苯环上的氢原子被氯原子取代而生成氯苯，简称氯化，亲电试剂为 Cl^+。

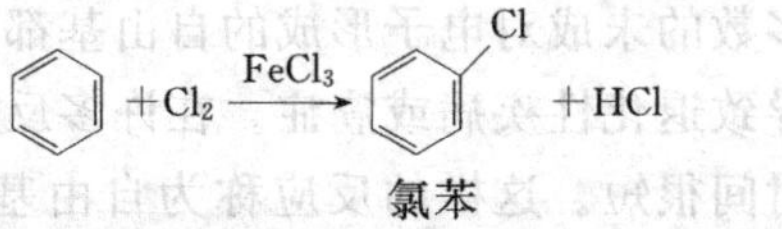

$$+Cl_2 \xrightarrow{FeCl_3} \text{氯苯} + HCl$$

卤素亲电取代的反应活性顺序为：氟＞氯＞溴＞碘。

（二）硝化

苯与浓硝酸和浓硫酸的混合物（俗称混酸）在 $50\sim60^\circ\text{C}$ 反应，环上的氢原子被硝基（—NO_2）取代，生成硝基苯，简称硝化，亲电试剂为 NO_2^+。

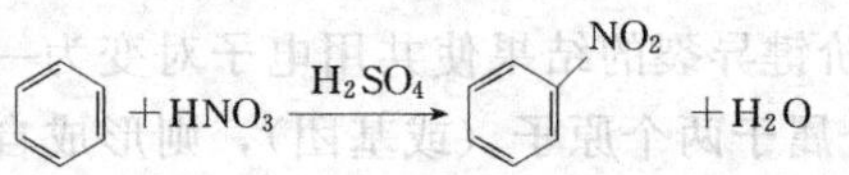

$$+HNO_3 \xrightarrow{H_2SO_4} \text{硝基苯} + H_2O$$

在较高温度下，硝基苯则继续与混酸反应，主要生成间二硝基苯。

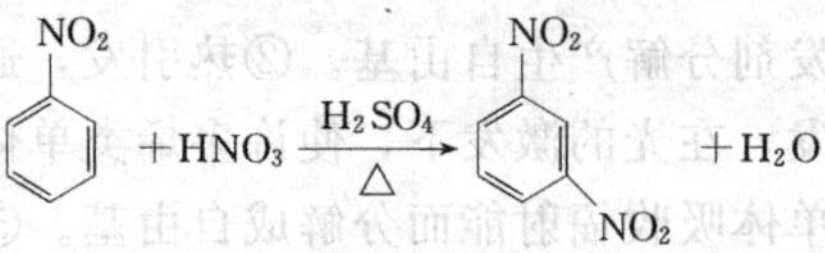

$$+HNO_3 \xrightarrow[\triangle]{H_2SO_4} \text{间二硝基苯} + H_2O$$

（三）磺化

苯与浓硫酸或发烟硫酸反应，环上的氢原子被磺基（—SO_3H）取代，生成苯磺酸。该类反应简称为磺化，反应为可逆反应，亲电试剂为 $\overset{\delta^+}{S}O_3H$。

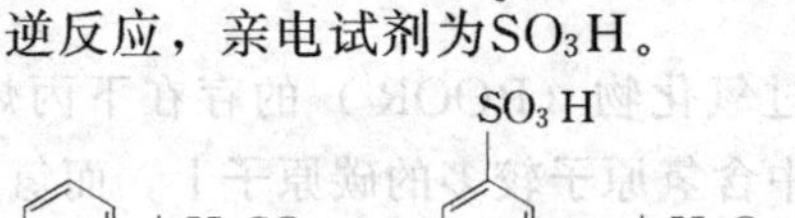

$$+H_2SO_4 \rightleftharpoons \text{苯磺酸} + H_2O$$

（四）傅氏反应

苯在无水氯化铝等的催化下，与氯代烷和酸酐等反应，苯环上的氢原子被烷基或酰基取代的反应，简称为傅氏反应（Friedel-Crafts）。这是在苯环上引入烷基（R—）和酰基（RCO—）的重要方法。常用的催化剂为无水氯化铝、氯化铁、氯化锌、氟化硼和硫酸等，活性最高的是无水氯化铝。

傅氏烷基化反应在异丙苯和十二烷基苯等的合成上有着广泛的应用。常用的烷化剂有卤代烷、烯烃和醇，亲电试剂为 R^+。

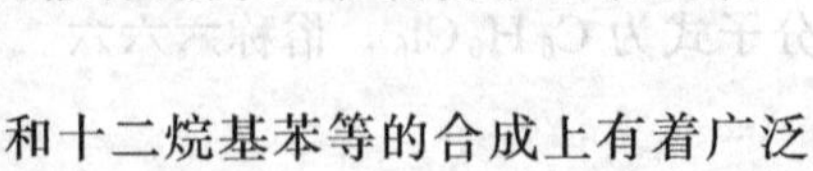

$$+RCl \xrightarrow{AlCl_3} + HCl$$

例如，苯与 2-溴丙烷在无水氯化铝的催化下，可生成异丙苯。

$$\text{苯} + CH_3CHCH_3 \xrightarrow{AlCl_3} \text{异丙苯} + HBr$$

异丙苯

傅氏酰基化反应是合成芳酮的重要方法。常用的酰基化试剂为酰氯、酸酐和酸，亲电试剂为 $R{-}C^+{=}O$ 。

$$\text{苯} + R{-}C{-}Cl \xrightarrow{AlCl_3} \text{芳酮} + HCl$$

酰氯　　　　　　　芳酮

例如：苯与乙酐在无水氯化铝的催化下，可生成苯甲酮。

$$\text{苯} + (CH_3CO)_2O \xrightarrow{AlCl_3} \text{苯甲酮} + CH_3COOH$$

苯甲酮

二、亲核取代反应

（一）卤代烷的亲核取代

卤代烷由于卤素的强电负性，碳卤键的共用电子对向卤原子偏移，结果卤原子成为分子的负电荷中心，而与卤素相连的碳原子则成为分子的正电荷中心。

$$\overset{\delta^+}{C}\longrightarrow\overset{\delta^-}{X} \qquad (\text{X 为卤素原子})$$

亲核试剂 Nu^-，如 OH^-、CN^-、RO^-、ROH、H_2O、NH_3 等，往往进攻正电荷中心的碳原子，而排挤卤素负离子，这一类反应称为亲核取代反应。

$$Nu^-{-}\overset{|}{C}\longrightarrow\overset{\delta^+}{}\overset{\delta^-}{X}$$

1. 卤代烷水解　卤代烷与强碱的水溶液共热，卤原子被羟基（—OH）取代生成醇，称为水解反应。羟基（—OH）上 $\ddot{O}$ 的孤对电子首先进攻 C—X 中的正性碳，取代卤素原子后生成醇：

$$RX + H^+{-}OH^- \rightleftharpoons ROH + HX \qquad (\text{R 为烃基})$$

工业上使用卤代戊烷的混合物与氢氧化钠的水溶液共热，生产戊醇的混合物，用作溶剂。

$$C_5H_{11}Cl + NaOH \xrightarrow{H_2O} C_5H_{11}OH + NaCl$$

2. 与醇钠反应　卤代烷与醇钠在相应的醇溶液中，卤原子被烷氧基（—OR）取代生成醚。

$$R'X + R\overset{-}{O}\overset{+}{Na} \longrightarrow ROR' + NaX$$

3. 与氰化钠反应　卤代烷与氰化钠（钾）反应，卤原子被氰基（—CN）取代生成腈。

$$\overset{+}{R}X + Na\overset{-}{C}N \longrightarrow RCN + NaX$$
腈

卤代烷生成腈，分子中增加一个碳原子，此法用来在有机合成中增长碳链。通过氰基转变成其他官能团，如羧基（—COOH）、氨基甲酰基（—CONH₂）等，来合成相应的化合物，但因氰化钠（钾）剧毒而限制了应用。

4. 与氨反应　卤代烷与氨反应，卤原子被氨基（—NH₂）取代生成胺。

$$RX + NH_3 \longrightarrow RNH_2 + HX$$
胺

（二）醇与氢卤酸反应

醇与氢卤酸发生亲核取代反应，生成卤代烃和水，反应实际为卤代烃水解的逆反应，卤素负离子首先进攻醇中 C—O 的 C 正性中心，排挤掉羟基而生成卤代烃。这是制备卤代烃的重要方法。

$$R-OH + HX \longrightarrow R-X + H_2O$$

例如，以烯丙醇和溴化氢合成烯丙基溴

$$CH_2=CHCH_2OH + HBr \longrightarrow CH_2=CHCH_2Br + H_2O$$
烯丙醇　　　　　　　　　　　　烯丙基溴

醇和氢卤酸的反应速率与氢卤酸的类型和醇的结构有关。

氢卤酸的活性序为　HI＞HBr＞HCl。

醇的活性序为　烯丙醇＞叔醇＞仲醇＞伯醇。

利用不同的醇与盐酸反应速率的不同，可以区分伯、仲、叔醇，所用的试剂称为卢卡斯（Lucas）试剂，由无水氯化锌与浓盐酸配制而成。水溶性醇与卢卡斯试剂反应生成不溶于水的氯代烃，形成乳状的浑浊溶液或分层，以反应溶液变浑浊的速率快慢来鉴别水溶性的一元伯、仲、叔醇。

$$CH_3-\overset{\overset{\displaystyle CH_3}{|}}{\underset{\underset{\displaystyle CH_3}{|}}{C}}-OH + HCl \xrightarrow{ZnCl_2} CH_3-\overset{\overset{\displaystyle CH_3}{|}}{\underset{\underset{\displaystyle CH_3}{|}}{C}}-Cl + H_2O \qquad 立即浑浊$$
叔丁醇　　　　　　　　　　　　　叔丁基氯

$$CH_3\overset{\overset{\displaystyle OH}{|}}{C}HCH_2CH_3 + HCl \xrightarrow{ZnCl_2} CH_3\overset{\overset{\displaystyle Cl}{|}}{C}HCH_2CH_3 + H_2O \qquad 放置片刻浑浊$$
仲丁醇　　　　　　　　　　　　2-氯丁烷

$$CH_3CH_2CH_2CH_2OH + HCl \xrightarrow[\triangle]{ZnCl_2} CH_3CH_2CH_2CH_2Cl + H_2O \qquad 加热才浑浊$$
丁醇（伯醇）　　　　　　　　　1-氯丁烷

（三）芳卤化物芳环上的亲核取代反应

苯环上的氯原子在亲核试剂的进攻下，可发生取代反应。由于氯原子和苯环的 p-π 共轭，相当稳定，芳环上的氯原子亲核取代反应只能在极其苛刻的条件下进行。

1. 水解　氯苯在 370℃、20MPa 及铜粉催化下与 10％NaOH 可发生反应生成苯酚。一般的反应条件，氯苯很难反应，只有在高温、高压和催化剂的作用下才反应，该反应是工业上生产苯酚的一种方法。

2. 氨解　氯苯在 200℃ 及氧化亚铜催化下与 NH_3 发生反应生成苯胺。

$$\text{Cl—}\bigcirc\text{}+NH_3 \xrightarrow{T,C} \text{}\bigcirc\text{—}NH_2 +HCl$$

3. 其他　同水解、氨解相似，CN^-，RO^-，PhO^-，H_2NNH_2 等亲核试剂取代芳环上的氯原子，要在较苛刻的条件下进行，生成相应的取代产物。

（四）羧酸及其衍生物酰基的亲核取代反应

羧酸分子 RCOOH 中的羟基，酰氯分子 RCOCl 中的氯原子，酰胺分子 $RCONH_2$ 中的氨基，酸酐分子 RCOOCR′ 中的酰氧基，酯分子 RCOOR′ 中的烷氧基都可被其他亲核基团取代。羧酸及其衍生物中的羰基碳原子因氧原子的电负性较强而显电正性，亲核试剂进攻羰基碳原子。

$$R-\overset{\overset{\displaystyle O}{\|}}{C}-Y +Nu^- \longrightarrow R-\overset{\overset{\displaystyle O}{\|}}{C}-Nu+Y^-$$

Y＝X（酰氯），OR′（酯），NH_2（酰胺），OCOR′（酸酐），OH（羧酸）；

Nu＝H_2O，R′OH，NH_3，RCOOH；

相应的反应称为水解，醇解，氨解，酸解。

例如：酰氯的反应

$$R-\overset{\overset{\displaystyle O}{\|}}{C}-Cl + \begin{cases} H_2O \longrightarrow RCOOH \\ R'OH \longrightarrow RCOOR' \\ NH_3 \longrightarrow RCONH_2 \\ R'\overset{\overset{\displaystyle O}{\|}}{C}OH \longrightarrow R\overset{\overset{\displaystyle O}{\|}}{C}-O-\overset{\overset{\displaystyle O}{\|}}{C}R' \end{cases}$$

酸酐 $(RCO)_2O$，酯 RCOOR，酰胺 $RCONH_2$ 在不同的反应条件下，也发生水解、醇解、氨解和酸解。其反应活性随酰氯 RCOCl，酸酐 $(RCO)_2O$，酯 RCOOR，酰胺 $RCONH_2$ 顺序而减小。羧酸 RCOOH 可醇解、氨解、也可脱水生成酸酐。

（五）胺的亲核取代反应

胺是一种亲核试剂，可与具有活泼卤原子的芳卤化物发生亲核取代反应。

1. 氮上的烃基化　在胺的氮原子上引入烃基，称为烃基化反应。

例如，苯胺和苄氯可反应生成 N-苄基苯胺。

$$\bigcirc\text{—}NH_2 + \bigcirc\text{—}CH_2Cl \longrightarrow \bigcirc\text{—}CH_2NH\text{—}\bigcirc +HCl$$
　　苯胺　　　　　苄氯　　　　　　　N-苄基苯胺

2. 氮上的酰基化　在胺的氮原子上引入酰基，称为酰基化反应。

例如：苯胺和酰氯、酸酐或羧酸可反应生成 N-取代酰胺或 N,N-二取代酰胺。

$$2 \bigcirc\text{—}NH_2+(CH_3CO)_2O \longrightarrow 2 \bigcirc\text{—}NH\overset{\overset{\displaystyle O}{\|}}{C}CH_3 +H_2O$$
　　苯胺　　　　　酸酐　　　　　　　N-乙酰苯胺

三、α-活泼氢的取代反应

α-活泼氢是双键、芳环和羰基等所相连的碳原子上的氢原子，因受双键、芳环和羰基等官能团的影响，该类原子比较活泼，容易被取代。

$$CH_2\!=\!CH\!-\!C\!-\!H$$

（一）烯烃的 α-活泼氢的卤化反应

由过氧化物、光或高温引发自由基，丙烯的甲基上的 α-活泼氢与浓度较低的氯气发生自由基取代反应，生成 3-氯-1-丙烯，转化率可达 80%。

$$CH_3\!-\!CH\!=\!CH_2 + Cl_2 \xrightarrow{500℃} Cl\!-\!CH_2\!-\!CH\!=\!CH_2 + HCl$$

工业上用该法生产 3-氯-1-丙烯，进而生产烯丙醇、甘油和树脂等。

（二）芳烃侧链 α-活泼氢的卤化

烷基苯的侧链与苯环相连的第一个碳原子称为 α-碳原子，该碳上的 H 原子称为 α-H 原子，因受苯环的影响而易发生反应。

甲苯在日光或紫外光的照射下，没有催化剂存在而进行氯化或溴化时，得到 α-氯代甲苯。苯环上的甲基上的氢原子被氯原子所取代而生成苯氯甲烷，亦称苄基氯。

苄基氯

（三）卤化反应

醛、酮分子中的 α-氢原子，在酸或碱的催化下，易被卤素取代，生成 α-卤代醛、酮。

苯甲酮　　　　　　　α-溴代苯甲酮

（四）碘仿反应

醛或甲基酮，即具有 $CH_3\!-\!\overset{O}{\overset{\|}{C}}\!-$ 结构的醛、酮与次卤酸钠（NaOX）溶液反应，甲基上的三个 α-氢原子被取代，生成三卤甲烷和羧酸盐。常用次碘酸钠（碘加氢氧化钠）与醛或甲基酮反应，生成具有特殊气味的黄色结晶的碘仿 CHI_3，该反应称为碘仿反应，用来鉴别醛和甲基酮。

$$CH_3\overset{O}{\overset{\|}{C}}CH_3 \xrightarrow[NaOH]{I_2} CH_3COOH + CHI_3$$

由于次碘酸钠具氧化性，可将羟基氧化成羰基，所以亦可鉴别具有 $CH_3\!-\!\overset{OH}{\overset{\|}{C}}\!-$ 结构的醇。

四、烃的自由基取代反应

甲烷在室温和黑暗中不和氯发生反应，但用漫射光照射，就能发生反应

$$CH_4 + Cl_2 \xrightarrow{光} CH_3Cl + HCl$$

生成的 CH_3Cl 会继续反应生成 CH_2Cl_2，$CHCl_3$ 和 CCl_4。通过调节氯与甲烷的比例，可得到所需的产物。

$$CH_3Cl + Cl_2 \xrightarrow{光} CH_2Cl_2 + HCl$$

$$CH_2Cl_2 + Cl_2 \xrightarrow{光} CHCl_3 + HCl$$

$$CHCl_3 + Cl_2 \xrightarrow{光} CCl_4 + HCl$$

工业上常用天然气（甲烷含量达 $90\%\sim99\%$）的卤化，来生产二氯甲烷、三氯甲烷和四氯化碳等重要有机溶剂。

第三节　氧化还原反应

一、氧化反应

（一）烷烃的氧化反应

烷烃较稳定，在室温下不与氧化剂反应，但可在空气中燃烧，生成二氧化碳和水，放出大量热。天然气、石油液化气、汽油、煤油和柴油作为能源正是基于该反应。烷烃在工业上可催化氧化而生产醇、醛和羧酸等。

例如，从甲烷制甲醛　$CH_4+O_2 \xrightarrow[T]{C} HCHO+H_2O$

（二）烯烃、炔烃的氧化反应

烯烃、炔烃较烷烃易被氧化，烯烃又较炔烃活泼。不饱和烃可被高锰酸钾、臭氧氧化，生成含氧化合物，该反应常用于鉴定不饱和烃、测定不饱和烃的结构。不饱和烃也可被过氧化物和氧气或空气氧化。

不饱和烃可被高锰酸钾氧化，高锰酸钾的紫色消失，产生褐色的二氧化锰沉淀，可鉴别含不饱和键的化合物。较强烈的条件下，不饱和键断开，双键上的氢原子被氧化，水解后成羟基，双键上的碳原子被氧化成羰基。

$$CH_3-\underset{\underset{CH_3}{|}}{C}=CH-C_2H_5 \xrightarrow[②H^+]{①KMnO_4,OH^-,H_2O,\triangle} CH_3-\underset{\underset{CH_3}{|}}{C}=O + O=\underset{\underset{OH}{|}}{C}-C_2H_5$$

丙酮　　　丙酸

根据氧化产物丙酮和丙酸羰基的位置即可判定不饱和烃双键的位置。

炔烃同烯烃相似，也可被高锰酸钾氧化，水解后，非端位三键断开生成羧基，端位三键则生成羧基和二氧化碳、水。

$$CH_3CH_2CH_2CH_2C\equiv CH \xrightarrow[②H^+]{①KMnO_4,OH^-} CH_3(CH_2)_3COOH+CO_2+H_2O$$

不饱和烃与臭氧反应与高锰酸钾类似，产物也类似。

工业上，常用氧气或空气在催化剂的作用下，即催化氧化生产环氧乙烷、乙醛、丙酮等化工产品。

$$CH_2=CH_2 +\frac{1}{2}O_2 \xrightarrow[P,T]{Ag} \underset{\underset{O}{\diagdown\diagup}}{CH_2-CH_2}$$

$$CH_2=CH_2 +\frac{1}{2}O_2 \xrightarrow[T,P]{H_2O,PdCl_2/CuCl_2} CH_3CHO$$

$$CH_2=CH-CH_3 +\frac{1}{2}O_2 \xrightarrow[T]{H_2O,PdCl_2/CuCl_2} CH_3\overset{\overset{O}{\|}}{C}CH_3$$

（三）醇的氧化与脱氢

伯醇易被氧化，开始产物为醛，进而被氧化成酸。仲醇则被氧化成酮。

$$R(H)\!-\!\overset{\underset{\displaystyle |}{OH}}{C}H\!-\!R' \xrightarrow{[O]} R(H)\!-\!\overset{\underset{\displaystyle |}{O}}{C}\!-\!R'$$

醇在催化剂的作用下，其羟基上的氢原子和 α-H 原子发生脱除反应，生成醛或酮。工业上曾用该反应生产甲醛、乙醛和丙酮等。

$$CH_3OH \xrightarrow[Ag,\ T]{O_2} HCHO$$

（四）醛、酮的氧化反应

1. 托伦（Tollens）和斐林（Fehling）反应　醛易被氧化成相应的羧酸，甚至较弱的氧化剂，如氢氧化银的氨溶液（Tollens 试剂），亦可将醛氧化，并析出银，即所谓的银镜反应，可以此鉴别醛。工业上曾用该反应制热水瓶胆、制镜等。硫酸铜与酒石酸钾的碱性混合溶液（Fehling 试剂），可将脂肪醛氧化成脂肪酸，析出砖红色的氧化亚铜沉淀，而芳醛不被氧化，以此来鉴别脂肪醛。

Tollens 试剂反应（银镜反应）

$$RCHO + Ag(NH_3)_2OH \xrightarrow{\triangle} RCOONH_4 + Ag\downarrow$$

Fehling 试剂反应

$$RCHO + Cu(OH)_2 + NaOH \xrightarrow{\triangle} RCOONa + Cu_2O\downarrow$$

2. 康尼查罗反应（Cannizzaro）反应　无 α-H 的醛在浓碱的作用下，一分子的醛被氧化成酸，一分子的醛被还原成醇，该反应为歧化反应，叫做康尼查罗反应。

例如　　$$HCHO + HCHO \xrightarrow{NaOH\ 50\%} HCOONa + CH_3OH$$

工业上用甲醛与乙醛进行羟醛缩合得到三羟甲基乙醛，进而与一分子甲醛反应，以此反应生产重要的化工原料季戊四醇。

$$\underset{\underset{\displaystyle CH_2OH}{|}}{\overset{\overset{\displaystyle CH_2OH}{|}}{HOCH_2\!-\!C\!-\!CHO}} \xrightarrow[Ca(OH)_2]{HCHO} \underset{\underset{\displaystyle CH_2OH}{|}}{\overset{\overset{\displaystyle CH_2OH}{|}}{HOCH_2\!-\!C\!-\!CH_2OH}} + HCOOH$$

3. 芳胺的氧化　芳胺很易被氧化，工业上常用二氧化锰和硫酸氧化苯胺，生产对苯醌。

$$\langle\!\!\!\!\bigcirc\!\!\!\!\rangle\!\!-\!NH_2 \xrightarrow[H_2SO_4]{MnO_2} O\!=\!\!\langle\!\!\!\!\bigcirc\!\!\!\!\rangle\!\!=\!O$$

二、还原反应

（一）催化氢化

在催化剂的作用下加氢，称为催化氢化。

1. 烯烃、炔烃的碳碳双键和三键被饱和生成烷烃。

$$R\!-\!CH\!\!=\!\!CH\!-\!R' \xrightarrow{H_2}{Ni} R\!-\!CH_2\!-\!CH_2\!-\!R'$$

2. 酚的还原　通过催化氢化，酚的苯环可被饱和，还原成环己醇。该法为工业生产环己醇的方法之一。

$$\langle\!\!\!\!\bigcirc\!\!\!\!\rangle\!\!-\!OH \xrightarrow[T,P]{H_2,\ Ni} \langle\!\!\!\!\bigcirc\!\!\!\!\rangle\!\!-\!OH$$

3. 醛、酮的还原　醛、酮经催化加氢，可生成伯醇和仲醇。

$$R-\overset{\overset{\displaystyle O}{\|}}{C}-R'(H) \xrightarrow[T]{H_2, Ni} R-\overset{\overset{\displaystyle OH}{|}}{C}H-R'(H)$$

4. 含 N 化合物的还原

（1）芳香族硝基化合物的还原　硝基化合物经催化氢化，可将硝基还原成氨基。例如，硝基苯经催化氢化生成苯胺，工业上用此法生产苯胺。

$$\text{⬡}-NO_2 + H_2 \xrightarrow{Ni} \text{⬡}-NH_2$$

（2）腈的还原　腈经催化氢化，可生成伯胺。工业上用该法生产高级脂肪伯胺。

$$C_{15}H_{31}C\equiv N \xrightarrow{\underset{Ni}{H_2}} C_{15}H_{31}CH_2NH_2$$

合成尼龙 66 的单体己二胺也是从催化氢化而得

$$NC(CH_2)_4CN \xrightarrow{\underset{Ni}{H_2}} H_2NCH_2(CH_2)_4CH_2NH_2$$

（二）金属氢化物的还原

氢化锂铝 $LiAlH_4$ 和硼氢化钠 $NaBH_4$ 等称为金属氢化物。氢化锂铝可将醛、酮的羰基还原成羟基，生成对应的醇。也可将羧酸、酯、酰卤、酐以及腈、酰胺等还原成相应的醇、胺等。

$$RCH_2-\overset{\overset{\displaystyle O}{\|}}{C}-H(R') \xrightarrow[\text{②}H_2O]{\text{①}LiAlH_4} RCH_2\overset{\overset{\displaystyle OH}{|}}{C}H_2(R')$$

氢化锂铝可将羰基、羧基还原成羟基，但不还原碳碳双键、碳碳三键。

$$CH_3CH=CHCOOH \xrightarrow[\text{②}H_2O]{\text{①}LiAlH_4} CH_3CH=CHCH_2OH$$

硼氢化钠与氢化锂铝类似，但还原能力较缓和，仅还原醛、酮的羰基，还原产物也为醇。

第四节　聚合反应与有机高分子材料

近半个世纪，高分子材料发展极其迅速，种类、数量不断增多，应用领域不断扩大。材料、信息、能源是现代文明的三大支柱，其中材料是人类活动的物质基础，有机高分子材料则为材料的重要组成部分。

一、聚合反应

低分子合成为大分子的反应叫做聚合反应。能够聚合成大分子的小分子物质称为单体，聚合物所含单体的数目称为聚合度。生成的大分子称为聚合物或高聚物。高聚物即高分子化合物，特点是相对分子质量巨大，体积巨大。

随着聚合反应机理和动力学研究的深入，人们逐渐把聚合反应分为逐步聚合反应和链式聚合反应两大类。本书采用聚合反应的经典分类方法。

（一）加成聚合反应，简称加聚反应

单体通过相互加成而形成聚合物的反应称为加聚反应（addition polymerization）。工业上，许多聚合物通过自由基引发的加聚反应来生产。

1. 均聚反应（homopolymerization）　由一种单体进行聚合的反应称为均聚合反应，简称为均聚反应。所得的产物称为均聚物。

（1）乙烯在催化下可打开 π 键，自身加成为聚乙烯。

$$n\mathrm{CH_2\!=\!CH_2} \longrightarrow -\!\!\!-\!\mathrm{CH_2\!-\!CH_2}\!\!-\!\!\!-_n$$
乙烯　　　　　　　聚乙烯

n 称为聚合度，—CH₂—CH₂—称为链节。

聚乙烯代号为 PE（polyethylene），是世界第一大塑料品种，用途极其广泛。根据合成时的压力，分为高压聚乙烯（HPPE）和低压聚乙烯（LPPE），高压聚乙烯因其密度较小也称为低密度聚乙烯（LDPE），低压聚乙烯则称高密度聚乙烯（HDPE）。高压聚乙烯常用来制造农用塑料薄膜及日常生活用的食品袋、包装袋等。聚乙烯无毒。

还有一种超高相对分子质量聚乙烯（UHMWPE），因其机械性能高而作为工程塑料代替青铜等用于机械工业。

（2）氯乙烯在催化下可打开 π 键，自身加成为聚氯乙烯。

$$n\mathrm{CH\!=\!CH_2} \longrightarrow -\!\!\!-\!\mathrm{CH\!-\!CH_2}\!\!-\!\!\!-_n$$
|　　　　　　　　　　|
Cl　　　　　　　　　Cl
氯乙烯　　　　　　聚氯乙烯

聚氯乙烯（PVC）（polyvinyl chloride）也是一种常用的塑料，为仅次于聚乙烯的第二大塑料品种。添加不同量的增塑剂可制农膜、电线电缆外皮，建筑材料如吊顶材料、板材料、管道等。废聚氯乙烯的燃烧会产生大量的剧毒物二噁英。

（3）丙烯在催化下可打开 π 键，自身加成为聚丙烯。

$$n\mathrm{CH\!=\!CH_2} \longrightarrow -\!\!\!-\!\mathrm{CH\!-\!CH_2}\!\!-\!\!\!-_n$$
|　　　　　　　　　　　|
CH₃　　　　　　　　　CH₃
丙烯　　　　　　　聚丙烯

聚丙烯代号为 PP（polypropylene），其耐热性优于聚乙烯，无荷载可达 150℃，常用作微波炉用品。可吹成薄膜，制作包装袋，挤出条带制作编织袋、捆扎绳等。也可抽成纤维，俗称丙纶，制作袜子、地毯等。

（4）苯乙烯在催化下可打开 π 键，自身加成为聚苯乙烯。

$$n\mathrm{CH\!=\!CH_2} \longrightarrow -\!\!\!-\!\mathrm{CH\!-\!CH_2}\!\!-\!\!\!-_n$$
苯乙烯　　　　　　聚苯乙烯

聚苯乙烯代号为 PS（polystyrene），因其透明度较好而用于日常生活用品、仪表外罩等的生产。还常用于泡沫塑料的生产，制作包装材料、饭盒等。

（5）丙烯腈在催化下可打开 π 键，自身加成为聚丙烯腈（PAN）。

$$n\,\mathrm{CH\!=\!CH_2} \longrightarrow -\!\!\!-\!\mathrm{CH\!-\!CH_2}\!\!-\!\!\!-_n$$
|　　　　　　　　　　|
CN　　　　　　　　　CN
丙烯腈　　　　　　聚丙烯腈

聚丙烯腈常制成纤维，商品名称为奥伦（Orlon），国内俗称腈纶，即人造羊毛，腈纶纤维强度好、保暖、耐老化，大量用于混纺毛线。

（6）甲基丙烯酸甲酯在催化下可打开 π 键，自身加成为聚甲基丙烯酸甲酯。

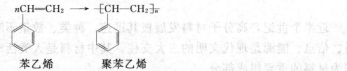

甲基丙烯酸甲酯　　　聚甲基丙烯酸甲酯

聚甲基丙烯酸甲酯（PMMA）即众所熟知的有机玻璃，商品名为亚克力（Acrylite）。其透光率达 92％，但又不像普通玻璃那样脆，耐冲击性很好，表面光洁度也很好，许多场合能代替普通玻璃，现在常用来制作建筑材料如板材、浴缸以及鱼缸等。

（7）四氟乙烯在催化下可打开 π 键，自身加成为聚四氟乙烯

$$nCF_2{=}CF_2 \longrightarrow {\left[CF_2{-}CF_2\right]}_n$$

四氟乙烯　　　　　聚四氟乙烯

聚四氟乙烯（PTFE）俗称塑料王，商品名为特夫纶（Teflon）。聚四氟乙烯化学性能非常稳定，可耐王水，耐热性也极佳，是一种优良的工程塑料。可制作耐腐、耐热的工业配件、密封材料、医学上的人工器官、炊具（如不粘锅）的涂层等。

（8）丙烯酸树脂

$$n\underset{\underset{COOH}{|}}{CH_2{=}CH} \longrightarrow {\left[\underset{\underset{COOH}{|}}{CH_2{-}CH}\right]}_n$$

丙烯酸　　　　　聚丙烯酸

聚丙烯酸俗称丙烯酸树脂。反应条件不同，可生产不同相对分子质量的丙烯酸树脂，有不同应用，如做阻垢剂、絮凝剂、分散剂、涂料、黏合剂等。所谓"立邦漆"即聚丙烯酸涂料。

（9）聚醋酸乙烯和聚乙烯醇　醋酸乙烯加聚成聚醋酸乙烯酯，后者经水解生成聚乙烯醇，即合成纤维"维尼龙"的主要原料。

$$n CH_2{=}CH{-}OOCCH_3 \longrightarrow {\left[\underset{\underset{OOCCH_3}{|}}{CH_2{-}CH}\right]}_n \longrightarrow {\left[\underset{\underset{OH}{|}}{CH_2{-}CH}\right]}_n$$

醋酸乙烯　　　　聚醋酸乙烯酯（PVAC）　　聚乙烯醇

（10）丁二烯在钠的催化下引发离子聚合，可打开 π 键，自身加成为聚丁二烯，俗称丁钠橡胶。

$$n CH_2{=}CH{-}CH{=}CH_2 \longrightarrow {\left[CH_2{-}CH{=}CH{-}CH_2\right]}_n$$

丁二烯　　　　　　　聚丁二烯

2. 共聚反应（copolymerization）　两种或更多种的单体参与聚合的反应称为共聚合反应，简称共聚反应。产物称为共聚物。

（1）乙烯＋醋酸乙烯

$$n CH_2{=}CH_2 + n CH_2{=}CH{-}OOCCH_3 \longrightarrow {\left[\underset{\underset{OOCCH_3}{|}}{CH_2{-}CH_2{-}CH_2{-}CH}\right]}$$

乙烯　　　　　　醋酸乙烯　　　　　　EVA 共聚物

乙烯和醋酸乙烯共聚物称 EVA 共聚物或简称 EVA。EVA 用来制成热收缩率很高的薄膜，用于食品、日用品收缩包装等。

（2）乙烯＋丙烯

$$n CH_2{=}CH_2 + n CH_3{-}CH{=}CH_2 \longrightarrow {\left[\underset{\underset{CH_3}{|}}{CH_2{-}CH_2{-}CH_2{-}CH}\right]}_n$$

乙烯　　　　丙烯　　　　　乙丙橡胶

乙烯和丙烯的共聚物商品名为乙丙橡胶（EPM）。用作黏合剂、建筑材料等。

（3）丁二烯＋苯乙烯

$$n CH_2{=}CH{-}CH{=}CH_2 + n CH{=}CH_2 \longrightarrow {\left[CH_2{-}CH{-}CH{=}CH{-}CH_2{-}CH_2\right]}_n$$

丁二烯　　　　苯乙烯　　　　　丁苯橡胶

丁二烯和苯乙烯的共聚物叫做丁苯橡胶，是合成橡胶的一种，其优点是耐磨、耐老化，多用于制造轮胎，也可制成泡沫橡胶，即俗称的海绵。以丙烯腈替代苯乙烯与丁二烯共聚，则生成丁腈橡胶。这种橡胶以耐油著称，常用做油管、油箱等。若以异戊二烯替代苯乙烯与丁二烯共聚，则生成异丁橡胶。异丁橡胶特点是耐腐蚀、气密性好，所以用作车类的内胎。

（4）丙烯腈＋丁二烯＋苯乙烯

丙烯腈（acrylonitrile）、丁二烯（butadiene）和苯乙烯（styrene）共聚，生成称为ABS的共聚物。

$$\left[CH-CH_2\right]_x \left[CH_2CH=CH-CH_2\right]_y \left[CH-CH_2\right]_z$$

ABS物理性能极佳，是一种用途广泛的工程塑料，例如用来制造机械配件、电视机壳、家具和文教用品等。

（二）缩合聚合反应，简称缩聚反应

带有多个可相互反应的官能团的单体通过缩合反应消去小分子，生成大分子的反应称为缩聚反应（condensation polymerization）。

1. 聚酰胺　聚酰胺（PA）是通过二元酸与二元胺相互反应，脱去小分子水生成以酰胺键连接的大分子。聚酰胺通常用其商用名尼龙（nylon），因其结构类似蛋白质，也有称其为蛋白质塑料。根据二元酸和二元胺所含碳原子的多少来命名聚酰胺，例如由己二酸和己二胺缩合而成的尼龙称为尼龙66，癸二酸和癸二胺缩合的尼龙称为尼龙1010，而由己内酰胺本身开环缩合而成的聚酰胺则称为尼龙6等。

$$H_2N-(CH_2)_m-\overset{H}{N}[H+HOOC-(CH_2)_{n-2}-COOH+H]\overset{H}{N}-(CH_2)_m-NH_2$$

二元胺　　　　　　　二元酸　　　　　　二元胺

$$\longrightarrow \left[HN-(CH_2)_m-NH-\overset{O}{\overset{\|}{C}}-(CH_2)_{n-2}-\overset{O}{\overset{\|}{C}}\right]_x + xH_2O$$

聚酰胺

2. 聚碳酸酯　聚碳酸酯属聚酯类，是由双酚A和碳酸二苯酯反应而得。聚碳酸酯（PC）是一种优良的工程塑料，物理性能好、使用温度范围广、透光性好，可代替金属广泛用作机械零部件、薄膜、家具、日用品等。所谓的聚酯镜片，CD、VCD、DVD等光盘也是由聚碳酸酯制成的。

3. 聚酯　聚酯通常是单指饱和的二元酸和二元醇缩聚而成的线性饱和聚酯，用得最广泛的是聚对苯二甲酸乙二醇酯（PET），由对苯二甲酸和乙二醇通过酯化脱去水，相互连接而成的大分子，可制成纤维，称为涤纶，是众所熟知的"的确良"的主要成分。也可制成容器，如饮料瓶、油桶、水桶等。

聚对苯二甲酸丁二醇酯（PBT）由对苯二甲酸和丁二醇通过酯化脱去水，相互连接而成的大分子，是一种性能较好的工程塑料，可代替金属而广泛应用。

聚酯类除饱和聚酯外，还有不饱和聚酯。

前面所讲述的各类高聚物均为热塑性塑料，其分子结构特征为线性分子，受热到一定温度即软化，可回收加工再利用。但不饱和聚酯则不同，其线性分子发生交联，形成网状分子，再加热也不会变软，称为热固性塑料，不可加工回收再利用。

属于热固性的高聚物还有聚氨酯（PU）、环氧树脂（EP）、脲甲醛树脂（UF）、蜜胺甲醛树脂（MF）、酚醛树脂（PF）等。这些热固性高聚物广泛应用于涂料、胶黏剂、泡沫塑料、建材、玻璃钢、工业配件和日用品等。

二、有机高分子材料的合成方法及成型工艺

（一）有机高分子合成方法

1. **本体聚合法**　单体在引发剂、催化剂、光、热、辐射的引发下，不加任何其他物质（溶剂或分散介质）的聚合称为本体聚合法。本体聚合的产物组成简单、纯净，常用来生产板材、型材以及透明制品。工业上采用本体聚合法生产的有机高分子有聚苯乙烯、聚氯乙烯、有机玻璃、高压聚乙烯、聚丙烯及聚对苯二甲酸乙二醇酯等。

2. **悬浮聚合法**　单体以小液滴状悬浮在分散介质中的聚合反应称为悬浮聚合。该种聚合由于体系黏度低，易散热，因而易于控制，生产成本较低，三废对环境造成的污染较小。工业上用悬浮法生产的高聚物有聚氯乙烯、聚苯乙烯、聚甲基丙烯酸甲酯、聚丙烯酰胺等。

3. **溶液聚合法**　单体和引发剂或催化剂溶于溶液中而发生的聚合反应。溶液聚合的优点是反应体系散热容易，可连续生产。溶液聚合产物为一均相系统，尤其适用于涂料及黏合剂等直接应用溶液的场合。用作人造羊毛的聚丙烯腈的纺丝液、用作涂料和黏合剂的丙烯酸酯类、用作涂料和密封剂的聚异丁烯等都采用溶液聚合法生产。

4. **乳液聚合法**　单体在水介质中，由乳化剂分散成乳液状态进行的聚合称为乳液聚合。其特点类似溶液聚合但产物须后处理，聚氯乙烯、丁苯橡胶等采用该法生产。

缩合聚合的实施方法还有熔融缩聚、界面缩聚、固相缩聚等。

（二）高聚物的主要成型方法

将聚合物制成相关的产品如纤维、薄膜、板材、片材、发泡材料以及各种各样的零部件，需进一步加工成型。高聚物的主要成型方法有以下几种。

1. **挤出成型**　挤出成型又称为挤压模塑或挤塑，主要采用熔融挤出，即将热熔融的物料在螺杆或柱塞的挤压作用下，通过模具而生成具有一定截面的连续型材的成型方法。可生产管材、板材、吹塑薄膜、中空制品如瓶子、复合膜、发泡材料等。近年来又发展交联挤出、挤出复合、反应挤出等新工艺。环境中我们常见到的所谓"白色污染"：聚乙烯食品袋、聚丙烯服装鞋帽包装袋、聚丙烯编织袋、聚酯饮料瓶以及各式各样的包装瓶如食用油桶等、一次性聚苯乙烯发泡快餐盒、家用大小电器的聚苯乙烯和聚氨酯等类的泡沫塑料包装材料都使用该方法生产。家庭装修所常见的吊顶 PVC 片材、装饰板材、石膏线材、电线与电缆线管、水管等也都使用挤出成型法生产。

2. **注射成型**　注射成型是将熔融的物料在螺杆或柱塞的挤压作用下，注射到模具中冷却后成型的方法。根据模具的形状可生产不同形状的产品，各种日用品和工业配件可采用注射法生产。

3. **压缩模塑成型**　压缩模塑又称模压成型，通常用于热固性塑料的成型，即将原料放入加热的阴模中，闭合阳模，加热固化制得所需要的产品，可制各种零部件等。也可直接加压、加热混有树脂的板材，称为层压，家庭用的复合木地板则是层压产品。电脑桌、课桌椅等家具所用材料则是聚氯乙烯片材和中密度板复合压制而成。

其他成型工艺还有压延和涂层，主要生产人造革薄膜和片材。注塑成型，也称浇注，用来生产超薄薄膜、大型制品等。

三、新型有机高分子材料

（一）高分子分离膜

高分子分离膜是用高分子材料制成的具有选择性透过功能的半透性薄膜。采用这样的半透性薄膜，以压力差、温度梯度、浓度梯度或电势差为动力，使气体混合物、液体混合物或有机物、无机物的溶液等分离，与其他技术相比，具有省能、高效和洁净等特点，因而被认为是支撑新技术革命的重大技术。膜分离过程主要有反渗透、超滤、微滤、电渗析、压渗析、气体分离、渗透汽化和液膜分离等。用来制备分离、渗透汽化和液膜分离等。可以制备分离膜的高分子材料有多种，现在使用较多的是聚砜、聚烯烃、纤维素酯类和有机硅等。膜的形式也有多种，一般用的是平膜和中空纤维。推广应用高分子分离膜能获得巨大的经济效益和社会效益。例如，利用离子交换膜电解食盐可减少污染、节约能源；利用反渗透进行海水淡化和脱盐，要比其他方法消耗的能量少；利用气体分离膜从空气中富集氧可大大提高氧气回收率等。

（二）高分子磁性材料

工业常用的磁性材料有三种，即铁氧体磁铁、稀土类磁铁和铝镍钴合金磁铁等。它们的缺点是既硬且脆，加工性差。为了克服这些缺陷，将磁粉混炼于塑料或橡胶中制成的高分子磁性材料便应运而生了。这样制成的复合型高分子磁性材料，因具有比重轻、容易加工成尺寸精度高和形状复杂的制品，还能与其他元件一体成型等特点，越来越受到人们的关注。

（三）光功能高分子材料

所谓光功能高分子材料，是指能够对光进行透射、吸收、储存、转换的一类高分子材料。目前这一类材料已有很多，主要包括光导材料、光记录材料、光加工材料、光学用塑料（如塑料透镜、接触眼镜等）、光转换系统材料、光显示用材料、光导电用材料、光合作用材料等。利用材料对光的透射功能可以制成品种繁多的线性光学材料，像普通的安全玻璃、各种透镜、棱镜等；利用高分子材料曲线传播特性，又可以开发出非线性光学元件，如塑料光导纤维、塑料石英复合光导纤维等；而先进的信息储存元件光盘的基本材料就是高性能的有机玻璃和聚碳酸酯。此外，利用高分子材料的光化学反应，可以开发出在电子工业和印刷工业上得到广泛使用的感光树脂、光固化涂料及黏合剂；利用高分子材料的能量转换特性，可制成光导电材料和光致变色材料；利用某些高分子材料的折射率随机械应力而变化的特性，可开发出光弹材料，用于研究力结构材料内部的应力分布等。

（四）复合材料

随着社会的发展，单一材料已不能满足某些尖端技术领域发展的需要，为此，人们研制出各种新型的复合材料。复合材料是指两种或两种以上材料组合成的一种新型的材料。其中一种材料作为基体，另外一种材料作为增强剂，就好像人体中的肌肉和骨骼一样，各有各的用处。例如，以玻璃纤维和树脂组成的复合材料——玻璃钢，质轻而坚硬，机械强度可与钢材相比，可做船体、汽车车身等，也可做印刷电路板。复合材料可以发挥每一种材料的长处，并避免其弱点，既能充分利用资源，又可以节约能源。因此世界各国都把复合材料作为大有发展前途的一类新型材料来研究。

由于复合材料一般具有强度高、重量轻、耐高温、耐腐蚀等优异性能，在综合性能上超过了单一材料，因此，宇航工业就成了复合材料的重要应用领域。我们知道，重量对于飞机、导弹、火箭、人造卫星、宇宙飞船来说是一个非常重要的因素。有的导弹的重量每减少1kg，它的射程就可以增加几千米。而且这些航天飞行器还要经受超高温、超高强度和温度剧烈变化等特殊条件的考验，所以，复合材料就成为理想的宇航材料，它的发展趋势从小部件扩大到大部件，从简单部件扩大到复杂部件，成为宇宙航空业发展的关键所在。另外，复合材料在汽车工业、机械工业、体育用品甚至人类健康方面的应用前景也十分广阔。

（五）有机高分子材料的发展趋势

目前，世界上有机高分子材料的研究正在不断地加强和深入。一方面，对重要的通用有机高分子材料继续进行改进和推广，使它们的性能不断提高，应用范围不断扩大。例如，塑料一般作为绝缘材料被广泛使用，但是近年来，为满足电子工业需求，又研制出具有优良导电性能的导电塑料。导电塑料已用于制造电池等，并可望在工业上获得更广泛的应用。另一方面，与人类自身密切相关、具有特殊功能的材料的研究也在不断加强，并且取得了一定的进展，如仿生高分子材料、高分子智能材料等。这类高分子材料在宇航、建筑、机器人、仿生和医药领域已显示出潜在的应用前景。总之，有机高分子材料的应用范围正在逐渐扩展，高分子材料必将对人们的生产和生活产生越来越大的影响。

习　题

1. 写出下列化合物的分子式。

(1) 1,1,2,2-四溴丙烷

(2) β-氯乙醇

(3) 丙烯腈

(4) 1,4-二溴-2-丁烯

(5) 间二硝基苯

(6) 苯甲酮

(7) 苯胺

(8) 乙酸酐

(9) α-溴代苯甲酮

(10) 己二胺

(11) PE

(12) PP

(13) PS

(14) PVC

(15) 聚四氟乙烯

(16) 聚丙烯酸树脂

(17) EVA

(18) 乙丙橡胶

(19) ABS 塑料

2. 写出下列反应的反应式，并指出反应的类型。

(1) 乙烯与溴加成

(2) 丙烯与氯化氢加成

(3) 丙烯和水在磷酸的催化下反应

(4) 乙炔加水

(5) 1,3-丁二烯与溴化氢加成

(6) 乙炔加甲醇

(7) 乙醛加亚硫酸钠

(8) 丙烯与溴化氢在光照或过氧化物存在下反应

(9) 苯在三氯化铁的催化下和氯气反应

(10) 苯与 2-溴丙烷在无水氯化铝的催化下反应

(11) 苯与乙酐在无水氯化铝的催化下反应

(12) 卤代戊烷与氢氧化钠溶液共热水解

(13) 烯丙醇和溴化氢反应

(14) 酰氯和水反应

(15) 苯胺和苄氯反应

(16) 丙烯与浓度较低的氯气在 500℃ 时反应

(17) 工业上乙烯催化氧化制环氧乙烷

(18) 芳胺氧化制对苯醌

(19) 硝基苯经催化氢化

(20) 乙烯催化加成为聚乙烯

(21) 苯乙烯催化加成为聚苯乙烯

(22) 丁二烯与苯乙烯合成丁苯橡胶

3. 用化学方法分离或鉴别下列各组化合物，并写出化学反应式。

(1) 分离烷烃中少量的烯烃

(2) 丁醇、仲丁醇和叔丁醇

(3) 异丙醇和 3-戊醇

(4) 乙醛、丙酮

4. 简答下列问题。

(1) 我们使用的食品袋是由哪种塑料制成的？

(2) 服装塑料袋是由哪种塑料制成的？

(3) 可乐瓶是由哪种塑料制成的？

(4) 一次性白色泡沫快餐盒是由哪种塑料制成的？

(5) CD 唱盘是由哪种塑料制成的？

(6) 树脂眼镜片是由哪种塑料制成的？

(7) 塑钢窗是由哪种塑料制成的？

(8) 包装电视机的白色泡沫塑料是由哪种塑料制成的？

(9) 腈纶毛线是由哪种树脂制成的？

5. 用你所学过的有机化学知识，任选无机和简单有机原料，设计合理的有机合成路线，制出下列物质。

(1) 用丙酮和氢氰酸制有机玻璃；

(2) 用丙烯制丙醇和异丙醇。

第五章 无机污染物

第一节 金属无机污染物

一、铝

（一）铝在环境中的分布及污染

铝在自然界分布极广，地壳中铝的质量分数仅次于氧和硅，居第三位。铝普遍存在的原生矿物有长石、辉石和云母等铝硅酸盐矿物；以及在风化作用下转变成的多种次生矿物，如高岭石、蒙脱石和伊利石等。铝在矿物中主要以氧化物的形式存在，其矿物约有 250 多种，但最重要的是铝土矿（$Al_2O_3 \cdot nH_2O$）、冰晶石（Na_3AlF_6）。

铝的环境污染主要由铝的工业生产引起，有色冶金、化工制药、涂料工业、合成橡胶等工业废水中也有铝，其排放造成环境污染。此外，在生产铝的过程中，由铝土矿提炼矾土时会产生大量泥状残渣——赤泥，全世界每年产生的赤泥在 4×10^7 t 以上，赤泥的有效处理已经成为当前制铝工业亟待解决的问题。

（二）铝的环境化学及迁移转化

铝在自然界的化学性质十分活泼，从未发现铝的单质，只有铝的氧化物。铝在环境中以 +3 价离子状态存在。在水中铝离子容易发生水解，生成羟基配合物和无定形氢氧化铝溶胶。氢氧化铝是两性的，它既溶于酸又溶于碱。

铝离子还能与水中的氟离子、硫酸根等无机配位体以及水杨酸、腐殖酸、富里酸等有机配位体形成配合物，增加天然水中可溶性铝的浓度，促进铝随水流迁移。铝可以与磷酸根、硅酸根等形成难溶化合物，使水中铝向底泥迁移。此外，环境中的铝还容易与除锂以外的碱金属硫酸盐结合成矾类化合物，比如硫酸铝钾 $[KAl(SO_4)_2 \cdot 12H_2O]$。

一般天然水的 pH 值范围在 5~9 之间。当 pH（7~9）时，铝离子生成 $Al(OH)_3$ 沉淀，容易使水中铝向底泥中迁移。在 pH（5~7）时，铝呈溶解态或溶胶态，一般可以随水流迁移。

铝以铝硅酸盐和氢氧化物的形式存在于土壤中。在弱酸性或弱碱性土壤中，铝容易被固定，迁移能力弱；在酸性或碱性较强的土壤中，铝的活性强，容易发生淋溶迁移。目前在污染严重的地区，酸雨对土壤中铝的活性及迁移转化有显著的影响，首要因素是雨水的酸度，雨水的酸度越大，影响越大。

（三）铝对人体的生物效应

铝是人体的有害元素。以前人们一直认为，铝不能被肠道吸收，也没有毒害作用及生理功能，因此对铝的生物学作用研究较少。但是近 30 年来发现，人口服及吸入过多的铝，可以引起毒性和异常变化。

正常成人每天从饮食中摄入的铝大部分随粪便排出体外，少量经肠道吸收，分布于体内各器官。从呼吸道吸入的铝，主要贮积在肺组织内。研究表明，适量的铝在人体内各元素的平衡及相互作用中占有一定的地位。当人体内铝过量时，对人体会产生毒性作用，干扰磷的代谢，产生多种骨骼病变。铝对中枢神经系统的不良影响尤为显著。研究表明，老年性痴呆患者的脑神经原中铝含量比非痴呆老年人高 6～40 倍，从而认为老年性痴呆、精神及神经障碍以及脑的其他病变是铝的毒性所致。长期摄入铝或铝的化合物可以使胃酸及胃液分泌减少，胃蛋白酶的活性受到抑制。长期从事与铝化合物有关的生产工人，会产生铝尘肺等职业病。

二、铊

（一）铊的主要环境化学性质

铊在空气中不稳定，常温下易被氧化，生成一氧化二铊（Tl_2O）薄膜，减慢了进一步氧化的速率。当温度高于 100℃ 时，铊很快被氧化成一氧化二铊（Tl_2O）和三氧化二铊（Tl_2O_3）的混合物。

环境中有 +1 价和 +3 价的铊化合物，+1 价铊化合物比 +3 价铊化合物的稳定性大得多。一氧化二铊（Tl_2O）溶解于水，生成水合物 $TlOH$，其溶解度很大，并具有很强的碱性。+3 价铊在环境中很不稳定，容易被还原成 +1 价铊。

（二）铊在环境中的分布

铊是分散元素，地壳中的质量分数为 $8.5×10^{-7}$。铊的矿物极少，大部分铊以分散状态的同晶形杂质存在于铅、锌、铁、铜等硫化物和硅酸盐矿物中，铊在矿物中替代了钾和铷。目前主要从处理硫化矿的烟道灰中制取铊。土壤中铊的平均质量分数为 $4×10^{-7}$，但在受污染的土壤中可增大上百倍，例如我国贵州兴义地区某山区的耕作土壤被堆存的废矿渣污染，土壤中铊的质量分数高达 $(2～8)×10^{-5}$。

（三）铊对人体的生物效应

铊对人体是有毒元素，毒性仅次于甲基汞，比汞还强，是剧烈的神经毒物，主要由呼吸道和消化道进入人体，损伤人体中枢和周围神经系统、肝脏及肾脏，同时还有脱发作用。

人体急性铊中毒多为误服、使用铊化合物药物引起的。曾经发生过由于食用含有硫酸铊的大麦造成 27 人中毒，其中 7 人死亡的事件。急性职业中毒主要是吸入铊烟尘、蒸气所致，症状是出现严重肠胃炎、剧烈腹部绞痛、下肢酸麻、两脚沉重、无力、脚跟部疼痛、双脚踏地时疼痛异常，甚至不能步行或站立；进而出现昏迷、多发性颅神经和周围神经损害。中毒10 天左右开始脱发。成人的最小致死量为 $12mg·kg^{-1}$（体重）。

20 世纪 80 年代以来，在我国首都高校及另外一些地方，曾发生利用铊化合物投毒的恶性事件，由于硫酸铊溶液基本无味，因此造成了极为严重的后果。铊化合物等剧毒品应该受到严格管制。

慢性铊中毒的症状表现为迟发性毛发脱落，一般在接触后两周左右发病，末梢神经痛觉过敏表现突出，只要稍有触动即感到疼痛难忍。后期则出现肌肉萎缩，严重者发生癫痫和痴呆。除了职业性中毒以外，工业含铊废水或天然高铊地区会污染水源或土壤，使蔬菜及粮食含铊量高，人食用以后引起慢性铊中毒。贵州兴义地区某山沟的村庄流行一种怪病，有的农民突然感到头晕、耳鸣、乏力、四肢疼痛、食欲减退、心慌、视力模糊，继而卧床，一夜间头发全部脱落。经查明是一种罕见的天然铊中毒。

三、铅

(一) 铅在环境中的分布及污染

在地壳中，铅是重金属（密度大于 $5g \cdot cm^{-3}$ 的金属）里含量最多的元素，在自然界分布甚广。地壳中铅的总量是 $10^{14}t$，多以硫化物和氧化物存在，仅少数为金属状态，并常与锌、铜等元素共生。全世界所产的铅大部分都是从硫化铅矿（如方铅矿 PbS）冶炼出来的。

岩石的风化、人类的生产活动，使铅不断地从岩石向大气、水、土壤、生物转移，增高人类生活环境的含铅量，威胁人体健康。目前铅的环境污染随着人类活动以及工业的发展而日趋加重，几乎在地球的每个角落都发现它的踪迹。矿山开采、金属冶炼、汽车废气是环境中铅的主要来源，此外还来自燃煤、油漆涂料等。

(二) 铅的环境化学及迁移转化

铅是熔点低（327.5℃）的重金属。常温下铅在干燥空气中不起化学变化，但在潮湿及含有二氧化碳的空气中失去光泽而变成暗灰色，表面生成碱式碳酸铅 $[3PbCO_3 \cdot Pb(OH)_2]$ 保护膜，耐腐蚀性能好。铅可与水作用，表面生成一层铅盐而阻止进一步溶解。铅与稀盐酸或稀硫酸作用形成一层难溶的铅盐，阻止进一步被腐蚀，但不能耐受浓盐酸或浓硫酸。铅能溶于稀硝酸，但不溶于浓硝酸。

环境中的铅通常以＋2 价离子状态存在。Pb^{2+} 与可溶性硫酸盐相遇即生成白色硫酸铅沉淀，与硫离子（S^{2-}）作用生成黑色硫化铅沉淀。硫化铅不溶于水、稀盐酸、碱和硫化物中，易溶于稀硝酸及浓盐酸中。Pb^{2+} 与碱作用生成白色的两性氢氧化物 $[Pb(OH)_2]$。由于铅化合物在水中的溶解度小，并且水中的悬浮颗粒物和底部沉积物对铅有强烈的吸附作用，所以天然水中的含铅量低。

(三) 铅对人体的生物效应

铅是作用于人体全身各个系统和器官的有毒元素。它可与体内一系列蛋白质、酶和氨基酸中的官能团（如巯基 SH）结合，干扰机体许多方面的生化和生理活动，引起中毒。

铅通过消化道和呼吸道进入人体，液体中的铅化合物也可以通过皮肤接触进入人体。铅的毒性与其化合物的形态和溶解度有关，硝酸铅、醋酸铅易溶于水，易被吸收，毒性强；硫酸铅、氧化铅、碱式硫酸铅在酸性溶液中易溶解，颗粒小而成粉状，毒性大；硫化铅、铬酸铅不易溶，毒性小。

铅中毒主要累及神经、造血、消化、心血管等系统和肾脏，能引起贫血、末梢神经炎、运动和感觉异常、损伤小脑和大脑皮质细胞、干扰代谢活动、导致营养物质和氧气供应不足。幼儿大脑受铅的损害，要比成人敏感得多。铅中毒还会对心血管和肾脏产生损害，表现为细小动脉硬化。铅中毒对消化系统产生伤害，可以引起肝肿大、黄疸，直至肝硬化或坏死。

四、铬

(一) 铬在环境中的分布及污染

铬是在环境中广泛分布的元素，估计全世界铬的储藏量为 $7.5 \times 10^9 t$。地壳中所有岩石都含有铬，现已发现铬矿近 30 种，主要是以＋3 价铬存在的 $FeO \cdot Cr_2O_3$。由于风化、火山爆发、风暴、生物转化等自然作用，岩石中的铬进入土壤、大气、水及生物体内。

有关铬的工业生产均可以产生含铬三废（废气、废水、废渣），如处理不当就会造成环境污染。冶炼、燃烧、耐火材料、化学工业等排放的含铬灰尘扩散面大，污染面宽，产生的危害大。堆放的铬渣也是重要的污染源。许多国家的内河、湖泊中流进了大量含铬废水。我国部分江河湖泊及地下水也受到不同程度的污染，有些地区出现了值得引起注意的铬污染问题。上海苏州河由于长期接受含铬废水，致使上下游均受到严重污染。成都、西安等地用含铬废水灌溉农田，对土壤和农作物都造成危害。

（二）铬的环境化学及迁移转化

铬在潮湿的空气中是稳定的，具有抗腐蚀的性质。在自然环境中，铬以多种价态存在，通常是 +2、+3 和 +6 价形式。Cr^{2+} 在空气中迅速被氧化成 Cr^{3+}。铬的常见氧化物是 Cr_2O_3 和 CrO_3。常见的铬酸盐 Na_2CrO_4、K_2CrO_4 和重铬酸盐 $Na_2Cr_2O_7$、$K_2Cr_2O_7$ 是强氧化剂。+3 价铬与 +6 价铬在一定条件下又可以互相转化，在天然水体中，在有机物和还原剂的作用下，+6 价铬可以还原成 +3 价铬。因此，在缺氧条件下的水体中，铬一般以 +3 价形式存在。但水体中的 +6 价铬在富氧条件下是稳定的。

天然水体中的胶体物质对铬的吸附作用很明显，例如在水体中广泛存在的黏土矿物，对 +3 价铬和 +6 价铬都能吸附，但吸附的程度有所不同。由于黏土矿物在水体中形成带负电荷的胶体微粒，所以吸附荷正电 Cr^{3+} 的能力大于吸附荷负电 CrO_4^{2-}、$Cr_2O_7^{2-}$ 的能力。胶体物质对铬的吸附作用对铬的环境迁移转化起重要作用。

（三）铬对人体的生物效应

铬是人体的必需元素，是人体内分泌腺的组分之一。铬缺乏将导致糖和脂肪代谢系统紊乱，出现动脉粥样硬化症和心脏病。目前市场上已经出现了含铬的保健品，对糖尿病患者有益，如唐安一号（吡啶酸铬）。食品中海藻类含铬最高，鱼贝类、豆类、果类次之，再次是动物蛋白、蔬菜、谷类。在食品精制过程中造成铬的大量损失，过分强调"食不厌精"，就会引起铬的缺乏。

各种形态铬的毒性不相同。金属铬很不活泼，是无毒的。一般认为 +2 价铬化合物也是无毒的。+3 价铬化合物被消化道吸收少，毒性不大。+6 价铬化合物毒性大，比 +3 价铬大 100 倍。口服重铬酸钾，对胃肠有刺激作用，出现呕吐、腹泻，严重者休克、呼吸困难、肾功能衰竭。

铬侵入呼吸道有刺激和腐蚀作用，引起溃疡、鼻中隔穿孔、咽喉炎、支气管炎等。铬对皮肤的损害有腐蚀性反应和变态反应，引起接触性皮炎、过敏性湿疹和溃疡。以上危害主要见于职业性接触。

目前世界上公认某些铬化合物可以致肺癌，称为铬癌。过去认为只有 +6 价铬才有致癌作用，但是在动物实验中发现，金属铬、焙烧铬矿粉和氧化铬均有致癌活性。溶于酸不溶于水的铬化合物被认为是最危险的。动物实验证明，铬化合物还具有致突变作用与细胞遗传毒性。

五、镉

（一）镉在环境中的分布及污染

镉以微量广泛分布在环境中，质量分数超过 10^{-6} 的只发生于富矿层或因人类活动的污染地区。由于镉与锌的化学性质非常相似，所以镉的矿物与锌矿常常共生，以硫化镉（CdS）、碳酸镉（$CdCO_3$）和氧化镉（CdO）形式存在。

冶炼厂和工业区空气中镉污染的来源主要是各种含镉物质的冶炼和燃烧，通过多种不同来源散发的镉化合物附着于烟尘之中。有色金属冶炼厂是主要污染源，煤燃烧、塑料焚烧物、某些汽车轮胎和润滑油中的镉，也是镉污染的来源。

湿法有色金属冶炼厂主要通过废水排放而污染环境，以酸性废水含镉量最大，矿山废水、镀铬废水、镉化工生产废水的外排都造成镉污染。

镉对土壤的污染途径主要有两个，一是工业废气中镉扩散沉降累积于土壤中，二是用含镉废水灌溉农田，使土壤受到严重污染。日本受镉污染的农田占重金属污染总面积的82%。

（二）镉的环境化学及迁移转化

镉在潮湿的空气中会缓慢氧化，加热易挥发，其蒸气有毒，可与空气中的氧结合成氧化镉（CdO）。化合物中以氧化镉毒性最大，而且属于累积性的。在自然界中，镉主要以+2价形式存在，最常见的镉化合物中，硝酸镉 [Cd(NO₃)₂]、氯化镉（CdCl₂）、硫酸镉（CdSO₄）均溶于水；氧化镉（CdO）、氢氧化镉 [Cd(OH)₂] 难溶于水，属碱性化合物。

镉在环境中存在的形态很多，大致可以分为水溶性镉、吸附性镉和难溶性镉。镉在水中可以简单离子或配离子形态存在，镉能和氨（NH₃）、氰根离子（CN⁻）、氯离子（Cl⁻）、硫酸根离子（SO₄²⁻）形成多种配离子而溶于水。在岩石风化过程中，镉常以硫酸盐和氯化物的形式存在于土壤溶液中。然而水中的镉离子在天然水的 pH 值范围（5～9）内都可以发生逐级水解而生成羟基配合物和氢氧化物沉淀。在缺氧条件下，土壤中的硫主要以−2价存在，镉则以硫化镉（CdS）沉淀的形式存在。此外，各种胶体对镉有吸附作用，其中黏土矿物表面由于离子交换而强烈吸附镉。

（三）镉对人体的生物效应

镉对人体是有毒的，可以与含巯基 SH、羟基 OH 及氨基 NH₂ 的蛋白质分子结合，抑制一些酶系统的活性。此外，镉和巯基 SH 的亲和力比锌大，所以可以取代机体内含锌酶中的锌，使其失去功能。

人的机体中都含有微量镉，是从空气、水和食物中摄取的。过量镉对人体产生毒性效应。在工业接触中，可见到的两种镉中毒是肺障碍病症和肾功能不良。长期摄入微量镉，通过器官组织中的积蓄还会引起痛痛病（参见第九章第三节）。

六、汞

（一）汞在环境中的分布及污染

汞在地壳中的总储量达 1.6×10^{11} t，它是稀有的分散元素，以微量广泛分布在岩石、土壤、大气、水和生物中，构成汞的地球化学循环。存在于岩石中的含汞矿物有近 20 种，主要有辰砂（α-HgS）、黑辰砂（β-HgS）、硫汞锑矿和汞黝铜矿。

我国是世界上汞产量最多的国家之一，储量居世界前列。大气中汞污染的重要来源是汞和其他有色金属的冶炼。化工生产中汞的排放是水体中汞的主要污染源，又以氯碱工业、汞化合物的合成与使用造成的汞污染最为严重。日本由于汞污染造成震惊世界的水俣病（参见第九章第三节）。我国汞污染比较普遍，在许多灌溉区都发现不同程度的汞污染。

（二）汞的环境化学及迁移转化

汞是室温下惟一的液体金属，熔点很低，为−38.87℃。液体汞有一定的蒸气压，具有挥发性，吸入汞蒸气会危害人体健康。汞是比较稳定的金属，在室温下不被空气氧化，加热至沸腾时才缓慢与氧作用生成氧化汞（HgO）。汞不与盐酸和稀硫酸作用，仅与氧化性酸作用。汞与硫结合的能力较大，液体汞与硫磺混合即可以生成硫化汞（HgS），通常采用硫磺覆盖法来处理地面汞污染。

汞在自然界以金属汞、无机汞和有机汞的形式存在。无机汞有+1价和+2价化合物，

+1 价汞化合物只有少数的盐是溶于水的，如硝酸亚汞[$Hg_2(NO_3)_2$]，其他+1 价汞盐都是微溶的，在水中微弱水解，Hg_2^{2+} 离子不能形成配合物。+2 价汞离子（Hg^{2+}）生成配合物的倾向很强，能与卤素离子（X^-）、氢氧离子（OH^-）、氰根离子（CN^-）及有机配位体生成一系列稳定的配合物，如 Hg^{2+} 与 S^{2-} 生成稳定的硫化汞（HgS）沉淀。有机物、黏土矿物、金属氧化物等对汞化合物具有吸附能力，其吸附作用与吸附剂的种类和汞化合物的形态以及环境条件有关。

（三）汞对人体的生物效应

汞对人体是有毒的，进入生物体内，与蛋白质中的巯基 SH 有高度的亲和力，结合成硫醇盐，可以使一系列含巯基酶的活性和蛋白质的合成受到抑制，以致功能发生变化而中毒。

人体吸收汞及其化合物经过三种途径，主要是经消化道，其次是呼吸道以及皮肤吸收。对于无机汞来说，离子型汞和金属汞在肠道的吸收均低，平均吸收率仅为 7%。金属汞主要以汞蒸气经呼吸道吸入人体，汞蒸气经肺泡吸收率很高，达 75%～80%。由于汞在金属中是脂溶性较强的，通过皮肤可达到某种程度的吸收而中毒。

人体对汞有一定的解毒和排毒能力，血液和组织中蛋白质的巯基 SH 能迅速与汞结合，并逐渐把汞集中到具有解毒功能的肝脏和肾脏，它们一面排汞，一面把汞暂时蓄积起来，当肾内金属硫蛋白与汞结合耗尽的时候，就会引起肾脏损害，排汞能力随之降低。

头发也具有排泄汞的作用。排出的汞随头发的生长而保留，分析头发的成分，可以推算出体内汞向头发排泄的情况，因此，人群头发中汞的浓度可以有效地用作监测环境汞污染水平的指标。

第二节　含碳、硅的无机污染物

一、一氧化碳

（一）一氧化碳的性质

一氧化碳（CO）是煤、石油等含碳物质不完全燃烧的产物，是一种无色、无臭、无刺激性的有毒气体，几乎不溶于水，在空气中不易与其他物质发生化学反应，如局部污染严重，对人群健康有一定危害。

（二）一氧化碳的污染来源

大气对流层中的一氧化碳本底体积分数为（0.1～2）×10^{-6}，这种含量对人体无害。由于世界各国交通运输事业、工矿企业不断发展，煤和石油等燃料的消耗量持续增长，一氧化碳的排放量也随之增多。汽车尾气排出的一氧化碳占一半还多，成为城市大气的重要污染来源。采暖和茶炊炉灶的使用，不仅污染室内空气，也加重了城市的大气污染。一些自然灾害，如火山爆发、森林火灾、矿坑爆炸和地震等灾害事件，也会造成局部地区一氧化碳浓度的增高。

（三）一氧化碳对人体健康的危害和机理

随空气进入人体的一氧化碳，经肺泡进入血液循环以后，能与血液中的血红蛋白、肌肉中的肌红蛋白和含+2 价铁的细胞呼吸酶等形成可逆性结合。一氧化碳与血红蛋白的亲和力比氧和血红蛋白的亲和力大 200～300 倍，因此，一氧化碳侵入机体，会很快与血红蛋白结合成碳氧血红蛋白，从而阻碍氧与血红蛋白结合成氧合血红蛋白。但碳氧血红蛋白的解离速率仅是氧合血红蛋白的1/3600，因而延长了碳氧血红蛋白的解离时间和加剧了一氧化碳的致毒作用。碳氧血红蛋白占总血红蛋白的比例达到 70％左右时，中毒者就会出现脉弱，呼吸变慢，最后衰竭致死。这种急性的一氧化碳中毒，常发生在车间事故和冬季家庭煤炉采暖时期。

二、二氧化碳

（一）二氧化碳的性质

二氧化碳（CO_2）是无色、无臭和不助燃的气体，固态时称为干冰（制冷剂），溶于水和乙醇，目前在大气中的体积分数已超过 0.0379％。它的密度约为空气的 1.5 倍，能在不通风的地方聚集。

（二）二氧化碳的来源

大气中二氧化碳是自然存在的。植物、动物和人类的呼吸均排出二氧化碳。植物体废弃物作为燃料燃烧或腐败而自然氧化时，均产生二氧化碳排入大气。甲烷在平流层反应的最终产物是二氧化碳。此外，海水中二氧化碳含量比大气中高 60 余倍，因此可以进行交换而排出二氧化碳。海洋通过二氧化碳的溶解交换和生物生长交换，对大气中二氧化碳浓度起着调节作用。二氧化碳的人为源主要是矿物燃料燃烧和水泥生产。

（三）二氧化碳与人体健康的关系

二氧化碳是一种无毒的气体。如吸气中缺少二氧化碳，会使血液 pH 值升高而偏碱性，结果是呼吸迟缓、脑血管收缩和缺氧。吸气中二氧化碳过多，则引起血液 pH 值下降，结果是血管扩张和呼吸加深，严重时头痛、眩晕、耳鸣、血压上升、恶心和呕吐等。如果二氧化碳在空气中的体积分数超过 10％，就可以对人体产生致命的危险，意识障碍、呼吸停止和死亡。在换气不良的低空、干冰冷藏库、发酵池、用碳酸钠中和酸的工艺等场所，由于二氧化碳含量大增引起窒息事故。室内空调的标准中规定二氧化碳的体积分数不得超过 0.1％。

（四）二氧化碳的环境影响

近几十年来，由于矿物燃料（煤、石油、天然气等）用量的增加，以及能大量吸收二氧化碳的森林遭到破坏，大气中二氧化碳浓度不断上升，温室效应也随之增强，造成全球气候变暖（详见第八章）。

三、硅尘

（一）硅尘的定义

含有游离二氧化硅（SiO_2）的粉尘叫硅尘（旧称矽尘）。游离二氧化硅是一种不与其他元素的氧化物结合在一起的二氧化硅，如单体石英。在石棉和滑石中，虽然也有二氧化硅的成分，但它是与其他元素的氧化物，如氧化钙、氧化镁结合在一起的。这种以结合状态存在的二氧化硅，叫做硅酸盐。硅在自然界分布极广，大约有 95％的矿石都含有游离二氧化硅。粉尘中游离二氧化硅的含量（用质量分数表示），可以用物理方法（如 X 射线衍射法、红外分光光度法等）或化学分析方法测定出来，它是对粉尘作业危害程度进行分级的指标之一。游离二氧化硅含量对硅肺病的发生和发展有着重要影响，大量实验研究和卫生学调查都表明，粉尘中游离二氧化硅含量越高，硅肺病发病时间越短，病变发展速度越快，对人体危害越大。

（二）硅尘与硅肺病

硅肺病（旧称矽肺病）是由于吸入游离二氧化硅粉尘而引起的尘肺病。据卫生部门统计，我国接触粉尘作业工人中约有 90% 以上是接触含有游离二氧化硅的粉尘。游离二氧化硅粉尘危害最严重的工厂有石英厂、石粉厂、陶瓷厂、耐火材料厂、玻璃厂、电瓷厂、铸造厂。危害最严重的行业是煤炭、冶金、建材、轻工和机械。因此，如果不注意防尘，硅肺病就可能在一些主要工业部门大量发生，成为危害最大的一种职业病。

硅肺病的发生与接触硅尘的时间、浓度、游离二氧化硅的含量及个体因素有关。一般在接触硅尘后 5～10 年发病，主要症状有气短、胸闷、胸痛、咳嗽、咳痰等，体力劳动时症状加重。晚期患者呼吸功能减退，丧失劳动能力。胸部 X 射线片是诊断硅肺病的主要方法。

四、石棉

（一）石棉的组成、分类和用途

石棉属于硅酸盐类矿物纤维，是惟一的天然矿物纤维。石棉含有硅、氧、氢、钠、镁和铁等元素，可以分为蛇纹石石棉和角闪石石棉。蛇纹石石棉又称温石棉（白石棉），角闪石石棉包括青石棉（蓝石棉）、铁石棉、直闪石石棉、透闪石石棉和阳起石石棉 5 种。石棉具有绝缘、绝热、隔音、耐高温、耐酸碱和耐腐蚀等特性，用途广、用量大，石棉制品已经多达 3000 多种。世界上所用的石棉 95% 左右为温石棉，其纤维可以分裂成极细的元纤维，具有优良的纺丝性能。青石棉和铁石棉占石棉总消耗量的 5% 以下，主要用于造船。直闪石石棉是类似滑石的一种石棉，常用作"工业滑石"。

（二）石棉污染的来源

环境的石棉污染主要来自土壤和岩石的侵蚀、风化和火山爆发等自然过程，以及石棉矿的开采、加工、运输和石棉制品的生产和使用等人为过程。工业上每消耗 1t 石棉约有 10g 石棉纤维释放到环境中，它们在大气和水中能悬浮数周、数月之久，持续地造成广域性污染。如在高层建筑物的结构钢架表面喷涂大量含石棉的材料，在很多公共建筑物（如学校、图书馆、旅馆、影剧院等）内部的墙壁、天花板和地面上采用含石棉的材料隔音、隔热和装潢，造成建筑物内部的空气污染，特别是在施工中采用爆炸技术拆毁这类建筑物时，大量的石棉纤维会释放到周围大气中。当 1966 年开始建造美国纽约世界贸易中心姊妹楼的时候，人们认为石棉是摩天大楼的理想绝缘材料，尽管 20 世纪 70 年代，石棉的危害初为人知，但姊妹楼的建造已近尾声，大约有一半的楼层已经使用了石棉，仅钢梁上的石棉就达 50t。2001 年 9 月 11 日，姊妹楼遭恐怖分子袭击而垮塌，使得当地空气中的石棉含量超标 2～4.5 倍。又如机动车上的制动器（闸瓦）和离合器的衬片中含有 50% 的石棉，它们的磨损也造成石棉对环境的污染。此外，用含石棉的滤料过滤饮料和药物，以及用石棉水泥管作为自来水的地下输水管，都可以造成石棉污染。

（三）石棉的致癌作用

通过呼吸道和消化道侵入人体的石棉纤维已被确认有致癌作用。石棉纤维作用的靶器官主要是肺、胸膜和腹膜，其次是胃黏膜。因此，石棉纤维所诱发的癌症以肺癌、胸膜和腹膜的间皮瘤最为常见，偶尔也有诱发胃癌等其他癌症的报道，这已经为各国流行病学调查资料所证实。此外，学者还发现，吸烟的石棉工人的肺癌发病率比不吸烟的非石棉工人约高 90 倍，从而说明香烟烟雾中的致癌物与石棉有协同致癌作用。从事石棉作业的工人家属和居住在石棉污染源附近的居民患有在其他居民中罕见的胸膜间皮瘤。

石棉污染的水和食物对消化道的影响也有报道，如美国使用含石棉的水泥管输送自来水，以致水质污染，95% 的自来水都检出石棉纤维。还有学者认为，日本人胃癌发病率高于世界其他国家，可能与食用工业滑石（即直闪石）粉处理过的大米有关。

第三节　含氮、砷的无机污染物

一、氮氧化物

氮氧化物（NO_x）主要是指一氧化氮（NO）和二氧化氮（NO_2）。

（一）氮氧化物的形成

大气中氮氧化物的含量主要取决于自然界氮循环过程，人类活动也排放相当量的 NO_x。NO_2 主要由 NO 氧化而来。人类活动排放的 NO_x 主要来自各种燃烧过程，其中以工业窑炉和汽车排放的最多。燃料燃烧时 NO_x 有两个生成途径。

1. 空气中的氮在高温下被氧化生成　这样生成的 NO_x 称为热致 NO_x。温度越高，燃烧区氧的浓度越大，NO_x 的生成量也就越大。

2. 燃料中各种氮化物被分解氧化生成　称为燃料 NO_x。

以汽油和柴油为燃料的各种机动车辆，特别是汽车，排出的废气中含有大量的 NO_x。废气中的 NO_x 含量同汽车的运行速度相关。

（二）氮氧化物对人体健康的危害

氮氧化物中二氧化氮的毒性比一氧化氮高 4～5 倍。氮氧化物主要对呼吸器官有刺激作用。氮氧化物较难溶于水，因而能侵入呼吸道深部细支气管和肺泡，并缓慢地溶入肺泡表面的水分中，形成亚硝酸、硝酸，对肺组织产生强烈的刺激和腐蚀作用，引起肺水肿。亚硝酸进入血液以后，与血红蛋白结合生成高铁血红蛋白，引起组织缺氧。在一般情况下，污染物以二氧化氮为主时，对肺的损害比较明显；污染物以一氧化氮为主时，高铁血红蛋白症和对中枢神经损害比较明显。

氮氧化物还能和大气中其他污染物发生光化学反应形成光化学烟雾污染（详见第八章）。它们在大气中被氧化转变成硝酸，是酸雨中硝酸的前体物（详见第八章）。

二、氰化物

（一）氰化物的性质

氢氰酸（HCN）是无色液体，易挥发，可溶于水、醇和醚中，其水溶液有苦杏仁臭味。HCN 的酸性极弱，只有和少量无机酸或某些其他物质共存时才是稳定的，如果没有这些物质存在或有微量碱存在时，HCN 在存放期内就会渐渐转变成暗色的固体聚合物。氰根离子（CN^-）的一个重要特点是容易与某些金属形成配合物。

（二）氰化物的来源

氰化物多数是人工制造的，但也有少量存在于天然物质中，如苦杏仁、枇杷仁、桃仁、木薯和白果等。污染环境的氰化物，主要来自工业生产。煤焦化时，在干馏条件下碳与氮反应，也产生氰化物。氰化物可以用作工业生产的原料或辅料，如 HCN 用于生产聚丙烯腈纤维；氰化钠（NaCN）用于金属电镀，矿石浮选，以及用于染料、药品和塑料生产；氰化钾（KCN）用于白金的电解精炼，金属的着色、电镀，以及制药等化学工业。这些工业部门的废水都含有氰化物。

（三）氰化物在环境中的转化

当水的 pH 值为 6～8 时，其中的氰化物多以 HCN 形式存在。HCN 在受光照射时能分解生成低毒的氨、甲酸、草酸等。水中的微生物能分解低浓度的氰化物，使之成为无毒的简单物质。HCN 在空旷地带的滞留时间，夏天为 5min，冬天为 10min。

（四）氰化物对人体的危害

氰化钾、氰化钠和氢氰酸等简单氰化物都有剧毒，极小量即可致死。各种氰化物的毒性相差很大，像常见的含氰配合物（如铁氰化物和亚铁氰化物）的毒性就很小。

简单的氰化物经口、呼吸道或皮肤进入人体，极易被人体吸收。氰化物进入胃内，在胃酸的作用下，能立即水解为氢氰酸而被吸收，进入血液。细胞色素氧化酶的 Fe^{3+} 与血液中的氰根离子结合，生成氰化高铁细胞色素氧化酶，使 Fe^{3+} 丧失传递电子的能力，造成呼吸链中断，细胞窒息死亡。由于呼吸中枢对组织缺氧特别敏感，急性氰化物中毒的病人，其症状主要是呼吸困难，继而可以出现痉挛；呼吸衰竭往往是致死的主要原因。少量氰化物经消化道长期进入人体，会引起慢性毒害，出现头痛、头晕、心悸等症状。这些居民的甲状腺肿发生率显著上升。

三、砷

（一）砷在环境中的分布及污染

砷储量最多、分布最广的矿石是砷黄铁矿（FeAsS），还有雄黄（As_2S_2）、雌黄（As_2S_3）等，但多伴生于铜、铅、锌等的硫化矿物中。

砷的污染是由于岩石风化、水循环运输等自然释放和燃煤、矿石开采冶炼、含砷农药使用、地热发电等人类活动造成的。人为活动的污染重于天然释放。

（二）砷的环境化学及迁移转化

砷在室温下氧化很慢，但当加热灼烧时，则燃烧生成白色的三氧化二砷（As_2O_3）和五氧化二砷（As_2O_5），成为有剧毒的物质。As_2O_3 在水中溶解，生成两性氢氧化物（H_3AsO_3），因其酸性较强，故称亚砷酸。As_2O_5 易溶于水，生成砷酸（H_3AsO_4），它的酸性比 H_3AsO_3 强，不与强酸反应。H_3AsO_4 相当容易被还原，可以作为氧化剂。碱金属的砷酸盐和亚砷酸盐都溶于水，其余金属的这两类盐都不溶于水，但溶于酸。

环境中砷的化合物种类很多，有固态、液态、气态三种。固态的有 As_2O_3（砒霜）、As_2O_5、As_2S_2、As_2S_3 等；液态的有 $AsCl_3$ 等；气态的有 AsH_3 等。一般砷以 -3、0、$+3$、$+5$ 四种价态存在，单质砷只有在极少情况下产生。

（三）砷对人体的生物效应

目前认为砷不是人体的必需元素。$+3$ 价砷可以与机体内酶蛋白的巯基反应，形成稳定的螯合物，使酶失去活性，因此具有较强的毒性，如砒霜、三氯化砷、亚砷酸等多是剧毒的物质。$+5$ 价砷与巯基亲和力不强，当摄入 $+5$ 价砷以后，只有在体内还原为 $+3$ 价砷时，才能产生毒性作用。

慢性砷中毒还伴随着砷的致癌作用，主要包括医药源性中毒、职业性接触和环境砷污染致癌三个方面。使用砷制剂治疗牛皮癣可导致皮肤癌，制造含砷农药和职业接触砷的工人易患皮肤癌和肺癌；长期饮用高砷水的人群会患皮肤癌。

第四节 含氧、硫、硒的无机污染物

一、臭氧

（一）臭氧的性质和产生

臭氧 O_3 是带有干青草和腥味的天蓝色气体，在光和热的作用下容易分解，有强氧化作用，可以与很多种物质反应。

在雷电，高压放电，汞、氙等放电管的紫外照射，α 射线照射下，焊接、电解、氢氧火焰或过氧化物分解时，都可产生臭氧。

（二）臭氧的存在

在大气平流层中有臭氧层。假如把扩散的臭氧层压缩成一个包围地球，并且处于海平面压力的纯臭氧气体薄壳层的话，那么只有大约 3mm 厚。平流层臭氧占大气总臭氧量的91%，在海拔 15～35km 处浓度比较大，但是浓度最大的地方臭氧的体积分数也不过 10^{-5}多一点。这种高空臭氧层对生物有益，它阻挡了太阳辐射中的过多紫外线，保护地表生物。全球臭氧层正在变薄，南北极及青藏高原上空出现臭氧洞，成为人们忧虑的全球性重大环境问题（参见第八章）。

低空的臭氧是有害的。由于平流层和偏西风的作用，导致臭氧向地表扩散，紫外线也能与向大气中排放的氮氧化物作用而生成臭氧。臭氧是光化学烟雾中有害气体的组分之一（参见第八章）。目前，低空对流层中臭氧的浓度在上升。

（三）臭氧对人体的生物效应

人能感觉到体积分数为 5×10^{-9} 的臭氧。臭氧体积分数达到 10^{-7} 时即对鼻和眼有刺激作用，高于 3×10^{-7} 时能引起哮喘、支气管炎、咳嗽、嗅觉障碍、呼吸困难和昏睡等。在$(15 \sim 20) \times 10^{-6}$ 时，人可能患肺气肿，直至死亡。长期暴露在 10^{-6} 的臭氧下，人会发生肺癌。我国已把臭氧列入空气监测指标。

二、二氧化硫

（一）二氧化硫的来源

二氧化硫 SO_2 是具有刺激性气味的无色气体，它是一种重要的大气污染物，主要来自矿物燃料燃烧、含硫矿石冶炼和硫酸、磷肥生产等。矿物燃料燃烧产生的二氧化硫占其人为排放量的 70% 以上。自然产生的二氧化硫很少，主要是生物腐烂生成的硫化氢在大气中氧化而成。二氧化硫的排放源 90% 以上集中在北半球的城市和工业区，造成这些地区的大气污染问题。英国伦敦曾多次发生由煤烟引起的烟雾事件，这类烟雾被称为伦敦型烟雾（详见第八章）。

（二）二氧化硫在大气中的转化

二氧化硫在大气中一般只存留几天，除被降水冲刷和地面物体吸收一部分以外，都被氧化为硫酸雾和硫酸盐气溶胶。二氧化硫氧化为硫酸盐气溶胶的机制是很复杂的，大体可以归纳为 3 种。

1. 光化学氧化　在阳光照射下，二氧化硫直接光化学氧化为三氧化硫，随即与水蒸气结合成硫酸，进而形成硫酸盐气溶胶。大气中的氮氧化物和碳氢化合物相互作用产生的氧化性自由基，也可以氧化二氧化硫，称为间接光化学氧化，其氧化速率显著高于直接光化学氧化。

2. 液相氧化　二氧化硫溶解在微小水滴中再氧化成硫酸。有锰、铁、钒等起催化作用的金属离子或强氧化剂臭氧和过氧化氢存在时，氧化速率增大。

3. 颗粒物表面反应　二氧化硫被颗粒物吸附后再氧化。这种反应受湿度、pH 值、金属离子等因素的影响。

二氧化硫氧化成的硫酸雾和硫酸盐属于二次颗粒物。硫酸雾和硫酸盐在大气中可以存留一周以上，且飘移至 1000km 以外，造成远离污染源处的污染或区域性污染（详见第八章）。

（三）二氧化硫对人体健康的影响

大气中二氧化硫的体积分数达到 $(1\sim5)\times10^{-6}$ 时会刺激人体呼吸道，使气管和支气管的管腔缩小，气道阻力增大。二氧化硫和飘尘具有协同效应（synergism，两种或多种外来化合物共同作用时的毒性超过各化合物单独毒性总和的效应，叫协同效应）。二者对人体健康的影响往往是不可分的，它们导致慢性支气管炎和其他呼吸系统疾病。儿童对二氧化硫比成年人更为敏感。

三、硒

（一）硒在环境中的分布及污染

硒是以希腊月亮女神命名的元素，它不是一种广泛分布在各种岩石中的化学元素，常在硫化物岩石中作为杂质存在，但是在地球不同区域，都发现存在着含硒较高的岩石。硒是亲硫元素，地壳中大部分硒与硫化矿共生，或以银、铜、铅、汞、镍及其他金属的硒化物存在。工业上硒的生产主要从冶炼硫化矿中回收。硒还是亲生物元素。由于硒是动物和植物的必需元素，所以硒一般容易富集在有机质内。

由人类活动引起的硒向大气排放主要是矿物燃料燃烧，其次是有色金属熔炼和精炼、玻璃和陶瓷制造以及机械加工。在硒及其化合物的冶炼和使用过程中，硒的烟尘、含硒废水会污染周围环境。含硒烟尘排放到大气中后，直径大于 $10\mu m$ 的尘粒，一般都在距离不远的地方降落造成污染；直径小于 $10\mu m$ 的尘粒可以长期在空气中飘浮。含硒废水排入江河湖海，可以使局部地区水质受到污染。在环境硒浓度高的地区，曾发生过动物和人食入当地食品引起硒中毒的事件。

（二）硒的环境化学

硒的化学性质近似于硫。在室温下，氧对硒不起作用，加热时则产生大量蒸气，或燃烧生成二氧化硒（SeO_2）。

环境中的硒一般有 0、-2、$+4$、$+6$ 四种价态。-2 价硒化合物有硒化氢（H_2Se）和硒化物，它们的性质与硫化氢和硫化物相似，但较不稳定，很快被空气氧化。硒的 $+4$ 价化合物有二氧化硒（SeO_2）、亚硒酸（H_2SeO_3）及其盐类，二氧化硒易溶于水，生成亚硒酸。亚硒酸的氧化性比亚硫酸强。硒的 $+6$ 价化合物有硒酸（H_2SeO_4）及其盐类，硒酸和硫酸相似，但它的氧化性高于硫酸，是较强的氧化剂，易被还原。硒酸盐也属于较强的氧化剂，这与硫酸盐不同。

（三）硒对人体的生物效应

硒是人体的必需营养元素。硒是谷胱甘肽过氧化酶的重要组成部分，还参与辅酶的合成，同时又是一种与电子传递有关的细胞色素的成分。

硒是一种强抗氧化剂，作用与维生素 E 相似，但效力更大。人体缺硒容易产生多种疾病，例如心脏病、克山病、癌症、蛋白质营养不良等。硒可以预防镉中毒，还对汞和砷的毒性有明显的拮抗作用（antagonism，两种化学物质共同存在于同一介质中，其中一种物质能使另一种物质的作用或影响受到抑制或趋向消失，叫做拮抗作用）。20 世纪 90 年代以来，对硒的研究使人们进一步认识到它在增强免疫系统、病毒学、关节炎和冠心病等多个领域的医疗效力，硒构成有机分子以后，能预防癌症、抑制艾滋病和抗衰老。

人体摄取硒的主要来源是食物。由于大多数植物从土壤中吸收硒，因此不同地区水和土壤含硒量的高低，可以明显地影响该地区食物中含硒量。食物烹调过程中有相当多的挥发性硒化合物逸出。植物性来源的硒被人体吸收的有效性高于动物性来源的硒，例如鱼体中的硒与金属形成稳定的化合物，因而被人体吸收的有效性很低。

但是，在某些硒含量特别高的地区，居民可能发生硒中毒。在硒作业环境中，硒及其化合物的气体、蒸气或粉尘，由呼吸道进入人体产生伤害，发生鼻黏膜炎、鼻出血、嗅觉减低等症状。其毒理作用是硒对多种酶和含硫氨基酸有抑制作用，硒能代替含硫化合物中的硫原子，并抑制体内的氧化过程。硒化合物对人的毒性较强，其中以亚硒酸和亚硒酸盐毒性最大，其次为硒酸和硒酸盐，硒的单质水溶性差，因此毒性最小。

第五节 含氟、溴的无机污染物

一、氟

（一）氟在环境中的分布及污染

氟是构成地壳的固有元素之一。地壳中氟的平均浓度比氯还要高。氟的主要矿物有萤石（CaF_2）、冰晶石（Na_3AlF_6）以及氟磷灰石 [$CaF_2 \cdot 3Ca_3(PO_4)_2$]，其他的氟矿石还有氟盐（$NaF$）、氟镁石（$MgF_2$）、氟铝石（$AlF_3 \cdot H_2O$）等。这些矿物所在区域的地层含氟量高，流经这些地层的水中可以含有大量的氟化物，会造成地方性氟中毒。矿石的开采也会造成环境氟污染。

氟的环境污染以大气污染最为严重，还有废水和废渣的污染。氟污染主要来自磷矿石加工，铝和钢铁的冶炼，以及煤的燃烧过程。陶瓷、玻璃、塑料、农药、原子能等工业也排放含氟污染物。通常，钢铁厂、铝厂、磷肥厂以及氟石矿区周围的环境多受到氟的严重污染。此外，火山活动也使氟进入自然环境。

（二）氟的环境化学

氟是已知元素中电负性最高的，所以其化学性质非常活泼，可以氧化所有的金属形成氟化物，可以与大多数非金属直接发生剧烈的反应，因此，在环境中没有氟的单质存在，它仅以 -1 价形态存在，其环境化学特征主要有以下几点。

1. 许多氟化物具有挥发性 有些氟化物的沸点低，在常温或较低的温度下就能汽化，例如四氟化硅（SiF_4）和氟化氢（HF），它们是造成大气氟污染的主要物质。

2. 环境中大多数氟化物都具有一定的水溶解性 很多氟化物易溶于水。一些氟矿物的溶解度比较低，但在水中也有溶解性。例如，在20℃时，萤石（CaF_2）的溶解度为40mg·L^{-1}，氟硅酸钠（Na_2SiF_6）为7330mg·L^{-1}，冰晶石（Na_3AlF_6）为348mg·L^{-1}，所以氟化物的迁移性比较强。

3. 氟与许多元素有形成配合物的趋势 氟可以与铝、硅、钙、镁、硼等元素形成配合物，并且比较稳定。氟配合物中有一部分是易溶于水的，使氟以配合物形态迁移；另一部分不溶于水，可以使氟固定。

4. 无机胶体和有机胶体对氟有强烈的吸附作用 例如，黏土矿物、氢氧化铝、有机质等都能吸附和吸收气态和液态的氟化物，起固定氟化物的作用，同时也使氟在环境中富集。

（三）氟对人体的生物效应

氟是人体必需的微量元素。人从食物、水、空气中摄取氟，主要经呼吸道和胃肠道进入人体，90％蓄积于骨和牙齿等硬组织，余下分布于软组织中。血液含氟量是诊断地方性氟病的特异性指标之一。肾脏是氟的主要排泄器官，尿液含氟量是诊断地方性氟病的另一项特异性指标。

人体缺氟时，由于在牙釉质中不能形成氟磷灰石，而羟基磷灰石的结构又不太致密，易受口腔微生物和酸的破坏，发生龋齿，这在儿童尤为明显。从1945年起，世界上不少国家和地区，采用在饮水、食盐或牛奶中加氟的措施来预防龋齿，都取得一定的效果。根据我国广州市的经验，他们曾在供水中加氟6年，儿童的龋齿发病率降低了50％。牙齿局部使用氟化物也可以显著降低龋齿的发病率，在这方面，氟化物牙膏在某些地区起到了积极的作用。

氟化物过量又会发生氟中毒，氟中毒可以分为两种情况，在环境中接触一定浓度的氟化物引起工业性氟中毒，由于地理条件而引起的则称为地方性氟中毒（参见第九章）。

二、溴

（一）溴在环境中的分布

溴属于地壳的分散元素，以微量广泛分布在大气圈、水圈、生物圈和土壤-岩石圈。溴主要聚集在海水内，水圈中的溴几乎占其在地壳内总量的75％，海水蒸发在溴的聚集中起着重要作用。通常，溴存在于盐湖卤水、海水及因海水蒸发而形成矿物盐类中，此时溴可以化合物随矿物盐转移到结晶岩、沉积岩中。海洋中的溴在海洋表面随飞沫和蒸汽飞逸到大气中，随风运往陆地，直接或间接随雨雪降到地面。部分通过植物吸收和土壤吸附累积在土壤中，部分通过水流向地表与地下运动，或通过蒸汽和飘尘向空中散布，但它们大部分终究又返回到大海。

（二）溴的主要环境化学性质

溴在常温下是暗红色液体，溶于水，具有强烈的刺激性和毒性。由于溴能显示多种不同的氧化态，故氧化还原性质是溴的主要环境化学特性。溴的化学性质活泼，能氧化除贵金属以外的金属，与许多非金属也能直接反应。溴还可以与碳氢化合物作用。

溴以-1、0、$+1$、$+5$、$+7$价形态存在，环境中主要以单质Br_2和-1价离子（Br^-）存在。溴与还原性化合物，如硫化氢（H_2S）和氨（NH_3）发生氧化-还原反应。

环境中的溴离子容易与金属离子形成稳定的配合物，也容易被有机物质吸着；矿物质高岭石、二氧化硅凝胶、氧化铝和氢氧化铝对溴都有吸附作用。

（三）溴对人体的生物效应

一般成人每日从普通食物中摄入溴7.5mg，溴在体内并无贮留，在一般情况下人体有能力调节和维持体内溴的代谢，保持溴的平衡。

溴化物有镇静及催眠作用，曾广泛应用于治疗神经衰弱、精神及神经性内科疾病、失眠、精神紧张。溴的作用机理主要在于对大脑皮层的高级神经活动有一定的调节作用，能增强抑制过程。

一般情况下，人体内的溴是保持代谢平衡的。当人体内溴过量时则有累积作用，会发生溴中毒，多发生于溴经呼吸道及皮肤进入人体。轻度中毒时，患者感觉全身无力，胸部发紧，有干咳、恶心或呕吐。吸入量较多时，症状更重，有头痛、呼吸困难、剧烈咳嗽、流泪、眼睑水肿及痉挛。在肺部可听到许多罗音，声音嘶哑。在躯干及四肢皮肤出现皮疹，接触溴液的皮肤出现水泡。

习　题

1. 地壳中铝的质量分数居第几位？最重要的铝矿物是什么？铝对人体的生物效应是

什么？

2. +1 价和+3 价的铊相比较，哪一种更稳定？铊对人体的生物效应是什么？

3. 地壳中的重金属含量最多的是什么？环境中的铅通常以什么形态存在？铅对人体有什么生物效应？

4. 铬在天然矿物中主要以什么价态存在？为什么说铬是人的必需元素？对人来说，+3 价和+6 价的铬哪一种毒性大？

5. 镉的矿物在自然界常与什么矿物共生？镉对人体有什么生物效应？

6. 常温下惟一的液态金属是什么？汞对人体有什么生物效应？

7. 一氧化碳对人体健康有什么危害？

8. 空气中二氧化碳的含量过高或过低有什么影响？

9. 什么叫硅尘？什么叫硅肺病？其症状和病因是什么？

10. 自然界惟一的天然矿物纤维是什么？人类使用量最大的是哪一种石棉？环境中的石棉有哪些来源？石棉对人体有什么危害？

11. 什么是氮氧化物？热致氮氧化物和燃料氮氧化物有什么不同？氮氧化物对人体健康有什么影响？

12. 氰化物有哪些来源？对人体有什么危害？

13. 什么是雄黄？什么是雌黄？什么是砒霜？砷对人体有什么生物效应？

14. 地面臭氧对人体有什么生物效应？

15. 二氧化硫在大气中转化为硫酸盐气溶胶有哪几种机制？大气中的二氧化硫对人体健康有什么影响？

16. 硒对人体的生物效应如何？

17. 什么是萤石？什么是冰晶石？氟对人体健康有什么影响？

18. 环境中的溴主要以什么形态存在？溴对人体健康的影响如何？

第六章　有机污染物

有机化合物经典的定义是含碳化合物。有机化合物种类繁多，数量巨大，并以惊人速度在增长。国民经济各部门以及人民生活都生产和排放大量的有机化合物。有机化合物与人类息息相关，但也是污染自然环境的罪魁。碳水化合物、蛋白质、脂肪和维生素是人类生命过程不可缺少的营养物质，但它们排入水中，可使水中氮、磷增加，引起水体富营养化，就成为污染物。

美国环保局（USEPA）提出129种对人体构成潜在威胁的有机化合物进行优先控制。中国环境监测总站根据我国国情也提出58种环境优先有机污染物：有机氯化合物如二氯甲烷、四氯乙烯、三溴甲烷；芳烃及其衍生物如苯、多氯联苯、苯酚、苯胺；多环芳烃如苯并 [a] 芘、萘、荧蒽；有机农药如乐果、敌敌畏、滴滴涕等。

第一节　金属有机污染物

金属有机化合物又称有机金属化合物，指金属原子直接和碳原子相连而成的有机化合物，是元素有机化合物的重要类型之一。以 R－M、R－M－X（R 为烃基，M 为金属，X 为卤素原子等）两种类型最为常见，大都有毒。四乙基铅、甲基汞和羰基镍 $[Ni(CO)_4]$ 等都是毒性较大或是致癌的金属有机化合物。

一、有机汞

汞的有机化合物（organomercury compounds）是汞及其化合物中毒性最强的物质，典型的有机汞为甲基汞（methyl mercury）$[CH_3Hg]^+ X^-$ 和二甲基汞 CH_3HgCH_3。甲基汞为剧毒物质，进入人体后可被吸收 80%，均匀分布在全身器官组织中，肝、肾、头发里含量较多。人体对甲基汞的耐受量约为 $0.5mg \cdot kg^{-1}$（体重）。由于甲基汞更易透过细胞膜和血脑屏障而渗入脑组织，因此甲基汞对中枢神经系统的毒性比其他汞的化合物强。从甲基汞中毒尸检测得，脑内汞积蓄量约占全身汞负荷量的 10%～15%，而且小脑部位汞含量最高。

甲基汞中毒的三大症状是运动失调、视野缩小和语言障碍。著名的水俣病事件即是典型的甲基汞中毒症状（详见第九章）。甲基汞可使妇女不能妊娠，妊娠者则引起流产或死产。甲基汞是胎毒物质，即使母亲摄入量很少，其体内的甲基汞也会通过胎盘侵害婴儿，使新生儿患先天性甲基汞中毒，如先天性痴呆、运动失调、语言障碍、性格异常、肢体变形和斜视等。甲基汞还对精细胞的形成有抑制作用，可使男性生育能力降低。甲基汞中毒患者极难治愈，目前尚无有效的特殊疗法。

氯碱、树脂化工厂、化肥厂、制药厂、电器厂、电池厂和金矿等都排放含汞的工业废水、废渣。进入水体的汞以汞、甲基汞和二甲基汞存在。汞被水体中的胶体泥沙、微粒和悬浮物等吸附而沉淀于底泥，微生物将无机汞转化为甲基汞及二甲基汞。缺氧时无机汞主要生成易挥发的二甲基汞，逸入大气，而富氧时主要生成甲基汞。甲基汞除了碳与汞之间的共价键外，另一个键则与氯等成键，因而溶于水，也具有脂溶性，可以通过食物链在虾、鱼、贝类等生物体内积累。甲基汞化学性质非常稳定，在生物体内难分解，在水中也难被日光分解，在鱼体内的半衰期为70d。实验证实，鱼体内的甲基汞极难清除，无论洗涤、冷冻、油炸、蒸煮、烘干等都不能将其清除，如检验烹调过的鱼发现鱼中汞的损失还不到15%～20%。甲基汞历史上曾用作农药、杀菌剂，在农业上拌种消毒时用，现在已禁止使用。

二、有机铅

有机铅（organolead compounds）主要指四乙基铅（tetraethyl lead，TEL）$(CH_3CH_2)_4Pb$，具有水果香味的油状剧毒液体，常温下可挥发。大气中的四乙基铅非常稳定，只有在100℃以上、或有氧化剂存在、或受紫外线照射时才发生分解。

劣质的汽油在气缸中发生爆震现象，影响内燃机的效率和寿命。汽油的抗爆震性与其所含烷烃的结构有关，异辛烷的抗爆震性最好，而正庚烷最差。设定异辛烷的抗爆震性即所谓的辛烷值为100，而正庚烷的为0。飞机用油的辛烷值要求在90以上，四乙基铅是一种最优秀的抗爆震添加剂。原油中直接得到的汽油辛烷值在20～70之间，而每千克汽油加1～3g四乙基铅，即可将辛烷值提高到80以上。世界上每年约有100万～300万吨四乙基铅加到汽油中。汽油中的四乙基铅在内燃机燃烧后，90%成为无机铅，10%成为有机铅，随汽车尾气排放到大气中造成铅的污染。据估计，城市大气中90%以上的铅污染是由汽油燃烧造成的。

四乙基铅可引起头痛、失眠、精神兴奋、幻觉、痉挛等精神神经症状，慢性中毒为神经衰弱综合征和植物神经功能紊乱，出现血压、脉率、体温下降，重者可发生多发性神经病。

其他含铅有机物有硬脂酸铅、芳基铅、雷酸铅等。乙酸铅 $[(CH_3COO)_2Pb]$ 曾用于染发剂，有报道可以致癌。

我国传统风味食品松花蛋，因味美、色奇而享誉国内外，但旧方法制作的松花蛋含有铅化物，除硫化铅外，还有铅和蛋白质中的含硫氨基酸反应形成的有机铅化合物。科学工艺生产的无铅松花蛋则避免了铅化物的污染。

三、有机锡

有机锡化合物（organotin compounds）包括烷基锡化合物和芳香基锡化合物，烷基和芳基为1～4个。有机锡化合物特别是三烷基锡和三苯基锡可刺激人的皮肤、呼吸道及角膜，引起灼伤、接触性皮炎或过敏性皮炎。急性中毒可损害中枢神经系统，引起脑和脊髓白质的水肿，导致中毒性脑病。有些有机锡化合物可致癌。

三丁基锡（tributyl tin）$(C_4H_9)_3SnX$（X＝F,Cl,Ac 等），因其对革兰氏菌有杀灭作用常用做木材的防腐杀菌剂、消毒剂。海洋轮船为免受海洋生物的侵蚀，在喷刷船漆时也要加入三丁基锡等。其他烷基锡如二甲基锡、二辛基锡、四苯基锡常用于稳定剂，例如防止聚氯乙烯（PVC）的热老化和光老化，加入有机锡的PVC可制成水管、屋顶材料和窗架等。其他如醋酸三苯基锡、氢氧化三苯基锡在农业上用做杀螨剂、杀菌剂和杀真菌剂，防治马铃薯和水稻的枯萎病，甜菜和芹菜的叶锈病，咖啡的叶锈病等。二氯化二甲基锡等可用做玻璃的镀层材料以改善玻璃的抗破裂性、光泽性和导电性等。有机锡也常用做化工生产的催化剂。

第二节 烃污染物

烃污染物包括石油、天然气等。它们不仅本身对环境构成威胁，而且作为最重要的能源，在燃烧过程中产生大量污染物，对环境危害更大。

一、石油

烃类化合物是石油的主要成分。石油是动植物的残骸于两亿五千万年前因地壳变动埋入地下，在漫长的地球化学过程中形成的。

石油对海洋的污染，愈来愈引起人们关注。全世界石油总产量的 60% 在海上运输，船舶事故、洗舱水、压舱水及其他含有石油的废水都将大量烃类带入大海；海底油田、沿海油库的漏油或非法排放以及偶然事故都造成石油泄漏；工业排放含油废水和大气中石油烃的沉降也引起海洋的石油污染。

石油相对密度为 0.829~0.896，化学性质稳定。石油进入水体后，首先形成浮油，在油膜扩展和漂流过程中，其中大约 25%~30% 的低沸点石油组分（C_1~C_5）迅速挥发进入大气，造成大气污染。而低级芳香烃（C_6~C_8），如苯、甲苯、二甲苯等和低级烷烯烃（C_4~C_8），如辛烷、已烷、庚烷等在水面上形成一层很薄的油膜。残余的焦油团块长期漂浮在海面上，阻断了海洋和空气的接触，给海鸟、海豹等海洋生物带来灭顶之灾，使海洋的生态平衡遭到严重破坏，也给海洋养殖、海洋捞捕业带来极大损失。据推算，100t 泄漏的石油可分散在 $8km^2$ 的海面上，形成 0.02mm 的油膜，每天可向大气挥发 1t 左右的低分子烃，为光化学污染创造了条件。

海面油污染的去除方法有：用稻草、米糠、泡沫塑料等能漂浮在水面上的多孔物质进行吸收，然后予以回收或烧毁；或以白垩等粉状物撒布于海面，使油聚集成较重的质点沉降；或用泵抽吸海洋表面，或在海面上直接燃烧油层；也有用合成洗涤剂使油凝聚，以便除去，或是用溶于油的铁磁性流体（含铁的油溶性物质）撒布油面，然后用电磁铁收集；也可用特别选育的能够分解石油的微生物，使石油降解，有的微生物可在 48h 内，将 50%~75% 的油降解成小分子或无害的物质。

二、烃

（一）液化石油气、汽油、煤油、柴油等

液化石油气、汽油、煤油、柴油是石油不同温度的馏分，含碳原子数从 C_1 至 C_{18} 逐步增加，都属于烃（hydrocarbon）。烃类作为内燃机、炉灶等的能源，在燃烧过程中，产生大量的有毒气体，如二氧化硫、二氧化氮、多环芳烃、醛、一氧化碳等，引起大气污染，例如引起光化学烟雾（详见第八章）。

（二）甲烷

甲烷（methane）是天然气、沼气的主要成分，为主要的能源和石油化工原料。甲烷是仅次于二氧化碳的第二大自然温室气体，有较强的温室效应（详见第八章）。

甲烷主要来自天然气、沼泽地和稻田的有机物发酵腐烂、食草动物肠胃中发酵以及海洋中沉积物的缺氧分解。我国广大农村利用农副产品及人畜粪尿等有机物，经微生物的作用产生沼气以解决农村的能源问题。这对保护森林植被、秸秆还田、提高农民生活水平有很重要意义，但要防止甲烷的逃逸。据统计，甲烷占澳大利亚温室气体排放量的 14%，其中大部

分为牛、羊消化过程中所产生，牛的甲烷排放量占到澳大利亚牲畜总排放量的70%。2001年，澳大利亚甚至在牧民中推广防止牲畜放屁、打嗝的疫苗，以减少家畜排放甲烷。

（三）苯及苯系物

苯及苯系物通常指苯、甲苯、二甲苯等，这些芳烃在相关化工厂及其周边地区产生污染。现在随着家庭装修的普及，苯及苯系物业已成为家庭的重要污染物之一。

苯及苯系物对人的皮肤、黏膜有刺激作用，可引起皮炎。吸入高浓度苯时，可引起中枢神经痉挛、酩酊，出现强烈兴奋、眩晕、头疼等症状，甚至因呼吸中枢痉挛而造成死亡。苯及苯系物作用于造血组织，诱发贫血、白细胞减少等各种症状，长期慢性中毒会造成血性白血病。

（四）多环芳烃污染

分子中有两个或更多的芳香环系的烃，称为多环芳烃。多环芳烃可分为孤立多环芳烃（苯环彼此分离）和稠合多环芳烃（苯环借两个相邻的碳原子结合）。

孤立多环芳烃如二联苯，简称联苯：

联苯（biphenyl）

稠合多环芳烃如萘、蒽、芘：

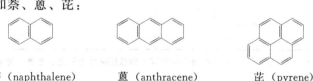

萘（naphthalene）　　　蒽（anthracene）　　　芘（pyrene）

环境中的化学物质是诱发癌症的主要因素，多环芳烃是引起人和动物癌症最重要的致癌物之一。

最简单的多环芳烃为萘。萘有防虫、防蛀和防霉作用，曾作为"卫生球"用于衣物储存。萘有毒，可能导致溶血性贫血，资料证明，长期接触萘的人，会发生喉癌、胃癌和结肠癌等癌症。

英国珀特（Pott）医生在1775年发现扫烟囱的工人高发阴囊癌，19世纪末煤焦油工人高发癌症，烟灰和煤焦油中的致癌物就是多环芳烃。

构成我国一次能源三分之二的煤以及柴油、煤油、汽油、煤气和天然气等的燃烧，都排放大量多环芳烃，如热电工业、焦炭的生产等。煤的燃烧过程产生的多环芳烃远较其他燃料为高。人们不科学的生活习惯，不良的烹调方式及煤炉不完全燃烧也会产生多环芳烃。有机物在焦化和燃烧过程中，700℃时燃烧过程产生苯并[a]芘最多，据资料，全世界每年散发的苯并[a]芘约为5000t。

多环芳烃污染大气、水体、土壤和食品，并通过呼吸、饮食和接触等进入人体，经复杂生化作用，诱发人的癌症。

多环芳烃常随煤烟漂浮在大气中，大部分附着在直径为$3\mu m$以下的固体飘尘表面。$0.5\sim3\mu m$的飘尘（属于可吸入颗粒物），能直接携带多环芳烃进入人的肺泡，并沉积下来引起肺癌。流行病学调查显示，肺癌发病率与多环芳烃的污染密切相关，表明致癌多环芳烃的吸入是肺癌的主导诱因。冶金、焦化、石油化工行业的人群因摄入较多多环芳烃，有肺癌、皮癌、喉癌和膀胱癌的高发趋势。

苯并[a]芘在天然环境本底中含量为$10\sim20\mu g \cdot kg^{-1}$（有机物），占总致癌物的1%～20%。大气中含量为$0.01\sim100ng \cdot m^{-3}$，最高容许浓度为$0.1ng \cdot m^{-3}$。大气中常见致癌多环芳烃及致癌活性见表6-1。土壤中含量为$100\sim1000\mu g \cdot kg^{-1}$。未污染的地下水含量为

$0.001\sim0.01\mu g\cdot L^{-1}$。

表 6-1 大气中常见的致癌多环芳烃及致癌活性一览表

名　称	结　构　式	动物实验致癌活性	相对分子质量
苯并[*a*]芘 B[*a*]P		＋＋＋＋	252
苯并[*j*]荧蒽 B[*j*]F		＋＋＋	252
苯并[*b*]荧蒽 B[*b*]F		＋＋＋	252
苯并[1,2,3-*cd*]芘 B[1,2,3-*cd*]P		＋	276
苯并[*a*]蒽 B[*a*]A		＋/－	228

注：＋＋＋＋、＋＋＋、＋＋、＋、－，分别表示动物实验的致癌活性为强力、显著、肯定、微弱致癌以及不致癌。

第三节　含氮、磷的有机污染物

一、含氮有机污染物

（一）N-亚硝基化合物

N-亚硝基化合物是亚硝胺和亚硝酰胺的总称，俗称亚硝胺（nitrosamine）。亚硝胺类的结构式为：

$$\begin{array}{c} R \\ | \\ N\!-\!N\!=\!O \qquad R，R'表示烃基 \\ | \\ R' \end{array}$$

当 R＝R′时，称为对称亚硝胺，如二甲（基）亚硝胺；当 R≠R′时，称为不对称亚硝胺，如甲（基）苯（基）亚硝胺；当 R 和 R′成闭合环状时，称为环状亚硝胺。

$$\begin{array}{c} CH_3 \\ | \\ N\!-\!N\!=\!O \\ | \\ CH_3 \end{array}$$

二甲（基）亚硝胺　　　　　　　　　N-亚硝四氢吡咯（N-亚硝吡咯烷）

亚硝酰胺类的结构式为：

$$\begin{array}{c} R^1 \\ | \\ N\!-\!N\!=\!O \qquad R^1，R^2 表示烃基 \\ | \\ R^2CO \end{array}$$

脂肪族亚硝胺是黄色液体或低熔点固体，可溶于脂肪；相对分子质量低的亚硝胺可溶于水，比较稳定。芳香族的亚硝胺常常是低熔点的固体，不溶于水，热稳定性较差。

1954 年发现二甲基亚硝胺可导致肝硬化，并有致癌活性。一百多种 N-亚硝基化合物中，发现 75％都是致癌物，主要诱发消化系统癌症。

环境中值得高度重视的是生成亚硝胺的前体——胺类、亚硝酸盐和硝酸盐广泛存在于环境中，既能以化学途径、也可以生物途径，既能在环境中、也可在人体内合成各种亚硝胺。

硝酸盐在体内还原成亚硝酸化合物，在胃酸的作用下，与仲胺或残留一个氢原子的酰胺反应生成 N-亚硝基化合物；叔胺在体内受单氧酶的作用，也可生成 N-亚硝基化合物。

胺类或酰胺类在肉类、蛋、奶及豆类和调味品、香辛料中普遍存在。腐烂变质的鱼和肉，也能分解出胺类化合物。肉类食品除胺类外，还有酰胺类存在。药物如氨基比林、四环素等可在人体内代谢成胺。

硝酸盐和亚硝酸盐广泛存在于蔬菜中，饮水和其他多种食品中也含有硝酸盐。亚硝酸盐是优秀的杀菌和防霉菌剂，火腿、香肠等和各种肉、鱼罐头等食品都需加入亚硝酸钠或硝酸钠，不仅防腐，还可发色。在食品中曾检测出的 N-亚硝基化合物及其致癌活性见表 6-2。

表 6-2　食品中曾经检测出的 N-亚硝基化合物及其致癌活性

名　称	分　子　式	致癌部位（动物）	致癌活性	存在的食物
N-亚硝二甲胺	$(CH_3)_2NNO$	肝、肾	＋＋＋	腌肉、干鱼
N-亚硝甲乙胺	MeEtNNO	肝、鼻、咽	＋＋＋	发霉泡菜
N-亚硝二乙胺	Et_2NNO	肝、食道	＋＋＋＋	香肠
N-亚硝二丁胺	Bu_2NNO	肺、呼吸道	＋＋＋＋	燻鸡
N-亚硝吡咯烷	N—N=O	肺	＋＋＋	腌肉、泡菜
N-亚硝吡啶烷	N—N=O	肝、肺、胃	＋＋＋	香肠、腌肉
N-亚硝吗啉	O⟶N—N=O	肝、肺	＋＋＋＋	腌、腊制品
N-亚硝甲羧甲胺	CH₃, HOOCH₂—N—N=O	食道	＋	腌肉、泡菜
N-亚硝-N-1′-甲-2′-羧基丙-2″-甲丙胺	(见结构式)	前胃	＋＋	发霉粟米

注：＋＋＋＋、＋＋＋、＋＋、＋、－分别表示动物实验的致癌活性为强力、显著、肯定、微弱致癌以及不致癌。

亚硝酸和胺类极易反应生成亚硝胺，例如咸猪肉中游离的脯氨酸的浓度约为 20mg·kg^{-1}，在高温烹调时，脯氨酸和亚硝酸反应生成 N-亚硝四氢吡咯，反应式如下。

$$2HNO_2 \rightleftharpoons N_2O_3 + H_2O \quad N_2O_3 \longrightarrow NO· + ·NO_2$$

（二）杂环芳胺

环上有非碳原子存在的化合物，称为杂环化合物。杂环化合物又分为脂肪性和芳香性杂环化合物两类。芳香性杂环化合物简称为芳杂环，是指环上存在着围绕环的环状共轭 π-键的化合物。芳香性杂环化合物通常为五元环和六元环。常见的五元环芳香性杂环化合物有吡咯（pyrrole）、噻吩（thiophene）、咪唑（imidazole）、噁唑（oxazole）等。

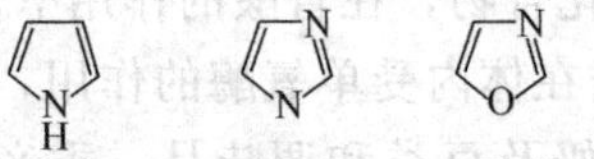

吡咯　　　　咪唑　　　　噁唑

常见的六元环芳香性杂环化合物有吡啶（pyridine）、嘧啶（pyrimidine）、1,3,5-三嗪（trizine）等。

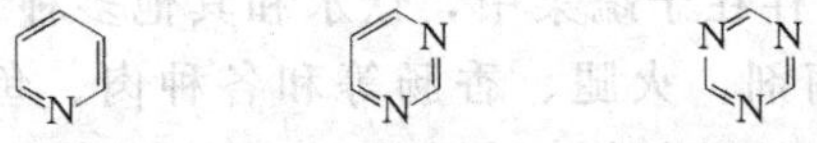

吡啶　　　　嘧啶　　　　1,3,5-三嗪

芳香性杂环化合物除上述的五元、六元环外，还有一种稠合杂环系，是由苯环和杂环或杂环之间，形成的稠合芳杂环化合物。常见的有吲哚（indole）、喹啉（quinoline）、喹喔啉（quinoxaline）。

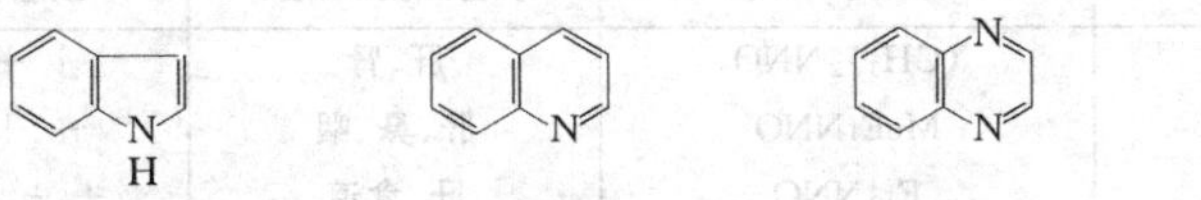

吲哚　　　　喹啉　　　　喹喔啉

20 世纪 70 年代末，发现烟熏、炙烤的鱼或牛肉具高度的致突变能力，并远高于多环芳烃污染所能产生的致突变作用。分析证明，这些食物中含有杂环芳香胺类物质，可能是由肌肉产生的肌酸和氨基酸及糖的相互作用而产生。

经结构和合成研究，目前已经鉴别的微量的杂环芳胺按结构分可分为三大类，即咪唑并喹啉、咪唑并喹喔啉、咪唑并吡啶。这三类化合物的代表化合物为：2-氨基-3-甲基咪唑并 [4,5-f] 喹啉（缩写为 IQ）、2-氨基-3,8-二甲咪唑并 [4,5-f] 喹喔啉（缩写为 8-MeIQx）、2-氨基-1-甲基-6-苯基咪唑并 [4,5-b] 吡啶（缩写为 PhIP）。该类杂环芳烃化合物及甲基衍生物，在体内的混合功能氧化酶作用下，成为强力的致突变物质，鼠或小鼠的动物实验证实，可引起动物的肝、肺和前胃等器官的癌变。

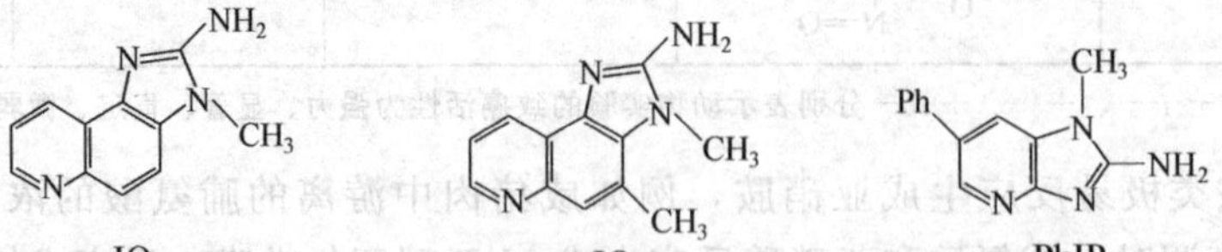

IQ　　　　IQx　　　　PhIP

（三）偶氮化合物

偶氮化合物是脂溶性的化合物，常用做染料。偶氮化合物作用于人的肝、肾，抑制中枢神经，对血液有毒害作用。历史上曾用做色素的"奶油黄"*N*,*N*-二甲氨基偶氮苯（*N*,*N*-dimethylaminoazobenzene，DAB）等曾作为食用色素用于奶油、蛋糕的染色。该类染料经动物实验，可诱发肝癌及膀胱、胆、胃和皮肤等部位癌变。因此，作为食品色素的"奶油黄"*N*,*N*-二甲氨基偶氮苯已被禁止使用，但该类化合物仍用做染料和着色剂。

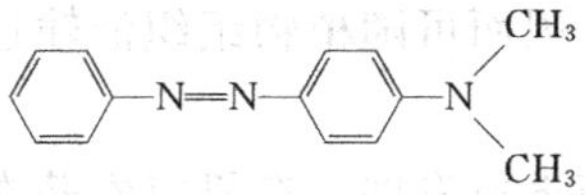

N,N-二甲氨基偶氮苯

（四）芳胺

1895 年人们注意到染料工业中的工人高发膀胱癌，可能与某些染料中间体相关。流行病学和动物实验表明，β-萘胺和联苯胺能诱发膀胱癌，其潜伏期大约为 18～20 年，后来又发现 4-联苯胺也可引发膀胱癌（致癌活性为肯定）。β-萘胺和联苯胺各国均已禁止生产。棉布染色所使用的直接染料，是以联苯胺生成的双重氮盐与各种酚反应而生成颜色鲜艳的各种染料，由于联苯是较长的分子，因而可与棉布纤维分子相互紧密缠绕，使棉布可直接且牢固地染色。

（五）腈

脂肪腈，尤其是低级脂肪腈，常温下为液体，具芳香味。脂肪腈对人体中枢神经有麻痹作用，可在体内分解出氰化氢，导致组织细胞停止呼吸和氧化作用，使人迅速死亡。丙烯腈是农药、有机合成的重要原料。丙烯腈能分解出氢氰酸，而且本身也有毒，可经皮肤吸收、饮食、呼吸进入人体。调查研究表明，其对人胃癌、结肠癌和膀胱癌的致癌活性与动物实验结果一致。丙烯酰胺也有一定的致癌潜力。染料厂的中间体酞菁对人体的中枢神经有强烈的毒害作用，粉尘吸入和皮肤污染都是中毒的途径。但聚丙烯腈无毒，人造羊毛不会给人体带来危害，而包含废人造羊毛的混纺毛线和废电视机壳、废塑料、废家具的生活垃圾的焚烧，会产生有毒的腈类。

（六）生物碱

生物碱指存在于植物中的含氮有机物质，已知的生物碱已达 2000 多种，其中 20 多种主要用做医药药剂。植物的根、茎、叶和种子中，含有高毒性、结构复杂的生物碱，总数达 100 多种。它们与末梢神经和中枢神经、心肌、呼吸神经发生作用，极少量也会使人痉挛、麻痹、心跳及呼吸停止而死亡。

烟碱即尼古丁（nicotine）为无色或淡黄色液体。烟碱作用于中枢神经、交感神经和副交感神经的边界部分，先兴奋后麻痹。兴奋引起所有神经强化作用，心肺活动因受刺激而活泼，之后麻痹期神经机能被停止，心肺活动则衰弱。

麻黄素（ephedrine）是一种存在于麻黄等植物中的生物碱，有兴奋中枢、收缩血管、松弛平滑肌的作用，用于支气管哮喘、过敏性反应、鼻黏膜肿胀和低血压的治疗，去氧麻黄素则是所谓的冰毒。

吗啡（morphine）存在于鸦片中，具镇痛和麻醉作用。可卡因（cocaine）是由南美洲古柯树叶分离出的古柯碱，具麻醉作用，但有毒。

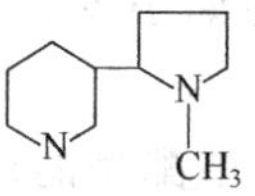

尼古丁 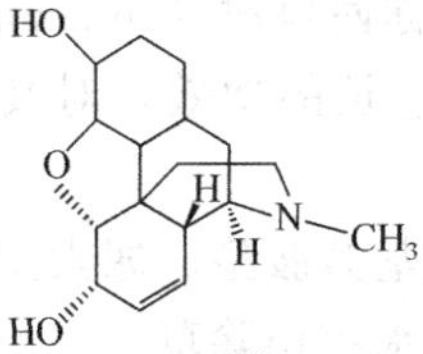　　　　　吗啡 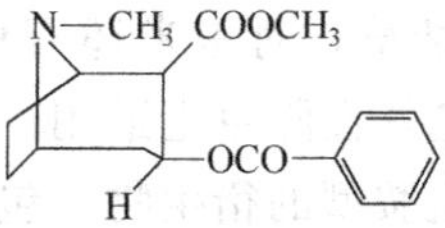　　　　　可卡因

（七）有机氮农药

农药包括杀虫剂、杀菌剂、植物生长激素等。

杀虫剂包括触杀、胃毒的接触性杀虫剂以及通过植物的根、茎、叶等内吸而进入植物全身的所谓内吸杀虫剂。内吸杀虫剂结构的特点是往往含有极性基团，或在生物体内经酶的催化后形成的极性基团使得农药具有亲水性，因而可随植物组织液输送；也具有亲油性，可透过植物的蜡质膜而成为全身性杀虫剂。

有机氮农药的环境问题使得有机氮农药迅速发展。有机氮农药在环境中分解迅速，而且对人体的毒害较小。有机氮农药主要是氨基甲酸酯的衍生物，具有下列结构。

$$\text{ArOC}\overset{\displaystyle O}{\overset{\|}{}}\text{—N}\overset{R^1}{\underset{R^2}{}} \qquad R^1, R^2 \text{ 为 H 或烷基，Ar 为芳基或芳杂环}$$

有机氮农药干扰昆虫传导神经纤维的作用，引起神经的兴奋造成昆虫的过敏、震颤、痉挛麻痹而死亡。

有机氮农药主要品种有甲萘威（西威因，sevin），为广谱杀虫剂，用于棉花、果树、林木等 100 多种作物，小鼠的半数致死量 LD_{50} 为 540mg·kg^{-1}；速灭散（tsumacide），用于水稻、柑橘害虫的防治，小鼠的 LD_{50} 为 368mg·kg^{-1}；百抗（bagon），用于家庭蟑螂、白蚁、蚊蝇及水稻、果树、林木害虫的防治，小鼠的 LD_{50} 为 100mg·kg^{-1}。

甲萘威　　　　　　速灭散　　　　　　百抗

有机氮农药对大多数农作物都有效，但对蜜蜂的毒性较大，对人也影响胆碱酯酶的活性，而出现神经症状。但中毒后恢复较快，解毒剂为阿托品。

有机含氮杀菌剂有硫菌灵（托布津，topsin），甲基硫菌灵（甲基托布津，topsin-M），对稻、麦、果、瓜、蔬、豆的多种病害的防治效果都很显著，如麦芽霉病，白薯黑斑病等。其他类型的杀菌剂还有广谱的内吸杀菌剂多菌灵（bovistin），蔬菜和果树病害用的百菌清（daconil）等。

硫菌灵

除草剂可使植物接触部位异常生长，导致功能丧失而迅速死亡。有机氮除草剂第一类是 1,3,5-三嗪的衍生物，例如悉灭嗪，俗称西玛津（simazine）。在玉米出苗前施用，可除去玉米田里 90% 的杂草，对玉米还有促进生长的功效，对其他农作物如小麦、大豆、马铃薯、苹果及甘蔗的选择性除草也适用。

另一类是酰胺型的衍生物，包括酰基芳胺型、尿素型、氨基甲酸酯型的衍生物，都具高度的选择性，如敌稗（propanil），用于水稻田除草。

其他类型的含氮除草剂，有稻田施用的除草醚和草枯醚，两者的优点是对水中鱼贝类毒性小，可保障水产养殖安全。广谱除草剂百草枯和杀草快可在土壤中迅速分解，适用于播种前除草，常用于森林和果园的除草。

含氮的植物生长调节剂包括顺丁二酰肼，可防止土豆和大蒜在储藏时的发芽。矮壮素，可促进农作物的生长发育成矮壮形，以防止倒伏。

悉灭嗪   敌稗

二、含磷化合物

(一) 有机磷农药

有机磷农药对神经有强烈毒害作用，可用做杀虫剂和杀菌剂，军事上也可用做军事毒剂。有机磷杀虫剂一般具有下列结构

A 和 A' 为烷基或烷氧基，X 和 Y 为氧原子或硫原子，R 为脂肪链或具芳香环的原子团，R 通常是在昆虫体内首先被代谢、裂解的基团。

代表性的内吸有机磷是广泛使用的杀虫剂对硫磷 (parathion)，又称 1605，为广谱杀虫剂，也有触杀作用，对人畜毒性大，小鼠 LD_{50} 为 $6mg \cdot kg^{-1}$。低毒的乐果 (rogor)，用于棉、蔬菜、水果、树木的内吸和触杀农药，也可作兽药，对人畜毒性较小，小鼠 LD_{50} 为 $600mg \cdot kg^{-1}$。酰胺磷为内吸杀虫剂，对蚜虫、甜菜象鼠虫有特效，对哺乳动物毒性极小，小鼠 LD_{50} 为 $>5000mg \cdot kg^{-1}$。还有敌敌畏 (DDVP)，用做农用和家用杀虫剂，小鼠 LD_{50} 为 $80mg \cdot kg^{-1}$。

对硫磷   敌敌畏

兽用杀虫剂有皮蝇磷等，通过喂食而能防治体外寄生虫，达到治疗作用。

含磷的杀菌剂有异稻瘟净及其相关产品。异稻瘟净 (kitazin P) 的小鼠 LD_{50} 经口 $662mg \cdot kg^{-1}$，经皮 $4080mg \cdot kg^{-1}$，杀菌效果更大，内吸的输导作用较快。

含磷植物生长调节剂有乙烯利 (ethephon)，乙烯利可在植物体内释放出乙烯，起到植物激素的作用，促使果实早熟，也可增加乳胶产量和防止倒伏等。

除草剂有广谱除草剂甘磷杀，可杀除一年生和多年生杂草。

有机磷能在环境中快速分解，但有些品种对人和哺乳动物的毒性也是影响胆碱酯酶的活性，出现神经症状。有机磷农药的解毒剂是碘化甲基吡啶-2-醛肟盐 (PAM)。农作物施用有机磷后，应至少经历 3~4 周才能收获，以充分分解残留的有机磷。

(二) 军用毒剂

有机磷化合物在军事上有重要用途，所谓的神经性毒剂就是有机磷化合物。早期的军用毒剂有沙林 (sarin)，也称 GB；后来的沙曼 (saman)，也称 GD 以及 VX 等，这些毒剂对人的毒性很大，致死量为 1mg。神经毒剂的解毒药为生物碱阿托品 (atropine)。

沙林   沙曼

第四节　含氧、硫的有机污染物

一、含氧有机污染物

（一）酚

酚（phenol）具特殊的臭味，易溶于水，易被氧化。环境中常见的酚主要为苯酚、甲酚、五氯酚及其钠盐。苯酚俗称石炭酸，常温下可挥发，散放出特殊的刺激性气味。甲酚又称煤酚，为无色或黄色的液体，在空气中遇日光可变为棕色和棕黑色，其 50% 的肥皂溶液，俗称"来苏儿"，用做医院的杀菌剂。

酚是水质污染的一个重要标志，微量的酚可使水产生不适的味觉和嗅觉。最小察觉浓度为 $0.25\sim4\text{mg}\cdot\text{L}^{-1}$。用氯气对水进行消毒时，生成特殊气味的 2,4-二氯苯酚等氯代酚，察觉浓度低达 1×10^{-9}。

酚使细胞原浆中的蛋白质变形，形成不溶性蛋白质。在低浓度酚的空气中，能引起皮炎。吸入高浓度酚，可引起中枢神经障碍。酚的急性中毒症状主要表现为中枢神经抑制，神志不清，反射消失，面色苍白、口唇青紫，体温、脉搏、呼吸、血压降低，可在 $2\sim8\text{h}$ 内因呼吸中枢神经麻痹而死亡。慢性中毒症状常见有呕吐、咽下困难、腹泻、食欲不振等，并伴有精神不安、头痛、头晕及精神扰乱等。

酚污染主要通过含酚废水对水体污染，产生含酚工业废水的有焦化厂、炼油厂、石油化工厂、造纸厂、塑料厂、农药厂、印染厂和木材厂等。

（二）甲醛、乙醛

40% 的甲醛溶液俗称福尔马林，用做防腐剂。人体摄入后，可损伤肝脏、肾脏等器官，对中枢神经有麻痹、刺激作用。少量的甲醛可刺激人的眼，鼻腔、喉等呼吸道器官，引起咳嗽、支气管炎、皮肤红肿、发痒等。甲醛主要来源于化工、印染、建材、塑料、造纸、制革、医药等工业部门。随着家庭装修热的兴起，一些装饰材料也是甲醛的源泉（详见第十二章）。国家规定的甲醛在室内浓度的标准为 $<0.08\text{mg}\cdot\text{m}^{-3}$。

（三）过氧（化）乙酰硝酸酯和过氧（化）苯甲酰硝酸酯

过氧乙酰硝酸酯（peroxyacetyl nitrate，PAN）和过氧苯甲酰硝酸酯（perbenzoic nitrate，PBN）都是环境光化学烟雾污染时产生的二次污染物。过氧乙酰硝酸酯经实验证实，主要由汽车尾气排放的烃（烯烃和烷基芳烃）与 NO 的光化学作用而形成。低浓度的烯烃芳烃和 NO 在空气中受到日光或紫外光的照射下生成过氧乙酰硝酸酯和过氧苯甲酰硝酸酯（参见第八章）。

过氧乙酰硝酸酯　　　　　　　　　　过氧苯甲酰硝酸酯

过氧乙酰硝酸酯为强氧化剂，剧毒物质。过氧苯甲酰硝酸酯虽然含量较少，但其刺激性较过氧乙酰硝酸酯强 50 倍。两者对眼、鼻、喉有强烈的刺激性，能引起皮肤过敏、呼吸道不适、咳嗽等。当浓度在 $(0.001\sim1)\times10^{-6}$ 时即可刺激眼；浓度达到 $(100\sim200)\times10^{-6}$ 时，2h 可使小白鼠死亡。所产生的自由基会引起人体内一系列潜在病变。过氧乙酰硝酸酯可促进植物的老化和早衰，影响植物的生长和发育；还影响植物的生理机能，抑制光合作用，影响淀粉、纤维素等的合成，造成细胞分化的迟缓或停止。

(四) 甲醇、乙醇及氯代醇

甲醇有毒，人体摄入 10mL 甲醇可致盲，摄入 40mL 甲醇可致死。加入甲醇的酒精称为变性酒精，饮用这种变性酒精有生命危险。

乙醇是人类饮用的各种酒品的主要成分。少量的乙醇有兴奋作用，可使血液流通加快，心跳加快，精神兴奋。大量的乙醇则成为麻醉剂和毒剂，引起人思维混乱、神志不清。急性酒精中毒严重者可死亡，慢性酒精中毒，可使肝、肾受到严重损害，导致脂肪肝、肝硬化、肝癌等。

氯代醇，尤其是三氯丙醇（TCP）及二氯丙醇，如 1,3-二氯丙醇（1,3-DCP）是有毒物质，对肝、肾、神经有毒害作用。动物实验证实，可引发癌症。

二、含硫有机污染物

(一) 硫醇

硫醇的通式为 R—SH，R 为烃基。硫醇有难闻的气味，具恶臭，对人的嗅觉具高度灵敏性，3×10^{-10} mg 的乙硫醇，人们即有感觉。硫醇是大气中臭气污染的重要根源之一，造纸厂、炼油厂及化工厂都排放硫醇类化合物。硫醇有催眠、麻痹中枢神经作用，与体内金属结合力极强，可使人体内维持生命所需要的微量元素失去活性而排遗。接触硫醇会产生刺激，致癌。

(二) 硫醚

硫醚也具难闻的气味，有毒性。芥子气俗称军用瓦斯，化学名称为二氯硫醚，化学式为 $Cl—C_2H_4—S—C_2H_4—Cl$。芥子气对上皮细胞、毛细血管和中枢神经有强烈刺激作用，可使皮肤糜烂，溃疡，用做糜烂性军用毒剂。

(三) 表面活性剂

表面活性剂是指能改变液体界面间表面张力等性质的物质。烷基苯磺酸钠、烷基磺酸盐和烷基硫酸盐等都是使用最广的阴离子活性剂。烷基苯磺酸钠分子中的链烷基，具疏水性，亲油脂，而另一端磺酸基是极性的亲水端。经过搅动，油污被亲油脂端脱离织物乳化成小油滴，通过亲水端分散在水中，从而去垢。

$$R— \underset{\text{烷基苯磺酸钠}}{\bigcirc} —SO_3Na \qquad C_{12}H_{25}— \underset{\text{十二烷基苯磺酸钠}}{\bigcirc} —SO_3Na$$

烷基苯磺酸钠是典型的表面活性剂，可分为下列两种：支链烷基苯磺酸钠（ABS），直链烷基苯磺酸钠（LAS）。

烷基苯磺酸钠作为洗涤剂的主要成分，能使水产生大量泡沫而污染环境。ABS 和 LAS 在水中达到 $0.5 \text{mg} \cdot \text{L}^{-1}$ 时将漂浮泡沫，浓度达到 $10 \text{ mg} \cdot \text{L}^{-1}$，可导致鱼类畸形和死亡，达到 $10 \text{ mg} \cdot \text{L}^{-1}$ 可引起水稻减产 50%，若浓度达到 $45 \text{ mg} \cdot \text{L}^{-1}$，水稻全部中毒死亡。研究表明，LAS 难被微生物分解，但 ABS 则易于被微生物分解。

第五节　含卤素的有机污染物

有机卤化物大都具有毒性。2001 年 5 月，世界 127 个国家和地区签署了"斯德哥尔摩公约"，决定在世界禁止或限制使用 12 种持久性有机污染物（persistent organic pollutants，POPs），其中包括 9 种有机氯杀虫剂，3 种其他有机氯化合物。化合物在环境消失 50% 所需的时间称为半衰期（$T_{1/2}$），所谓"持久性"是指在水中的 $T_{1/2}>2$ 个月、或在土壤中 $T_{1/2}>6$ 个月、或在水体沉积物中的 $T_{1/2}>6$ 个月。持久性有机污染物具有生物积累性、远距离迁移能力、高急性毒性和致癌性。

一、卤代烃

（一）三氯甲烷、二溴乙烷、四氯化碳、氯乙烯

低沸点的氯代烃对中枢神经有麻醉作用，可经皮肤、黏膜迅速吸收而作用于神经组织，在短时间引起兴奋后，再引起震颤、麻醉，对红细胞破坏极强。短时间吸入高浓度的三氯甲烷（氯仿）蒸气，可导致心脏麻痹而致死，也可刺激肾上腺而使肾上腺素分泌激增而死。长时间的兴奋、麻痹可导致神经障碍。四氯化碳、1,2-二溴乙烷、1,2-二氯乙烷等经动物实验证实可导致血管瘤和癌病变。氯乙烯经流行病学和动物实验证明，能引发罕见的肝血管瘤。

（二）氟利昂、哈龙

1. 氟利昂（freon） 氯氟烃的商品名，英文代号为 CFC。氟利昂代表一类化合物，是氟氯代甲烷、乙烷和丙烷的总称。由于稳定、价廉、不燃而广泛用做制冷剂、气雾剂、发泡剂、清洗剂等。

通式为 $\qquad C_nH_{2n+2-x-y}F_xCl_y \qquad (x+y\leqslant 2n+2)$

学术代号为 $\qquad CFC\text{-}(n-1)(n_H+1)x$

商品代号为 $\qquad F(n-1)(n_H+1)x$

第一位：碳原子数 $n-1$，甲烷衍生物则 $n-1=0$，不表示。

第二位：氢原子数 n_H+1

第三位：表示氟原子数，氯原子数要根据分子式的化合价来推算。

例如，CFC-11，第一位数 $=0$，则分子式只有 1 个碳原子；第二位数 $=1$，则氢原子数 $n_H+1=1$，故 $n_H=0$，即无氢原子；第三位数 $=1$，即 $F=1$。至于氯原子数要根据分子式推算，因为 $C=1$，$F=1$，所以必有 $Cl=3$，结果 CFC-11 分子式为 $CFCl_3$。同理，CFC-113 的分子式应为 $C_2F_3Cl_3$。

氟利昂化学性质稳定，可在环境中长期存在，如 CFC-12 在大气中寿命为 130 年。

2. 哈龙（halon） 含溴的氯氟烃类的总称。其化学式按碳、氟、氯、溴的原子个数顺序组成四位数，如二氟一氯一溴甲烷（halon-1211，CF_2ClBr）。

哈龙主要用做灭火剂。其不导电、毒性较小，使用后很快消散，对受灾物品不会造成污染和损害，因而常用于飞机、潜艇、计算机房、文物档案馆的防火。

氟利昂和哈龙对环境的最大污染是作为破坏臭氧层的罪魁祸首。它们在平流层受到紫外线照射分解出氯原子和溴原子，一个氯原子可破坏 10 万个臭氧分子，而溴原子破坏臭氧的速度较氯原子快 60 倍。国际上用消耗臭氧潜能值（ODP）来表示消耗臭氧层物质的危害性，以最常见的氟利昂-11 定为 1.0，则哈龙-1211 为 3.0，哈龙-1301 高达 10.0（详见第八章）。

二、二噁英

二噁英（dioxin）是指氯苯氧基一类化合物，包括多氯二苯并二噁英（polychlorodibenzo-p-dioxin，PCDDs），其学名为多氯二苯并 $[b,e]$-对二氧六环，及多氯二苯并呋喃（polychlorinated dibenzofuran，PCDFs）。

$$(1 \leqslant m+n \leqslant 8)$$

多氯二苯并二噁英（PCDDs）　多氯二苯并呋喃（PCDFs）

多氯二苯并二噁英（PCDDs）有 75 个同族体，多氯二苯并呋喃（PCDFs）有 135 个，统称为 PCDD/Fs，共有 17 个化合物有毒，最毒的是 2,3,7,8-四氯二苯并对二噁英（TCDD）。

2,3,7,8-四氯二苯并对二噁英

TCDD 为白色固体，脂溶性物质；热稳定性非常好，700℃不分解；耐酸碱、耐氧化剂，化学性质稳定；在环境中可长期稳定存在，其半衰期达 7～10 年。

脂溶性的二噁英可经过食物而逐级浓缩进入人体，积聚在人的肝和脂肪中，不易代谢。以海洋鱼类为主要食物的北极因纽特人，所居住的环境几乎无污染，但体内的二噁英含量与发达国家重污染地区的人相差无几。

二噁英类已被世界卫生组织（WHO）列为剧毒化合物，被国际癌症研究中心列为人类一级致癌物。它不仅具有致癌性、致畸性，还具有内分泌毒性和免疫抑制作用，引起肝损伤，尤其对人类生长发育、生殖功能和繁衍的影响最令人担忧。

二噁英的毒性可通过母亲在怀孕和哺乳的过程中传递，超微量的剂量即可对婴幼儿产生毁灭性和无可挽回的危害。欧美各国已将防治二噁英的主要保护人群定为婴幼儿。

二噁英的危害还具潜伏性，其污染爆发可能有跨时代的效应。健康的母亲，摄入了过量的二噁英，仍然可能生育出看上去健康的婴儿，但 20 多年后，婴儿已成人并也要生育孩子时，问题才爆发。

二噁英对大鼠的 LD_{50} 为：皮肤接触，$1 \sim 100 \mu g \cdot kg^{-1}$，毒性相当于 DDT 的 2 万倍！经口摄入，$10 \sim 20 \mu g \cdot kg^{-1}$，毒性相当于 DDT 的 4000 倍。

二噁英来自氯化物及含氯农药生产时的副产物；有机物的焚烧，特别是 PVC 制品如电线、电缆外皮、大棚残膜的焚烧，生活垃圾、农作物的焚烧以及火灾事故；造纸工业中的木质素的去除和漂白工序；冶金工业中的炼钢、炼铁、炼铜生产过程；内燃机燃料不完全的燃烧等；其他如放焰火，化工生产的事故也会造成二噁英的污染。

我国二噁英的来源为：我国生产过 8000t 用做电力电容浸渍剂的多氯联苯，其二噁英含量比比利时污染鸡高 300 倍，这是一个潜在的巨大威胁；我国每年生产 6000t 五氯酚钠用于杀灭钉螺，其二噁英含量较比利时污染鸡高 200 倍；有机氯化工厂产品及工业垃圾；有机废物包括多氯联苯、废 PVC 等的任意焚烧。

二噁英的降解主要是断裂二噁英分子中 C—O、C—Cl 键，通过 1250～1450℃时的热降解，以及化学分解、光分解和生物降解法将二噁英分解成小分子。

西方发达国家目前二噁英的最大发散源是垃圾焚烧炉。丹麦 1985 年 45 个城市固体废物焚烧炉共排放 1.6～3.2kg 二噁英，日本每年焚烧排放 3.0kg 以上的二噁英。日本公众曾对焚烧炉产生恐慌情绪，认为焚烧炉下风口婴儿死亡率增高，癌症死亡率也增高。

历史上著名的二噁英污染事件有比利时污染鸡事件（参见第十一章）；意大利塞维索（Seveso）三氯酚生产车间爆炸造成地区污染；越战期间，美国投掷落叶剂以摧毁胡志明小道，其中的二噁英给越南人和美国人带来灾难。

杜绝、减少二噁英污染首先应严格控制、监测多氯联苯等有机氯化学物质的焚烧；规定、限制产量大的有机氯化工产品的二噁英含量；加强对含多氯联苯的废旧电容器的回收与保管；建立我国垃圾焚烧炉、工业废物焚烧炉及医院废弃物焚烧炉的许可证制度，严格行业规范，严格检测；加强公民的环境素质教育不乱烧垃圾等。

三、多氯联苯

$$Cl_m \qquad Cl_n \qquad 1 \leqslant m+n \leqslant 10$$

多氯联苯

多氯联苯（Polychlorinated biphenyl，PCB）为联苯的多氯化产物，商品多氯联苯是多种异构体的混合物，为油状液体。工业上常用的是含 2～7 个氯的 PCB。

PCB 化学稳定性好，耐酸、耐碱、抗氧化、无腐蚀性，热容大，热稳定性强，绝缘性能优良，广泛用做热载体和电容器、变压器绝缘油，也用做添加剂和润滑油。

由于 PCB 难于分解，在环境中循环造成广泛的危害。从北极的海豹到南极的海鸟蛋，甚至美国、日本、瑞典的妇女乳汁中都含有 PCB。日本 1968 年发生的米糠油事件是多氯联苯污染的典型事件，造成人员和大量家禽中毒死亡（详见第十一章）。大气、水、土壤中的 PCB 通过食物链在生物体内富集，进入人体的 PCB 蓄积在肝脏、肾上腺、消化道，引起危害。含氯原子超过 5 个以上的多氯联苯（PCB）可引起鼠和小鼠的肝癌。多氯联苯的最大危险在于可产生二噁英，丢失一台含多氯联苯的废旧电容器，其可造成的食品污染相当于 2400 万只比利时污染鸡！

清除环境中的 PCB 有焚烧、放射照射、生物降解等方法，但目前尚无有效、不产生二次污染的办法。

四、有机氯农药

有机氯农药曾在 20 世纪 70 年代末以前广泛使用。多数含氯农药经动物实验证实是致癌的。有机氯农药化学性质极其稳定，可在自然界长期存在。在土壤中六六六可保存六年半，狄氏剂可保存八年，DDT 可保存十年以上，所以，DDT 可经大气环境和水环境到达地球上任何一个角落，在地球南北极都能检测到 DDT 及其衍生物。有机氯农药可经食物链的传递积累放大而发生生物富集作用，积蓄在人的肝、肾、心脏等中，在脂肪中积蓄最多。

有机氯杀虫剂主要以苯和环戊二烯为原料，前者包括 DDT、六六六等，后者包括七氯、艾氏剂、狄氏剂等，还有一类是莰烯类的毒杀芬。

有机氯杀虫剂造成人体慢性中毒，如食欲不振、腹部疼痛、头昏头痛、乏力失眠；高毒性的氯丹、七氯等可引起肝肿大，肝功能异常；干扰人的内分泌系统，降低人的免疫功能；有致癌、致畸、致突变作用。

（一）DDT

DDT 学名为 1,1,1-三氯-2,2-双（对氯苯）乙烷 [1,1,1-trichloro-2,2-bis（pchlorophenyl）ethane,DDT]，白色结晶体，有多种异构体，其中对位异构体有强烈的杀虫效能，工业品中对位异构体的含量在 70% 以上。历史上 DDT 作为杀虫剂，防治面广、药效好，获得了广泛的应用，使人类免除疟疾、大脑炎、霍乱等蚊蝇传播疾病的侵扰。

DDT 作为农药和家庭杀虫剂溶解在有机溶剂或制成乳化剂时，很易被人的皮肤吸收而中毒。DDT可导致人腹泻、胃肠痉挛和头颈颤抖等，吸入 $20mg \cdot kg^{-1}$ 会死亡，可引发小鼠肝癌和肺癌，但致癌活性较弱；阻碍海鸟的钙代谢，使海鸟的蛋壳脆而薄，在海鸟孵化时碎裂；进入蟹卵，可引起幼蟹的死亡。

DDT化学性质稳定，不易挥发，在190℃以上才开始分解；难于被自然界微生物分解，可在环境中长期积累。长期使用DDT的结果，昆虫已产生抗性。

（二）六六六

六六六学名为 1,2,3,4,5,6-六氯环已烷（1,2,3,4,5,6-hexachlorocyclohexane），白色或淡黄色粉状结晶体。工业品含有 α，β，γ 和 δ 异构体，仅 γ 体具杀虫活性。

六六六曾是广泛使用的杀虫剂，在环境中高度稳定，其中的 α，γ 体可引起鼠和小鼠的肝癌，β 体可引起良性瘤。

（三）其他含氯杀虫剂

除DDT、六六六外，还有几种杀虫能力更强的有机氯杀虫剂，如七氯、艾氏剂、狄氏剂、异狄氏剂、氯丹、灭蚁灵、毒杀芬等，这些有机含氯农药作用于昆虫的中枢神经。艾氏剂等的生物降解较DDT快，杀虫活性高于DDT，但对哺乳动物的毒性较DDT要强得多。艾氏剂等仍然属于持久性农药范畴，2001年5月斯德哥尔摩公约禁止和限制使用上述有机氯杀虫剂。

七氯 (heptachla)　　艾氏剂 (aldrin)　　狄氏剂 (dieldrin)

艾氏剂和狄氏剂能提高肺淋巴肉瘤的发生率；毒杀酚（又称八氯莰烯）及氯丹（又称八氯化六氢甲基茚）均可引起肝癌和甲状腺癌；六氯苯为杀菌剂，动物试验可引起肝癌和血管内皮癌；2,4,6-三氯苯酚，木材防腐剂，高剂量时可引起胃癌和扁平细胞癌；1,2-二溴-3-氯丙烷，土壤消毒剂，可引起肝癌、胰腺癌或淋巴癌。

有机氯除草剂为 2,4-二氯苯氧乙酸，简称 2,4-D，可杀死阔叶植物，而对禾本科植物影响较小，因此可防除水稻、小麦和玉米等作物的田间杂草。低浓度除草剂还是植物生长调节剂，用于促进果树生根、开花、早熟等。其他系列含氯除草剂都是苯氧羧酸的衍生物，重要的有 2,4,5-三氯苯氧乙酸，简称 2,4,5-T，可杀死阔叶植物。2,4,5-T 经动物实验证实可引起突变。

第六节　天然产物污染物

一、霉菌毒素

霉菌毒素是环境中一大类毒性大、致癌力强、最危险的生物性的食品污染物质，已发现的霉菌毒素多达 100 多种，在人类食物和动物饲料中存在 95 种。

黄曲霉是一种霉菌，属于真菌类，以寄生或腐生方式生存，在潮湿、气温较高、有机物质丰富的环境中，繁殖力极强。黄曲霉最优生长条件为相对湿度 50％以上，温度 30～38℃，最优产毒温度为 27℃。

1960 年英国养鸡场以巴西进口的发霉花生米为饲料，导致十万只火鸡死亡。事后对火鸡死亡没能阐明原因，就将死亡归结为"火鸡X病"。后来发现，发霉花生米含有的黄曲霉素导致火鸡死亡。

黄曲霉素（aflatoxin）是迄今知道的最强致癌物质，其诱发肝癌的能力比二甲基亚硝胺大 75 倍，主要侵犯人的肝脏，诱发肝癌和肝炎，也诱发胃癌、肾癌、肠癌和乳腺、卵巢、小肠等部位的肿瘤。黄曲霉素可使人、畜急性中毒，猪的 LD_{50} 为 $0.62mg \cdot kg^{-1}$，其毒性较敌敌畏大 100 倍，较砒霜大 68 倍，较氰化钾大 10 倍。

黄曲霉素共有十多种，其中黄曲霉素 B_1，M_1，GM_1 经动物实验证实都可引发肝癌，以黄曲霉素 B_1 毒性最强。

黄曲霉素 B_1　X＝Y＝Z＝H；黄曲霉素 M_1　X＝Y＝H，Z＝OH

除黄曲霉素外，还有杂色霉菌毒素、黄米毒素、岛青霉肽素、棒青霉素以及作为抗生素的灰黄霉素等，这些霉菌毒素可引起中毒及癌症。1988 年以来，发现镰刀念珠菌所产生的镰刀念珠菌素 B_1 系列毒素，可引起动物的癌症。

二、食品毒素

（一）蛋白质毒素

黄豆、菜豆、豌豆等含有一种蛋白质，人和动物食用后，出现生长停滞、胰脏肥大等慢性中毒症状，原因是该蛋白质与体内胰蛋白酶结合而抑制该酶的功能。潮湿的条件下加热，该蛋白质则被破坏脱毒。

蓖麻子含有的蛋白质毒素称为凝血毒素，可损伤肝、肾等，引起急性中毒性肝、肾病、出血性肠炎、血栓，麻痹呼吸及血管运动中枢。食入蓖麻毒素 30mg 便可致死，儿童误食 4～5 粒蓖麻子，导致循环和急性肾功能衰竭而死亡。同样，潮湿加热即可脱毒。

（二）苷类毒素

1. **苦杏仁苷**　苦杏仁苷存在苦杏仁中，是苯甲醛和氢氰酸加成物 β-糖苷，在人体内代谢经氰苷水解酶水解生成氢氰酸而有剧毒。类似的还有高粱毒素，对羟基苯甲醛与氢氰酸加成物的 β-糖苷，存在于未成熟的高粱籽实和茎叶中，叶中含量最大。

氰苷中毒开始时口中苦涩，流涎、头晕、头痛、恶心、呕吐、心悸及四肢无力，然后呼吸困难、意识不清及昏迷，最后呼吸麻痹，心脏停止跳动而死亡。

2. **皂苷**　皂苷存在于扁豆、菜豆、芸豆和架豆等豆角中。皂苷易水解，生成糖类和皂苷原，皂苷原强烈刺激消化道黏膜，造成恶心、呕吐、腹泻和腹痛，此外还破坏红细胞，引起溶血症状。加热可破坏皂苷。

3. **葡萄糖苷凤尾松素**　我国南方的野生植物凤尾松，俗称苏铁，其种子可供食用，茎心可采淀粉，但发现其中的葡萄糖苷凤尾松素对实验动物有强烈的致癌作用。

（三）其他植物性毒素

1. **龙葵素**　发芽马铃薯发芽部位含有龙葵素，也称茄碱，未成熟的马铃薯所含龙葵素较成熟的高 5～6 倍。龙葵素对胃黏膜有较强的刺激作用，对胆酯酶有抑制作用，对中枢神经系统有麻醉作用，尤其对呼吸中枢作用显著。

2. **棉酚**　棉籽中含有约 0.6% 的棉酚，棉酚是一种细胞原浆毒，对心、肝、肾及神经、血管均有毒性。影响人的生殖系统，导致不育症和不孕症。

3. 毒蕈　俗称毒蘑菇，含有环状的多肽，剧毒。分为原浆毒、神经毒和胃肠毒等，可引起中毒性肝炎、肝坏死，精神错乱和幻想，恶心、呕吐、剧烈腹泻、腹痛，可致人死亡。

（四）动物性毒素

1. 河豚毒素　作用于神经，进食几分钟后嘴唇和舌麻木，恶心、呕吐、腹泻，肌肉瘫痪、肢端麻痹、言语不清、体温血压下降，因呼吸中枢和血管运动中枢麻痹而死亡。河豚毒素易从胃肠道吸收，重病者 30min 即可死亡。对小鼠的 LD_{50} 为 $10\mu g \cdot kg^{-1}$。

2. 鱼类组胺毒素　存在于不新鲜的鱼类，尤其是鲐鱼。组胺中毒一般是食后 10min 至 3h 发病，主要症状为脸红、头晕、头痛、口干、心跳加快、全身皮肤发痒、起荨麻疹、口唇肿胀、结膜充血等。有的人伴随恶心、呕吐、腹泻和腹痛等，重者可有支气管痉挛，呼吸困难及血压下降。

3. 海生动物毒素　大约 500 种鱼贝含有毒素。这些鱼贝是由于吞噬有毒藻类而积聚毒性，海洋环境的污染往往引起有毒藻类的大量生长。麻痹性甲贝毒素，可抑制人的呼吸和心血管的神经控制中枢，常由食用有毒的蛤、蚝等引起，而蛤、蚝则因摄入了产毒的海生双鞭甲藻。有些食草型鱼类在食用有毒的蓝绿藻后，产生鱼毒素而对人发生心血管虚脱等症状。

4. 微生物毒素　致病细菌大量繁殖并产生毒素而使人中毒。如肉毒梭状芽胞杆菌产生的肉毒毒素，可影响神经系统、呼吸系统，摄入 $35\mu g$ 人就因麻痹窒息而死亡。肉毒毒素对热不稳定，在 100℃ 加热 10～20min 则完全失活。其他还有沙门氏菌属、变形杆菌、副溶血性弧菌、致病性大肠杆菌、葡萄球菌等。

三、毒品

毒品是指鸦片、海洛因、吗啡、大麻、可卡因、甲基苯丙胺（冰毒）以及国家规定的其他能够使人形成瘾癖的麻醉药品和精神药品。这些毒品特点是具有依赖性、非法性和危害性，对人体和社会产生严重危害；人一旦吸毒成瘾后，便会产生生理依附性和心理依赖性，无法自拔。

（一）鸦片

鸦片从罂粟的果实渗出液提取。罂粟有两种，一种为观赏罂粟，如黑色罂粟、白色罂粟、石竹花罂粟等；另一种为鸦片罂粟，花色有红色、紫色、白色等，非常妖艳，鸦片罂粟具有催眠、麻醉等功效。鸦片是制造吗啡和海洛因的原料，吗啡从鸦片中提取而成，海洛因是吗啡的半合成品，呈灰白色粉末状，即俗称的"白粉"、"白面"或"粉"。海洛因的成瘾性更大，是吗啡的 3～5 倍。

（二）大麻

大麻在我国一般称为大麻或大麻烟。在大麻中可提炼 4 万多种化合物，最主要的有大麻酚、大麻二酚、四氢大麻酚，其中以四氢大麻酚的麻醉作用最强、毒性作用最大。大麻有强烈的麻醉和致幻作用，使吸食者的大脑神经系统发生病变，容易出现精神病和癫狂行为，吸食大麻的最终结果就是使人发疯。

第七节　持久性有机污染物（POPs）

持久性有机污染物（Persistent Organic Pollutants POPs）是指人类合成的能持久存在于环境中、通过生物食物链（网）累积、并对人类健康造成有害影响的化学物质。

与常规污染物不同，持久性有机污染物对人类健康和自然环境危害更大：在自然环境中滞留时间长，极难降解，毒性极强，能导致全球性的传播。被生物体摄入后不易分解，并沿着食物链浓缩放大，对人类和动物危害巨大。很多持久性有机污染物不仅具有致癌、致畸、致突变性，而且还具有内分泌干扰作用。

《关于持久性有机污染物（POPs）的斯德哥尔摩公约》于 2001 年 5 月 23 日联合国环境署（UNEP）在瑞典首都组织召开的外交全权代表会议上获得通过，2004 年 5 月 17 日正式生效。该公约旨在减少或消除持久性有机污染物的排放，保护人类健康和生态环境免受其危害。2009 年 5 月，该公约第四次缔约方大会决定将 9 种化学品列入公约受控范围，相应的修正案将于 2010 年 8 月 26 日生效。2011 年 4 月，该公约第五次缔约方大会决定将硫丹作为新增化学物质列入公约受控范围。这是继《保护臭氧层公约》和《气候变化框架公约》之后，人类为保护全球环境而签订的第三个具有强制性减排要求的国际公约。

一、持久性有机污染物的分类及来源

狭义的 POPs 物质主要是指《关于持久性有机污染物的斯德哥尔摩公约》禁用物质。

首批列入公约受控名单的 12 种 POPs：

有意生产——有机氯杀虫剂（OCPs）：滴滴涕、艾氏剂、氯丹、狄氏剂、异狄氏剂、七氯、灭蚁灵、毒杀酚、六氯苯（见表 6-3）；

有意生产——工业化学品：多氯联苯（PCBs，209 种）；

无意排放——工业生产过程或燃烧产生的副产品：二噁英（多氯二苯并二噁英 PCDD）、呋喃（多氯二苯并呋喃 PCDF），2378 位取代 PCDD 和 PCDF 17 种。

第二批增列（2009 年公约第四次缔约方大会）：新增物质包括三种杀虫剂副产物（α-六氯环己烷、β-六氯环己烷、林丹）、三种阻燃剂（六溴联苯醚和七溴联苯醚、四溴联苯醚和五溴联苯醚、六溴联苯）、十氯酮、五氯苯以及 PFOS 类物质（全氟辛磺酸、全氟辛磺酸盐和全氟辛基磺酰氟）。

第三批增列（2011 年公约第五次缔约方大会）：硫丹。

二、持久性有机污染物特点

（一）环境持久性

持久性有机污染物化学稳定性强，难于降解转化，在环境中不易消失，能长时间滞留。持久性物质在水中的半衰期大于 2 个月、或在土壤中的半衰期大于 6 个月、或在水体沉积物中的半衰期大于 6 个月。

研究表明，即使近期停止生产和使用《公约》中的 POPs 物质，最早也要在未来第 7 代人体内才不会检出这些物质。

（二）生物积累性

持久性有机污染物具有生物积累性，由于它们具有低水溶性、高脂溶性特性，可以被生物有机体在生长发育过程中直接从环境介质或从所消耗的食物中摄取并蓄积。生物积累的程度可以用生物浓缩系数来表示。某种化学物质在生物体内积累达到平衡时的浓度与所处环境介质中该物质浓度的比值叫生物浓缩系数（BCF）。各种化学物质的生物浓缩系数变化范围很大，与其水溶性或脂溶性有关。该系数对于评价、预告化学物质的环境影响有重要意义，某化学物质的生物浓缩系数大，则在生物体内的残留浓度大，对生物积累性的规定之一是，在水生物种中的生物浓缩系数或生物积累系数大于 5000。

表 6-3 第一批受控持久性有机污染物的九种有机氯农药

名 称	又 名	化学式	摩尔质量 g/mol	结 构 式	学 名	原料用途	开始生产年份	禁止使用/个国家	限制使用/个国家
滴滴涕	二二三 DDT	$C_{14}H_9Cl_5$	354.49		双对氯苯基三氯乙烷	农药杀虫剂,现用于防治蚊蝇传播疾病	1942	65	26
艾氏剂 aldrin		$C_{12}H_8Cl_6$	364.91		1,2,3,4,10,10-六氯-1,4,4a,5,8,8a-六氢化-1,4,5,8,-二甲撑萘	施于土壤中清除白蚁、蚱蜢、南瓜十二星叶甲和其他昆虫	1949	72	10
氯丹 chlordane	氯化茚八氯 1068	$C_{10}H_6Cl_8$	409.78		1,2,4,5,6,7,8,8a-八氯-2,3,3a,4,7,7a-六氢化-4,7-亚甲茚	控制白蚁和火蚁,广谱杀虫剂,用于各种作物和居民区草坪	1945	57	17
狄氏剂 dieldrin		$C_{12}H_8Cl_6O$	380.91		艾氏剂的氧化产物	控制白蚁、纺织品虫害,防治热带蚊蝇传播疾病;部分用于农业	1948	67	9
异狄氏剂 endrin		$C_{12}H_8Cl_6O$	380.91	狄氏剂的立体异构物	艾氏剂的氧化产物	杀虫剂(喷洒于棉花、谷物叶片上),控制啮齿动物	1951	67	9
七氯	七氯化茚	$C_{10}H_5Cl_7$	373.32		1,4,5,6,7,8,8a-七氯-3a,4,7,7a-四氢化-4,7-甲撑茚	杀灭火蚁、白蚁、蚱蜢、作物病虫害、传播疾病的蚊蝇等带菌媒介	1948	59	11
灭蚁灵 mirex		$C_{10}Cl_{12}$	545.55		十二氯八氢化-1,3,4-甲桥-2H-环丁并[cd]戊搭烯	杀灭火蚁、白蚁及其他蚂蚁		52	10
毒杀芬 toxaphene	氯化莰烯氯化莰 3956	$C_{10}H_{10}Cl_8$	413.81		八氯莰烯	棉花、谷类、水果、坚果和蔬菜杀虫剂	1948	57	12
六氯苯	灭黑穗药六氯代苯 HCB	C_6Cl_6	284.78		六氯代苯	粮食作物的杀真菌剂,用于处理种子		59	9

生物累积性可通过食物链（网）在生物体内蓄积并逐级放大，对人体健康危害巨大。

（三）远距离迁移能力

持久性有机污染物具有半挥发性，能够从水体或土壤中以蒸气的形式进入大气环境或被大气颗粒物吸附，通过大气环流在大气环境中作远距离迁移。在较冷或海拔高的地方会沉降到地球上。而后在温度升高时，它们会再次挥发进入大气，进行迁移。这就是所谓"全球蒸馏效应"或"蚱蜢跳效应"。由于这种过程不断地发生，使得 POPs 物质可沉降到地球偏远的极地地区。

在南极企鹅体内和北极爱斯基摩人体内检出滴滴涕及代谢物就是这一性质的最好说明。

（四）严重危害性

持久性有机污染物对人类健康或对环境产生不利影响。它们之中不少都具有高急性毒性和水生生物毒性，有的被确认不仅具有致癌、致畸、致突变性，还具有内分泌干扰作用。它们对环境造成的危害是长期而复杂的，已经成为严重威胁人类健康和生态环境的全球性环境问题，对人类生存繁衍和可持续发展将构成重大威胁。

三、我国持久性有机污染物概况及履约情况

（一）我国持久性有机污染物概况

在首批受控的 9 种杀虫剂中，我国曾规模化生产的有 6 种，历史上至少有杀虫剂类 POPs 生产企业（含原药和制剂厂）58 家。

中国 PCBs 油的生产始于 1965 年，1974 年至 20 世纪 80 年代初逐步停止生产。据初步调查和分析，PCBs 油的累计产量为 7000～10000t。目前，在用的含 PCBs 电力装置主要包括含 PCBs 电容器和含 PCBs 变压器。在全国电力系统已经查明在线使用的含 PCBs 电力电容器约 460 台。由于涉及行业广、企业数量多、管理薄弱、年代久远等原因，全国非电力系统中存在的在用含 PCBs 电容器的调查难度很大。

我国是二噁英排放量最大的国家之一，而二噁英来源复杂广泛，涉及国民经济生产的主要行业。我国二噁英排放源包括 10 大类 62 子类，主要的排放行业为废物燃烧、造纸、再生有色金属、化工、钢铁。

根据调查，中国还在生产和使用的新增的 POPs 主要包括全氟辛基磺酸及其盐类（PFOS）。PFOS 作为氟精细化工产品，是生产氟表面活性剂的重要原料之一。目前国内约有 10 余家生产企业，但单位年产量均较低，相关协会报道近年中国年产量约 100～300t。

（二）我国履约情况

2001 年 5 月 23 日，《关于持久性有机污染物的斯德哥尔摩公约》（简称《公约》）开放签署，《公约》的主要目标是为预防和消除POPs对人类健康和环境的危害，主要内容包括控制义务、常规义务、豁免条款、增补程序、资金及技术援助。我国是首批签约方；2004 年 5 月 17 日，公约在国际上生效，2004 年 11 月 11 日在我国正式生效；2005 年 5 月 11 日，我国成立国家履约工作协调组；2007 年 4 月 14 日，国务院批准《中华人民共和国履行"关于持久性有机污染物的斯德哥尔摩公约"国家实施计划》（NIP）；为落实《国家实施计划》要求，2009 年 4 月 16 日，环境保护部会同国家发展改革委等 10 个相关管理部门联合发布公告（2009 年 23 号），决定自 2009 年 5 月 17 日起，禁止在中国境内生产、流通、使用和进出口滴滴涕、氯丹、灭蚁灵及六氯苯（滴滴涕用于可接受用途除外），兑现了中国关于 2009 年 5 月停止特定豁免用途、全面淘汰杀虫剂 POPs 的履约承诺。

我国履约的总体目标是：2010 年完善、2015 年初步完成 POPs 废物环境无害化管理与

处置，建立杀虫剂类POPs污染物场地清单，为逐步清除POPs污染场地奠定基础，并且力争到 2015 年基本控制二噁英排放量的增长趋势。

为加大对 POPs 削减和淘汰的力度，环保部启动了两项与 POPs 相关的"十二五"专项规划编制工作：即《全国主要行业持久性有机污染物污染防治十二五规划》和《国际环境公约履约十二五规划》，力争将持久性有机污染物的控制、削减、淘汰工作纳入国民经济和社会发展中长期规划，逐步系统化、常态化。从资金、管理、责任和保障措施等方面全方位实现《国家实施计划》，确保实现各项目标。

习　题

1. 写出甲基汞的分子式，试述甲基汞中毒的三大症状。甲基汞有何特点？
2. 推广无铅汽油有何意义？为何要选择无铅松花蛋？
3. 甲烷对环境的污染主要是什么？除天然气外，甲烷还源自何处？
4. 苯及苯系物业已成为家庭的重要污染物之一，其对人体的危害有哪些？
5. 用于衣物储存含萘卫生球为何应禁止？
6. 苯并 $[a]$ 芘为代表的多环芳烃主要引起哪类癌？环境中的多环芳烃主要来自何处？
7. 亚硝胺对人体有何危害性？
8. 杂环芳胺对人体有何危害性？哪些食品容易产生杂环芳胺？
9. 历史上曾用做色素的奶油黄的化学名称为何？其对人体有何危害？
10. 试举出染料中间体致癌芳胺的两种代表物质。
11. 试举出生物碱中的两个代表物质，说明其危害性。
12. 杀虫剂一般如何分类？有机氮农药杀虫的机理是什么？
13. 试举出有机磷农药中的两个代表物质。
14. 酚对人体有何危害？
15. 甲醛对人体有何危害？
16. PAN 对人体有何危害？
17. 硫醇、硫醚除恶臭外对人体还有何危害？
18. 什么是表面活性剂？举出常用的表面活性剂。
19. 什么是氟利昂和哈龙？为何在冰箱和灭火剂中要淘汰这两种物质？
20. 写出 TCDD 的分子式。TCDD 的性质有何特点？
21. 二噁英有哪些危害性？我国有哪些潜在的二噁英威胁？
22. 如何杜绝、减少二噁英污染？
23. 黄曲霉最优生长条件有哪些？黄曲霉素 B_1 致癌活性较二甲胺大多少？毒性较敌敌畏、砒霜、氰化钾大多少？
24. 黄豆和豆角为何要加工熟透才能吃？毒蘑菇和发芽马铃薯为何不能食用？
25. 为何吸食大麻的最终结果就是使人发疯？
26. 什么是 POPs？有何特点？

位置、乡土和地则对PCP污染物的迁移等，对建北部还算是需要置——与……

……于消2015年末标确三里里其其置的增长趋势。

为消大对POP污染和新的问题，我把制订这个和整理为POPs相关的"十二五"专项

规划和工作计划，全国主要行业企业对于消可能需要污染有关工作和整整展缓大，国际环境

系合于十二五明划，为消减污水有些和消除用外，向有工作取，确有工作取从目标多别和材料。

文物法人长期，污物染物处于消消处置可能，……向有量法……向有量法。
现（国本质量制是环境保护……

3. 有机有污染物和消消集其他——……

第七章　环境中的胶体物质

在一种或多种物质分散在另一种物质中的分散系统中，被分散的物质叫做分散相，另一种物质叫做分散介质。胶体是指高度分散的分散系统，胶体中分散的质点很小，大小在 1nm 至 $1\mu m$。可以按分散相与分散介质的聚集状态把分散系统分类，见表 7-1。

表 7-1　分散系统的分类

分散相	分散介质	系统名称	实　例	分散相	分散介质	系统名称	实　例
液	气	气溶胶	雾	固	液	溶胶、悬浊液、凝胶	金汁、油漆、豆腐
固	气	气溶胶	烟、尘	气	固	固体泡沫	泡沫塑料、浮石
气	液	泡沫	灭火泡沫	液	固		珍珠、宝石
液	液	乳浊液	牛奶、原油	固	固		合金、有色玻璃

第一节　大气气溶胶

分散相是固体或液体，分散介质是气体的胶体分散系统叫做气溶胶（aerosol）。悬浮在大气中的微粒（即分散相）统称为悬浮颗粒物（suspended particles, SP），或简称为颗粒物。目前环境科学中常把"气溶胶"和"颗粒物"这两个名词作为同义词来通用，国内环境监测系统采用"颗粒物"这个名词。

一、大气气溶胶的主要形态

（一）烟（smoke）

分散相为固态，物质在高温下蒸发、升华以气态散布于空气中，冷凝成为固体微粒，如铅烟。煤烟是燃料不完全燃烧所产生的炭粒，粒径在 $0.1\sim 1\mu m$ 之间。

（二）尘（dust）

分散相为固态，一般由机械过程产生，如风沙，粒径在 $1\sim 100\mu m$ 之间。由于粒径不同，尘在重力作用下，沉降特性也不同。粒径小于 $10\mu m$ 的颗粒可以长期飘浮在空中，称为飘尘；粒径大于 $10\mu m$ 的颗粒，能很快地沉降，称为降尘。

（三）雾（fog）

分散相为液态，由液滴分散和蒸汽凝聚而成，粒径在 $2\sim 30\mu m$ 之间。

（四）烟雾（smog）

分散相为固、液两种状态，具有烟和雾的两重性。由二氧化硫或其他硫化物、未燃烧的

煤烟和高浓度的雾混合并伴有化学反应产生的硫酸烟雾，叫煤烟型烟雾或伦敦型烟雾；由碳氢化合物和氮氧化物通过光化学反应产生的光化学烟雾，叫洛杉矶型烟雾。它们统称为化学烟雾，烟雾的粒径一般小于 $1\mu m$。

二、大气颗粒物的来源和形成机制

颗粒物可以分为一次颗粒物和二次颗粒物，一次颗粒物是直接由污染源排放到大气中颗粒物的总称，大部分粒径在 $2\mu m$ 以上；二次颗粒物则是由一次污染物（包括气体、液体和固体）转化而来的，粒径一般在 $0.01\sim1\mu m$ 之间。它们都有其天然源和人为源。

（一）大气颗粒物的天然源

1. 一次颗粒物的天然源　地面扬尘（风吹灰尘）、海浪溅出的浪沫、火山爆发的迸出物、森林火灾的燃烧物、生物界产生的花粉、孢子等颗粒物质。

2. 二次颗粒物的天然源　森林放出的碳氢化合物（主要是萜烯类）进入大气后经光化学反应产生的微粒，与自然界硫、氮、碳循环有关的转化产物，如由 H_2S、SO_2 经氧化生成的硫酸盐，由 NH_3、NO 和 NO_2 氧化生成的硝酸盐等。

（二）大气颗粒物的人为源

1. 燃料燃烧过程中产生的固体颗粒物　如工业与民用煤或油、木柴等燃烧生成的烟炭、煤烟及飞灰等，也可能有一部分气体经凝结、聚集或化学反应转化为二次颗粒物（如燃煤排放出的二氧化硫在一定的大气条件下会转化为硫酸盐）。

2. 各种工业生产过程中排放的固体微粒　其成分有各种金属及有机物（如熔矿、炼铁、制钢、烧窑、矿石粉碎、水泥制造、有色金属冶炼、农药制造等）。随着不同类型的工业及工艺过程，其排放颗粒物的物理化学特性也有很大不同。这些颗粒物中有一次的，也有二次的。

3. 汽车排气　使用含铅汽油的汽车排气中含有一氧化碳、氮氧化物及硫氧化物等气体，还有铅化合物、毒性较大的致癌物（如苯并芘等）等颗粒物。柴油汽车还排出大量炭黑、燃烧不完全的碳氢化合物，包括许多能致癌的多环芳烃颗粒物。

（三）大气颗粒物的形成机制

颗粒物的形成机制，可以分为两种类型，一种是由固体的粉碎、液体的喷雾或粉尘的再分散而造成的，形成一次颗粒物，属于分散型颗粒物；另一种是由饱和或过饱和的蒸汽凝结，或者是由气体通过化学反应而生成固体、液体，形成二次颗粒物，属于凝聚型颗粒物。

三、大气颗粒物的性质

大气颗粒物的物理化学性质与其来源和形成的条件、环境的因素有密切关系。反过来，具有不同物理化学性质的颗粒物对环境的影响及生物效应也大不相同。

（一）大气颗粒物的物理性质

颗粒物的物理性质有大小（粒度、体积、孔隙）、颜色、形状、密度、表面积、粗糙度、吸附性、亲水性、光学及电磁学的性质等，其中粒度、形状及光学性质与环境污染的关系及阐明颗粒物在环境中的行为，已经有许多实用的研究结果。

1. 颗粒物的粒度分布及其类型　粒度指颗粒物粒子直径的大小。在颗粒物中聚集了许多不同粒度的粒子，在大气中不同粒度颗粒的分布情况，也是变化不定的。大气污染中的许多问题，都与粒度分布有直接关系，它是目前颗粒物物理性质中最容易测定的性质之一。

粒度分布有许多不同的表示方法，比如用单位体积空气中的粒子个数（N）、总表面积

（S）、总体积（V）或总质量（M）等表示（见图 7-1）。

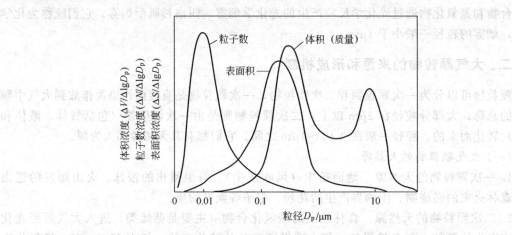

图 7-1　三种不同浓度表示的粒度分布曲线

从图 7-1 可以看出，这三种表示的结果是不同的，粒径为 $0.01\mu m$ 的颗粒最多，总表面积主要决定于 $0.2\mu m$ 的颗粒，总体积（或总质量）的粒度分布是双峰型的，一个峰在 $0.3\mu m$ 左右，另一个峰在 $10\mu m$ 左右。

由于不同粒度的颗粒物对环境的污染和对人体健康的影响不同，国外不少学者对此进行了大量研究。比如威德比（Whitby）等人对大气颗粒物按总表面积与粒度分布的关系得到了三种不同类型的粒度峰（或称粒度的模态，size mode）（见图 7-2）。大气颗粒物的粒度有三个峰（模态），即爱肯（Aitken）核峰（$<0.1\mu m$）、积聚峰（$<2.0\mu m$）和粗粒峰（$>2.0\mu m$）。

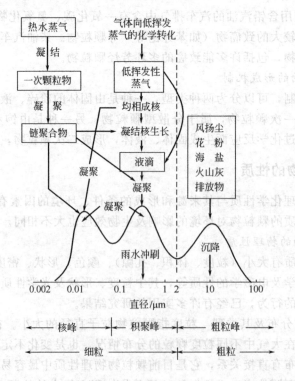

图 7-2　大气颗粒物按总表面积随粒度分布的三种不同类型

大气颗粒物的人为源有一次排放物和二次生成物。由蒸汽凝结或光化学反应使气体经成核作用而形成的颗粒，粒度为 $0.005\sim0.05\mu m$，属于核峰型，它们很不稳定，在大气中很快被其他物质或地面吸着而清除。粒径在 $0.05\sim2\mu m$ 范围的颗粒物是由核峰型颗粒聚集或通过蒸汽凝结而长大的，这是积聚峰型的，它们在环境中不易扩散或碰撞而清除，多数为二次污染物，80% 以上的硫酸盐颗粒属于此峰。以上这两种颗粒物合称为细粒（$<2\mu m$），粒径大于 $2\mu m$ 的颗粒物属于粗粒峰，它是由机械粉碎、液滴蒸发等过程形成的，主要是天然及人类活动的一次污染物。核峰型的颗粒可以凝聚而转化为积聚峰型的颗粒；但积聚峰与粗粒峰之间一般彼此不易相互转化。

颗粒物的粒径不同，对人体健康的影响也不同。大气颗粒物约有 1/4 是粒径大于 $10\mu m$ 的降尘，在空气里停留时间短，对人体健康的危害小。粒径小于 $10\mu m$ 的飘尘在空气里停留时间长，是能被人吸入的可吸入颗粒物。图 7-3 是人体呼吸系统三个主要部位颗粒物的相对沉积量。粒径大于 $5\mu m$ 的粗粒主要被人体的鼻腔和咽部阻留；粒径小于 $0.1\mu m$ 的爱肯核可以沉积在气管、支气管，随着痰液排出体外，不都沉积在肺表面；粒径在 $0.1\sim5\mu m$ 之间的飘尘，可以直达肺区沉积。

我国环境空气质量标准 GB 3095—2012（见附录七）中规定了 TSP、PM10、PM2.5 三项指标。TSP（total suspended particle）——总悬浮颗粒物，指环境

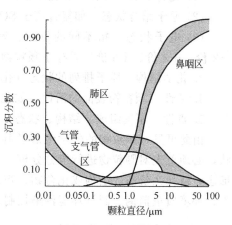

图 7-3　在三个主要部位颗粒物的相对沉积量

空气中空气动力学当量直径小于等于 $100\mu m$ 的颗粒物。PM10（particulate matter）指环境空气中空气动力学当量直径小于等于 $10\mu m$ 的颗粒物，也称可吸入颗粒物。PM2.5 指环境空气中空气动力学当量直径小于等于 $2.5\mu m$ 的颗粒物，也称细颗粒物。TSP 和 PM10 在粒径上存在着包含关系，即 PM10 为 TSP 的一部分。国内外研究结果表明，PM10/TSP 的重量比值为 60%～80%。PM2.5 又称为可入肺颗粒物，它又为 PM10 的一部分，其直径还不到人的头发丝粗细的 1/20。虽然 PM2.5 只是地球大气成分中含量很少的组分，但它对空气质量和能见度等有重要的影响。与较粗的大气颗粒物相比，PM2.5 粒径小，富含大量的有毒、有害物质且在大气中的停留时间长、输送距离远，因而对人体健康和大气环境质量的影响更大。

2. 颗粒物的光学性质　大气能见度用视程来定量描述。视程是指在日光条件下，一个视力正常的人在水平方向上能分辨黑色目标的最远距离。颗粒物与可见光的相互作用，可以有散射和吸收两种情况，一般粒径小的颗粒物以散射为主。粒径小于 $0.1\mu m$ 的颗粒物挡不住可见光，对大气能见度影响不大；粒径大于 $1\mu m$ 的颗粒物散射和截断可见光的能力和截面积成正比，也不大；而粒径在 $0.1\sim1\mu m$ 之间的颗粒物，由于其粒度和可见光的波长在同一个数量级，发生可见光的干涉现象，所以散射可见光的能力特别强烈，造成大气能见度明显下降。这个范围的颗粒主要是工业燃烧、植物等产生的细粒，如有机颗粒物和硫酸盐、硝酸盐等二次颗粒物。

（二）大气颗粒物的化学性质

大气中有成千上万种化学物质，它们存在的形态有气体和颗粒物。颗粒物在物理化学性质上与其他形态的污染物有很大差异，它是以各种各样的化学形态和不同的形貌混合在一起组成的。在大气环境中它们的化学组成往往会发生变化，每个颗粒物中的组分状况也不相同，这就形成了颗粒物污染的复杂性。现已测得城市大气颗粒物中有几十种金属元素和几百

万种有机物，浓度和化学组分因地而异，大体为：无机物占颗粒物中的 50%～80%，有机物占 10%～20%，生物物质占 2%～10%（包括细菌、孢子、花粉等）。

颗粒物的化学组成存在很大差别，这与它们来自不同类型的污染源有相当大的关系。研究颗粒物的化学性质，主要有以下一些内容。

1. 颗粒物的化学组成　包括整个颗粒集合体在不同粒度中或单个颗粒的元素浓度、离子浓度等。

2. 颗粒物的化学状态

（1）化合状态　即在颗粒物中以何种化合物存在的状态及各种相。

（2）原子结合状态　如复合离子 SO_4^{2-}、NO_3^- 等，配离子、官能团及各种化学形态。

（3）电子状态　指不同的价态、氧化态，如同一种元素硫，可以有四种价态（0 价、－2 价、＋4 价、＋6 价）并存于颗粒物中。

3. 化学结构　原子排列的状态（化合物及晶体颗粒）和颗粒表面的结构与组成等。

4. 活性　颗粒物表面的活性，如化学反应、吸附、吸着等活性。

5. 毒性　不同组成、结构、状态、形状与粒度的颗粒物，其致毒效应有很大差别。

由此可见，颗粒物的化学组成及其存在状态是很复杂的问题，要全面了解这些化学性状，必须首先对颗粒物进行组分分析，状态、结构的鉴定，阐明颗粒物中有哪些元素、化学形态，以什么价态、结构或化合物、相态存在，它们的含量各有多少，这是进行大气污染评价、环境质量监测、制订环境污染控制对策的重要依据。

四、大气颗粒物的清除

大气颗粒物的清除机制与颗粒的粒度、化学组成及性质有关，一般有两种清除方式。

（一）干沉降

这种沉降清除的过程有两种机制。一种是通过重力对颗粒物的作用，使它们降落到土壤、水体的表面或植物、建筑等物体上。沉降的速率主要和颗粒的粒径、密度、空气的动黏滞系数有关，颗粒的粒径越大，则扩散系数和沉降速率就越大。

另一种干沉降的机制是粒径小于 $0.1\mu m$ 的颗粒，即爱肯核，靠布朗运动扩散、互相碰撞而凝集成较大的颗粒。粒径小于 $0.01\mu m$ 的颗粒，凝集较快，形成较大的颗粒。粒径大于 $0.1\mu m$ 的颗粒几乎不再凝集，通过大气湍流扩散到地面或碰撞而清除。

（二）湿沉降

湿沉降是指降雨、下雪使颗粒物清除的过程，它对于清除大气中的颗粒物和痕量气体污染物是很有效的。湿沉降有两种方式，一种叫雨除（rain out），另一种叫洗脱（wash out）。

雨除是颗粒物在云中清除的过程。颗粒物与云粒凝集，再和水蒸气凝结，逐渐长大成为雨滴而降落到地面。在这种过程中颗粒物起凝结核的作用，并在云的形成过程中把它们清除掉。雨除对粒径小于 $1\mu m$ 的颗粒物效率较高，特别是吸湿性、可溶性的颗粒物，更为明显。

洗脱则是在降雨时，雨滴对颗粒物的惯性碰撞或扩散、吸附，使其清除的过程。洗脱对粒径为 $4\sim5\mu m$ 以上的颗粒物粒子效率较高。

湿沉降一般可以占大气中被清除颗粒物的 80%～90%，但是，不论是雨除，还是洗脱，对粒径约为 $2\mu m$ 左右的颗粒物都没有明显的清除作用。如果颗粒物在大气中的寿命较长，随着气流运动可以把它们输送到几百 km，甚至上千 km 以外的地方去，这是颗粒物造成区域性污染的重要原因。酸雨问题部分就是由于硫酸盐颗粒物长距离迁移，造成跨越国界污染的实例（详见第八章）。

第二节 水体中的胶体物质

水体中的胶体可以分为三大类：无机胶体（包括各种黏土矿物胶体和各种水合氧化物）、有机胶体、有机-无机胶体复合体。

一、黏土矿物

黏土矿物是环境中无机胶体最重要也是最复杂的成分。黏土矿物是在原生矿物风化过程中形成的，其成分是铝硅酸盐，具有片状晶体构造。

黏土矿物里的基本结构单元有两种，一种是由一个硅原子和四个氧原子形成的硅氧四面体，多个硅氧四面体连成片，组成的四面体层结构叫硅氧片，符号是 T；另一种是由一个铝原子和六个氧原子或氢氧原子团形成的铝（氢）氧八面体，多个铝氧八面体连成片，组成的八面体层结构叫水铝片，符号是 O。这两种原子层结构以不同的方式组合，形成三大类黏土矿物。

（一）高岭石类

由一层水铝片和一层硅氧片组成一个晶层，叫 1：1 型晶格，或 OT 型两层黏土矿物。这类黏土矿物的晶层间距离很小，内部空隙不大。高岭石的晶层一面有氢氧原子团，另一面有氧原子露出表面，晶层与晶层之间具有氢键的结合力，距离难于改变。高岭石的化学式可以 $Al_4(Si_4O_{10})(OH)_8$ 表示，其理论成分为：SiO_2 46.54%，Al_2O_3 39.50%，H_2O 13.96%。

（二）蒙脱石类

由两层硅氧片夹一层水铝片组成一个晶层叫 2：1 型晶格，或 TOT 型三层黏土矿物。这类黏土矿物的晶层间结合不紧，内部空隙大。蒙脱石的晶层表面没有氢氧原子团露出，所以层间没有氢键结合力，其间的距离视吸收水分子的多少而变化。蒙脱石的化学式可以 $Al_4(Si_4O_{10})_2(OH)_4 \cdot nH_2O$ 表示，其理论成分为：SiO_2 66.7%，Al_2O_3 28.3%，H_2O 5%。

（三）伊利石类

伊利石类黏土矿物的晶格与蒙脱石相似，其组成介于蒙脱石和白云母之间，白云母的结构也是 2：1 型晶格，或 TOT 型三层黏土矿物。不同点在于：伊利石当中的硅氧片中有一部分硅被铝取代，因为硅是 +4 价的，铝是 +3 价的，这样取代以后，缺少正电荷，就在两个晶层之间结合一些钾离子（K^+），补偿不足的正电荷。这些钾离子好像起着桥梁的作用，把相邻的两个晶层紧密结合在一起。伊利石的化学式可以 $K_{0\sim2}Al_4(Si_{8\sim6}Al_{0\sim2})O_{20}(OH)_4$ 表示。

以上是把问题化成最简单来描述，实际情况比这要复杂得多。比如每一种黏土矿物当中都可能有一部分硅被铝取代，也可能有一部分铝被镁或亚铁取代。这类取代都是由半径相近而正电荷较少的阳离子取代硅或铝。取代以后黏土矿物的晶格不变，叫作同晶取代。取代以后都缺少正电荷，就在两层之间结合一些钾离子或钠离子，补偿正电荷的不足。

（四）三类黏土矿物性质的比较

由于高岭石晶层之间除了一般的分子间力以外，又多了氢键这种结合力，所以晶层之间结合力强。于是其比表面（单位质量物质的总表面积）小，也就是粒度粗。在硅氧四面体中，由于氧的电负性大，硅的电负性小，硅与氧之间存在极性共价键，氧一端有部分负电荷。高岭石的晶层表面一面有一部分氢氧原子团露出，只有另一面全部是氧原子露出，所以晶体上总的负电荷少，又由于其比表面也小，因此高岭石对阳离子的吸附容量小，对＋1价阳离子的吸附容量一般小于 $10mmol \cdot (100g)^{-1}$。

由于蒙脱石晶层之间没有氢键，只有一般的分子间力，所以晶层之间结合力弱，于是其比表面大，也就是粒度细。蒙脱石的晶层两面全部都是氧原子露出，所以晶体上总的负电荷多，又由于其比表面也大，因此蒙脱石对阳离子的吸附容量大，对＋1价阳离子的吸附容量一般在 $70\sim100mmol \cdot (100g)^{-1}$ 之间。

由于伊利石晶层之间虽然没有氢键，但是除了一般的分子间力以外，还有钾离子作为桥梁，所以晶层之间结合力比高岭石弱，但是比蒙脱石略强一点。于是其比表面较大，也就是粒度较细。虽然伊利石的晶层两面全部都是氧原子露出，但是层间还有带正电荷的钾离子，所以晶体上总的负电荷较少，尽管其比表面较大，伊利石对阳离子的吸附容量还是较小，对＋1价阳离子的吸附容量一般在 $10\sim30mmol \cdot (100g)^{-1}$ 之间。

二、水合氧化物

水体中的无机胶体除了黏土矿物以外，还有水合氧化物。在水体底泥中，这一类胶体最重要的代表是褐铁矿（$Fe_2O_3 \cdot nH_2O$）、水化赤铁矿（$2Fe_2O_3 \cdot H_2O$）、针铁矿（$Fe_2O_3 \cdot H_2O$）、水铝石（$Al_2O_3 \cdot H_2O$）和三水铝石（$Al_2O_3 \cdot 3H_2O$）。

水合氧化铁胶体分布较广，在大部分土壤中都有，但最主要分布在红壤和砖红壤区域；水合氧化铝分布不广，在自然界很少遇到纯净的物质，往往和氢氧化铁在一起，也主要分布在潮湿热带内的红壤和砖红壤地区。

$$\left[\begin{array}{ccc} & H & H \\ O & O & O \\ Fe & Fe & Fe \\ O & O & O \\ \end{array} \right]_n$$

以铁的水合氧化物为例，这是一种无机高分子物质，铁的数目 n 可以达到900，其中把两个铁原子连接起来的氧原子叫做氧桥，把两个铁原子连接起来的氢氧原子团叫做羟桥。人们把以上化学式简写成 $[FeO(OH)]_n$。在胶体化学当中用≡表示胶体内部颗粒，于是水合氧化铁可以表示成≡$FeO(OH)$，既有氧桥，也有羟桥。水合氧化铝可以表示成≡$AlOH$，只有羟桥，没有氧桥。

除了上述含水氧化物以外，环境中常见的水合氧化物胶体还有二氧化硅凝胶，其中蛋白石（$SiO_2 \cdot nH_2O$）是最主要的代表，分布在许多土壤和沉积物中，在胶体化学中可以表示成≡$SiOH$，只有羟桥，没有氧桥。水合氧化锰胶体常以黑霜、薄膜、树枝状结晶和泥状体分布在土壤、风化壳、沼泽沉积和湖相沉积中，它们在矿物方面的代表是水锰矿（$Mn_2O_3 \cdot H_2O$）、软锰矿（MnO_2）、偏锰酸矿（$MnO_2 \cdot H_2O$）、沼锰矿（和一系列其他金属氧化物所组成的胶体矿物）。在胶体化学中可以表示成≡$MnO(OH)$，既有氧桥，也有羟桥。

三、腐殖质

水体中的有机胶体主要是腐殖质。腐殖质泛指自然界存在的、由生物（主要是植物）的残骸经过微生物分解和一系列化学过程而形成的有机物质，它是深色、酸性的亲水胶体。腐殖质在地表分布很广，在土壤，咸、淡水域及其沉积物，泥炭和煤矿等碳质矿藏中都有存在。它是影响环境生态平衡的重要因素，也是潜在的资源。

1786年 F.K. 阿哈德用碱溶液提取泥炭，提取液酸化以后，得到一种黑褐色的胶状沉淀。他第一次把这种沉淀定名为腐殖酸。实际上，保留在水溶液中不沉淀的黄褐色酸性物质，也应归入腐殖质的范畴，这部分水溶性的腐殖质，定名为黄腐酸，也有人从英文fulvic acid 音译为富里酸。另外，还有既不溶于碱，也不溶于酸的腐殖质，从英文 humine 音译为胡敏素。

（一）腐殖质的成因

腐殖质的形成过程是千差万别的。土壤中的腐殖质是植物残骸经过微生物分解而形成的多酚类物质。煤炭中的腐殖质则是植物煤化过程中不同阶段的产物，在泥炭、褐煤阶段，腐殖质的形成过程与土壤腐殖质类似，但风化煤中的腐殖质则是在煤化进程中原生腐殖质已经消失后，被空气重新氧化的产物，所以也叫再生腐殖质。海洋中的腐殖质主要来自浮游生物的遗体，由糖类和蛋白质缩合演化而成。淡水域和河口区域的腐殖质，成因就更为复杂，既有随水从土壤中迁移来的，也有从水生生物形成的。它们的共同点是都有生物遗骸的来源，都经过微生物和地质化学作用过程，都是深色、非晶态的酸性物质，统称腐殖质。

（二）腐殖质的分类

按照相对分子质量的大小和在酸、碱溶液中的溶解性，可以把腐殖质分为三类。

1. 富里酸（fulvic acid，FA）又名黄腐酸，相对分子质量在几百到几千的范围内，它们既可以溶于稀碱，也可以溶于强酸。

2. 腐殖酸（humic acid，HA）又名棕腐酸，相对分子质量在几千到几万的范围内，它们可以溶于稀碱，但是不溶于强酸。

3. 胡敏素（Humine）又名腐黑物，相对分子质量达几万，它们既不溶于稀碱，也不溶于强酸。

不难看出，随着相对分子质量的增大，三类腐殖质的颜色变深，溶解更加困难。

（三）腐殖质的组成和结构

腐殖质是相对分子质量高低不一，组成结构相似而又各不相同的复杂物质的混合物。它主要由碳、氢、氧、氮组成，一般含碳 45％～70％，氢 2％～6％，氧 30％～50％，氮 1％～6％。腐殖质有时含硫，但硫不是其必要组成。

腐殖质分子结构大体为：中间是一个含芳环的骨架，周围有许多羟基、羧基等官能团和一些氨基酸、氨基糖等残片，而且常常有各种金属离子配位。腐殖质分子中相邻的羧基或相邻的羧基和酚羟基是当然的配合位。腐殖质的分子内和分子间普遍存在氢键，加上配位桥键等作用，使腐殖质分子间形成形形色色的超分子结构，对腐殖质的性能有极大影响。

第三节　土　壤　胶　体

一般土壤由固相（岩石、矿物碎屑、无机及有机颗粒物）、液相（土壤溶液）和气相（土壤空气）所组成。土壤三相的状态制约着植物生长发育和微生物活动。

土壤胶体是指土壤中颗粒直径小于 $2\mu m$，具有胶体性质的微粒。一般土壤中的黏土矿物和腐殖质都具有胶体性质，直径小于 $2\mu m$ 的土壤胶粒带有大量的负电荷，而直径大于 $2\mu m$ 的土壤胶粒只带有少量的负电荷。

土壤中含有有机胶体和无机胶体。土壤胶粒是土壤固体颗粒中最细小的微粒，也是物理性质和物理化学性质最活泼的部分，它和土壤一起构成土壤胶体系统。土壤的许多重要性质，例如保肥、供肥能力、酸碱反应、缓冲作用、氧化还原反应以及其他物理性质都和土壤胶体有关。

一、土壤胶体的类型

土壤颗粒中，直径小于 $2\mu m$ 的颗粒表现出明显的胶体性质，土壤胶体按其成分及来源分为以下几种。

（一）有机胶体

有机胶体主要是腐殖质-生物活动的产物，它是高分子有机物，呈球形、三维空间网状结构，胶粒直径在 $20\sim40nm$ 之间。土壤腐殖质的负电荷主要是腐殖质的羧基和酚羟基的解离，失去氢离子所致。由于腐殖质具有球形、三维空间网状结构，所以它具有极大的表面积和物质交换容量。

（二）无机胶体

无机胶体主要是细颗粒的黏土微粒，包括黏土矿物中的高岭石、蒙脱石、伊利石，以及埃洛石 $[Al_2Si_2O_5(OH)_4 \cdot 2H_2O]$、蛭石 $[x(Mg_{2.61}Fe_{0.10}Al_{0.29})(Si_{2.95}Al_{1.05})O_{10}(OH)_2 \cdot yH_2O]$、绿泥石 $[(Mg_{4.65}Fe_{0.40}Al_{0.90})(Si_{3.20}Al_{0.80})O_{10}(OH)_8]$ 和海泡石、水铝英石以及铁、铝、锰的水合氧化物。

（三）有机、无机复合胶体

有机、无机复合胶体是由土壤中一部分矿物胶体和腐殖质胶体结合在一起形成的，这种结合可能是通过金属离子的桥键，也可能通过可交换阳离子周围的水分子氢键实现的。

对钙质蒙脱石和胡敏素复合胶体的研究表明，腐殖质胶体主要吸附在黏土矿物表面，而未进入矿物的晶层间。当矿物和腐殖质两种胶体复合后，原来矿物上一部分交换点被覆盖，因而复合体的交换量降低。

二、土壤胶体的构造

土壤胶体双电层由胶体表面负电荷和可交换阳离子的正电荷所构成。通常，土壤胶体表面带有负电荷，当分散在电解质溶液中时，可交换阳离子及水合分子吸附在土壤胶粒表面，中和胶体负电荷，因而在胶体颗粒和液相界面上产生"双电层"。

土壤胶体双电层紧靠胶体表面带正电荷的部分称为双电层内层（或吸附层），由于胶体表面负电荷静电引力的作用，内层阳离子被牢固地吸附在胶体表面，难于自由运动。在双电层内层外部溶液中，随着距胶体表面距离的增大，静电引力减弱，这时溶液中的阳离子既有受静电引力作用而固定在胶体表面的趋向，又有受溶液分子热运动作用而离开胶体表面进入溶液的趋向。这两种相反作用的结果，使胶体周围阳离子随离胶体表面距离的增加而迅速减少，呈扩散式分布，这一层通常称之为双电层外层（或扩散层）。

双电层内层阳离子受胶体表面电场作用，反映该胶体的性质，而双电层外层，包括土壤溶液在内与土壤自然成分一样，不受土壤胶体表面电场作用的影响。一般土壤内层溶液浓度大于外层，为使内、外层溶液浓度达到平衡，内层离子向外扩散，而胶体表面电场吸引力又阻止阳离子向外扩散。

可交换阳离子在双电层中的分布主要决定于阳离子本身的价数及水化能。一般多价阳离子比一价阳离子被胶体吸附得更为牢固，所以在吸附内层存在的主要是多价阳离子。在由单一阳离子组成时，Ca^{2+} 所构成的双电层厚度仅为 Na^+ 所构成的双电层厚度的一半。在土壤中多种阳离子组成溶液的情况下，吸附内层主要是 Ca^{2+} 和 Al^{3+}，而 Na^+ 主要分布在外层中。

双电层的厚度除取决于阳离子的性质及电荷外，还与溶液的浓度有关。溶液浓度越稀，扩散层和吸附层之间浓度差越大，这时，吸附层高浓度阳离子吸附水分子而进一步水化，从而增大双电层的厚度，同时吸附内层的阳离子也向扩散层移动。相反，溶液中扩散层阳离子浓度增大，阳离子也将由扩散层转移到吸附层中。

三、土壤胶体的性质

（一）巨大的表面和表面能

土壤胶体的细小颗粒，具有巨大的表面积，而表面分子由于受到不均衡的分子引力，使表面分子具有一定的剩余能量——表面能。由于土壤胶体的细小颗粒有巨大的表面积，因而具有大的表面能，通常土壤中腐殖质及黏粒越多，表面能就越大。

（二）电荷性质

土壤胶体带有一定的电荷，所带电荷的性质主要决定于胶粒表面固定离子的性质。通常，土壤无机胶体，如蛋白石解离出 H^+，SiO_3^{2-} 留在胶核表面，使胶体带负电，土壤腐殖质分子中的羧基及羟基解离出 H^+ 后，胶体表面的 $R—COO^-$ 及 RO^- 表现负电性。两性胶体在不同酸度条件下可以带负电，也可以带正电，例如 $Al(OH)_3$ 可以呈 $Al(OH)_2^+$ 固定在胶核表面，胶体带正电，也可以呈 $Al(OH)_2O^-$ 固定在胶核表面，胶体带负电。土壤从酸性到碱性，胶体电荷由正变到负。在这一变化中，出现两性胶体呈电中性，即胶体失去电性，这时称为胶体的等电点。据测，$Al(OH)_3$ 及 $Fe(OH)_3$ 胶体等电点约在 pH（5～6）之间。所以酸性土壤的 $Al(OH)_3$ 及 $Fe(OH)_3$ 胶体带正电，而腐殖质等电点在土壤酸度之下，所以腐殖质通常带负电。

（三）分散性和凝聚性

胶体微粒分散在水中形成的胶体溶液称为溶胶；胶体微粒相互凝聚成无定形的凝胶体称为凝胶。由溶胶凝聚成凝胶的作用称为凝聚作用；由凝胶分散成溶胶的作用称为分散作用。

溶胶的形成是由于胶体带有相同电荷和胶粒表面水化膜的存在。相同电荷胶粒电性相斥，水膜的存在妨碍胶粒的相互凝聚，因此，加入电解质或增大电解质浓度，不但能中和胶粒的电荷，而且使胶粒水化膜变薄，促进胶体发生凝聚。

由于土壤胶体主要是阴离子胶体，它在阳离子作用下凝聚。阳离子对土壤负胶体的凝聚能力随离子价数增高而增高、半径增大而增大，常见阳离子凝聚能力大小顺序为

$$Fe^{3+} > Al^{3+} > Ca^{2+} > Mg^{2+} > K^+ > NH_4^+ > Na^+$$

电解质引起胶体凝聚的浓度值称为该电解质的凝聚点或凝聚极限。实验结果表明，+2 价阳离子的凝聚能力比 +1 价阳离子约大 25 倍，而 +3 价阳离子又比 +2 价阳离子约大 10 倍。

习　题

1. 什么是分散相、分散介质、分散系统？
2. 什么是气溶胶？什么是颗粒物？
3. 大气气溶胶主要形态的分散相是什么？它们如何产生？粒径范围如何？
4. 什么是一次颗粒物？什么是二次颗粒物？
5. 大气颗粒物的天然源和人为源是什么？
6. 什么是分散性颗粒物？什么是凝聚性颗粒物？

7. 大气颗粒物的粒度分布有哪几种表示方法？

8. 粒径不同的大气颗粒物对人体健康的影响有什么不同？

9. 粒径不同的大气颗粒物散射光的能力有什么不同？

10. 什么是干沉降？什么是湿沉降？粒径不同的大气颗粒物沉降的情况有什么不同？

11. 水体中的胶体可以分为哪几类？

12. 黏土矿物中有哪两类基本结构单元？符号是什么？分别可以连成什么片？

13. 三类黏土矿物的组成方式有什么不同？其层与层之间有没有氢键？层间结合力大小如何？比表面大小如何？对阳离子的吸附容量大小如何？

14. 天然水中主要有哪几种水合氧化物？

15. 腐殖质可以分为哪几类？其相对分子质量的范围有什么不同？在稀酸和强碱中的溶解情况有什么不同？

16. 腐殖质的结构有什么特点？

17. 什么是土壤胶体？其结构如何？

18. 土壤胶体的性质如何？

第八章 大气污染与防治

第一节 光化学烟雾

汽车、工厂等污染源排入大气的碳氢化合物和氮氧化物等一次污染物在阳光作用下会发生光化学反应生成二次污染物。参与光化学反应过程的一次污染物和二次污染物的混合物（其中有气体污染物，也有气溶胶）所形成的烟雾污染现象，称为光化学烟雾。

一、光化学烟雾的简史

20世纪40年代，美国加利福尼亚州洛杉矶就发生过光化学烟雾。20世纪50年代以来，光化学烟雾污染事件在美国其他城市和世界各地相继出现，如日本、加拿大、德国、澳大利亚、荷兰等国的一些大城市都发生过。1974年以来，我国兰州的西固石油化工区也出现光化学烟雾污染现象。近年来，一些乡村地区也有光化学烟雾污染的迹象。日益严重的光化学烟雾问题，逐渐引起人们的重视。人们对于光化学烟雾的发生源、发生条件、反应机理和模式，对生物体的毒性，以及光化学烟雾的监测和控制技术等方面进行了广泛研究。世界卫生组织（WHO）和美国、日本等许多国家已经把臭氧和光化学氧化剂（臭氧、二氧化氮、过氧乙酰硝酸酯 PAN 及其他能使碘化钾氧化为碘的氧化剂的总称）的水平作为判断大气环境质量的指标之一，并据以发布光化学烟雾的警报。

二、光化学烟雾的特征

光化学烟雾的表现特征是棕黄色或淡蓝色的烟雾弥漫，大气能见度降低。光化学烟雾一般发生在大气相对湿度较低、气温为24～32℃的夏、秋季晴天，污染高峰出现在中午或稍后。光化学烟雾是一种循环过程，白天生成，傍晚消失。污染区大气的实测结果表明：一次污染物碳氢化合物及一氧化氮的最大值出现在早晨交通繁忙时刻，随着一氧化氮浓度的下降，二氧化氮浓度增大。臭氧和醛类等二次污染物随着阳光的增强和二氧化氮、碳氢化合物浓度降低而积聚起来。它们的峰值一般要比一氧化氮峰值的出现延迟约4～5h。二次污染物过氧乙酰硝酸酯浓度随时间的变化与臭氧和醛类相似。

城市和城郊的光化学氧化剂浓度通常高于乡村，但后来发现许多乡村地区光化学氧化剂的浓度增高，有时甚至超过城市。这是因为光化学氧化剂的生成不仅包括光化学氧化过程，而且还包括一次污染物的扩散输送过程，是两个过程的综合结果。因此光化学氧化剂的污染不只是城市的问题，而且是区域性污染问题。短距离传输可以造成臭氧的最大浓度出现在污染源的下风向，中尺度传输可以使臭氧扩展至约百公里的下风向，如果同大气高压系统相结合可以传输几百千米。

三、形成光化学烟雾的反应机制

通过对光化学烟雾形成的模拟实验，已经初步明确在碳氢化合物和氮氧化物的相互作用方面主要有以下过程。

1. 污染空气中二氧化氮的光解是光化学烟雾形成的起始反应。

2. 碳氢化合物被氢氧自由基 $HO\cdot$、原子氧 O 等自由基和臭氧氧化，导致醛、酮等产物以及重要的中间产物烃基过氧自由基 $RO_2\cdot$、氢过氧自由基 $HO_2\cdot$、酰基自由基 $RCO\cdot$ 等自由基的生成。

3. 过氧自由基引起一氧化氮向二氧化氮转化，并导致臭氧和过氧乙酰硝酸酯的生成。

此外，污染空气中的二氧化硫会被 $HO\cdot$、$HO_2\cdot$ 和 O_3 等氧化而生成硫酸和硫酸盐，成为光化学烟雾中气溶胶的重要成分。挥发性小的碳氢化合物氧化产物也会凝结成气溶胶液滴而使能见度降低。

四、光化学烟雾的危害

光化学烟雾成分复杂，但是，对动物、植物和材料有害的主要是臭氧、PAN、醛、酮等二次污染物。人和动物受到的主要伤害是眼睛和黏膜受到刺激、头痛、呼吸障碍、慢性呼吸道疾病恶化、儿童肺功能异常等。1955 年，美国洛杉矶因为光化学烟雾一次就死了 400多人。植物受到臭氧的损害，开始时表皮褪色，呈蜡质状，经过一段时间后色素发生变化，叶片上出现红褐色斑点。PAN 使叶子背面呈银灰色或古铜色，影响植物的生长、降低植物对病虫害的抵抗力。臭氧、PAN 等还能造成橡胶制品老化、脆裂，使染料褪色，并损害油漆涂料、纺织纤维和塑料制品等。

五、美国洛杉矶容易发生光化学烟雾的原因

首先，美国洛杉矶拥有大量汽车，据最新的资料，洛杉矶的汽车数量超过了 800 万辆。这样洛杉矶每天都消耗 2 万吨以上的汽油，汽车排出的污染物占洛杉矶大气污染物的 90%。于是，洛杉矶有充足的一次污染物生成光化学烟雾。

其次，洛杉矶地处洛杉矶盆地，容易形成上热下冷的逆温现象。冷空气沿着山坡向下移动并沉积在山谷中，谷地上空通过的热空气流对谷地的冷空气不产生干扰作用。洛杉矶一年有 300 天以上处于逆温，污染物不容易扩散稀释，容易发生污染事件。

再次，洛杉矶夏季的阳光非常强烈，为形成光化学烟雾提供了外界条件。因为光化学烟雾是由一系列链式反应形成的，而引发链式反应的第一个反应，是二氧化氮吸收紫外光后的光解反应。

凡是具备和洛杉矶类似条件的地方都容易发生光化学烟雾，比如墨西哥的首都墨西哥城、希腊的首都雅典、巴西的圣保罗市等。

六、我国兰州西固区的光化学烟雾

1974 年以来，每到夏季和秋季，我国甘肃省会兰州市西固区的居民经常出现眼睛受到刺激、流眼泪、恶心、头晕等症状。经调查证实该地区存在光化学烟雾类型的大气污染，污染源主要是石油化工及炼制业。

从西固区大气中一次及二次污染物的日变化观测结果来看，一般规律是：碳氢化合物和

一氧化氮全天没有显著变化，只是中午稍微低一些；二氧化氮的峰值多在上午 9：00～
10：00出现，比二次污染物臭氧的峰值提早两小时；臭氧在9：30～14：00 两次出现峰值
（最高值在 12：00 左右）。可以看出，西固区臭氧峰值出现时间比美国洛杉矶提前 2～3h；
碳氢化合物和一氧化氮没有明显峰值也有别于洛杉矶烟雾，这是由于一次污染物的主要来源
有别所致。此外，西固区碳氢化合物与氮氧化物的比值也有自己的特点：西固区 HC/NO_x
值（76～244 左右）比国外大城市（一般小于 12）大数十倍。

西固区形成光化学烟雾的一次污染物中，碳氢化合物主要不是来自汽车尾气，而是来自
兰化公司各厂和兰州炼油厂的面源；同样，氮氧化物是来自热电厂和燃烧面源。因此，虽然
西固区光化学烟雾形成的基本机制与国外报道相似，但是西固区一次污染物的来源和比例与
国外有明显区别，因而具有自己的光化学烟雾形成特点和规律。

除了具有大量形成光化学烟雾的一次污染物这个条件以外，西固区地处黄河河谷，污染
物不易扩散稀释，再加上西北高原的强烈日照，所以在夏、秋季容易发生光化学烟雾污染。

除了兰州西固区以外，我国一些大城市，如广州、北京、上海、济南、南京、成都、太
原等，在夏、秋季，部分街道也出现光化学烟雾污染。

第二节　煤烟型污染

一、煤烟型污染的来源

燃煤是煤烟型污染的主要污染源。煤是最重要的固体燃料，它是一种复杂的物质聚集
体，其可燃成分主要是由碳、氢及少量氧、氮和硫等一起构成的有机聚合物。煤中也含有多
种不可燃的无机成分（统称煤灰），其含量因煤的种类和产地不同而有很大差异。燃煤是多
种污染物的主要来源，与燃油和燃气相比，相同规模的燃烧设备，燃煤排放的颗粒物和二氧
化硫要高得多。虽然燃烧条件影响污染物的形成和排放，但是煤的品质是最主要的影响
因素。

对于给定的燃烧设备和燃烧条件，烟气中所含飞灰的初始浓度，主要取决于煤的灰分含
量。由于我国原煤入洗率低，灰分含量普遍较高，平均达 25%。

烟气中二氧化硫和硫化氢几乎完全来自燃料。经物理、化学和放射化学方法测定结果证
实，煤中含有四种形态的硫：黄铁矿硫（FeS_2）、有机硫（$C_xH_yS_z$）、单质硫和硫酸盐硫。
在燃烧过程中，前三种硫都能燃烧放出热量，并释放出硫氧化物或硫化氢，在一般燃烧条件
下，二氧化硫是主要产物。硫酸盐硫主要以钙、铁和锰的硫酸盐形式存在，它比前三种硫分
要少得多。

燃烧过程中形成的氮氧化物，小部分是燃料氮氧化物，大部分是热致氮氧化物。

不完全燃烧产物主要是一氧化碳和挥发性有机化合物。它们排入大气不仅污染环境，也
使能源利用效率降低，导致能源浪费。

二、伦敦型烟雾

从 1873 年到 1962 年，伦敦历史上曾经六次发生烟雾污染事件，其中 1952 年最为严重。
1952 年 12 月 5～8 日，英国几乎全境为浓雾笼罩，并且逆温，逆温层在 40～150m 低空，致
使燃煤产生的烟雾不断积聚。伦敦市尘粒浓度为平时的 10 倍；二氧化硫浓度为平时的 6 倍。

大气中的烟尘和二氧化硫，经过一系列的变化，生成硫酸雾和硫酸盐（参见第五章）。4 天中伦敦市死亡人数较常年同期约多 4000 人。事件发生的 1 周中因支气管炎、冠心病、肺结核和心脏衰弱死亡分别为事件前 1 周同类死亡人数的 9.3 倍、2.4 倍、5.5 倍和 2.8 倍。肺炎、肺癌、流感及其他呼吸道病患者死亡率均成倍增加。

后来，人们把这种化学烟雾称为伦敦型烟雾。它的一次污染物是煤烟和二氧化硫，二次污染物是硫酸雾和硫酸盐。在冬季气温低、无风或静风、湿度高的有雾天气下容易发生，白天夜间连续出现。严重影响能见度，视程甚至只有几米远。尽管硫酸是氧化性的，但是其浓度远小于还原性的二氧化硫，所以总体上看，伦敦型烟雾是一种还原性烟雾。它严重刺激人的呼吸道，还危害森林等植物，腐蚀建筑物。

三、煤烟型污染发生的条件

伦敦之所以多次发生烟雾污染事件，首先是因为历史上伦敦大量烧煤，早先伦敦的工厂和家庭主要燃料都是煤，一到冬季取暖期，家庭烧煤占的比例更大。烧煤排放出大量煤烟和二氧化硫，是伦敦型烟雾重要的一次污染物。而 1962 年以后，伦敦没有再发生烟雾事件，也恰恰是因为伦敦采取了许多措施，治理大气污染，其中最重要的就是改变燃料结构，从以烧煤为主改为烧煤气、用电为主。经过这样的釜底抽薪，大大减少了大气中的煤烟和二氧化硫。

其次，伦敦曾经号称"雾都"，气象条件也有利于煤烟型烟雾的生成。伦敦大力治理空气污染以后，气象条件也大有改观。现在，大雾已经很少见，偶尔有一次倒成了新闻。再有，伦敦地处英国泰晤士河下游的谷地，容易发生逆温，造成污染。

除了伦敦烟雾事件以外，1930 年 12 月 1～5 日发生在比利时马斯河谷工业区的马斯河谷事件、1948 年 10 月 26～31 日发生在美国宾夕法尼亚州多诺拉镇的多诺拉事件都是大气中的烟尘与二氧化硫发生协同作用产生的。

四、中国的大气污染

中国的大气环境污染以煤烟型为主，主要污染物为总悬浮颗粒物和二氧化硫，这种特点是因为中国一次能源的三分之二以上是煤，这种状况今后相当长一段时间内不会改变。由于煤炭使用效率不高，适合国情的脱硫技术开发落后，污染治理缺乏力度等，造成我国二氧化硫年排放量居高不下。2010 年环境监测显示，全国 113 个环保重点城市中四分之一的城市空气质量不达标，很多城市尤其是大中城市空气污染已经呈现出煤烟型和汽车尾气复合型污染的特点，加剧了大气污染治理的难度。

根据我国《环境保护法》的规定，国家环境保护总局每年 6 月 5 日世界环境日前后发布上一年的《中国环境状况公报》。在 2010 年公报中介绍了城市空气质量状况："2010 年，全国 471 个县级及以上城市开展环境空气质量监测，监测项目为二氧化硫、二氧化氮和可吸入颗粒物。其中 3.6% 的城市达到国家空气质量标准（居住区标准）一级标准，79.2% 的城市达到二级标准，15.5% 的城市达到三级标准，1.7% 的城市劣于三级标准。地级及以上城市（含地、州、盟所在地）空气质量达到国家一级标准的城市占 3.3%，二级标准的占 78.4%，三级标准的占 16.5%，劣于三级标准的占 1.8%。

可吸入颗粒物年均浓度达到或优于二级标准的城市占 85.0%，劣于三级标准的占 1.2%。

二氧化硫年均浓度达到或优于二级标准的城市占 94.9%，无劣于三级标准的城市。

所有地级及以上城市二氧化氮年均浓度均达到二级标准，86.2%的城市达到一级标准。

113 个环境保护重点城市空气质量有所提高，空气质量达到一级标准的城市占 0.9%，达到二级标准的占 72.6%，达到三级标准的占 25.6%，劣于三级标准的占 0.9%。

2010 年废气中主要污染物排放量为：二氧化硫排放量为 2185.1 万吨，烟尘排放量为 829.1 万吨，工业粉尘排放量为 448.7 万吨。"

第三节　酸　雨

1872 年英国化学家史密斯（R. A. Smith）在《空气和降雨：化学气候学的开端》一书中首先使用了"酸雨（acid rain）"这一术语。20 世纪 60 年代，瑞典土壤学家奥登（S. Oden）发现酸性降雨是欧洲一种大范围现象。1982 年在瑞典召开了国际环境酸化会议。酸雨已经成为当代区域性环境污染问题之一。

一、什么是酸雨

并非 pH<7 的降雨皆为酸雨，因为一般说来，天然降水都偏酸性，这主要是因为其中溶解有二氧化碳。20 世纪 60 年代初，大气中二氧化碳的体积分数为 3.16×10^{-4}，如果认为大气与纯水达到平衡，按照 $CO_2 + H_2O \Longrightarrow H^+ + HCO_3^-$ 计算，pH=5.6。微弱的酸性有利于土壤中养分的溶解，对生物和人有益。如果降水的 pH<5.6，则是大气受到污染的表现，就被称为酸雨了。

"酸雨"是新闻媒介和政治家常用的术语，但问题不仅来自于雨，范围较广的描述是"酸性降水（acid precipitation）"，包括所有 pH<5.6 的从空中云雾降落到地面的液态水（雨）和固态水（雪、霰、雹），通常把近地层中水汽直接凝结于物体表面的露和霜也包括在内。学术界爱用的全面描述是"酸沉降（acid deposition）"，不仅包括上述各种酸性的湿沉降，而且包括酸性的干沉降，比如酸性气体被地表吸收和发生反应，酸性颗粒物通过重力沉降、碰撞和扩散沉降于地表。

为了对水溶液的酸度有感性认识，这里列出一些食品典型的 pH 值。柠檬：2.3；醋：2.5；苹果：3.0；西红柿：4.2；汽水：4.8。1993 年重庆市酸雨 pH 值最低为 2.8，已经接近醋的酸度。

二、酸雨区的分布

从 20 世纪 60 年代开始，世界上先后建立了一些大型降水化学监测站网，像世界气象组织（WMO）建立的基本大气污染监测网络（BAPMoN）、美国的全国酸沉降研究计划（NADP）、加拿大大气和降水监测网络（CAPMoN）、欧盟的欧洲监测和评估计划（EMEP），到 1990 年共有 168 个站在测定降水化学组成。我国环境保护部门于 1982 年建立了有 189 个观测点的酸雨监测网。

这些观测点用自动开关采样器定期收集降水样品，按照严格的规范保持样品稳定，送到中心实验室进行化学分析。除测定 pH 值和电导率外，还要测定主要阴离子（Cl^-、SO_4^{2-}、NO_3^-），主要阳离子（Ca^{2+}、Na^+、NH_4^+、K^+、Mg^{2+}）。这样的分析过程都有严格的规范要求和内部质量控制。从 1975 年起，世界气象组织每年对这样的中心实验室进行外部质量核查，把未知样品寄给各实验室，要求限期报告分析结果。一般用 pH 计测定样品的离子酸度——pH值，用中和滴定法测定样品的总酸度。在某些历史记载中没有降水的 pH 值，但有若干阴、阳离子的浓度，可以通过质量平衡和电荷平衡的关系推算出 pH 值。

大量分析结果表明，世界上有三大酸雨区，按出现时间的先后为：欧洲、北美和中国。《2010 年中国环境状况公报》指出：中国"酸雨频率：监测的 494 个市（县）中，出现酸雨的市（县）249 个，占 50.4%；酸雨发生频率在 25% 以上的 160 个，占 32.4%；酸雨发生频率在 75% 以上的 54 个，占 11.0%。

中国酸雨的分布：全国酸雨分布区域主要集中在长江沿线及以南青藏高原以东地区。主要包括浙江、江西、湖南、福建的大部分地区，长江三角洲、安徽南部、湖北西部、重庆南部、四川东南部、贵州东北部、广西东北部及广东中部地区。"

三、酸雨中主要的酸

由于一般降水中 Cl^- 和 Na^+ 的浓度相近，可以认为它们主要来自 NaCl，对降水酸度不产生影响。在阴离子当中，对降水酸度有影响的主要是 SO_4^{2-} 和 NO_3^-，或者说酸雨中的酸主要是 H_2SO_4 和 HNO_3，它们占总酸量的 90% 以上。至于这两种酸的比例如何，则取决于燃料的构成。由于我国的一次能源当中煤占三分之二以上，所以我国酸雨属于煤烟型的酸雨，其中 H_2SO_4 占绝大多数，H_2SO_4 与 HNO_3 之比一般在 5～10 之间。在一次能源以石油产品为主的地区，H_2SO_4 与 HNO_3 之比要小得多。然而，自然和人为向大气中排放 H_2SO_4 和 HNO_3 的量并不大，酸雨中的这两种酸主要是二次污染物，它们由一次污染物转化而来。H_2SO_4 的前体物是 SO_2，HNO_3 的前体物是 NO_x。人为排放量占 SO_2 的五分之四，NO_x 的五分之三，来自人为源的 SO_2 大约是 NO_x 的 2 倍。

我国的酸雨并未发生在酸雨前体物排放强度最大的北方地区，而是发生在排放强度较小的南方地区，为什么呢？

四、酸雨的形成

酸雨的形成是一种复杂的大气化学和大气物理现象。大气 SO_2 通过气相、液相或固相氧化反应生成 H_2SO_4，其化学过程是复杂的。NO 排入大气后大部分转化成 NO_2，遇 H_2O 生成 HNO_3 和 HNO_2。由于人类活动和自然过程，还有许多气态或固态物质进入大气，对酸雨的形成也产生影响。大气颗粒物中的 Fe、Cu、Mn、V 是成酸反应的催化剂。大气光化学反应生成的 O_3 和 H_2O_2 等又是使 SO_2 氧化的氧化剂。飞灰中的 CaO，土壤中的 $CaCO_3$，天然和人为来源的 NH_3 以及其他碱性物质可以与酸反应而使酸中和。

表 8-1 列出酸雨与非酸雨中离子浓度的比较。

表 8-1　降水中离子浓度比较/$(\mu mol \cdot L^{-1})$

地　点	$\Sigma(Ca^{2+} + NH_4^+ + K^+)$	$\Sigma(SO_4^{2-} + NO_3^-)$	地　点	$\Sigma(Ca^{2+} + NH_4^+ + K^+)$	$\Sigma(SO_4^{2-} + NO_3^-)$
非酸雨[1]（中国）	419.6	335.2	非酸雨（瑞典）	8.74	3.32
酸雨[2]（中国）	209.6	329.5	酸雨（瑞典）	4.39	3.26

[1] 北京和天津城区数据平均值。

[2] 重庆铜元局和贵阳喷水池数据平均值。

不难发现同一国家酸雨和非酸雨中的酸性物质浓度相差不大，而碱性物质浓度却相差较大。另外，我国非酸雨和酸雨中的酸性物质和碱性物质都比瑞典多得多，所以，是否形成酸雨，决定于降水中酸性物质和碱性物质的相对比例，而不是绝对浓度。

我国长江以南大气颗粒物酸化缓冲能力小，土壤呈酸性，通风量小，湿度大，气温高，太阳辐射强度大，并有一定的前体物 SO_2 和 NO_x 排放强度。这些因素都有助于降水酸化，所以出现了区域性严重酸雨。我国北方虽然 SO_2 和 NO_x 排放强度很大，但是上述其他因素均不利于酸雨的形成，所以北方尚未出现区域性酸雨。但是如果前体物排放强度仍然高速增长，夏季北方地区也可能出现酸性降水。

五、酸雨的输送

（一）远距离输送

国外一些厂家为了减轻当地污染，把烟囱建得很高，可达三百多米。SO_2、NO_x 经过高空扩散，24h 以后就能扩散 700km，造成跨越国界的污染。有人认为挪威和瑞典的酸雨 80%～90% 来自英国、德国，加拿大东部的酸雨半数来自美国，日本也有酸雨物质"西来说"。

（二）中等距离输送

我国四川的峨眉山地区和湖南长沙到广东韶关一线，当地工业企业并不多，酸雨是一段距离以外输送来的。

（三）局地源

我国西南的重庆地区、贵阳地区，酸雨来自本地。

六、酸雨的危害

由于酸雨的侵蚀，世界上很多著名的大理石和石灰石雕像和建筑物遭到破坏。伦敦的英王理查一世雕像，被酸雨腐蚀得面目全非。受害的还有雅典的巴特农神庙、印度的泰姬陵、华盛顿的林肯纪念碑、英国牛津大学的罗马大帝雕像和我国四川乐山的大佛等。酸雨使城市建筑灰暗脏旧，也严重腐蚀金属，危害钢铁桥梁、建筑物、交通工具、铁路等，使市内的汽车等公共设施锈迹斑斑。重庆市的嘉陵江大桥酸雨腐蚀极为严重。

酸雨造成某些地区湖泊河流逐渐酸化，有害金属溶入水中，鱼类减少，当 pH<4.8 时，水中就没有鱼了。挪威和瑞典南部，1/5 的湖没有鱼，加拿大有 14000 个湖成为死湖。如果湖河周围是不透水、不易发生化学反应的花岗岩，其抵抗 pH 值变化的容量——酸中和容量（ANC）小，特别容易酸化。如果湖河周围是易于与酸反应的石灰石，则其酸中和容量要大得多。

强酸度的降水、雾和高浓度的 SO_2 等直接危害森林和农作物。再有，酸雨造成土壤酸化，使钙、镁、钾等营养元素流失，抑制有机物的降解和固氮作用，使土壤贫瘠化；另一方面，又将铝等有害元素活化，进入土壤溶液，被树木根部吸收后转化为氢氧化铝等，堵住根内传输管道。据欧洲 22 国普查，有 1.5 亿亩森林受到酸雨破坏，主要受害树种是松、山毛榉和栎等。我国川、黔和两广每年因酸雨造成森林损失就达十几亿元，在重庆市郊的南山，马尾松林成片死亡。

H_2SO_4 和 HNO_3 雾直接危害人体呼吸系统、眼睛和皮肤。由于酸雨使湖河、土壤酸化，溶出铅、镉、汞等重金属，如进入饮用水，也将对人类健康造成严重威胁。

第四节　臭氧层耗损

一、大气臭氧层的耗损

从海平面到 10～16km 高是大气对流层，气温从约 15℃ 降至约 −56℃。再往上到 50km

高是平流层（旧称同温层），气温又升至约$-2℃$。对流层顶的低温，使水和一般污染物到此都凝结（固）下落，保护了平流层。污染物一旦进入平流层，由于下冷上热的逆温缺乏上下对流，很难扩散稀释。

多年来，气象学家一直用道布森（Dobson）分光光度计观测地面各点上空大气柱中的臭氧总量，原理是臭氧对不同波段紫外线吸收率不同，比较两个波段紫外线强度求算出臭氧总量。$0℃$、标准海平面压力、$10^{-5}m$厚的纯臭氧柱定义为1道布森单位（DU）。近年来也用布瑞沃（Brewer）分光仪、激光雷达等测量臭氧总量，还可用臭氧探针测臭氧浓度随高度的变化。全球臭氧总量平均值大约是300DU，赤道最低，向南、北随纬度增加。

1985年，英国法曼（J. Farman）等人发表了自1957年以来南极哈雷湾考察站上空臭氧总量的数据。1957~1973年南极春季（8月下旬到10月上旬）臭氧总量平均为300DU，但1980~1984年下降到200DU以下。他们首先提出南极出现"臭氧洞"。美国航空航天局（NASA）从卫星上用臭氧总量扫描光谱仪测定南极上空臭氧总量，以10月份平均值计，从1979年的290DU降到1987年的121DU，再到1991年的110DU。南极臭氧洞春初出现，春末闭合，其面积1984年几乎相当于1个美国，1995年相当于2个多欧洲，2000年达到2830万km^2，比南极大陆大一倍，有三个美国那么大。联合国发布的《2010年臭氧层消耗科学评估》指出：近年来的观测资料显示，就臭氧洞的面积、深度及延续时间等指标的实际情况而言，南极上空大气臭氧层的损耗仍然很严重。例如，2000年以来，南极臭氧洞一直维持在大面积损耗的水平上，2003、2006和2008年臭氧洞面积均超过2500万平方公里，其中，2008年达到2720万平方公里，比整个北美洲的面积还大。2009年南极臭氧洞的大小仍维持在近几年的水平上。可见，南极上空臭氧层损耗还没有停止。虽然南极臭氧洞的面积每年都有变化，但目前还不能判断臭氧洞是不是已经开始缓慢地修复。

一般认为，大气层中臭氧总量减少到220DU以下，才被认为是出现了臭氧洞。按照这个标准，南极上空春季臭氧总量虽然在20世纪70年代末开始明显减少，但是，到1982年10月才首次低于220DU。最近5年，南极上空臭氧洞中臭氧的最低值都低于120DU。1988年，美国科学家提出北极也有臭氧洞，但比南极的小。美、日、英、俄等国家联合观测发现，北极上空臭氧层也减少，已形成了面积约为南极臭氧空洞三分之一的北极臭氧空洞，联合国"世界气象组织"指出，从2010年冬季至2011年3月底，由于大气平流层气温过低等因素，北极上空的臭氧层有40%受损，破损程度改写先前的30%纪录，创下历史新高。在被称为世界"第三极"的青藏高原，1998年中国大气物理及气象学者观测发现，青藏高原上空的臭氧正在以每10年2.7%的速度减少，已经成为大气层中的第三个臭氧空洞。

紫外线分为三个波段，100~295nm的UV-C对生物危害最大，但被臭氧层全部吸收；295~320nm的UV-B对生物有一定危害，大部分被臭氧层吸收；320~400nm的UV-A对生物基本无害，全部通过臭氧层。UV-B伤害脱氧核糖核酸（DNA）。联合国环境署（UN-EP）报告：臭氧层减少10%，皮癌发病率将增加26%，白内障患者将增加160万~175万人。UV-B影响人体免疫功能，使包括艾滋病病毒在内的多种病毒活力增强；破坏植物光合作用，使农业减产；破坏浮游生物的染色体和色素，影响水生食物链，减少水产资源；加速橡胶、塑料的老化。臭氧层的耗损使UV-B增加，全世界都为此担忧。

二、消耗臭氧层物质

（一）查普曼循环

1929年，查普曼（S. Chapman）首先提出：臭氧层中达成稳态是4个反应的结果。查

普曼循环包括臭氧的生成反应

① $O_2 + h\nu \longrightarrow O + O$

② $O + O_2 + M \longrightarrow O_3 + M$（M：第三体，如 N_2，O_2）

也包括臭氧的消除反应

③ $O_3 + h\nu \longrightarrow O + O_2$

④ $O + O_3 \longrightarrow O_2 + O_2$　　　（慢）

由于有反应③，臭氧层成为太阳紫外辐射的天然屏障，它又产生原子氧，有可能通过反应②再生成臭氧。而原子氧和臭氧也可能碰撞，通过慢反应④从循环中除去"奇数氧"：O 和 O_3。

（二）破坏臭氧层的催化剂

如果有某种物质 X 能与臭氧反应

$$X + O_3 \longrightarrow XO + O_2$$
$$+) \quad XO + O \longrightarrow X + O_2$$
$$\text{总反应 } O + O_3 \longrightarrow O_2 + O_2$$

总反应即反应④，X 起催化剂的作用，本身并不消耗，加速破坏臭氧。目前人们认识到的 X 分为 4 类。

1. 含氯的自由基 $ClO_x\cdot$　如 $Cl\cdot$、$ClO\cdot$。一个原子氯作为催化剂可以破坏 10 万个臭氧。

2. 含溴的自由基 $BrO_x\cdot$　如 $Br\cdot$、$BrO\cdot$。原子溴比原子氯的催化作用强 50 倍。

3. 氮氧化物　指 NO、NO_2。

4. 含氢的自由基 $HO_x\cdot$　如 $H\cdot$、$HO\cdot$、$HO_2\cdot$。

凡能向平流层排放 X 的人类活动都能破坏臭氧层。

（三）消耗臭氧层物质

哪些物质属于消耗臭氧层物质（ozone depletion substance ODS)？以下 7 类最重要，它们都能穿越 $-56℃$ 的平流层顶而破坏臭氧层。

1. 氯氟烃（氟利昂、氟氯化碳），CFC　到 1985 年，CFC11 和 CFC12 的世界年产量达 85 万吨，相当部分进入大气，由于其惰性，又不被雨水冲刷，寿命极长，如 CFC12 在大气中寿命竟达 120 年，而仅需 5 年，它们即可完整无损地渗入平流层中。

2. 哈龙（halon）　值得注意的是，字典上 halon 的另一含义是聚四氟乙烯，国内译者常张冠李戴。

3. 四氯化碳 CCl_4（CTC）　电子工业及干洗业中用作清洗剂。

4. 1,1,1-三氯乙烷 CH_3CCl_3（TCA）　精密仪器、电子工业、首饰业中用作清洗剂。

5. 甲基溴 CH_3Br　用作熏蒸剂、保鲜剂以杀灭土壤、木材、仓储谷物、水果中的害虫。

6. 一氧化二氮 N_2O　大量施用的氮肥，被细菌衰变为一氧化二氮，进入平流层光解或氧化为一氧化氮，破坏臭氧层。

7. 超音速飞机　为了减小空气阻力，超音速飞机在平流层中飞行，直接把一氧化氮和水汽排入平流层，水被光解或氧化为 $HO\cdot$ 等，和一氧化氮一起破坏臭氧层。

诸多 ODS 中什么最主要？1974 年，美国加州大学的莫利纳（M. Molina）和罗兰（F. S. Rowland）提出，氯氟烃在高空被紫外辐射光解产生原子氯 $Cl\cdot$ 的位置正好在臭氧层，1 个 $Cl\cdot$ 能与 10 万个 O_3 发生连锁反应，如

$$CF_2Cl_2 + h\nu \longrightarrow CF_2Cl\cdot + Cl\cdot \tag{8-1}$$

$$Cl\cdot + O_3 \longrightarrow ClO\cdot + O_2 \tag{8-2}$$

$$ClO \cdot + O \longrightarrow Cl \cdot + O_2 \tag{8-3}$$

Cl·和 ClO·都可以破坏 O_3，Cl·也可能变为 HCl 和 $ClONO_2$ 这两种不直接与 O_3 反应的形态。他们按一维模型计算，以当时氯氟烃的产量，百年后臭氧层将减少 7%～13%。当时，这种理论还是一种假说。

1987 年，美国航空航天局（NASA）的 ER-2 研究飞机从南纬 53°智利的阿里纳斯飞到南纬 72°的南极洲，机上仪器同时测定大气中 O_3 和 ClO·的浓度，9 月 16 日的结果见图 8-1。

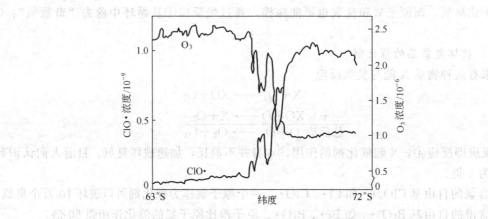

图 8-1 南极上空臭氧和一氧化氯的浓度

O_3 浓度和 ClO·浓度随纬度变化的曲线几乎成镜面对称，ClO·浓度上升，O_3 浓度就下降。尽管直接测定 Cl·有困难，但 Cl·与 ClO·通过方程式（8-2）和式（8-3）联系在一起，这一结果使人信服，氯是破坏臭氧层的元凶。回顾历史可以发现，南极臭氧洞正是在大气当中氯的体积分数上升到 2×10^{-9} 时首次出现的。1991 年，卫星发回的大量数据证明，平流层中的氯主要来自氯氟烃。目前大气中氯的体积分数已经上升到 4×10^{-9}，半数来自氯氟烃。人们又发现平流层当中的溴比氯更危险，于是，受控的 ODS 集中于含氯和含溴的简单卤代烷。

1995 年，莫利纳、罗兰和德国大气化学家克鲁岑（P. Crutzen）一起，因阐述对臭氧层厚度产生影响的化学机理，证明化学物质对臭氧层构成破坏作用而获得诺贝尔化学奖。

三、人类拯救臭氧层的行动

1985 年，一些国家签订了《保护臭氧层维也纳公约》，中国 1989 年加入。

1987 年 9 月，43 国签订《关于消耗臭氧层物质的蒙特利尔议定书》，对 5 种 CFC（11、12、113、114、115）和 3 种哈龙（1211、1301、2402）提出控制时间表。

1990 年 6 月，包括中国在内的 90 国在伦敦通过《蒙特利尔议定书（修正案）》，把受控 ODS 扩大到 5 类 20 种，增加了 10 种 CFC（13、111、112、211、212、213、214、215、216、217）、CCl_4 和 CH_3CCl_3，并提前了控制时间，还把 34 种 HCFC（含氢的氯氟烃，因为碳氢键在大气对流层就可以断裂，因此进入平流层的机会少，对臭氧层的破坏比不含氢的氯氟烃小。）列为过渡性物质。

1992 年 11 月，92 国在哥本哈根对《蒙特利尔议定书（修正案）》进一步修正与调整，把受控 ODS 扩大到 7 类上百种，新增加了氢氯氟烃（HCFC）、氢溴氟烃（HBrFC）和甲基溴（CH_3Br）三类，并再次提前了控制时间。

《蒙特利尔议定书》缔约方又经 1995 年在维也纳、1997 年在蒙特利尔、1999 年在北京多次调整和修订，确定的时间表见表 8-2。

表 8-2 《蒙特利尔议定书》淘汰消耗臭氧层物质时间表

消耗臭氧层物质	发达国家淘汰时间/年份	发展中国家淘汰时间/年份	消耗臭氧层物质	发达国家淘汰时间/年份	发展中国家淘汰时间/年份
氟氯化碳（不含氢）	1996	2010	氢氯氟烃	2030	2040
哈龙	1994	2010	氢溴氟烃	1996	1996
四氯化碳	1996	2010	甲基溴	2005	2015
1,1,1-三氯乙烷	1996	2015	溴氯甲烷	2002	2002

1993 年 1 月，《中国消耗臭氧层物质逐步淘汰国家方案》对中国当前生产和使用的 3 种 CFC、2 种哈龙、CCl_4 和 CH_3CCl_3 提出逐步淘汰方案。其余国际上受控 ODS，中国的产销量很小或基本为零。

1995 年 1 月 23 日，联合国大会通过决议，确定从 1995 年开始，每年的 9 月 16 日为"国际保护臭氧层日"。旨在纪念 1987 年 9 月 16 日签署的《关于消耗臭氧层物质的蒙特利尔议定书》。

1999 年 11 月，《中国逐步淘汰消耗臭氧层物质国家方案（修订稿）》对中国目前主要生产和消费的 4 类 10 种受控的 ODS 提出逐步淘汰方案。它们是：6 种 CFC（11、12、13、113、114、115），2 种哈龙（1211、1301），CCl_4 和 CH_3CCl_3。

自 1991 年加入《关于消耗臭氧层物质的蒙特利尔议定书》以来，经过持续不断努力，中国分别于 1997 年、1999 年、2002 年、2003 年实现哈龙、全氯氟烃、甲基溴、甲基氯仿生产和消费的冻结；2007 年 7 月 1 日，中国提前两年半完成了全氯氟烃和哈龙的淘汰；2010 年 1 月 1 日，中国又全面淘汰四氯化碳和甲基氯仿。20 年来，中国淘汰消耗臭氧层物质共计 10 万吨的生产量和 11 万吨的消费量，约占发展中国家淘汰总量的一半，圆满完成了《蒙特利尔议定书》阶段性履约任务。但也要看到，目前中国含氢氯氟烃淘汰任务十分繁重，其他物质淘汰收尾工作存在难度，履约后续监管还存在薄弱环节，下一阶段履约工作仍然任重而道远。

由世界气象组织（WMO）和联合国环境署（UNEP）联合发表的《2010 年臭氧层消耗科学评估》重申了《蒙特利尔议定书》的作用：逐步淘汰了消耗臭氧层物质的生产和消费，从而保护了平流臭氧层，避免了臭氧层的严重损耗。关于臭氧层的主要结论是：过去十年来，全球臭氧以及南北极臭氧已停止损耗，但尚未开始增加；由于《蒙特利尔议定书》逐步淘汰了消耗臭氧层物质，极地上空之外其他各处的臭氧层预计将于 21 世纪中期之前恢复至 1980 年以前的水平。相反，南极上空春季臭氧层空洞的恢复时间预计将大为推迟；再度确认中纬度地区的地表紫外辐射在过去十年以来基本保持恒定水平；在南极地区臭氧层空洞较大的春季，仍能观测到较高的紫外线水平。

《2010 年臭氧层消耗科学评估》关于消耗臭氧层物质及其替代品的主要结论是：许多曾用于冰箱和喷雾罐等产品消耗臭氧层物质，如 CFCs（氯氟烃）现已完全淘汰。目前对 HCFCs（氢氯氟烃）和 HFCs（氢氟烃）等替代品的需求有所增加；《蒙特利尔议定书》的各项措施的实施将使 HCFCs 的总排放量在未来十年内有望开始降低。但是近期 HCFCs 的排放与四年前相比有所加快。其中排放比重最大的 HCFC-22 在 2007～2008 年的排放增长速度比 2003～2004 年快 50％；HFCs 的丰度和排放以每年大约 8％的速度增加。

第五节　全球气候变暖

一、全球气候变暖

图 8-2(a) 表示从 1850 年到 2010 年这 161 年的全球陆地和海洋综合表面气温。图中的 0 线代表 1961 年到 1990 年这 30 年的平均值，立柱的高度表示该年份的全球年均温度与 0 线的距离，在气象学中称为温度距平，平滑的曲线表示用二项式滤波器平滑处理的结果。2010 年与 2003 年并列有记录以来第三最暖的年份，仅次于 1998 年和 2005 年。2001～2010 这 10 年的平均值（在 0 线以上 0.44℃）比 1991～2000 年这 10 年的平均值（在 0 线以上 0.24℃）要暖 0.20℃。有记录以来最暖的年份是 1998 年，在 0 线以上 0.55℃。有记录以来 9 个最暖的年份都在 2001～2010 年当中。这 10 年里，只有 2008 年不在最暖的 10 年当中。尽管 2008 年是 21 世纪以来最冷的年份，但仍然是有记录以来第 12 个最暖的年份。所以说出现了全球变暖的明显趋势，这种趋势还在继续。20 世纪当中，全球平均气温上升 0.6℃。20 世纪全球变暖的主要原因是由于人类活动导致大气中温室气体浓度升高。个别年份的冷暖强烈地受赤道太平洋发生的厄尔尼诺或拉尼娜现象这类天气的影响。

我国全国年度平均气温历年变化见图 8-2(b)。2010 年中国年平均气温 9.5℃，比常年值偏高 0.7℃，已连续 14 年高于常年值。

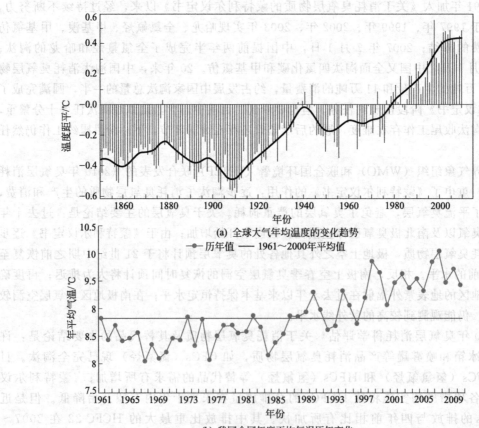

(a) 全球大气年均温度的变化趋势

(b) 我国全国年度平均气温历年变化

图 8-2　气温变化

北京市气候中心最新统计：2001 年至 2010 年，北京平均气温比前 30 年（1971 年至 2000 年）上升了 1℃。这相当于把北京向南推进了近 300 公里，从这一气温指标看，北京人过去的 10 年相当于生活在 10 年前的河北石家庄一带，与这一气温指标相似的城市还包括西安和青岛。

很多自然因素决定全球气候。驱动天气和气候的能量来自太阳，太阳辐射包括整个电磁波谱，但照射到地表时就仅剩红外线、可见光和近紫外线，见图 8-3。

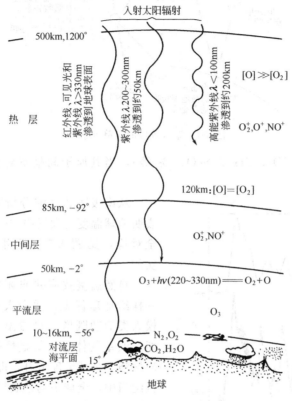

图 8-3 太阳辐射部分被大气吸收

到达地表的太阳辐射峰波长为 483nm，部分被反射，部分被吸收。地球把吸收的能量再辐射，以维持辐射平衡。根据维恩（Wein）位移定律，黑体辐射峰波长 λ_m 与热力学温度 T 成反比，即 $\lambda_m \cdot T = 2.897 \times 10^6 nm \cdot K^{-1}$。地球平均温度约为 15℃（288K），$\lambda_m$ 为 $1.01 \times 10^4 nm$，属红外辐射。假如地球辐射不受阻挡，全部射入太空，全球温度会是 -18℃，海洋将终年封冻，地球处于冰河期。但实际全球温度是 15℃，比预料的高 33℃，为什么？

1800 年左右，法国数学家、物理学家傅里叶（J. Fourier）提出地球大气与温室玻璃的功能相似，他的比喻沿用至今，叫温室效应。过了约 60 年，英格兰的丁达尔（J. Tyndall）用实验演示 H_2O（气态）和 CO_2 吸收热辐射，计算出二者在大气中的温室效应。H_2O 和 CO_2 吸收地表红外辐射，又向各方向放出红外辐射，把部分辐射能还给地球，称为大气逆辐射，所以地表实际损失辐射能减少，全球温度不是 -18℃，而是 15℃。温室效应示意图见图 8-4。

产生温室效应的温室气体并非大气主要成分 N_2 和 O_2，而是一些"痕量气体"。因为温室气体能吸收红外线，加大分子内原子间振幅，改变分子偶极矩。但单原子分子如稀有气体和双原子单质分子如氮和氧都不是温室气体。一般地，温室气体分子至少有三个原子，即多

北京市百多次热岛…(text partially obscured)

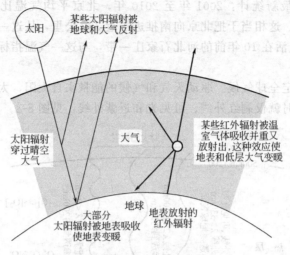

图 8-4　温室效应的简单示意图

原子分子（像 H_2O、CO_2、CH_4、N_2O、O_3 等），当其原子间呈不对称振动时，偶极矩改变，同时吸收红外线。

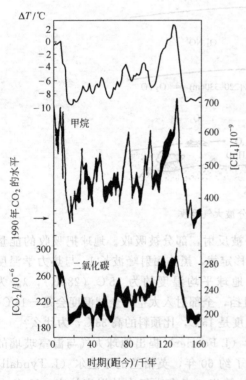

图 8-5　南极冰芯气泡分析显示出 16 万年前甲烷和二氧化碳浓度与地球温度密切相关

从南极冰芯气泡分析可追溯到 16 万年前，表明地球温度与大气中 CH_4 和 CO_2 浓度几乎完全对应，见图 8-5，证明自然温室效应是真实的。

自然温室效应并非坏事，它使大气像毛毯一样给地球保温，适合人类居住。然而，大规模人类活动既增加自然温室气体浓度，又增加新的温室气体，如氯氟烃等卤化碳，使温室效应增强，全球温度上升，即"全球变暖"。在 20 世纪当中，全球平均地表气温上升了 0.6℃，中国过去 100 年平均温度升高 0.5～0.8℃，成为当代一大环境问题。首先，由于海水热膨胀和高山冰川、两极冰盖融化，南北半球的山地冰川和积雪总体上都已退缩。冰川和冰帽的大范围减少造成了海平面上升。全球的海平面在 18 世纪上升了 2.0cm，19 世纪上升了 6.0cm，20 世纪则上升了 19.0cm。根据 21 世纪最初几年的速率推算，海平面将在 21 世纪上升 30.0cm。低注的滨海地区和一些岛屿会被淹没。著名的洼地之国荷兰有 1/3 的国土在海拔 1m 以下，荷兰西部有 40% 以上的土地低于或者等于目前的海平面，全靠拦海大堤保护着。海平面上升以后，荷兰只有两条路，一条是大片国土被海水淹没，另一条是花费巨资提高加固拦海大堤，哪一条都要付出巨大代价。面临威胁的城市还有上海、东京、纽约、伦敦、悉尼、曼谷、圣彼得堡、汉堡和威尼斯等，人们已经在谈论环境难民。我国海平面上升也很多，国家海洋局《2010 年中国海平面公报》显示，近 30 年来我国沿海海平面总体呈波动上升趋势，平均上升速率为 0.26cm/年，高于全球平均水平，海平面上升加剧了海洋灾害的发生。2001～2010 年，中国沿海的平均海平面总体处于历史高位，比 1991～2000 年的平均海平面高 2.5cm，比 1981～1990 年的平均海平面高 5.5cm。2010 年我国沿海海平面比常年高 6.7cm，渤海、黄海 2 月份海平面和南海 10 月份海平面均为近 30 年来同期最高值。沿海海岸带脆弱性增加，会影响海岸经济和海洋生态系统。全球气候变暖还导致了气象灾害的频繁发生，干旱、洪涝、台风、火灾，使一些生物物种灭绝，仅 1997～2000 年就造成全球近十万人死亡，3 亿人被迫离开家园或无家可归。我国长江、嫩江、松花江流域的特大洪水，给我国造成重大损失。

必须指出，决定气候变化因素很多，不仅是温室效应。自然因素有太阳辐射变化（存在 11 年的循环周期）；地球轨道缓慢变化；火山爆发产生的大量气溶胶（颗粒物）能吸收和折射辐射，改变云的反射率（1991 年 6 月菲律宾的皮纳图博火山爆发，连续两年缓解了全球变暖趋势，使全球温度下降 0.4℃）；气候固有变化等。人类还有一些活动对气候有潜在影响，如毁林和荒漠化可改变陆地反射率；矿物燃料燃烧放出的大量含硫化合物，形成人造气溶胶，起降温作用；消耗臭氧层物质对臭氧的破坏也会影响气候。总之，全球气候变化是诸多因素共同作用的综合结果。

二、关键温室气体

表 8-3 列出受人类活动影响的关键温室气体情况。表中没有列出 H_2O 和 O_3 这两种重要温室气体。H_2O 具有最大温室效应，对流层中 H_2O 的含量决定于全球气候系统内在因素，不受人为源（指一种物质进入大气的机制）和汇（指一种物质离开大气的机制）影响。有科学家认为：H_2O 在大气中将随全球变暖而增加，进一步加速全球变暖。但大气中 H_2O 在气、液、固三态间变化，H_2O（气态）在大气中的存留时间仅几天。人们对大气中 H_2O 的源和汇、云的作用等因素尚认识不足，无法定量评估。由于人类活动，对流层中 O_3 增加，平流层中 O_3 减少，但缺乏足够观测数据，也难定量评估。

表 8-3 《京都议定书》减排温室气体的体积分数、增长速率及对全球变暖的相对贡献

关键温室气体		CO_2	CH_4	N_2O	F-气体[①]
体积分数/10^{-6}	1750 年	280	0.715	0.270	0
	2005 年	379	1.774	0.319	?
1995～2005 年间平均年增长率/%		0.5	?[④]	0.25	?
在大气中的停留时间/年		5～200	12	114	1.4～50000
全球增暖潜势 GWP(100 年)[②]		1	25	298	124～22800
对全球变暖的相对贡献/%[③]		63	18	6	0.6

① F-气体：六氟化硫（SF_6）、氢氟烃（HFCs）、全氟化碳（PFCs）。

② 全球增暖潜势 GWP（100 年）：世界气象组织（WMO）和联合国环境规划署（UNEP）于 1988 年联合成立政府间气候变化专门委员会（IPCC）。IPCC1990 年第 1 次气候变化科学评估报告提出全球增暖潜势 GWP（global warming potential）的指标，这是估计由于向大气释放 1kg 特定温室气体而带来的全球增暖，相对于向大气释放 1kg 二氧化碳所带来全球增暖的比值。不同时间尺度（20 年、100 年、500 年）全球增暖潜势的值不同，表示了不同气体的大气寿命的影响。一般用 100 年的全球增暖潜势进行预测。

③ 2005 年，本表未列出的《蒙特利尔议定书》所管制的气体作为一个群体，对长生命期温室气体产生的总贡献约为 12%。

④ 自 20 世纪 90 年代初期以来，甲烷的增长率大幅度下降，在从 1999～2005 年的 6 年里，增长率接近零。

注：资料来源：IPCC 第 4 次评估报告：气候变化 2007。IPCC 第 5 次评估报告预计在 2013 年发表。

第六节 大气污染防治

一、大气质量标准与管理

（一）大气质量标准

国家为保护人类健康和生存环境，对污染物（或有害因素）容许含量（或要求）作出规定，制订环境质量标准。大气质量标准对大气中污染物或其他物质的最大容许浓度作出规定，目前世界上已有 80 多个国家颁布了大气质量标准。世界卫生组织于 1963 年提出二氧化硫、飘尘、一氧化碳和氧化剂的大气质量标准。

我国 1982 年颁布《环境空气质量标准》，1996 年第一次修订，2000 年第二次修订，2012 年 2 月第三次进行修订。《环境空气质量标准（GB 3095—2012）》关键内容见附录七。该标准规定了环境空气质量功能区划分、标准分级、污染物项目、取值时间及浓度限值，采样与分析方法及数据统计的有效性规定。与原标准相比较，新修订后的标准作了如下调整：

一是调整了环境空气功能区分类方案，保留一类区（自然保护区、风景名胜区和其他需要特殊保护的区域），将三类区（特定工业区）并入二类区（城镇规划中确定的居住区、商业交通居民混合区、文化区、一般工业区和农村地区）；

二是调整了污染物项目及限值，增设了 PM2.5 平均浓度限值和臭氧 8 小时平均浓度限值，收紧了 PM10、二氧化氮、铅和苯并 [a] 芘等污染物的浓度限值；

三是收严了监测数据统计的有效性规定，将有效数据要求由 50%～75% 提高至75%～90%；

四是更新了二氧化硫、二氧化氮、臭氧、颗粒物等的分析方法标准，增加自动监测分析方法；

五是明确了标准实施时间：2012 年，京津冀、长三角、珠三角等重点区域以及直辖市和省会城市；2013 年，113 个环境保护重点城市和国家环保模范城市；2015 年，所有地级以上城市；2016 年 1 月 1 日，全国实施新标准。

（二）大气质量管理

大气质量管理是环境管理部门的基本职能之一，运用经济、法律、行政、教育和科学技术手段，协调社会经济发展与保护大气环境之间的关系，使社会经济发展在满足人类基本需要的同时获得可接受的大气环境质量。主要内容包括制定大气环境标准并进行监督检查工作；在大气污染状况调查、监测基础上，应用大气质量评价方法，揭示大气质量变化的规律和影响；进行排放和大气质量规划；在此基础上发展建立大气污染防治计划。

二、城市空气质量报告

（一）城市空气质量报告的分类

城市空气质量报告可以分为两类，一类是过去一段时间的情况报告，称为现状报告，通常有年报、季报、月报、周报、日报和实时报；另一类是未来一段时间内的情况报告，称为预测预报，通常有短期预报、中期预报和长期预报（趋势预报）。

（二）空气质量日报

1. 空气质量日报的产生　一个城市的环境监测部门先要选择若干个自动监测点位，代表不同类型的区域，有清洁对照点（如北京昌平的定陵）、居民日常生活和工作的环境与交通环境（如北京的东城东四、东城天坛、西城官园、西城万寿西宫、朝阳奥体中心、朝阳农展馆、海淀北京植物园、海淀北部新区、海淀万柳、丰台云岗、丰台花园、石景山古城、亦庄开发区、门头沟龙泉镇、房山良乡、通州新城、顺义新城、昌平镇、大兴黄村镇、大兴榆垡、怀柔镇、平谷镇、密云水库、密云镇、延庆镇、延庆八达岭等）。每个自动监测点位的仪器自动地把每小时或每天的污染物平均浓度测出来，并把信息发送到城市的中心监测站。中心监测站收集各个监测点位的数据，进行分析处理，得出全市每天的污染物平均浓度，就是该市的空气质量日报。

2. 空气质量日报的项目　从 2001 年 6 月 5 日起，我国"重点城市空气质量日报"包括 47 个环保重点城市（目前已增至 86 个）；当时的指标体系中有可吸入颗粒物 PM10、二氧化氮和二氧化硫，由中央电视台向全国发布。

3. 空气质量指数（AQI）《环境空气质量指数（AQI）技术规定》（HJ 633—2012）依据《环境空气质量标准》，规定了环境空气质量指数日报和实时报工作的要求和程序。该标准中的污染物浓度均为质量浓度。该标准与《环境空气质量标准》（GB 3095—2012）同步实施。标准规定：

空气质量指数（air quality index，AQI）：定量描述空气质量状况的无量纲指数。

空气质量分指数（individual air quality index，IAQI）：单项污染物的空气质量指数。

首要污染物（primary pollutant）：AQI 大于 50 时 IAQI 最大的空气污染物。

超标污染物（non-attainment pollutant）：浓度超过国家环境空气质量二级标准的污染物，即 IAQI 大于 100 的污染物。

日报时间周期为 24 小时，时段为当日零点前 24 小时。日报的指标包括二氧化硫（SO_2）、二氧化氮（NO_2）、颗粒物（粒径小于等于 $10\mu m$）、颗粒物（粒径小于等于 $2.5\mu m$）、一氧化碳（CO）的 24 小时平均，以及臭氧（O_3）的日最大 1 小时平均、臭氧（O_3）的日最大 8 小时滑动平均，共计 7 个指标。

空气质量指数及相关信息见表 8-4。

表 8-4　空气质量指数及相关信息

空气质量指数	空气质量指数级别	空气质量指数类别及表示颜色		对健康影响情况	建议采取的措施
0～50	一级	优	绿色	空气质量令人满意，基本无空气污染	各类人群可正常活动
51～100	二级	良	黄色	空气质量可接受，但某些污染物可能对极少数异常敏感人群健康有较弱影响	极少数异常敏感人群应减少户外活动
101～150	三级	轻度污染	橙色	易感人群症状有轻度加剧，健康人群出现刺激症状	儿童、老年人及心脏病、呼吸系统疾病患者应减少长时间、高强度的户外锻炼
151～200	四级	中度污染	红色	进一步加剧易感人群症状，可能对健康人群心脏、呼吸系统有影响	儿童、老年人及心脏病、呼吸系统疾病患者避免长时间、高强度的户外锻炼，一般人群适量减少户外运动
201～300	五级	重度污染	紫色	心脏病和肺病患者症状显著加剧，运动耐受力降低，健康人群普遍出现症状	儿童、老年人和心脏病、肺病患者应停留在室内，停止户外运动，一般人群减少户外运动
＞300	六级	严重污染	褐红色	健康人群运动耐受力降低，有明显强烈症状，提前出现某些疾病	儿童、老年人和病人应当留在室内，避免体力消耗，一般人群应避免户外活动

（三）空气质量预报

空气质量预报内容包括空气质量指数、首要污染物和环境空气质量等级。城市环境空气质量预报由环保部门和气象部门联合制作、统一发布，各城市也可以在当地媒体上发布本地区的环境空气质量预报。

国际上预报的方法有数值预报模型和经验统计模型两种。相比起空气质量日报来说，空气质量预报的可变因素增多，特别是空气质量预报与天气预报密切相关，而天气预报本身就有一个准确度的问题。因此，空气质量预报只是对空气质量发展趋势的描绘，它与空气质量日报的实时监测有很大的差别。

有了城市空气质量预报，人们就可以从广播、电视、报纸及类似天气预报的服务电话、电脑网络上，随时获得当地的空气质量信息，就可以根据空气质量预报的情况，避开空气污染的严重区域和高发时段，从而达到保护身体健康的目的。有关部门也可以根据空气质量预报采取一些防范措施，比如调整各工业企业的生产、控制污染物排放等以降低城市空气污染。当空气质量状况恶化时，有关部门将发出空气质量警报，及时提醒人们采取必要的防范措施。

三、大气污染防治技术

（一）提高能源效率与节能降耗

能源是自然界中能为人类提供某种形式能量的物质资源。

根据不同的划分方式，能源可以分为不同的类型。按**来源**分为 3 类：①来自地球外部天体的能源（主要是太阳能）；②地球本身蕴藏的能量，如原子核能、地热能等；③地球和其他天体相互作用而产生的能量，如潮汐能。按能源的**基本形态**分类，有①一次能源，即天然能源，指在自然界现成存在的能源，如煤炭、石油、天然气、水能等；②二次能源，指由一次能源加工转换而成的能源产品，如电力、煤气、蒸汽及各种石油制品等。一次能源又分为可再生能源：可以不断得到补充或能在较短周期内再产生的能源（水能、风能及生物质能）和不可再生能源（煤炭、石油、天然气、油页岩等）。按能源**性质**分，有①燃料型能源（煤炭、石油、天然气、泥炭、木材）和②非燃料型能源（水能、风能、地热能、海洋能）。根据**能否造成污染**分为①污染型能源，包括煤炭、石油等；②清洁型能源，包括水力、电力、太阳能、风能以及核能等。根据能源**使用**的类型又可分为①常规能源：利用技术上成熟，使用比较普遍的能源，包括一次能源中的可再生的水力资源和不可再生的煤炭、石油、天然气等资源；②新型能源：新近利用或正在着手开发的能源，是相对于常规能源而言的，包括太阳能、风能、地热能、海洋能、生物能、氢能以及用于核能发电的核燃料等能源。按能源的**形态特征或转换与应用的层次**进行分类，世界能源委员会推荐的能源类型分为：固体燃料、液体燃料、气体燃料、水能、电能、太阳能、生物质能、风能、核能、海洋能和地热能。按其**商品属性**分为①商品能源：凡进入能源市场作为商品销售的如煤炭、石油、天然气和电等，国际上的统计数字均限于商品能源；②非商品能源：主要指薪柴和农作物残余（秸秆等）。

当前世界能源消耗主要来自一次不可再生能源，大部分属于矿物燃料，其探明储量是指通过地质与工程信息，在现有的经济与作业条件下，将来可从已知储藏采出的储量。其储量/产量（R/P 比率）是指假设将来的产量继续保持在某年度的水平，用该年年底的储量除以该年度的产量所得出的计算结果就是剩余储量的可开采年限。2010 年 R/P 比率为，石油：46.2，天然气：58.6，煤炭：118。2010 年按燃料划分的一次能源消费量及百分比见表 8-5。

表 8-5　2010 年按燃料划分的一次能源消费量及百分比

国家	石油	天然气	煤炭	核能	水电	可再生能源	总计
中国	428.6 (17.6%)	98.1 (4.0%)	1713.5 (70.5%)	16.7 (0.7%)	163.1 (6.7%)	12.1 (0.5%)	2432.2 (100%)
美国	850.0 (37.2%)	621.0 (27.2%)	524.6 (23.0%)	192.2 (8.4%)	58.8 (2.6%)	39.1 (1.7%)	2285.7 (100%)
俄罗斯	147.6 (21.4%)	372.7 (53.9%)	93.8 (13.6%)	38.5 (5.6%)	38.1 (5.5%)	0.1 (0.0%)	690.9 (100%)
世界总计	4028.1 (33.6%)	2858.1 (23.8%)	3555.8 (29.6%)	626.2 (5.2%)	775.6 (6.5%)	158.6 (1.3%)	12002.4 (100%)

注：1. 石油消费以百万吨为单位计量，其他燃料以百万吨油当量为单位计量。

2. 在本统计中，一次能源仅包括能够进行商业贸易的燃料。因此，表中数据不包括薪柴、泥炭与动物废弃物。虽然这些燃料在很多国家发挥着重要作用，但其消费统计数据并不可靠。

3. 资料来源：BP 世界能源统计年鉴，2011 年 6 月，www.bp.com/statisticalreview。

从表 8-5 可以看出，当前世界所消费的一次能源中，87% 属于矿物燃料。排在前两位的中国和美国，消费量各比第三位的俄罗斯大两倍多。2010 年末中国总人口为 134100 万人，如果考虑人均消费量，中国远远低于世界平均水平。还可以看出，我国一次能源消费结构与其他国家区别很大，最突出的特征是煤炭消费量占了七成，这种特点决定了我国的大气污染主要是煤烟型污染。

能源资源是能源发展的基础。中国能源资源有以下特点。

1. 能源资源总量比较丰富。中国拥有较为丰富的矿物能源资源。其中，煤炭占主导地位。2010 年，我国煤炭探明储量 1145 亿吨，约占世界的 13.3%，列世界第三位。已探明的石油、天然气资源储量相对不足，油页岩、煤层气等非常规矿物能源储量潜力较大。中国拥有较为丰富的可再生能源资源。水力资源理论蕴藏量折合年发电量为 6.08 万亿千瓦时，经济可开发年发电量约 1.75 万亿千瓦时，相当于世界水力资源量的 12%，列世界首位。

2. 人均能源资源拥有量较低。中国人口众多，人均能源资源拥有量在世界上处于较低水平。煤炭和水力资源人均拥有量相当于世界平均水平的 50%，石油、天然气人均资源量仅为世界平均水平的 1/15 左右。耕地资源不足世界人均水平的 30%，制约了生物质能源的开发。

3. 能源资源赋存分布不均衡。中国能源资源分布广泛但不均衡。煤炭资源主要赋存在华北、西北地区，水力资源主要分布在西南地区，石油、天然气资源主要赋存在东、中、西部地区和海域。中国主要的能源消费地区集中在东南沿海经济发达地区，资源赋存与能源消费地域存在明显差别。大规模、长距离的北煤南运、北油南运、西气东输、西电东送，是中国能源流向的显著特征和能源运输的基本格局。

4. 能源资源开发难度较大。与世界相比，中国煤炭资源地质开采条件较差，大部分储量需要井工开采，极少量可供露天开采。石油天然气资源地质条件复杂，埋藏深，勘探开发技术要求较高。未开发的水力资源多集中在西南部的高山深谷，远离负荷中心，开发难度和成本较大。非常规能源资源勘探程度低，经济性较差，缺乏竞争力。

由于石油、天然气、煤炭等目前大量使用的传统矿物能源趋于枯竭，同时新的能源生产供应体系又未能建立而在交通运输、金融业、工商业等方面造成的一系列问题形成能源危机。

当前世界所面临的能源安全问题呈现出与历次石油危机明显不同的新特点和新变化，它不仅仅是能源供应安全问题，而是包括能源供应、能源需求、能源价格、能源运输、能源使用等安全问题在内的综合性风险与威胁。

作为世界上最大的发展中国家，中国是一个能源生产和消费大国。能源生产量仅次于美国和俄罗斯，居世界第三位；基本能源消费占世界总消费量的 1/5，居世界第一位。中国又是一个以煤炭为主要能源的国家，发展经济与环境污染的矛盾比较突出。近年来能源安全问题也日益成为国家生活乃至全社会关注的焦点，日益成为中国战略安全的隐患和制约经济社会可持续发展的瓶颈。20 世纪 90 年代以来，中国经济的持续高速发展带动了能源消费量的急剧上升。自 1993 年起，中国由能源净出口国变成净进口国，能源总消费已大于总供给，能源需求的对外依存度迅速增大。煤炭、电力、石油和天然气等能源在中国都存在缺口，其中，石油需求量的大增以及由其引起的结构性矛盾日益成为中国能源安全所面临的最大难题。

随着中国经济的较快发展和工业化、城镇化进程的加快，能源需求不断增长，构建稳定、经济、清洁、安全的能源供应体系面临着重大挑战，突出表现在以下几方面：

1. 资源约束突出，能源效率偏低。中国优质能源资源相对不足，制约了供应能力的提高；能源资源分布不均，也增加了持续稳定供应的难度；经济增长方式粗放、能源结构不合理、能源技术装备水平低和管理水平相对落后，导致单位国内生产总值能耗和主要耗能产品能耗高于主要能源消费国家平均水平，进一步加剧了能源供需矛盾。单纯依靠增加能源供应，难以满足持续增长的消费需求。

2. 能源消费以煤为主，环境压力加大。煤炭是中国的主要能源，以煤为主的能源结构在未来相当长时期内难以改变。相对落后的煤炭生产方式和消费方式，加大了环境保护的压力。煤炭消费是造成煤烟型大气污染的主要原因，也是温室气体排放的主要来源。随着中国机动车保有量的迅速增加，部分城市大气污染已经变成煤烟与机动车尾气混合型。这种状况持续下去，将给生态环境带来更大的压力。

3. 市场体系不完善，应急能力有待加强。中国能源市场体系有待完善，能源价格机制未能完全反映资源稀缺程度、供求关系和环境成本。能源资源勘探开发秩序有待进一步规范，能源监管体制尚待健全。煤矿生产安全欠账比较多，电网结构不够合理，石油储备能力不足，有效应对能源供应中断和重大突发事件的预警应急体系有待进一步完善和加强。

（二）洁净煤技术

洁净煤技术是指从煤炭开发利用的全过程中，减少污染物排放与提高利用效率的加工、燃烧、转化及污染控制等新技术。主要包括煤炭洗选、加工（型煤、水煤浆）、转化（煤炭气化、液化）、先进发电技术（常压循环流化床、加压流化床、整体煤气化联合循环）、烟气净化（除尘、脱硫、脱氮）等方面的内容。

中国政府制定适合国情的洁净煤技术发展战略主要包括：

（1）注重经济与环境协调发展，重点开发社会效益、环境效益与经济效益明显的实用而可靠的先进技术；

（2）覆盖煤炭开发和利用的全过程；

（3）重点针对多终端用户，主要是电厂、工业炉窑和民用三个领域，同时，应把矿区环境污染治理放在重要的位置。

解决煤炭含硫造成的污染是洁净煤技术的重点课题之一。首先，应限制高硫煤的开采和使用，限制高硫煤开采总体上不会影响我国能源生产和消费结构的平衡，是减排二氧化硫的有效措施。但是，我国低硫煤的储藏量非常少，不可能广泛、长期使用低硫煤。其次，可以通过煤炭洗选加工脱除 50%～70% 的黄铁矿硫；燃烧中固硫包括燃用固硫型煤或配煤和采用循环流化床锅炉实现炉内脱硫；烟气净化脱硫。我国煤炭用量的一半用于发电，因此，目前要控制二氧化硫、酸雨，最行之有效的措施是重点抓好火电厂脱硫工程。

（三）开发清洁能源和可再生能源

1. 清洁能源　　不排放污染物的能源，它包括核能和"可再生能源"。可再生能源是指原材料可以再生的能源，如水力发电、风力发电、太阳能、生物质能（沼气）、海潮能这些能源。可再生能源不存在能源耗竭的可能，因此日益受到许多国家的重视，尤其是能源短缺的国家。

核能（或称原子能）　　通过转化其质量从原子核释放的能量。核能通过三种核反应释放，a. 核裂变：打开原子核的结合力；b. 核聚变：原子的粒子熔合在一起；c. 核衰变：自然的慢得多的裂变形式。

核能的优点：

a. 核能发电不像矿物燃料发电那样排放巨量的污染物质到大气中，因此在正常情况下核能发电基本不会造成空气污染。

b. 核能发电不会产生加重地球温室效应的二氧化碳。

c. 核燃料能量密度比起矿物燃料高几百万倍，所以核能电厂所使用的燃料体积小，运输与储存都很方便，一座 1 百万千瓦的核能电厂一年只需 30t 的铀燃料，一航次的飞机就可以完成运送。

d. 核能发电的成本中，燃料费用所占的比例较低，核能发电的成本较不易受到国际经济形势影响，故发电成本较其他发电方法为稳定。

核能的缺点：

a. 核能电厂会产生放射性废料，或者是使用过的核燃料，虽然所占体积不大，但因具有放射性，故必须慎重处理。

b. 核能发电厂热效率较低，因而比一般矿物燃料电厂排放更多废热到环境里，所以核能电厂的热污染较严重。

c. 核能电厂投资成本太大，电力公司的财务风险较高。

d. 兴建核电厂较易引发政治歧见纷争。

e. 核电厂的反应器内有大量的放射性物质，如果发生事故释放到外界环境，会对生态及民众造成伤害。2011 年东日本大地震后发生的福岛核泄漏事故使得全世界重新审视核能的风险问题。

我国"十二五"电力行业规划中，强调对水电、核电、风电和太阳能发电等清洁能源进行大规模投资，火电将大举让路，装机量退居 70％以下，清洁能源装机将超过 30％。

截至 2010 年 6 月底，我国在建核电机组 23 台、总装机 2540 万千瓦，占世界的 40％，已经成为全球核电在建规模最大的国家。

2. 可再生能源　　可再生能源是最理想的能源，可以不受能源短缺的影响。但也受自然条件的影响，如需要有水力、风力、太阳能资源，而且最主要的是投资和维护费用高，效率低，所以发出的电成本高，现在许多科学家在积极寻找提高利用可再生能源效率的方法。相信随着地球资源的短缺，可再生能源将发挥越来越大的作用。可再生能源研究机构可再生能源政策网络（REN21）发布的《2010 全球可再生能源现状》报告指出，目前全球可再生能源发电超过 12.3 亿千瓦，约占全球发电总能力 48 亿千瓦的 1/4。2009 年底，中国可再生能源发电量世界第一，达 2.26 亿千瓦；随后是美国，达 1.44 亿千瓦；再次是加拿大、巴西和日本。报告还显示，2009 年全球吸纳投资最多的可再生能源项目是风电。报告分析原因称，主要是中国风电快速发展，另外还有拉美项目、英国海上风电等项目的投入。

（1）水能　一种可再生能源，是清洁能源，指水体的动能、势能和压力能等能量资源。广义的水能资源包括河流水能、潮汐水能、波浪能、海流能等能量资源；狭义的水能资源指河流的水能资源。是常规能源，一次能源。水不仅可以直接被人类利用，它还是能量的载体。太阳能驱动地球上水循环，使之持续进行。地表水的流动是重要的一环，在落差大、流量大的地区，水能资源丰富。随着矿物燃料的日渐减少，水能是非常重要且前景广阔的替代资源。目前世界上水力发电应用广泛。河流、潮汐、波浪以及涌浪等水运动均可以用来发电。

（2）太阳能

a. 光与热的转换，如太阳能热水器、太阳能灶、太阳能热发电系统等。

b. 光与电的转换，如太阳能电池板、太阳能车、船等。

太阳能清洁能源是将太阳的光能转换成热能、电能、化学能等其他形式的能，转换过程中不产生有害的气体或固体废料，是一种环保、安全、无污染的新型能源。

目前开展的对太阳能综合利用的全生命评估结果显示，以往的太阳能光电转换的利用方式，由于依赖太阳能电池板这一生产过程中高污染、高耗能的材料，因此利用成本和环境代价都较高。目前研究的热点在太阳能热利用方向上。

并网太阳能光伏发电：一直以来，太阳能光伏行业通过扩大市场规模、开发新项目来应对价格下跌和迅速变化的市场。近年来，薄膜光伏市场份额快速增长，达到25％。200千瓦或更大的太阳能光伏发电站增长迅速，占并网太阳能光伏发电装机容量的25％。

聚热式太阳能光热发电：在2006~2010年，聚热式太阳能光热发电成为一类重要的新能源。到2010年，在美国西南部和西班牙共有70万千瓦的聚热式太阳能光热发电站投入运行，在其他国家有更多的聚热式太阳能光热发电站正在建设或规划中。

太阳能热水/供暖：中国在世界太阳能热水器市场处于领先地位，占世界总装机容量的70％。欧洲列第二位，占12％。在中国，几乎所有的太阳能热水设备只用于提供热水，但是在欧洲，太阳能热水设备成为"两用"系统，提供热水和供暖，这样的"两用"系统每年在市场占有一半的份额。

（3）风能　地球表面大量空气流动所产生的动能。由于地面各处受太阳辐照后气温变化不同和空气中水蒸气的含量不同，因而引起各地气压的差异，在水平方向高压空气向低压地区流动，即形成风。风能资源决定于风能密度和可利用的风能年累积小时数。风能密度是单位迎风面积可获得的风的功率，与风速的三次方和空气密度成正比关系。据估算，全世界的风能总量约1300亿千瓦。风能资源受地形的影响较大，世界风能资源多集中在沿海和开阔大陆的收缩地带。在自然界中，风是一种可再生、无污染而且储量巨大的能源。随着全球气候变暖和能源危机，各国都在加紧对风力的开发和利用，尽量减少二氧化碳等温室气体的排放，保护我们赖以生存的地球。

风能的利用主要是以风力发电和风能作动力两种形式，其中又以风力发电为主。风力发电有海上风电、分布式发电、小型风机并网发电等，在世界范围内显现出新的增长趋势。风电企业研究大型风机的制造技术，不断提升技术水平，如无齿轮设计等。以风能作动力，就是利用风来直接带动各种机械装置，如带动水泵提水等。这种风力发动机的优点是：投资少、工效高、经济耐用。

由全球风能理事会和绿色和平组织联合发布的《全球风能展望2010》报告预测，2010年，全球风能行业60万名从业人员平均每30分钟就安装一台机组，而在每3台安装好的机组里，就有 1 台在中国。至 2009 年底，中国国内的风能装机容量已经达到 2500 万千瓦时，居世界第二，占全球总量的 16%。到 2020 年，风能可为全球提供 12% 的电力需求；到 2030 年可达到 22%，风能市场规模将会是今天的三倍。风能发展的最大制约瓶颈就在于电网建设。风能的问题不在于发电，而在于上网成本过高。因为风电上网对电网的稳定、备用和长距离输送均有很高的要求。中国接下来将重点解决扩大电网容量和调峰电源建设的问题。

（4）氢能　所有气体中，氢气的导热性最好，比大多数气体的导热系数高出 10 倍，因此在能源工业中氢是极好的传热载体。氢是自然界存在最普遍的元素，据估计它构成了宇宙质量的 75%。除空气中含有氢气外，它主要以化合物的形态贮存于水中，而水是地球上最广泛存在的物质。据推算，如把海水中的氢全部提取出来，它所产生的总热量比地球上所有矿物燃料放出的热量还大 9000 倍。除核燃料外，氢的发热值是所有矿物燃料、化工燃料和生物燃料中最高的，为 142351kJ/kg，是汽油发热值的 3 倍。氢燃烧性能好，点燃快，与空气混合时有广泛的可燃范围，而且燃点高，燃烧速度快。

氢本身无毒，与其他燃料相比氢燃烧时最清洁，除生成水和少量氮化氢外不会产生诸如一氧化碳、二氧化碳、碳氢化合物、铅化物和粉尘颗粒等对环境有害的污染物质，少量的氮化氢经过适当处理也不会污染环境，而且燃烧生成的水还可继续制氢，反复循环使用。

（5）生物质能　太阳能以化学能形式贮存在生物中的一种能量形式，一种以生物质为载体的能量，它直接或间接地来源于植物的光合作用。在各种可再生能源中，生物质是独特的，它是贮存的太阳能，更是一种唯一可再生的碳源，可转化成常规的固态、液态和气态燃料。所有生物质都有一定的能量，而作为能源利用的主要是农林业的副产品及其加工残余物，也包括人畜粪便和有机废弃物。生物质能为人类提供了基本燃料。

生物质能具备下列优点：

a. 提供低硫燃料；

b. 提供廉价能源；

c. 将有机物转化成燃料，可减少环境公害（如垃圾燃料）；

d. 与其他非传统性能源相比较，技术上的难题较少。

其缺点有：

a. 植物仅能将极少量的太阳能转化成有机物；

b. 单位土地面积的有机物能量偏低；

c. 缺乏适合栽种植物的土地；

d. 有机物的水分偏多（50%～95%）。

生物质能发电：在世界范围内，超过 50 个国家拥有生物质能发电站。生物质能发电占电力供应的比重越来越大。一些欧洲国家正在加大生物质能发电的比重，该比重在奥地利为 7%、芬兰为 20%、德国为 5%。其中，沼气发电呈现出较强的增长趋势。

生物质能供暖：在世界范围内，特别是在欧洲，生物质能供热市场稳步扩大。生物质固体燃料、建筑或社区规模的生物质能热电联产、生物质能集中供热系统等得到越来越多的应用。在世界范围内，生物质能供暖容量达到 2.7 亿千瓦。

生物燃料：玉米乙醇、甘蔗乙醇和生物柴油是生物燃料的主要市场，同时像用于交通的沼气和其他形式的乙醇等也具有重要意义。全球乙醇生产中有超一半来自玉米，超过三分之一来自甘蔗。美国和巴西几乎占全球乙醇产量的 90%。

（6）地热能　由地壳抽取的天然热能，这种能量来自地球内部的熔岩，并以热力形式存在，是引起火山爆发及地震的能量。地球内部的温度高达7000℃，而在80至100km的深度处，温度会降至650℃至1200℃。透过地下水的流动和熔岩涌至离地面1~5km的地壳，热力得以被转送至较接近地面的地方。高温的熔岩将附近的地下水加热，这些加热了的水最终会渗出地面。运用地热能最简单和最合乎成本效益的方法，就是直接取用这些热源，并抽取其能量。地热能是可再生资源。

现在许多国家为了提高地热利用率，采用梯级开发和综合利用的办法，如热电联产联供，热电冷三联产，先供暖后养殖等。地热发电有蒸汽型地热发电、热水型地热发电。在世界范围内，19个国家拥有地热发电站，每年都有新的地热发电站投入运行。例如，2009年，印度尼西亚、意大利、土耳其和美国就有新的地热发电站投入运行。还有地热供暖、地热务农、地热行医等方式。

（四）控制酸雨和二氧化硫污染的举措

我国《大气污染防治法》规定，根据气象、地形、土壤等自然条件，可以将已经产生、可能产生酸雨的地区或其他二氧化硫污染严重的地区，划定为酸雨控制区或二氧化硫污染控制区，即"两控区"。一般来说，降雨pH值≤4.5的，可以划定为酸雨控制区；近三年来环境空气二氧化硫年平均浓度超过国家二级标准的，可以划定为二氧化硫污染控制区。

酸雨控制区的划分基本条件是：

(1) 现状监测降水pH≤4.5；

(2) 硫沉降超过临界负荷；

(3) 二氧化硫排放量较大的区域。

二氧化硫污染控制区的划分基本条件是：

(1) 近年来环境空气二氧化硫年平均浓度超过国家二级标准；

(2) 日平均浓度超过国家三级标准；

(3) 二氧化硫排放量较大；

(4) 以城市为基本控制单元。

酸雨和二氧化硫污染都严重的南方城市，不划入二氧化硫控制区，划入酸雨控制区。

根据上述"两控区"划分基本条件，划定"两控区"的总面积约为109万平方公里，占国土面积11.4%，其中酸雨控制区面积约为80万平方公里，占国土面积8.4%，二氧化硫污染控制区面积约为29万平方公里，占国土面积3%。

到2010年"两控区"的控制目标为：

(1) "两控区"内二氧化硫排放量控制在2000年排放水平之内；

(2) "两控区"内所有城市环境空气二氧化硫浓度都达到国家环境质量标准；

(3) 酸雨控制区降水pH≤4.5地区的面积明显减少。

为实现"两控区"2010年污染控制目标，在执行已有的环境管理法律、法规和政策的基础上，还进一步实施更有利于控制二氧化硫污染的政策与措施。加大两控区酸雨和二氧化硫污染防治力度。限产或关停高硫煤矿，加快发展动力煤洗选加工，降低城市燃料含硫量；淘汰高能耗、重污染的锅炉、窑炉及各类生产工艺和设备；控制火电厂二氧化硫排放，加快建设一批火电厂脱硫设施，新建、扩建和改建火电机组必须同步安装脱硫装置或采取其他脱硫措施。

（五）机动车污染控制

我国机动车保有量呈快速增长态势。截至2011年底，我国机动车保有量达2.25亿辆，其中汽车1.06亿辆。2011年，全国汽车产、销量分别达到1841.89万辆和1850.51万辆，我国成为世界汽车产销第一大国。

根据我国环境保护部发布的 2011 年《中国机动车污染防治年报》（以下简称"年报"），我国已连续两年成为世界汽车产销第一大国，机动车污染日益严重，已经是大气环境最突出、最紧迫的问题之一。

按汽车排放标准分类，达到国Ⅲ及以上排放标准的汽车占汽车总保有量的 41.1%，国Ⅱ汽车占 25.5%，国Ⅰ汽车占 20.6%，其余 12.8% 的汽车还达不到国Ⅰ排放标准。如果按环保标志进行分类，"绿标车"占 79.8%，其余 20.2% 的车辆为"黄标车"。机动车保有量的快速增加，机动车污染防治的重要性和紧迫性日益凸显。监测表明，我国城市空气开始呈现出煤烟和机动车尾气复合污染的特点。一些地区灰霾、酸雨和光化学烟雾等区域性大气污染问题频繁发生，这些问题的产生都与车辆尾气排放密切相关。同时，由于机动车大多行驶在人口密集区域，尾气排放会直接影响群众健康。2010 年，全国机动车排放污染物 5226.8 万吨，其中氮氧化物（NO_x）599.4 万吨，碳氢化合物（HC）487.2 万吨，一氧化碳（CO）4080.4 万吨，颗粒物（PM）59.8 万吨，其中汽车排放的 NO_x 和 PM 超过 85%，HC 和 CO 超过 70%。按汽车车型分类，全国货车排放的 NO_x 和 PM 明显高于客车，其中重型货车是主要贡献者；而客车 CO 和 HC 排放量则明显高于货车。按燃料分类，全国柴油车排放的 NO_x 接近汽车排放总量的 60%，PM 超过 90%；而汽油车 CO 和 HC 排放量则较高，超过排放总量的 70%。按排放标准分类，占汽车保有量 12.8% 的国Ⅰ前标准汽车，其排放的污染物占汽车排放总量的 40.0% 以上；而占保有量 41.1% 的国Ⅲ及以上标准汽车，其排放量不到排放总量的 15.0%。按环保标志分类，仅占汽车保有量 20.2% 的"黄标车"却排放了 70.4% 的 NO_x、64.2% 的 HC、59.3% 的 CO 和 91.1% 的 PM。

"十一五"以来，国家不断加大机动车污染防治力度，从新车环境准入、在用车环境监管、车用燃料清洁化等方面采取综合措施，加快推进机动车排放标准，加速淘汰高排放车辆，强化机动车环境监管体系，大力实施公交优先发展战略，积极倡导"绿色出行"理念，推动车用燃料无铅化和低硫化，机动车污染防治工作已取得初步成效。2005～2010 年，全国机动车保有量增长了 60.9%，但污染物排放量仅增加 6.4%；其中汽车保有量增长了 150%，污染物排放量仅增加 7.4%。

鉴于机动车污染排放已成为我国空气污染的一个重要来源，今后将继续加大工作力度，全面实施机动车氮氧化物总量控制，进一步强化机动车生产、使用全过程的环境监管；同时与有关部门密切协助，从行业发展规划、城市公共交通、清洁燃油供应等方面采取综合措施，协调推进"车、油、路"同步升级，缓解机动车尾气排放对大气环境的影响。

（六）工业污染控制

有关的环境保护法律是工业污染控制的基础。我国的污染控制政策建立在预防为主、防治结合，污染者付费和强化环境管理这三项基本原则的基础上。污染防治重点在于新污染源，可通过实行环境影响评价和"三同时"制度进行管理。现有污染源则通过排污收费、排污许可证和限期治理制度来进行管理。

控制工业污染源要积极促进老企业技术改造，推行清洁生产；推广燃煤锅炉的更新换代，提高锅炉效率；促进乡镇企业更新改造和技术换代，提高乡镇企业污染治理率；积极推广已有的污染控制实用技术措施，提高除尘装置的安置率和除尘效率；推广应用各类烟气净化工艺等。

四、有关国际公约

国际环境公约的产生和发展，与世界工业的发展、人类环境意识、资源意识的发展有密切关系。人类对遭受严重耗损的臭氧层所采取的保护行动，是近代史上一个全球合作的典范。自南极臭氧洞被发现以来，人类从科学研究、决策响应到付诸行动，形成了一个行动非常迅速的整体。科学家们很快弄清了造成臭氧层破坏的本质原因，世界各国决策层在此基础上达成了全球性的保护臭氧层协议，企业界则迅速采取行动，淘汰消耗臭氧层物质的生产和使用，目前已初见成效。

全球气候变化一直是国际社会高度重视的重大全球环境问题。

联合国环境署（UNEP）和世界气象组织（WMO）于 1988 年成立了气候变化政府间专业委员会（IPCC）。

IPCC 在 1990 年发布了第一份评估报告。经过数百名顶尖科学家和专家的评议，该报告确定了气候变化的科学依据，它对政策制定者和广大公众都产生了深远的影响，也影响了后续的气候变化公约的谈判。1990 年 12 月，联合国常委会批准了气候变化公约的谈判。

《联合国气候变化框架公约》是 1992 年 5 月 22 日联合国政府间谈判委员会就气候变化问题达成的公约，于 1992 年 6 月 4 日在巴西里约热内卢举行的联合国环发大会（地球首脑会议）上通过。《联合国气候变化框架公约》是世界上第一个为全面控制二氧化碳等温室气体排放，以应对全球气候变暖给人类经济和社会带来不利影响的国际公约，也是国际社会在对付全球气候变化问题上进行国际合作的一个基本框架。

中国于 1992 年 6 月 11 日签署该公约，1993 年 1 月 5 日交存加入书。公约于 1994 年 3 月 21 日正式生效。

公约将缔约方分为三类：

（1）工业化国家。这些国家答应要以 1990 年的排放量为基础进行削减。承担削减排放温室气体的义务。如果不能完成削减任务，可以从其他国家购买排放指标。

（2）发达国家。这些国家不承担具体削减义务，但承担为发展中国家进行资金、技术援助的义务。

（3）发展中国家。不承担削减义务，以免影响经济发展，可以接受发达国家的资金、技术援助，但不得出卖排放指标。

公约由序言及 26 条正文组成。这是一个有法律约束力的公约，旨在控制大气中二氧化碳、甲烷和其他造成"温室效应"气体的排放，将温室气体的浓度稳定在使气候系统免遭破坏的水平上。

公约对发达国家和发展中国家规定的义务以及履行义务的程序有所区别。公约要求发达国家作为温室气体的排放大户，采取具体措施限制温室气体的排放，并向发展中国家提供资金以支付他们履行公约义务所需的费用。而发展中国家只承担提供温室气体源与温室气体汇的国家清单的义务，制订并执行含有关于温室气体源与汇方面措施的方案，不承担有法律约束力的限控义务。公约建立了一个向发展中国家提供资金和技术，使其能够履行公约义务的资金机制。

根据《联合国气候变化框架公约》第一次缔约方大会的授权（柏林授权），缔约方经过近 3 年谈判，于 1997 年 12 月 11 日在日本京都签署了《京都议定书》。该《议定书》确定《联合国气候变化框架公约》发达国家（工业化国家）在 2008～2012 年的减排指标，减排的温室气体：二氧化碳（CO_2）、甲烷（CH_4）、一氧化二氮（N_2O）、氢氟烃（HFCs）、全氟化碳（PFCs）、六氟化硫（SF_6）。工业化国家在 1990 年排放量的基础上减排 5%，同时确立了三个实现减排的灵活机制。即：联合履约、排放贸易和清洁发展机制。其中清洁发展机制同发展中国家关系密切，其目的是帮助发达国家实现减排，同时协助发展中国家实现可持续发展，是由发达国家向发展中国家提供技术转让和资金，通过项目提高发展中国家能源利用率，减少排放，或通过造林增加二氧化碳吸收，排放的减少和增加的二氧化碳吸收计入发达国家的减排量。

中国于 1998 年 5 月签署并于 2002 年 8 月核准了该议定书。条约规定，它在"不少于 55 个参与国签署该条约并且温室气体排放量达到附件 I 中规定国家在 1990 年总排放量的 55% 后的第 90 天"开始生效，这两个条件中，"55 个国家"在 2002 年 5 月 23 日当冰岛通过后首先达到，2004 年 12 月 18 日俄罗斯通过了该条约后达到了"55%"的条件，条约在 90 天后于 2005 年 2 月 16 日开始强制生效。

美国人口仅占全球人口的 3%～4%，而排放的二氧化碳却占全球排放量的 25% 以上，为全球温室气体排放量最大的国家。美国曾于 1998 年签署了《京都议定书》。但 2001 年 3 月，布什政府以"减少温室气体排放将会影响美国经济发展"和"发展中国家也应该承担减排和限排温室气体的义务"为借口，宣布拒绝批准《京都议定书》。

2007 年 12 月，第 13 次缔约方大会在印度尼西亚巴厘岛举行，会议着重讨论"后京都"问题，即《京都议定书》第一承诺期在 2012 年到期后如何进一步降低温室气体的排放。15 日，联合国气候变化大会通过了"巴厘岛路线图"，启动了加强《公约》和《京都议定书》全面实施的谈判进程，致力于在 2009 年年底前完成《京都议定书》第一承诺期 2012 年到期后全球应对气候变化新安排的谈判并签署有关协议。

2009 年 12 月 7 日至 19 日，第 15 次《联合国气候变化框架公约》缔约方会议暨《京都议定书》第 5 次缔约方会议在丹麦哥本哈根举行。经过马拉松式的艰难谈判，大会分别以《联合国气候变化框架公约》及《京都议定书》缔约方大会决定的形式发表了不具法律约束力的《哥本哈根协议》。《哥本哈根协议》维护了《联合国气候变化框架公约》及其《京都议定书》确立的"共同但有区别的责任"原则，就发达国家实行强制减排和发展中国家采取自主减缓行动做出了安排，并就全球长期目标、资金和技术支持、透明度等焦点问题达成广泛共识。大会授权《联合国气候变化框架公约》及《京都议定书》两个工作组继续进行谈判，并在 2010 年底完成工作。

联合国气候变化框架公约第 16 次缔约方大会和第 6 次《京都议定书》成员国大会于 2010 年 11 月 29 日至 12 月 10 日在墨西哥坎昆召开。这时已有 194 个国家签署了《联合国气候变化框架公约》，184 个国家签署了《京都议定书》。在未来国际气候制度构建方面，提出设立每年进行全球气候变化问题公投，倡议设立国际气候法庭，监督《联合国气候变化框架公约》的执行情况。

《联合国气候变化框架公约》第 17 次缔约方会议暨《京都议定书》第 7 次缔约方会议 2011 年 11 月 28 日至 12 月 11 日在南非德班召开，共有来自世界约 200 个国家和机构的代表参会。大会通过决议，建立德班增强行动平台特设工作组，决定实施《京都议定书》第二承诺期并启动绿色气候基金。

我国政府确定的 2020 年控制温室气体行动目标，既是对全球应对气候变化做出的重大贡献，也是我国可持续发展的内在要求。我国制定国民经济和社会发展第十二个五年规划纲要，把降低单位国内生产总值能源消耗和二氧化碳排放列为约束性指标。

习　题

1. 什么是光化学烟雾?

2. 光化学烟雾的特征和反应机制是什么？其一次污染物和二次污染物是什么？

3. 光化学烟雾有什么危害？美国洛杉矶为什么容易发生光化学烟雾？

4. 我国兰州西固区的光化学烟雾与美国洛杉矶的有什么不同？

5. 伦敦型烟雾的特征是什么？其一次污染物和二次污染物各是什么？

6. 伦敦为什么容易发生烟雾事件？伦敦现在还发生烟雾事件吗？

7. 中国的大气污染主要是什么类型的？

8. 什么是酸雨、酸性降水、酸沉降？

9. 世界上酸雨区主要分布在什么地方？中国的酸雨区主要分布在什么地方？

10. 酸雨中主要有什么酸？其前体物各是什么？

11. "酸雨中酸性物质越多，酸性就越强。"这种说法对不对？

12. 酸雨有哪几种输送方式？

13. 酸雨有什么危害？

14. 世界上哪些地方出现了臭氧洞？

15. 紫外线分哪三个波段？对人类和生物最有害的是哪个波段？有什么危害？

16. 能起催化作用破坏臭氧的物质"X"有哪几类？

17. 消耗臭氧层物质主要有哪些？其中罪魁祸首是什么？

18. 《蒙特利尔议定书》主要控制哪些ODS？

19. 全球气候是否在变暖？

20. 什么是温室效应？

21. 全球气候变暖有什么影响？

22. 对全球变暖影响最大的温室气体是哪些？

23. 城市空气质量报告分为哪两类？

24. 中国环境监测总站发布的"重点城市空气质量日报"有哪些项目？

25. 北京市环境保护监测中心发布的"北京市空气质量日报"有哪些项目？

26. 如果某日北京市的空气污染分指数为：二氧化硫，86；二氧化氮，89；可吸入颗粒物，197。那么这一天的首要污染物是什么？空气质量为几级？空气质量描述是什么？

27. 什么是洁净煤技术？

28. 世界上发展较快的清洁能源有哪些？

29. 控制机动车污染的措施主要有哪些？

30. 联合国《气候变化框架公约》的最终目标是什么？

31. 《京都议定书》要减排哪些温室气体？

第九章　水污染与防治

地球是一个蔚蓝色的星球，其71%的表面积覆盖着水，共有14.5×10^9亿立方米之多。但是，地球上97.5%的水是又咸又苦的海水，只有2.5%是淡水。而在淡水中，将近70%冻结在南极和北极格陵兰的冰盖中，其余大部分是土壤中的水分或是深层地下水，难以开采供人类使用。江河、湖泊、水库及浅层地下水等来源的水较易于开采供人类直接使用，但其数量仅为世界淡水的0.26%，约占地球上全部水的0.007%，每年约有9.4×10^5亿立方米。全球淡水资源不仅短缺而且地区分布极不平衡。按地区分布，巴西、俄罗斯、加拿大、中国、美国、印度尼西亚、印度、哥伦比亚和刚果等9个国家的淡水资源占了世界淡水资源的60%。约占世界人口总数40%的80个国家和地区淡水不足，其中26个国家约3亿人极度缺水。

我国2010年淡水资源总量为28470亿立方米，占全球淡水资源的3%，仅次于巴西、俄罗斯和加拿大，居世界第四位；2010年11月1日零时第六次人口普查登记的全国总人口为1339724852人，人均淡水资源只有$2125m^3$，仅为世界平均水平的1/4，在世界上名列121位。我国水资源的时空分布不均衡，与耕地、人口的地区分布也不相适应。在全国总量中，耕地约占36%、人口约占54%的南方，水资源却占81%，而耕地占45%、人口占38%的北方七省市，水资源仅占9.7%。在时空分布上也不平衡，70%左右的雨水集中在夏、秋两季，多以暴雨形式出现。以上不利的自然因素，注定了我国是一个缺水的国家。据统计，全国657（包括287个设区城市、370个县级市）座城市中有400多座城市缺水，三分之二的城市存在供水不足，全国城市年缺水量为60亿立方米左右，其中缺水比较严重的城市有110个。目前我国城市供水以地表水或地下水为主，或者两种水源混合使用，而我国一些地区长期透支地下水，导致出现区域地下水位下降，最终形成区域地下水位的降落漏斗。目前全国已形成区域地下水降落漏斗100多个，面积达15万平方公里，有的城市形成了几百平方公里的大漏斗，使海水倒灌数十千米。

北京已经成为世界上缺水最严重的大城市之一。2010年的最新数据显示，北京自产水资源量仅37亿立方米，水资源的年人均占有量不足$200m^3$，是中国人均的1/10，世界人均的1/40。按照国际公认的标准，人均水资源占有不足$1000m^3$属于重度缺水地区，水资源短缺已经成为影响和制约首都社会和经济发展的主要因素。20世纪70年代以后，缺水成为北京严重问题之一。分析其原因，主要是：①人口增加，经济发展，需水量增加。②入境水量减少。上述两种因素的相互作用与叠加，使北京水资源供需矛盾加剧。北京市地下水严重超采引起的主要问题是：①地面沉降。主要分布在城区的东部和东北部，八里庄-大郊亭一带沉降幅度最大。②水井供水衰减或报废。受多年连续超采影响，北京地下水水位已由1999年的平均12m左右下降到2010年的平均24m左右。

第一节 水体富营养化

在人类活动的影响下，生物所需要的氮、磷等营养物质大量进入湖泊、河口、海湾等流动缓慢的水体，引起藻类及其他浮游生物迅速繁殖，水体溶解氧量下降，水质恶化，鱼类及其他生物大量死亡的现象，叫做水体富营养化。这种现象在江河湖泊中称为"水华"，在海洋中则叫做"赤潮"。

一、富营养化的形成

天然水体中磷和氮（特别是磷）的含量在一定程度上是浮游生物数量的控制因素。生活污水和化肥、食品等工业的废水以及农田排水都含有大量的氮、磷及其他无机盐类。天然水体接纳这些废水以后，水中营养物质增多，促使自养型生物旺盛生长，某些藻类的个体数量迅速增加。藻类及其他浮游生物残体在腐烂过程中，又把生物所需的氮、磷等营养物质释放到水中，供新的一代藻类等生物利用。因此，富营养化了的水体，即使切断外界营养物质的来源，水体也很难自净和恢复到正常状态。

二、富营养化的指标

氮、磷等营养物质浓度升高，是藻类大量繁殖的原因，其中又以磷为关键因素。影响藻类生长的物理、化学和生物因素（如阳光、营养盐类、季节变化、水文、水的 pH 值以及生物本身的相互关系）是极为复杂的。目前一般采用的指标是：水体中氮含量超过 $0.2\sim0.3\,mg\cdot L^{-1}$，磷含量大于 $0.01\sim0.02\,mg\cdot L^{-1}$，生化需氧量（BOD）大于 $10\,mg\cdot L^{-1}$，pH 值为 $7\sim9$ 的淡水中细菌总数超过 10 万个·ml^{-1}，表征藻类数量的叶绿素 a 含量大于 $10\,\mu g\cdot L^{-1}$。

三、富营养化的危害

富营养化造成水的透明度降低，阳光难以穿透水层，从而影响水中植物的光合作用和氧气的释放；而表层水面植物的光合作用，可能造成溶解氧的过饱和状态。表层溶解氧过饱和以及水中溶解氧少，都对水生动物（主要是鱼类）有害，造成它们大量死亡。富营养化水体中底层堆积的有机物质在厌氧条件分解产生的有害气体，以及一些浮游生物产生的生物毒素（如石房蛤毒素）也会伤害水生动物。富营养化水中含有亚硝酸盐和硝酸盐，人畜长期饮用这些物质含量超标的水，会中毒致病。

四、赤潮

赤潮又称红潮，国际上通称为"有害藻华"，是海洋中某一种或几种浮游生物在一定环境条件下爆发性繁殖或高度聚集，引起海水变色，影响和危害其他海洋生物正常生存的灾害性海洋生态异常现象。主要发生在近海海域。赤潮是一个历史沿用名，实际上，赤潮并不一定都是红色的，它可以因引发赤潮的生物种类和数量不同而呈现出不同颜色。因此，赤潮实际上是各种色潮的统称。

海洋富营养化，为赤潮生物大量繁殖提供了丰富的营养盐类，这是形成赤潮的基本原因。此外，海水受污染后，铁、锰等重金属和维生素 B_{12}、四氮杂茚、间二氮杂苯等有机氮化合物的含量增加，促使赤潮生物在短时期内大量繁殖，这是赤潮发生的诱因。赤潮的发生还同海区的气象、水文条件有关，一般认为，阳光强烈，水温升高，海水停滞，海面上空气流稳定等有利于赤潮生物的集结，是赤潮出现的自然条件。赤潮由于发生地点的不同，有外海型和内湾型之分，有外来型和原发型之别，还因出现的生物种类不同而有单相型、双相性和多相型之异。

目前，世界上已有 30 多个国家和地区不同程度地受到过赤潮的危害，日本是受害最严重的国家之一。赤潮已经成为一种世界性的公害，美国、日本、中国、加拿大、法国、瑞典、挪威、菲律宾、印度、印度尼西亚、马来西亚、韩国等 30 多个国家和地区赤潮发生都很频繁。近二十几年来，由于海洋污染日益加剧，我国赤潮灾害也有加重的趋势，由分散的少数海域，发展到成片海域，一些重要的养殖基地受害尤其严重。2010 年，中国全海域共发现赤潮 69 次，累计面积 10892km²。引发赤潮的生物共 19 种，其中东海原甲藻引发的赤潮次数最多，引发的赤潮累计面积最大，为 4539km²。2010 年，黄海海域发生浒苔绿潮灾害。

目前，在防范赤潮工作方面，有些国家正在建立赤潮防治和监测监视系统，对有迹象出现赤潮的海区，进行连续的跟踪监测，及时掌握引发赤潮环境因素的消长动向，为预报赤潮的发生提供信息；对已发生赤潮的海区则采取必要的防范措施。加强海洋环境保护，切实控制沿海废水废物的入海量，特别要控制氮、磷和其他有机物的排放量，避免海区的富营养化，是防范赤潮发生的一项根本措施，已引起各有关方面的重视。此外，随着沿海养殖业的兴起，避免养殖废水污染海区，很多养殖场已建立小型蓄水站，以淡化水体的营养，在赤潮发生时可以调剂用水，与此同时，改进养殖饵料种类，用半生态系养殖方法逐步替代投饵喂养方式，以期自然增殖有益藻类和浮游生物，改善自然生态环境。

五、水华

水华又称水花、藻花，是淡水水体中某些蓝藻类过度生长的现象。大量发生时，水面形成一层很厚的绿色藻层，能释放毒素，对鱼类有毒杀作用。它不仅破坏水产资源，也影响水体美学与游乐。

我国主要淡水湖泊都已呈现出富营养污染现象。其主要原因是它们接纳了各种污染源排放的污染物，使水体溶解氧降低、水质恶化，例如，云南的滇池地处高原盆地，与外界沟通甚少。滇池原来是昆明市的饮用水源，但同时也是昆明市污水的受纳体。20 世纪最后三四十年，滇池周围大片森林被砍伐，1/3 的湖面被蚕食，粗放的工农业增长方式和城市人口的过快增长使污染负荷猛增，造成滇池富营养化十分严重。内湖中水葫芦覆盖面积和生长厚度逐年增加，内湖、外湖中都出现了蓝藻滋生的现象，原来的旖旎风光变成了一片污秽。

近年来，国家和云南省把滇池污染治理视为"重中之重"，从 1996 年国务院把滇池纳入"三河三湖"重点治理规划算起，累计投资 40 多亿元进行滇池污染治理工程。相继上马了污水处理厂、底泥疏浚、工业污染源达标排放等工程，但是除了化学需氧量（COD）基本得到控制以外，滇池水体总磷和总氮的含量仍然居高不下，富营养化十分严重。国内外著名湖泊治理专家们为滇池"会诊"的结论是：滇池的富营养化是长期污染导致水环境和生态环境功能严重退化的结果，而功能再造将需要一个从量变到质变的长期渐进过程，不可能一蹴而就。

我国太湖湖体处于轻度富营养状态。滇池的草海和外海均处于重度富营养状态。巢湖的西半湖处于中度富营养状态，东半湖处于轻度富营养状态。其他监测的 9 个重点国控大型淡水湖泊中，镜泊湖、洱海和博斯腾湖为中营养状态，洪泽湖、鄱阳湖、南四湖和洞庭湖为轻度富营养状态，达赉湖和白洋淀为中度富营养状态。监测的 5 个城市内湖中，北京昆明湖为中营养状态，武汉东湖、南京玄武湖、济南大明湖和杭州西湖为轻度富营养状态。

大型水库中，崂山水库为轻度富营养状态，其余水库均为中营养状态。

第二节　水体需氧物质污染

一、水体需氧物质污染

生活污水、食品加工和造纸等工业废水中，含有碳水化合物、蛋白质、油脂、木质素等有机物质。这些物质以悬浮或溶解状态存在于污水中，可通过微生物的生物化学作用而分解，在其分解过程中需要消耗氧气，因而被称为需氧污染物。这类污染物可以造成水中溶解氧减少，影响鱼类和其他水生生物的生长。当水中溶解氧降至 $4mg \cdot L^{-1}$ 以下时，将严重影响鱼类生存。水中溶解氧耗尽后，有机物将进行厌氧分解，产生硫化氢、氨和硫醇等难闻气味，使水质进一步恶化，将不能用作饮用水源和其他用途。水体需氧物质污染是当前我国最普遍的一种水污染。由于有机物成分复杂，种类繁多，一般用综合指标——总有机碳、生化需氧量或化学需氧量等表示需氧物质的量。

二、总有机碳

总有机碳（total organic carbon，TOC）指溶解于水中的有机物总量，折合成碳计算。水中有机物种类很多，目前尚不能全部进行分离鉴定。TOC 是快速鉴定的综合指标，但不能反映水中有机物的种类和组成，也不能反映总量相同的总有机碳所造成的不同污染后果。TOC 的测定方法是把水样在有催化剂和充分供氧的条件下加热至 $950℃$，将水中有机物完全氧化成二氧化碳，测定二氧化碳量并折合成碳计算，再减去碳酸盐等无机碳元素的含量，即得出总有机碳的含量。

某种工业废水如果组分相对稳定时，可根据这种废水的总有机碳含量同生化需氧量和化学需氧量等指标之间的对比关系来规定这种废水以总有机碳为指标的排放标准，这能够大大提高监测工作的效率。

三、生化需氧量

生化需氧量（biochemical oxygen demand，BOD）指水体中微生物分解有机物过程中消耗水中溶解氧的量，是水体受有机物污染的最主要指标之一。

水体要发生生物化学过程必须存在好氧微生物，有足够的溶解氧以及能被微生物利用的营养物质这三个条件。微生物在分解有机物的过程中，分解作用的速率和程度同温度和时间有直接关系。为了使测定的 BOD 数值有可比性，采用在 $20℃$ 条件下，培养五天后测定溶解氧消耗量作为标准方法，称为五日生化需氧量，以 BOD_5 表示。BOD 反映水中可被微生物分解的有机物总量，以单位体积水中消耗溶解氧的质量来表示（$mg \cdot L^{-1}$）。一般清净河流的 BOD_5 不超过 $3mg \cdot L^{-1}$，若高于 $10mg \cdot L^{-1}$，就会散发出恶臭味。在我国地表水环境质量标准（附录六）中，Ⅰ类和Ⅱ类水 $BOD_5 \leqslant 3mg \cdot L^{-1}$、Ⅲ类水 $BOD_5 \leqslant 4mg \cdot L^{-1}$、Ⅳ类水 $BOD_5 \leqslant 6mg \cdot L^{-1}$、Ⅴ类水 $BOD_5 \leqslant 10mg \cdot L^{-1}$。我国污水综合排放标准规定，在工厂排出口，废水的 BOD_5 二级标准的最高容许浓度为 $30mg \cdot L^{-1}$。某些化工废水由于污染物不易被微生物分解或者对微生物活动有抑制作用，就不宜用 BOD 作为指标。

四、化学需氧量

化学需氧量（chemical oxygen demand，COD）指水体中能被氧化的物质在规定条件下进行化学氧化过程中所消耗氧化物质的量。以单位体积样水消耗氧的质量表示（mg·L^{-1}）。水中各种有机物进行化学氧化反应的难易程度是不同的，因此化学需氧量指标是在规定条件下水中可被氧化物质需氧量的总和。化学需氧量主要反映水体受有机物污染的程度。

当前测定化学需氧量常用的方法有：①高锰酸钾法（简称锰法，记为COD_{Mn}），比较简便，多用于测定较清洁的水样；②重铬酸钾法（简称铬法，记为COD_{Cr}），其氧化程度比高锰酸钾法高，用于污染严重的水和工业废水的水样。同一水样用上述两种方法测定的结果是不同的，因此在报告化学需氧量的测定结果时要注明测定方法。国际标准化组织（ISO）规定，化学需氧量指COD_{Cr}，而把COD_{Mn}称为高锰酸盐指数。

化学需氧量的测定方法简便、迅速，但不能反映有机污染物在水中降解的实际情况。水中有机物的降解靠微生物的作用，因此，比较广泛使用生化需氧量作为评价水体受有机物污染的指标。

在我国地表水环境质量标准（附录六）中，Ⅰ类和Ⅱ类水 COD$\leqslant$15mg·L^{-1}、Ⅲ类水 COD$\leqslant$20mg·L^{-1}、Ⅳ类水 COD$\leqslant$30mg·L^{-1}、Ⅴ类水 COD$\leqslant$40mg·L^{-1}。

第三节 水体中有毒元素污染

一、水俣病

水俣病是由于摄入富集在鱼、贝中的甲基汞而引起的中枢神经疾患。它是公害病的一种，因最早在日本熊本县水俣湾附近的渔村发现而得名。

（一）发现经过和病因

1953 年在日本熊本县水俣湾 30km 多长的海岸线附近的 7 个渔村中，最早受害的是爱吃鱼的猫，出现了“舞蹈症”，实际上是发狂。群猫自杀的现象令人震惊。后来，类似的症状在人身上出现。1956 年，这类患者激增到 96 名，其中 18 名死亡。连当地的猪和海鸟也出现同样的症状。据日本水俣市市长吉井正澄先生 1999 年 5 月 6 日在我国北京大学的讲演，在整个水俣市，被真正确诊为水俣病患者的有 2263 人，当时已经死亡 1344 人，活着的还有近千人。1964 年，日本新潟县阿贺野川流域，也出现水俣病。综合上述各种材料，日本政府到 1968 年 9 月才确认水俣病是人们长期食用受含有汞和甲基汞废水污染的鱼、贝造成的。

（二）症状

水俣病有急性、亚急性、慢性、潜在性和胎儿性等类型，症状的轻重与甲基汞摄入量和持续作用时间呈剂量-反应关系（描述化学物质接触量与所致损害或疾病间的定量关系）。孕妇体内的甲基汞可透过胎盘，所以也会引起胎儿性水俣病。

1975 年日本环境厅对后天性水俣病的判定提出了如下的参考依据。

（1）有摄食富含甲基汞鱼、贝类的历史，血液和头发内的甲基汞含量增高。

（2）症状方面除必须有四肢末端和口周围感觉障碍外，还至少兼有下述症状中的一项：运动失调；中心性视野缩小。

（三）甲基汞的来源

从 1932 年起，位于水俣市的日本氮肥工业公司用硫酸汞作催化剂（现在世界上一般用氯化钯而不用硫酸汞作催化剂了），由乙炔和水合成乙醛。

$$CH\!\equiv\!CH + H_2O \longrightarrow CH_3CHO$$

含汞废水排进水俣湾，水俣湾平静无浪，汞被微生物转化为甲基汞，让鱼、贝类中毒，其中金枪鱼含汞最多。人吃了这种鱼、贝，得上水俣病。1973 年，法院判定日本氮肥工业公司有罪。水俣海域被称为"苦难之海"。

水俣市市长吉井正澄先生说："为了恢复水俣湾的生态环境，日本政府花了 14 年的时间，投入了 485 亿日元，把水俣湾的含汞底泥深挖 4m，全部清除了。同时，在水俣湾入口处设立隔离网，将海湾内被污染的鱼通通捕获进行焚化。"1997 年 10 月 16 日，由于已经 3 年没有从打上来的鱼里化验出氯化甲基汞，水俣湾里 3.5km 长的隔离网被人们拉起来撤掉。正是由于水俣病这场灾难，40 年来水俣市的人口减少了 1/3。

根据日本水俣市国立水俣病综合研究中心介绍，在中国、加拿大等 27 个国家的 30 多个地区已经确认存在汞污染。开采金矿是造成南美洲亚马逊河流域汞污染的主要原因。

我国汞污染严重的地区有天津的蓟运河、吉林的第二松花江和辽宁的锦州湾，都是由于化工厂排放大量含汞废水引起的。第二松花江少数的沿江渔民，已经有慢性甲基汞中毒的症状。在安徽巢湖附近，一些居民出现眼斜、呆傻现象，后来经过专家研究，才知道这就是轻微的水俣病现象。

二、痛痛病

痛痛病是发生在日本富山县神通川流域部分镉污染地区的一种公害病，以周身剧烈疼痛为主要症状而得名。发病地区局限于以神通川为中心，由东侧熊野川、西侧井田川两支流分别汇入神通川所形成的扇形地带。

（一）病因

据日本厚生省 1968 年公布的材料，痛痛病发病的主因是当地居民长期饮用受镉污染的河水，并食用这样的河水灌溉长成的含镉稻米，致使镉在体内蓄积而造成肾损害，进而导致骨软化症。妊娠、哺乳、内分泌失调、营养缺乏（尤其是缺钙）和衰老被认为是本病的诱因。神通川上游有三井基础矿业公司开办的冶炼铅、锌的工厂，而镉和锌同属于ⅡB族，在自然界往往共生。炼锌废水中含有镉，顺着神通川流到下游造成危害。

但是据日本公共卫生协会痛痛病综合调查组 1978 年公布的结果，除镉以外，可能还存在着地区性的发病原因。

（二）特征和临床症状

痛痛病的发病年龄一般在 30～70 岁之间，平均 47～54 岁。患者均为多子女的妇女，在当地居住数十年，一直饮用神通川水，食用镉米，家庭收入较低。痛痛病的潜伏期可以长达 10～30 年，一般为 2～8 年。初期，腰、背、膝关节疼痛，随后遍及全身。疼痛的性质为刺痛，活动时加剧，休息时缓解。由于髋关节活动障碍，步态摇摆（当地人称为鸭子步）。数年后骨骼变形，身长缩短（比健康时约缩短 20～30cm），骨骼严重畸形。骨脆易折，甚至轻微活动或咳嗽都能引起多发性病理骨折。患者疼痛难忍，卧床不起，呼吸受限制，最后往往死于其他合并症。截至 1968 年 5 月共确证患者 258 例，其中死亡 128 例；到 1977 年 12 月又死亡 79 例。

三、地方性氟中毒

地方性氟中毒是同地理环境中氟的丰度有密切关系的一种世界性地方病,主要流行于印度、俄罗斯、波兰、捷克、德国、意大利、英国、美国、阿根廷、墨西哥、摩洛哥、日本、朝鲜、马来西亚等五大洲的 40 多个国家。地方性氟中毒在我国分布面非常广泛,是世界流行较严重的国家之一,到目前为止,除上海市、海南省以外,其余各省、直辖市、自治区中均有地方性氟中毒病区存在。在我国主要有 3 种类型。

(1) 饮水型地方性氟中毒 分布在:①浅层潜水高氟区;②深层高氟地下水地区;③富氟岩石和氟矿床地区;④地热和温泉高氟水地区。

(2) 燃煤污染型地方性氟中毒 这是我国"独有"的一种病区,当地居民长期使用"无排烟道"的土炉或土灶,燃烧含氟量较高的石煤取暖、做饭或烘烤粮食、蔬菜等,导致室内空气受到严重的氟污染,家中的粮食、蔬菜、饮用水等主要食物长期接触氟污染,导致人体摄入过高的氟,引起慢性氟中毒。

(3) 饮茶型地方性氟中毒 这是近年来才引起重视的一种病区类型。它是由于居民习惯饮用砖茶或用砖茶泡成的奶茶或酥油茶。由于砖茶中的含氟量很高,长期大量饮用,造成体内氟大量蓄积,而引起慢性氟中毒。

地方性氟中毒的基本病症是氟斑牙和氟骨症。

(一) 氟斑牙

氟斑牙也叫氟斑釉或氟牙症。生活于高氟区(饮水中含氟量大于 $1mg \cdot L^{-1}$ 或食物中含氟量高的地区)的居民,牙齿出现斑釉即诊断为氟斑牙。出生于高氟区的 8~15 岁儿童,如氟斑牙患病率在 30% 以上,即可定为地方性氟中毒地区。氟斑牙可分为白垩型(牙面无光泽,粗糙似粉笔)、着色型(牙面呈微黄、黄褐或黑褐色)和缺损型(牙釉质损坏脱落呈斑点状或呈黑褐色斑块并有花斑样缺损)。恒齿在生长发育中易得氟斑牙,钙化完全后即不再受损害。

(二) 氟骨症

患氟斑牙、有骨关节痛和功能障碍等表现的人,经 X 射线检查有骨质硬化等症状,而且尿氟量高于正常,即可诊断为地方性氟骨症。轻度氟骨症患者只有关节疼痛的症状,没有明显体征;中度患者除关节疼痛外,还出现骨骼改变;重度患者出现关节畸形,造成残疾。

截至 2003 年底,全国有氟斑牙患者 3877 万人、氟骨症患者 284 万人;有 4194 万饮水型地方性氟中毒病区人口需要改水,有 2597 万生活燃煤污染型地方性氟中毒病区人口需要改炉改灶。

(三) 地方性氟中毒的防治

(1) 饮水型地方性氟中毒,到 2010 年,全国 70% 的病区村完成改水,其中 90% 的中、重病区村完成改水。改水工程保持良好运行状态,水质符合农村生活饮用水卫生标准。

(2) 生活燃煤污染型地方性氟中毒,到 2010 年,全国病区的改炉改灶率达到 75%,90% 以上的新建炉灶在 5 年后使用性能良好,居民正确使用炉灶率达到 95% 以上。

(3) 到 2010 年,地方性氟中毒病区中小学生和家庭主妇防治知识知晓率分别达到 85% 和 70% 以上。

不少国家和我国个别城市人为向自来水中加氟。含氟牙膏在我国已销售多年。一些"洋牙膏"也在利用多种促销手段抢占中国市场,其中大多含氟。必须指出,这些做法并非到处适用。在由于地质地理条件或工业氟污染造成的高氟区,居民摄入的氟已经过多,再向自来水中加氟或使用含氟牙膏，就是雪上加霜了。所以，供销和使用含氟牙膏都要因地制宜，避免盲目性和一刀切，每年"爱牙日"关于含氟牙膏的宣传也要科学和全面才好。

第四节　水污染防治

1993年1月18日，第47届联合国大会作出决定：从1993年开始，每年的3月22日为"世界水日"。这标志着水的问题日益为世界各国所重视。水日的确定，旨在使全世界都来关心解决这一问题。在这一天，各国根据自己的国情就水资源保护与开发开展各项活动，以提高公众的水意识。在全世界约有10亿多人由于饮用水被污染，受到疾病传染、蔓延的威胁。据世界卫生组织（WHO）调查，每年有2500万5岁以下儿童因饮用受污染的水而生病致死。在发展中国家，每年因缺乏清洁卫生的饮用水而造成死亡人数达1240万。水资源的缺乏及污染不仅给人类带来灾难，而且殃及其他生物，许多生物正随着工农业生产造成的河流改道、湿地干化和生态环境的恶化而灭绝。可以说，目前世界上许多国家都面临着淡水资源日益短缺的困扰，水的除害、减灾、兴利是全球性的问题。设置"世界水日"就是要唤醒世人都来关心水、爱惜水、保护水、提高全世界人民的水意识是当务之急。我国把从"世界水日"开始的这一周定为"中国水周"。

一、水质量标准

对水中污染物或其他物质的最大容许浓度所作的规定叫做水质量标准或水质标准。水质量标准按水体类型分为地面水质量标准、海水质量标准和地下水质量标准等；按水资源的用途分为生活饮用水水质标准、渔业用水水质标准、农业用水水质标准、娱乐用水水质标准和各种工业用水水质标准等。由于各种标准制订的目的、适用范围和要求的不同，同一污染物在不同标准中规定的标准值也是不同的，例如，铜的标准值在中国的《生活饮用水卫生标准》、《工业企业设计卫生标准》和《渔业水质标准》中分别规定为$1.0mg \cdot L^{-1}$、$0.1mg \cdot L^{-1}$和$0.01mg \cdot L^{-1}$。

世界各国制定的各种水质量标准中规定的项目多寡不一，多数国家的地面水水质标准中都规定有酚、氰化物、砷、汞、铅、铬、镉等主要项目。我国颁布的水质量标准主要有：① 生活饮用水卫生标准；② 地面水水质卫生要求；③ 地面水中有害物质的最高容许浓度；④ 地表水环境质量标准，见附录六；⑤ 农田灌溉水质标准；⑥ 海水水质标准；⑦ 渔业水质标准；⑧ 污水综合排放标准。

国家地表水水质自动监测系统可以实现水质的实时连续监测和远程监控，及时掌握主要流域重点断面水体的水质状况，预警预报重大或流域性水质污染事故，解决跨行政区域的水污染事故纠纷，监督总量控制制度落实情况。及时、准确、有效是水质自动监测的技术特点，近年来，水质自动监测技术在许多国家地表水监测中得到了广泛的应用，我国的水质自动监测站（以下简称水站）的建设也取得了较大的进展，环境保护部已在我国重要河流的干支流、重要支流汇入口及河流入海口、重要湖库湖体及环湖河流、国界河流及出入境河流、重大水利工程项目等断面上建设了100个水质自动监测站，监控包括七大水系在内的63条河流，13座湖库的水质状况。现有100个水站分布在25个省（自治区、直辖市），由85个托管站负责日常运行维护管理工作。其中：（1）位于河流上有83个水站，湖库17个；（2）位于国界或出入国境河流有6个，省界断面37个，入海口5个，其他42个。目前还有36

个水质自动站正在建设中，水站仪器设备更新项目也在实施中。水质自动监测站的监测项目包括水温、pH 值、溶解氧（DO）、电导率、浊度、高锰酸盐指数、总有机碳（TOC）、氨氮，湖泊水质自动监测站的监测项目还包括总氮和总磷。以后将选择部分点位进行挥发性有机物（VOCs）、生物毒性及叶绿素 a 试点工作。水质自动监测站的监测频次一般采用每 4 小时采样分析一次。每天各监测项目可以得到 6 个监测结果，可根据管理需要提高监测频次。监测数据通过公外网 VPN 方式传送到各水质自动站的托管站、省级监测中心站及中国环境监测总站。为充分发挥已建成的 100 个国家地表水质自动监测站的实时监视和预警功能，定于 2009 年 7 月 1 日起在互联网上发布国家水站的实时监测数据。每个水站的监测频次为每 4 小时一次，按 0：00、4：00、8：00、12：00、16：00、20：00 整点启动监测，发布数据为最近一次监测值。每个水站发布的监测项目为 pH 值、溶解氧（DO）、总有机碳（TOC）或高锰酸盐指数（COD_{Mn}）及氨氮（$NH_3\text{-}N$）共 5 项。执行《地表水环境质量标准》（GB 3838—2002）中相应标准，对每个监测项目的结果给出相应的水质类别。总有机碳（TOC）目前没有评价标准。为使水质状况表达容易理解，按水质类别将水质状况分为优（Ⅰ、Ⅱ 类水质）、良（Ⅲ类水质）、轻度污染（Ⅳ类水质）、中度污染（Ⅴ类水质）及重度污染（劣Ⅴ类水质）。

二、水体自净

广义的水体自净是指受污染的水体由于物理、化学、生物等方面的作用，使污染物浓度逐渐降低，经一段时间后恢复到受污染前的状态；狭义的水体自净是指水体中微生物氧化分解有机污染物而使水质净化的作用。

水体自净能力是有限度的。研究水体自净，就是要探索水体自净的规律，正确计算和评价水体的自净能力，依据最优化设计方案确定所排入污水必须处理的程度，达到有效防治水体污染的目的。

影响水体自净过程的因素很多，主要有：河流、湖泊、海洋等水体的地形和水文条件；水中微生物的种类和数量；水文和复氧（大气中的氧接触水面溶入水体）状况；污染物的性质和浓度等。

水体自净机理包括沉淀、稀释、混合等物理过程，氧化还原、分解化合、吸附凝聚等化学和物理化学过程以及生物化学过程。各种过程同时发生，相互影响，并相互交织进行。一般来说，物理和生物化学过程在水体自净中占主要地位。

（一）物理净化过程

污水或污染物排入水体后，可沉性固体逐渐沉到水底形成污泥。悬浮体、胶体和溶解性污染物因为混合稀释，逐渐降低浓度。污水稀释的程度用稀释比表示，对河流来说，即参与混合的河水流量与污水流量之比，污水排入河流需经相当长的距离才能达到完全混合，因此这一比值是变化的。达到完全混合的时间受许多因素的影响。

（二）化学净化过程

化学净化过程中化学反应的产生和进行取决于污水和水体的具体状况。如在一定条件下，水体中难溶性硫化物可以氧化为易溶性的硫酸盐；可溶的 +2 价铁、锰的化合物可以转化为几乎不溶解的 +3 价铁、+4 价锰的氢氧化物而沉淀下来。又比如水体中硅、铝的氧化物胶体或蒙脱石、高岭石一类胶体物质，能吸附各种阳离子或阴离子而与污染物凝聚并沉淀。

（三）生物净化过程

悬浮和溶解于水体中的有机污染物，在有溶解氧时会因好氧微生物作用，氧化分解为简单的、稳定的无机物，如二氧化碳、水、硝酸盐和磷酸盐等，使水体得到净化，在这个过程中，要消耗一定量的溶解氧。溶解氧除水体中原有的以外，主要来自水面复氧和水体中水生植物光合作用。在这个过程中，复氧和耗氧同时进行。

水体存在的生物群落可以反映河流自净的进程。河流被污染时，对污染敏感的蜉蝣稚虫、鲑鱼、硅藻就会消失，而真菌、泥蠕虫和某些蓝、绿藻则占优势。经过自净作用水质恢复洁净，水生生物群落结构也随之变化，因此，可以用水生生物群落结构来判断和评价水体自净的状况。

对不同水体进行考察并掌握各种水体的自净规律，就能充分利用水体自净能力，减轻人工处理污染的负担，保证水体不受污染，并据此安排合理的生产布局和以最经济的方法控制和治理污染源。

一些城市在治理水系的时候，把河岸与河底都"硬化"，铺上一层水泥块。但事与愿违，这样做的河道反而更快地污染变质了。原因在于，天然水体包括天然水、底泥和水生生物，是一个完整的生态系统。如果把天然水与底泥和地下水隔开，影响天然水的渗透和地下水的补充，就破坏了天然水体这个生态系统，大大降低了水体的自净能力，所以水质变坏得更快。因此，治理污染必须符合自然规律，否则将南辕北辙，越治理越坏。

三、废水处理

废水中的污染物种类繁多，按污染物的形态分有：溶解性的、胶体状的和悬浮状的污染物；按化学性质分有：有机污染物和无机污染物；有机污染物按生物降解的难易程度又可以分为可生物降解的有机物和不可生物降解的有机物。废水处理就是利用各种技术措施把各种形态的污染物从废水中分离出来，或者把它们分解、转化为无害和稳定的物质，从而使废水得到净化的过程。

根据使用技术措施的作用原理和去除对象、废水处理方法可以分为物理处理法、化学处理法和生物处理法三大类。主要废水处理方法的分类及去除对象见表 9-1。

表 9-1　废水处理方法的分类及去除对象

分　类	处理工艺	处　理　对　象	适用范围
物理处理法	调节池	均衡水质和水量	预处理
	格栅	粗大悬浮物和漂浮物	预处理
	筛网	较细小的悬浮物	预处理
	沉淀	可沉物质	预处理
	气浮	乳化油、相对密度接近 1 的悬浮物	预处理或中间处理
	离心机	乳化油、固体物	预处理或中间处理
	旋流分离器	较大的悬浮物	预处理
	砂滤池	细小悬浮物、乳化油	中间或深度处理
化学处理法	中和	酸、碱	预处理
	混凝	胶体、细小悬浮物	中间或深度处理
	化学沉淀	溶解性有害重金属	中间或深度处理
	氧化还原	溶解性有害气体	中间或深度处理
	吹脱	溶解性气体	预处理或中间处理
	萃取	溶解性有机物	预处理或中间处理
化学处理法	吸附	溶解性物质	中间或深度处理
	离子交换	可解离物质	深度处理
	电渗析	可解离物质	深度处理
	反渗透膜	盐类	深度处理

续表

分　类	处理工艺	处　理　对　象	适　用　范　围
生物处理法	好氧生物处理 厌氧生物处理 土地处理 稳定塘	胶体和溶解性有机物	中间处理 中间处理 深度处理 深度处理

（一）废水的物理处理法

利用物理作用进行废水处理的方法属于物理处理法，分离去除废水中不溶性的悬浮颗粒物是其主要目的。主要工艺有筛滤截留、重力分离、离心分离等，使用的处理设备和构筑物有格栅和筛网、沉砂池和沉淀池、气浮装置、离心机、旋流分离器等。

1. 格栅和筛网　格栅是一组平行金属栅条制成的有一定间隔的框架。把它竖直或倾斜放置在废水渠道上，用来去除废水里粗大的悬浮物和漂浮物，以免后面的装置堵塞。筛网是穿孔滤板或金属网制成的过滤设备，用以去除较细小的悬浮物。

2. 沉淀法　利用重力的作用，使废水中比水重的固体物质下沉，与废水分离，这种方法叫做沉淀法。沉淀法简单易行，效果好，得到广泛应用。在废水处理中，沉淀法主要用于：

（1）在沉砂池去除无机砂粒；

（2）在初次沉淀池去除比水重的悬浮状有机物；

（3）在二次沉淀池去除生物处理出水中的生物污泥；

（4）在混凝工艺以后去除混凝形成的絮凝体；

（5）在污泥浓缩池中分离污泥中的水分，浓缩污泥。

3. 气浮法　在废水中通入空气，产生细小气泡，附着在细微颗粒污染物上，形成密度小于水的浮体，上浮到水面，主要用来分离密度与水接近或比水小，靠重力无法沉淀的细微颗粒污染物。

4. 离心分离　当含有悬浮物的废水在离心设备中高速旋转的时候，质量不同的悬浮物和废水受到的离心力不同，所以二者可以分离。按照产生离心力方式的不同，离心分离设备可以分为旋流分离器和离心机两种类型。

（二）废水的化学处理法

利用化学反应分离、回收废水中的污染物，或者把它们转化成无害的物质，叫做化学处理法。主要的工艺有中和、混凝、化学沉淀、氧化还原、吸附、萃取等。

1. 中和法　利用化学反应使酸性废水或碱性废水中和，达到中性的方法叫中和法。"以废治废"是优先考虑的原则，尽量利用废酸和废碱进行中和，或者让酸性废水和碱性废水直接中和。实在没有可能再利用药剂（中和剂）进行处理。

2. 混凝法　向废水中加入混凝剂，使其中不能自然沉淀的胶体状污染物和一部分细小悬浮物经过脱稳、凝聚、架桥等反应过程，形成一定大小的絮凝体，在后续沉淀池中沉淀分离，使胶体状污染物与废水分离，叫做混凝法。利用混凝，可以降低废水的浊度、色度、去除高分子物质、悬浮状或胶体状的有机污染物和某些重金属污染物。

3. 化学沉淀法　向废水中加入化学药剂，与废水中某些溶解性污染物质发生反应，形成难溶性物质沉淀下来，以降低废水中溶解性污染物的浓度，叫做化学沉淀法。化学沉淀法一般用来处理含重金属的工业废水。按照沉淀剂的种类和生成难溶性物质的不同，可以把化学沉淀法分为氢氧化物沉淀法、硫化物沉淀法和钡盐沉淀法。

4. 氧化还原法　向废水中加入氧化剂或者还原剂，使其中溶解的有毒有害物质被氧化或者被还原，转变成无毒无害物质的方法，叫做氧化还原法。废水处理常用的氧化剂有臭氧、氯气、次氯酸钠等；常用的还原剂有铁、锌、亚硫酸氢钠等。

5. 吸附法　利用多孔固体吸附剂，让废水中的污染物通过固-液相界面上的物质传递，转移到固体吸附剂上，从废水中分离去除的方法，叫吸附法。按照吸附剂表面吸附机理的不同，分为物理吸附、化学吸附和离子交换吸附。废水处理中的吸附一般是多种吸附机理同时存在，常用在废水处理中的吸附剂有活性炭、磺化煤、沸石等。

6. 离子交换法　在固体颗粒和液体的界面上交换离子的过程，叫离子交换，利用离子交换剂对物质选择性交换的能力，去除水和废水里的杂质和有害物质的方法，叫做离子交换法。

7. 膜分离法　能让溶液中一种或几种成分无法透过，但其他成分能透过的膜，叫半透膜。利用特殊半透膜的选择性透过作用，把废水里的颗粒、分子或离子与水分离的方法，叫做膜分离法。主要包括电渗析、扩散渗析、微过滤、超滤、反渗透等。

（三）废水的生物处理法

在自然界无所不在的微生物可以把有机物氧化分解，转化成稳定的无机物。利用微生物的这种功能，废水的生物处理法采用一定的人工措施，营造适合微生物生长、繁殖的环境，让微生物大量繁殖，加强它们氧化、分解有机物的能力，从废水中去除有机物。

按照所用微生物的呼吸特性，废水生物处理可以分为好氧生物处理和厌氧生物处理两大类；按照微生物的生长状态，废水生物处理法又可以分为悬浮生长型（比如活性污泥法）和附着生长型（生物膜法）。

1. 好氧生物处理法　应用好氧微生物，在有氧环境下，把废水中的有机物分解成二氧化碳和水的方法叫做好氧生物处理法。这种方法处理效率高，应用面广，是废水生物处理的主要方法。好氧生物处理的主要工艺有：活性污泥法、生物滤池、生物转盘、生物接触氧化等。

2. 厌氧生物处理法　应用兼性厌氧菌和专性厌氧菌在无氧条件下降解有机污染物，最后生成二氧化碳、甲烷等物质的方法，叫做厌氧生物处理法。主要用于有机污泥、高浓度有机工业废水的处理，比如啤酒废水、屠宰厂废水等，也可以用来处理低浓度城市污水。以前污泥厌氧处理的构筑物一般采用消化池，近二十多年来，出现一系列新型高效的厌氧处理构筑物，比如升流式厌氧污泥床、厌氧流化床、厌氧滤池等。

3. 自然生物处理法　应用在自然条件下生长、繁殖的微生物处理废水的方法叫做自然生物处理法。这种方法工艺简单，建设费用和运行成本都比较低，但其净化功能受自然条件的限制。主要处理技术有稳定塘和土地处理法。

（四）废水处理工艺流程

废水中污染物的成分非常复杂，不可能用单一的处理单元就能把全部污染物都去除掉，一般要把多个处理单元组合成合适的处理工艺流程。要确定废水的处理工艺，主要根据应该达到的处理程度。处理程度主要与原废水的性质、处理后废水的出路以及接纳处理后废水水体的环境标准和自净能力有关。

1. 城市废水的一般处理工艺流程　城市废水的一般处理主要应该去除悬浮物和溶解性有机物。工艺流程见图 9-1。按照不同的处理程度，可以分为预处理、一级处理、二级处理和三级处理。

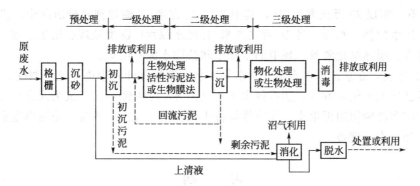

图 9-1　城市废水的一般处理工艺流程

（1）预处理：包括格栅、沉砂池，去除城市污水中的粗大悬浮物和密度大的无机砂粒。

（2）一级处理：主要用沉淀池进行物理处理，部分去除污水中的悬浮状固体物质。

（3）二级处理：主要用活性污泥法、生物膜法进行生物处理，大幅度去除污水中胶体状或溶解性的有机物。处理后出水可以达到国家规定的污水排放标准。

（4）三级处理：主要用生物除氮脱磷法或混凝沉淀、过滤、吸附等物理化学方法进行处理，进一步去除废水中残存的有机物和氮、磷，以符合更严格的废水排放要求或回用要求。

2. 工业废水的处理工艺流程　因为工业废水水质成分非常复杂，并且随行业、原料、生产工艺而有相当大的变化，所以不可能有通用的处理工艺流程。要根据具体工业废水的水量、水质、处理程度要求，选择合适的单元技术组合成工艺流程。

北京市污水处理率由 2005 年的 62% 提高到目前的 82%，中心城区污水处理率由 2005 年的 70% 提高到目前的 95%，郊区县污水处理率由 2005 年的 42% 提高到目前的 53%。目前，北京已建成大型城镇污水厂 40 座，小型污水处理设施 43 处，村级污水处理设施 650 座。全市污水处理能力达到 378 万吨/日，年处理污水达 11 亿立方米以上。

四、城市废水资源化

（一）城市废水资源化的意义

为了解决普遍存在的水资源短缺问题，人们想方设法开发新的可利用水资源。城市废水的水量和水质都比较稳定，经过处理和净化可以作为再生水源进行利用。城市废水资源化成为世界上许多缺水国家解决水资源短缺的重要对策，积极研究废水回用的途径、工艺与技术、回用水质标准等问题。废水回用可以消除城市废水对水环境的污染，还能减少新鲜水的使用，缓解水资源的短缺。

（二）废水资源化的途径

经过处理后的城市废水有多种回用途径，可以分为城市回用、工业回用、农业回用（包括牧渔业）和地下水回灌。在工业回用中，主要可以做冷却水；在城市回用中有城市生活杂用水、市政和建筑用水等；农业用水主要是灌溉用水。

目前，北京市已建成的正常运行的中水设施有 70 座，回用水量约 1 万立方米/日，在建的还有 100 多座；北京市区一部分工厂修建了内部污水处理设施，将工厂内的污水处理后排放，其中一部分工厂将处理后的污水加以利用，回用水量约 3.3 万立方米/日，主要用于建材行业的磨削废水、板框压滤机用水、造纸用水及厂区内部的杂用水等。

北京高碑店污水处理厂处理水资源化再利用工程是北京市目前最大的城市再生水回用项目，现已经建成投入运行。该工程修建再生水回用管道 30.6km 和加压泵站一座，总投资约

3.4亿人民币。实现30万立方米/日，其中20万立方米/日输送到高碑店湖中，供第一热电厂冷却循环用水的补充水源；另10万立方米/日经水源六厂深度处理后用于市政杂用，主要作为工业用水、园林绿化灌溉、环卫洒水降尘和公园水源补给等。

　　自2003年起，北京把再生水纳入全市年度水资源配置计划中进行统一调配，2010年再生水年用量已达6.8亿立方米，所占供水比例已由8%提高到19%，成为北京不可或缺的水源。为了推广和鼓励使用再生水，北京维持再生水价格1元/m³不变，使用再生水的用户免缴水资源费和污水处理费。

习　　题

1. 什么叫水体富营养化？其成因和危害是什么？

2. 什么是赤潮？什么是水华？

3. 什么是水体需氧物质？

4. 什么是水体中的TOC？如何测定其值？

5. 什么是BOD_5？如何测定其值？

6. 什么是COD？如何测定其值？

7. 水俣病的病因、症状是什么？水俣湾中甲基汞的来源是什么？

8. 痛痛病的症状和病因是什么？

9. 地方性氟中毒的主要病症和病因是什么？

10. 什么叫水质量标准？

11. 什么是水体自净作用？其影响因素和机理是什么？

12. 废水的处理方法有哪几大类？

13. 城市废水资源化有什么意义？其途径是什么？

第十章　土壤污染与防治

　　土壤是处于大气圈、水圈和岩石圈交界处的、覆盖在岩石圈上的一层薄薄的特殊物质，主要由矿物质、有机质、水和空气四大部分组成。土壤作为环境要素之一，是污染物迁移转化最为繁杂的场所。

　　大气和水是污染土壤的媒介。大气污染物通过沉降、降水、溶解进入土壤；水中的污染物通过灌溉、排污及地下水污染土壤。

　　土地养育了我们居住在地球上的生灵万物，我们应该珍爱土地，保护土地，保护家园。

第一节　土壤污染过程

　　由于自然界冷、热、干、湿的交替变化，地球表面岩石不同部位和不同组成冷缩热胀的差别，整块岩石逐渐碎裂，再加上雨水、河水的冲刷、溶解、风化和氧化等作用，碎石变成细碎粉末。在自然界漫长岁月里，地球表面就形成了一层疏松的表层，即土壤。

一、土壤的组成

（一）土壤中的矿物质

　　土壤中的矿物质化学元素十分复杂，约有几十种。主要是 Si、Al、Fe、Mg、Ca、Na、K、Ti 等，其次还有少量的 P、S、Cu、B、Mn、Zn、Mo 等。

　　土壤中的矿物质种类很多，最常见和数量最大的矿物颗粒有石英、长石、云母、黏土矿物等。石英的成分为 SiO_2，长石的成分为 K_2O、Al_2O_3、SiO_2，黑云母的成分为 K_2O、Al_2O_3、MgO、SiO_2。

　　土壤中除黏土矿物外，还有其他种类繁多的矿物，如水合氧化物。土壤中最重要的代表是褐铁矿（$Fe_2O_3 \cdot nH_2O$）、赤铁矿（$2Fe_2O_3 \cdot H_2O$）、针铁矿（$Fe_2O_3 \cdot H_2O$）、水铝石（$Al_2O_3 \cdot H_2O$）、三水铝石（$Al_2O_3 \cdot 3H_2O$）、蛋白石（$SiO_2 \cdot nH_2O$）、氢氧化铁[$Fe(OH)_3$]、水锰矿（$MnO_2 \cdot H_2O$）和软锰矿（MnO_2）等。

（二）土壤中的有机质

　　土壤中的有机质较少，一般耕地表土层的有机质含量不超过 $1\% \sim 2\%$，表土层以下更少。土壤中的有机质主要来自植物残骸、动物和微生物的遗体。有机肥料如绿肥、人和家畜、家禽粪尿也是土壤有机质的重要来源。

　　土壤中的有机质可分为新鲜有机质、半腐烂有机质、简单有机质和腐殖质。

　　新鲜有机质含有糖类，如纤维素、半纤维素、淀粉、木质素等及蛋白质、核蛋白、氨基酸等，还有树脂、单宁、蜡质以及少量灰分元素。有机质在微生物的作用下，可进行有机质的矿物质化和腐殖质化。

有机质的矿物质化，是组成复杂的有机质在微生物的作用下，分解成简单无机化合物的过程。在湿度、温度适宜，空气流通较好的土壤中，好气性细菌活跃，有机物分解成二氧化碳、水、氨及各种矿物盐等。但在通气不良、水分过多的土壤中，嫌气性细菌活动旺盛，有机质分解生成有机酸、醛、硫化氢等。

有机质的腐殖质化过程是在微生物参与下，重新组合成一类新的特殊物质，即腐殖质。腐殖质较其他有机物难于被微生物进一步分解，因此可在土壤中逐渐积累。腐殖质对环境中金属元素的迁移的影响主要是通过螯合、吸附和离子交换作用。腐殖质是天然的螯合剂，能够螯合多种金属离子。腐殖质也是土壤中最活跃和最主要的有机胶体，对许多金属有强烈的表面吸附和离子交换作用。

（三）土壤溶液

土壤溶液是土壤的液相组成，是无机盐类及各种有机物的水溶液。土壤水分主要来源于大气降水和灌溉给水。大气降水溶有二氧化碳、氧、硫酸、硝酸、亚硝酸、及微量的氨。大气降水进入土壤后，与土壤中的矿物质及有机物发生反应，将它们部分溶解，形成溶液。

土壤溶液是一种稀溶液，组成非常复杂，包括无机盐类和有机物。无机盐类有硝酸、亚硝酸、碳酸、重碳酸、氯化物、硫酸、磷酸等的钙盐、镁盐、钾盐、钠盐、铵盐等。有机物有腐殖酸及其盐类、可溶性糖、可溶性蛋白质等。一般情况下，土壤溶液的浓度小于 0.1%，pH 值可低达 $3\sim3.5$，也可高达 $10\sim11$。植物生长所需的各种元素，水、二氧化碳及少量的简单有机物以分子状态吸收，而其他大部分无机养分则以离子状态吸收，如 NH_4^+、K^+、Ca^{2+}、Mg^{2+}、Fe^{2+}、Mn^{2+}、Cu^{2+}、Zn^{2+}、NO_3^-、$H_2PO_4^-$、HPO_4^{2-}、SO_4^{2-}、BO_3^{3-}、MoO_4^{2-} 等。此外，土壤中还含有植物非必需或有毒害的离子，如 S^{2-}、NO_2^-、Cl^-、CO_3^{2-}、HCO_3^-、H^+、Na^+ 等。我国一些主要土壤的特征见表 10-1。

表 10-1 我国主要土壤特征

特　征	哈尔滨黑土	北京褐土	西安褐土	湖北红壤	江西红壤
pH 值	7.5	8.3	8.5	5.8	4.5
有机质含量/%	2.94	1.26	1.61	0.77	2.86
粘粒含量（<0.05mm）	88.4	60.4	82.4	86.8	70.8

二、土壤污染

（一）土壤污染物

土壤污染物是指进入土壤中并影响土壤正常作用，改变土壤的成分和功能的物质。土壤污染物可影响土壤的生态平衡，降低农作物的产量和质量。

土壤污染物主要分为无机物和有机物两大类。无机物主要是化肥、盐、碱、酸、氟和氯以及汞、镉、铬、铅、镍、锌和铜等重金属和铯、锶等放射性元素；有机物主要指农药、洗涤剂、多环芳烃、酚类、氰类以及病原微生物和寄生虫卵等。

盐碱土是由于各种可溶性盐类在土壤中长期积累而成。可溶性盐类随土壤中毛细管的水分上下移动；降水量小于蒸发量时，可溶盐向上移动而积聚在土壤表层，形成盐碱土；排水不良的盆地、洼地或平原地区，地下水径流迟缓，可溶盐长期积累，浓度较高，再加上水分的蒸发而导致盐碱土的生成；自然界可溶盐富集中心或矿床附近，以及由含可溶盐分高的沉积物淤积而成的土壤也是盐碱土；另外，人类的灌溉用水可溶盐含量高以及不科学的灌溉方法，导致地下潜水位的升高，也可引起土壤的盐碱化；即使用可溶盐含量低的灌溉用水，但经长期多次的蒸腾，可溶盐也逐渐在土壤中富集而形成盐碱土。

（二）土壤污染源

土壤中的污染物可通过土壤自身的缓冲和更新，经生物、化学和物理作用，将污染物降解、转化而达到去毒净化，该过程叫做土壤自净。土壤自净的过程包括：稀释、扩散和挥发；氧化还原；配位螯合、离子交换和吸附；缓冲和生物降解等。土壤中污染物达到一定浓度后，超过了土壤自净能力，土壤则被污染。土壤污染有天然污染和人为污染两大类。

天然污染包括：某些元素富集中心或矿床附近等地质因素造成的地区性土壤污染；气象因素引起的土壤淹没、冲刷流失、风蚀等；地震、火山爆发等。

人为污染包括：固体废弃物的污染如人类生活垃圾、工业渣土、矿山尾矿等；农药、肥料在土壤中的残留、积累，有机肥中的病原菌及寄生虫卵在土壤中滋生；化肥的施用造成土壤的板结，农作物中硝酸盐和亚硝酸盐的积累；劣质水的灌溉，生活污水、工业废水进入土壤，大气污染物通过降水、沉降进入土壤如酸雨；土壤植被被破坏、大型水利工程等引起土壤的沙漠化、盐渍化。

土壤污染的特点为：土壤污染非常隐蔽，最后通过农产品质量和人畜致病源才有反映；土壤污染具有时效性，现在发现的污染，要追溯到多年以前；土壤污染极难去除，一旦被污染后果严重，有时只能放弃。

本书将讨论人为污染的几个方面：重金属污染、农药污染、肥料污染、固体废弃物污染、土壤沙化等。废水污染已在前面讨论，这里不再赘述。

第二节　重金属污染

重金属一般指相对密度大于 5 的金属。土壤中的汞、镉、铬、铅等重金属的污染是土壤的重要污染源。

重金属在土壤中污染的特点是毒性效应强，极低的浓度即显示较强的毒性；土壤中的重金属难于被微生物降解，因而长期停留和积累在环境中，无法彻底清除。土壤中重金属的变化仅是化合价和化合物种类的变化，其基本性质没有实质性改变；土壤中的重金属还可被微生物在一定条件下转化成更毒物质，如甲基汞的生成，就是由无机汞经微生物的作用而生成有机汞。

土壤中的重金属离子可被农作物吸收，经食物链浓缩千万倍，最后造成人体积累与中毒，对人类潜在重大威胁。

一、重金属元素在土壤中的化学行为

（一）重金属与胶体的缔合

根据土壤胶体对阳离子吸附的一般原理，胶体对金属离子吸附能力与金属离子的特性和胶体的种类有关。

交换性活跃的黏土矿物，对金属离子吸附的顺序为

$$Cu^{2+} > Pb^{2+} > Ni^{2+} > Co^{2+} > Zn^{2+} > Rb^+ > Sr^{2+} > Ca^{2+} > Mg^{2+} > Na^+ > Li^+$$

有机胶体对金属离子吸附的顺序为：

$$Pb^{2+} > Cu^{2+} > Cd^{2+} > Zn^{2+} > Ca^{2+} > Hg^{2+}$$

金属离子被土壤胶体吸附是其从液相转入土壤固相的最重要途径之一。胶体吸附特别是

有机胶体的吸附在很大程度上决定着土壤中重金属的分布和富集。金属元素与黏土的缔合方式，若吸附在黏土矿物表面交换点上，则较易被交换；如被吸附在晶格中，则很难释放。

离子势（电荷/半径）可用来判断金属元素对胶体表面的亲和力。金属的化合价、离子半径和原子结构将影响配离子的生成。金属离子势较低的金属如钡、锶等在溶液中形成可溶性离子，离子势中等的金属如钛、铍等可形成水解产物，离子势高的金属如矾等形成活性配阴离子。

影响黏土矿物对金属缔合的因素有：黏土矿物的结构和纯度；金属的化合价和离子半径（或水合离子半径）；同晶取代形成的自由能。

不同的土壤类型，具有不同类型的胶体，对重金属的吸附性也不同。一般土壤中有机胶体即腐殖质胶体含量多的土壤对重金属的吸附作用强，而无机胶体相对吸附较弱。无机胶体中，因含有不同的黏土矿物而对重金属的吸附能力不同，再加上重金属本身的特性，其吸附性能十分复杂。我国各地区的不同类型土壤对重金属的吸附特性见表10-2。

表 10-2　我国主要土壤类型对重金属吸附特性

金属元素	吸 附 比 例 /%				
	哈尔滨黑土	北京褐土	西安褐土	湖北红壤	江西红壤
Cu	100.0	99.95	99.45	85.07	56.30
Pb	97.75	99.21	99.21	100.0	97.40
Cd	97.73	97.20	100.0	84.18	18.31
Hg	99.10	98.39	99.15	49.79	98.21

（二）重金属的配位作用

有些重金属离子，在土壤溶液中往往不是以简单离子存在，而主要以配离子形式存在。如在土壤表层含氧较高的土壤溶液中，汞主要以 $Hg(OH)_2$ 和 $HgCl_2$ 形式存在，在 Cl^- 较多的盐渍土中则主要以 $HgCl_3^-$ 和 $HgCl_4^{2-}$ 形式存在。

在无机配位体中，人们比较重视重金属与羟基和氯离子的配位作用，认为两者是影响一些重金属难溶盐溶解度的主要因素，能促进重金属在土壤中的迁移转化。

重金属能在较低 pH 值下水解，H^+ 离开水合重金属离子的配位水分子。

$$M(H_2O)^{2+}{}_n + H_2O \longrightarrow M(H_2O)_{n-1}OH^+ + H_3O^+$$

重金属羟基配合物的平衡，按下列反应式逐级生成配合物

$$M^{2+} + OH^- \rightleftharpoons MOH^+$$
$$MOH^+ + OH^- \rightleftharpoons M(OH)_2$$
$$M(OH)_2 + OH^- \rightleftharpoons M(OH)_3^-$$
$$M(OH)_3^- + OH^- \rightleftharpoons M(OH)_4^{2-}$$

Pb^{2+}、Cd^{2+}、Zn^{2+}、Hg^{2+} 在水解时，羟基与金属的配位作用会大大提高重金属氢氧化物的溶解度。

正常土壤中的氯离子浓度较低，其对重金属的配位顺序是

$$Hg^{2+} > Cd^{2+} > Zn^{2+} > Pb^{2+}$$

盐碱土中氯离子浓度较高，Hg^{2+} 以 $HgCl_4^{2-}$ 为主，而 Zn^{2+}、Pb^{2+}、Cd^{2+} 可形成 MCl_2、MCl_3^-、MCl_4^{2-} 型配离子。但若盐碱土壤的 pH 值较高，重金属也可发生水解作用，生成羟基配离子，此时可发生羟基与氯配位作用的竞争反应。氯配位作用可提高难溶性重金属化合物的溶解度，同时减弱土壤胶体对重金属的吸附，对汞尤为突出。

土壤有机质配合物和螯合物的稳定性，与配位-螯合剂和金属本身有关，但也决定环境条件，尤其是pH值。土壤有机质对金属元素的配位、螯合能力的顺序为：$Pb > Cu > Ni > Zn > Hg > Cd$。五元环和六元环的螯合物最为稳定。

螯合物的稳定性还与金属离子的性质密切相关，中心离子的电荷越大，半径越小，越有利于配位化合物的生成；也与介质的pH值有关，pH值小，质子与金属离子争夺螯合剂，则螯合物稳定常数小，pH值较高时，金属离子可形成氢氧化物、磷酸盐和碳酸盐等不溶性化合物。

形成有机螯合物对金属迁移的影响取决于所形成的螯合物的溶解性。腐殖质中的胡敏酸与金属形成的胡敏酸盐（除一价碱金属盐外）一般是难溶的；富里酸与金属形成的螯合物一般是易溶的。重金属污染物与腐殖酸生成可溶性的稳定螯合物能够有效地阻止重金属作为难溶盐而沉淀。腐殖质与 Fe、Ti、U、V 等金属形成的螯合物易溶于中性、弱酸性或弱碱性土壤溶液中，使它们以螯合物形式迁移。

腐殖质对金属离子的螯合作用与吸附作用同时存在，通常认为，在离子浓度高时以吸附作用为主，在离子浓度低时以配位-螯合为主。

（三）重金属的沉淀

重金属在土壤溶液中还存在沉淀溶解平衡。重金属迁移转化只能在溶液状态下进行，所以与 pH 值等有关。pH 值是影响土壤中重金属迁移转化的重要因素，正常的土壤的 pH 值在 5～8 之间。酸性土壤的 pH 值可能小于 4，碱性土壤的 pH 值可达 11。pH 值与迁移的关系，有下面的几种情况。

pH＜6 时迁移活泼的金属离子是：Cu^{2+}、Zn^{2+}、Co^{3+}、Co^{2+}、Ni^{2+}、Ni^{3+}、Mn^{2+}、Cr^{3+}、Cd^{2+}；

pH＞7 时迁移活泼的金属离子是：$V(V)$、$V(IV)$、$As(V)$、$Cr(VI)$；

与 pH 值关系不大的金属离子是：Li^+、Rb^+、Cs^+。

二、土壤中典型的重金属

（一）汞

土壤中的汞主要来源于含汞农药；含汞污水浇灌农田；含汞污泥施肥；空气中微量汞蒸气和汞尘干沉降或湿沉降进入土壤等。汞不易在土壤中稀释、扩散和迁移，往往造成局部土壤汞污染。曾检测出一种槐花蜂蜜含有汞，究其原因是槐花含有微量汞，再追究，是槐树生长地区的土壤被汞污染，而该地区有生产树脂的化工厂需用汞盐作催化剂。

土壤中有金属汞、无机汞和有机汞，或者有离子吸附和共价吸附的汞、可溶性汞（$HgCl_2$）和难溶性汞（HgS，$HgCO_3$）。在正常氧化还原电势和 pH 值时，汞以单质存在，最终产物为难溶稳定的 HgS，能在土壤中积累。

汞在沙质或有机质少的土壤中较易迁移，而在黏性土壤或有机质多的土壤中较难迁移而累积。这是由于黏粒性矿物质和腐殖质等有机质和汞的亲和能力大。黏粒性矿物质在pH＝7时对汞的吸附量最大，腐殖质对汞的吸附量随 pH 值的增加而加大，不仅汞离子被吸附，金属汞也被吸附。各种类型的土壤中的汞都能挥发，汞在黏性土壤中挥发量最小，其次是在壤土中，最大量在沙土中。土壤中离子态的汞可被植物吸收、吸附。土壤中汞的迁移是通过挥发和植物吸收两条途径，汞在大气和土壤之间也在循环。

（二）镉

土壤中的镉同土壤中汞类似，也是来源于农药、污水、污泥等。土壤中的镉可分为水溶性和非水溶性两大类。离子态或配位态的镉可被植物吸收，经食物链对人体造成危害。非水溶性或难溶性的镉化合物不易迁移，也不易被植物吸收。土壤对镉的吸附量很大，一般吸附率在 0.85～0.95 之间，pH 值越高，对镉的吸附率也越高。因此，镉在土壤中的分布集中在地表 20cm 左右的耕作层内，尤其在几厘米内的土层中浓度最高。镉的土壤环境容量最小，所以，只要土壤一受到镉的污染，表层土壤镉的浓度就会大大增加，直接污染农作物。

土壤中的水溶性的镉和非水溶性的镉在一定条件下，可以互相转化，转化受电极电势和 pH 值的影响。酸性土壤中，镉的溶解度增加，pH 值增高时，镉的溶解度减小。在还原条件下或有 H_2S 参与下，可溶性镉化物转变成难溶的 CdS；而在氧化条件下，S^{2-} 被氧化成 SO_4^{2-}，与镉离子生成不溶于水的 $CdSO_4$。镉在土壤中的本底值为 $(0.5～1)×10^{-6}$ 或低于 $0.5×10^{-6}$。

镉在土壤中也很稳定，不能被分解，难以去除，迁移只不过是在各环境要素之间和生物体内的迁移。只要镉从其矿物冶炼出，进入环境，就一直在环境循环，永不消逝。所以对镉的长期污染要有充分的认识。

三、我国的重金属污染防治

中国自 20 世纪 60 年代就开始重视重金属污染防治。然而操作层面与国外则有差距。中国企业无论从数量、空间分布，还是从规模、管理水平上，有大量企业在"监管之外"，很长一段时间在工业污染排放上，除了大企业有机污染做到连续检测，重金属只有一年一两次污染源的检测。可查资料显示，自 2009 年以来，中国已连续发生 30 多起重特大重金属污染事件。据统计，我国重金属污染的土壤面积达 2000 万公顷，占总耕地面积的 1/6。在一些污灌区，土壤镉的污染超标面积近 20 年来增加了 14.6%，在东南地区，汞、砷、铜、锌等元素的超标面积占污染总面积的 45.5%。

重金属污染是我国"十一五"凸显的重大环境问题。继 2008 年妥善处置多起密集发生的重金属、类金属污染事件后，我国环境保护部联合国务院八部门开展重金属污染企业专项检查，有力地遏制了重金属污染事件高发态势。编制完成《重金属污染综合防治规划（2010～2015 年）》，力争到 2015 年进一步优化涉重金属产业结构，完善重金属污染防治体系、事故应急体系及环境与健康风险评估体系。中央财政增设重金属污染防治专项，2010 年首次下达资金 15 亿元，支持重点防控区综合防治、新技术示范和推广。"锰三角"污染问题经过湖南、贵州、重庆三省（市）政府和相关部门的集中整治，环境质量明显改善。截至 2010 年 6 月底，全国累计完成 293 万吨历史遗留铬渣无害化治理。

《重金属污染综合防治"十二五"规划》是中国第一个"十二五"专项规划，也是有据可查的首个针对"重金属污染综合防治"的五年规划。根据该规划，未来 5 大行业和 4452 家企业将被重点监督。这 5 大重点防控行业是重有色金属矿（含伴生矿）采选业（铜矿采选、铅锌矿采选、镍钴矿采选、锡矿采选、锑矿采选和汞矿采选业等）、重有色金属冶炼业（铜冶炼、铅锌冶炼、镍钴冶炼、锡冶炼、锑冶炼和汞冶炼等）、铅蓄电池制造业、皮革及其制品业（皮革鞣制加工等）、化学原料及化学制品制造业（基础化学原料制造和涂料、油墨、颜料及类似产品制造等）。

《重金属污染综合防治"十二五"规划》中提出到 2015 年，重点区域铅、汞、铬、镉和类金属砷等重金属污染物的排放，比 2007 年削减 15%，非重点区域重点重金属污染物排放量不超过 2007 年水平。该规划列出了湖北等全国 14 个重金属污染综合防治重点省区和 138 个重点防治区域。重点省市则是内蒙古自治区、江苏省、浙江省、江西省、河南省、湖北省、湖南省、广东省、广西壮族自治区、四川省、云南省、陕西省、甘肃省、青海省等 14 个重点省份。未来 5 年，政府计划投入 750 亿元，开展重金属污染综合防治。重金属污染防治的其他目标包括：到 2015 年，"解决一批损害群众健康的突出问题；进一步优化重金属相关产业结构，基本遏制住突发性重金属污染事件高发态势"。

第三节　农药的污染

农药包括杀虫剂、杀菌剂、除草剂、生物生长调节剂等，是人类农业生产不可缺少的重要物质。全世界有 50000 种真菌，能引起 1500 种病害；有 30000 种杂草，其中 1800 种可影响农作物收成；有 10000 种昆虫能引起各种危害。使用农药，可挽回 15% 的收成。全世界作为商品主产的农药品种约 1200 个，医药农药 250 种，包括 100 种杀虫剂，50 种除草剂，20 种杀线虫剂，30 种其他农药等。药剂类型约 60000 种。美国是世界上使用农药量最大的国家，我国则居第二位。若不使用农药，农作物的收成及家畜禽生产会减少 30%，农副产品价格至少上涨 50%～70%。

环境所面临的问题是：农药的利用率极低，施用农药时，只有 10% 施在作物上，其余 90% 或直接散落在土壤和水体中，或通过农作物落叶、降雨而进入土壤；有些农药难于降解，长期存在于土壤中；农药可通过食物链进入人体。

一、农药的挥发、扩散迁移与吸附

进入土壤中的农药，可通过气体挥发，或随水淋溶而在土壤中扩散迁移。洒落在土壤表面的农药经挥发进入大气，其挥发的速率，主要取决于农药本身的溶解度和蒸气压，以及土壤的湿度、温度和土壤的结构、孔隙、质地等。沙壤、水分少和有机质少的土壤中农药较易向大气中挥发。农药的挥发造成了大气的污染。

农药的水扩散方式有两种：一种直接溶于水中，另一种是被吸附于土壤固体细粒表面上随水分移动而进行机械迁移。除水溶性大的农药如 2,4-D 等易于淋溶外，由于农药与土壤有机质和黏土矿物的强烈吸附，尤其水溶性小，脂溶性大的农药如 DDT、六六六等，一般不易随水向下淋溶，而积聚在土壤 30cm 的土表层内，这就为农药进入农作物提供了条件。土壤中的农药被植物吸收后，经收获或被食草动物食后而迁移出土壤。

实验认为，DDT，林丹、氟乐灵、六六六等熏蒸剂主要是以蒸气扩散为主；悉灭嗪、敌草隆、灭草隆等则以水扩散为主。

土壤中的黏粒、有机质和土壤胶粒可通过物理吸附、物理化学吸附将农药固定，使农药迁移能力和毒性减小。结果一方面使土壤溶液中农药浓度降低，可给性减小，起了一定的净化作用，但另一方面也导致了土壤中农药的积累。当超过了土壤吸附能力后，即失去净化效果。一般农药在有机质多的黏性土壤中由于吸附作用而浓度高、滞留时间长。

二、农药的降解

农药在土壤中的降解作用有光化学降解、化学降解和生物降解等。

光化学降解主要指洒落在土壤表面，未被土壤结合固定的农药，在阳光的照射下，吸收能量而发生自由基分解反应。DDT、氯代环戊二烯类和氯代甲苯、苯乙酸、尿素、二硝基苯胺等都可发生光化学反应而降解。

化学降解主要指在土壤中的农药通过化学反应达到降解的目的。主要反应为氧化还原、水解和分解反应等。有些农药由于土壤的吸附作用对水解反应有催化作用，在土壤中水解比在水中还快，该类反应称为吸附-催化反应。例如，在pH＝7的土壤中马拉硫磷的半衰期为6～8h，而在pH＝9的水中则为20d。阿特拉津等除草剂、马拉硫磷等有机磷杀虫剂都可发生水解、吸附-催化反应而降解。有机磷杀虫剂能与土壤中的铜离子形成配合物或螯合物，加速其水解。

生物降解是指微生物降解。有机农药进入土壤后，首先对土壤中的微生物有抑制作用。同时土壤中的微生物也会利用这些有机农药为能源，进行降解处理，使各种农药最终分解成二氧化碳。微生物降解作用是影响农药最终在土壤中残留和残毒量大小的决定因素。微生物对农药的代谢作用，是土壤对农药最主要和最彻底的降解过程。需要指出的是，微生物群系的降解也可能代谢出毒性更大的产物。

微生物群系种类繁多，农药的类别、性质也五花八门，土壤的组成、结构也多种多样，因此，农药的微生物降解过程也各有千秋。主要的生化反应有氧化、还原、水解、脱卤、脱烷基、脱氢、芳烃羟基化和异构化等。

脱氯作用：例如，化学性质稳定的DDT，通过微生物的脱氯作用可转变为DDD，DDD再经脱氢作用可转变为DDE，也可以在厌氧菌的作用下进一步生成易降解的DDMU。反应方程式如下。

脱烷基作用：例如，氯苯类除草剂在微生物作用下，脱去烷基，进一步开环成无毒物质。

水解作用：例如，有机磷农药对硫磷和马拉硫磷等中的酰胺和酯在微生物作用下，发生水解，几天毒性即可基本消失。但是有的农药本身毒性不大，经微生物代谢后却变成剧毒物质，如2,4,5-T除草剂的致畸作用实际上是其微生物代谢产物——剧毒物二噁英所引起。杀菌剂稻瘟醇本身是高效低毒农药，但其代谢产物三氯苯甲酸和四氯苯甲酸不仅毒性大而且在土壤中很稳定，能长期存在。

其他还有氧化作用、还原作用、环裂解作用等。

一些土壤真菌和细菌能使芳环破裂，这是环状有机物在土壤中彻底裂解的关键步骤，如2,4-D在无色杆菌的作用下，发生苯环破裂。

同类化合物的生物降解速率与化合物的结构有密切关系，尤其是取代基的种类、数量、

位置以及取代基团的大小、空间阻碍等都影响其降解速率。芳香族化合物中不同的取代基对微生物的抗分解的顺序是

$$-NO_3>-SO_4H>-OCH_3>-NH_2>-COOH>-OH$$

同类化合物中，取代基数量越多，基团的相对分子质量越大，就越难被微生物分解。

三、农药的残留

农药通过挥发、扩散、迁移、吸附和降解，残留量逐步降低。但由于各种农药的化学稳定性、土壤的组成、有机质和矿物质含量、酸碱度、氧化还原电位、湿度和温度的千差万别，各种农药在土壤中的残留量也就不同，即各种农药在土壤中的半衰期不同，见表10-3。半衰期长的农药在土壤中积累多，反之则积累少。

表 10-3 农药在土壤中的残留期（半衰期）

名 称	残留时间/年	名 称	残留时间/天	名 称	残留时间/天
含铅、铜、砷农药	10～30	尿素除草剂	0.3～0.8	氯硫磷	36
氯丹	3～5[①]	2,4-D、2,4,5-T	0.1～0.4	DDVP	17
DDT	4～30[①]	氨基甲酸酯	0.02～0.1	敌百虫	140
六六六	2～4	林丹	3～10[①]	内吸磷	54
艾氏剂	1～6[①]	碳氯特灵	2～7	乙拌磷	290
狄氏剂	5～25[①]	对硫磷	180	甲基内吸磷	26
七氯	3～5[①]	甲基对硫磷	45	二嗪农	6～184
西玛津、扑灭津	1～2	甲拌磷	2	乐果	122

① 为降解95%所需时间。

对农药在土壤残留期的长短，植物保护和环境保护要求绝对相反。环保要求农药的残留期越短越好，希望农药易于降解，这样可防止农药污染环境，污染农作物。植保则要求农药应有一定的残留期，才能保证农药有效地通过触杀和内吸达到杀虫、灭菌和除草的目的，才有良好的经济效益。

四、科学使用农药

对目前广泛使用的农药品种和剂型进行安全评价，并从急性、积蓄型和慢性毒性、致突变性、致癌性、致畸性、联合毒性、对眼和皮肤刺激性和变态反应、农药代谢产物的毒性、农药残留行为，对水生生物和益虫的毒性等方面进行综合分析，全面比较，然后指定允许残留标准和安全间隔区。

安全间隔区是指最后一次施用农药到农作物收获时的时间间隔。应根据实际施药情况和对农产品多次监测的资料，制定出不同药剂在不同作物上的用药间隔期，以减少残留的污染。

要做到安全合理施用农药，调查研究各种病虫害的起因和发生条件，做到预测预报、对症下药。

应混合和交替使用不同的农药，以防止害虫产生抗药性并保护害虫的天敌。

农药的使用效果与所使用的器械也有很大关系。要求喷雾和喷粉器械喷洒快而均匀，低量和超低量喷洒，以求渗透力强、耐雨、耐光，提高杀虫率。

五、农药展望

农药的利用率低、残留率高、污染大，所以生产低毒、低残留、高效的"绿色农药"，

淘汰残留率高、污染大的农药是当务之急。同时，开展生物防治更是解决这一矛盾的有效途径。

（一）拟除虫菊酯

除虫菊是自然界中存在的一种杀虫效果好的植物，其有效成分共有六种。如天然除虫菊素 Ⅰ

除虫菊素 Ⅰ

1949 年，美国学者模仿它的结构，首次设计并合成出新农药丙烯菊酯，其后拟除虫菊酯的人工合成得到飞速发展。已经合成出杀灭菊酯（速灭杀丁），对光稳定的二氯苯醚菊酯，高效、广谱的溴氰菊酯（敌杀死），具有杀螨、低鱼毒的氟氰菊酯。这些农药每亩地只需 0.6～1g 药量，充分显示除虫菊酯类农药微量、高效的作用。

开展新型农药的研究，研究新的杀虫灭菌途径，采取综合防治方法，联合或交替使用化学、物理、生物和其他有效方法，克服单纯依赖化学农药的做法是农业植保发展方向。

（二）生物农药

微生物农药和植物农药称为生物农药。

1. 微生物农药 微生物农药是 20 世纪 60 年代发展起来的一种新型农药，利用微生物本身或微生物代谢产物制成防治农作物病虫害的药剂称为微生物杀虫剂，如白僵菌、杀螟杆菌、苏芸金杆菌等。而利用植物病害病原菌的拮抗体或微生物代谢产物抗生素制成的农药称为农用抗生素。

微生物农药的特点是高效、低毒，杀虫效率达 80% 以上；选择性强，仅对农作物害虫有作用，而对人畜无毒；能刺激植物生长，增强植物抗病能力；可在环境中迅速分解，不会残留积累，被赞誉为无公害农药；生产简便，用普通发酵设备即可生产，农副产品、工业废水都可作为生产原料；许多农用抗生素具有内吸性，药效长，能使药剂充分发挥作用；不易诱导抗药性。

美国生产的微生物杀虫剂已占整个农药的四分之一。日本为解决汞制剂防治稻瘟病引起的环境问题，于 20 世纪 60 年代研发成春日霉素，随后又发现灭瘟霉素、多氧霉素等。我国也已开展第三代农药微生物农药的研发和应用。

2. 植物农药 植物农药主要有三种：烟草、除虫菊和鱼藤。烟草含有强烈刺激性的生物碱尼古丁。尼古丁对昆虫具有胃毒、触杀、熏蒸三种毒杀作用，能够防治蚜虫、金花虫、蟓象等害虫。

除虫菊是菊科植物，其体内含有剧毒的除虫菊素。除虫菊素是一种酯类化合物，可在几秒钟之内迅速杀死害虫，对防治棉蚜、菜蚜等虫害有特效。也可防治其他如蚜虫、蓟马、菜青虫等。除虫菊素的杀虫作用主要是触杀和忌避作用，不具胃毒和熏蒸作用，其缺点是不持久。

鱼藤是农村常见的一种豆科植物，又名毒鱼藤。毒鱼藤含有的鱼藤酮，具有很强的杀虫力，有胃毒和触杀作用，可毒杀 800 多种害虫，尤其对蚜虫的毒杀力极强，十万分之一浓度的鱼藤溶液就可杀死蚜虫。

（三）物理法

利用昆虫趋光性、趋热性，安装黑光灯、紫外线灯诱杀害虫；利用糖醋液引诱害虫；利用黏胶液黏结害虫；利用扎草把诱杀早期成虫。

（四）生物工程技术

掌握昆虫的性信息特征，人工合成昆虫的性激素，并利用昆虫微波传布信息诱杀异性和同类。应用化学不孕剂，如不育胺、不育特、绝育磷等，使害虫失去繁殖能力，杀虫效果显著。保护害虫的生物天敌，培育繁殖天敌。破译害虫的 DNA，更改害虫的遗传密码，变更害虫的生活习性，变有害为无害或破坏其繁衍能力，使其无法繁殖而自灭。这是农药发展的新方向。

第四节　固体废弃物污染

一、固体废弃物的分类和构成

固体废弃物通常指所谓没有利用价值的固体或半固体物质。废弃物是相对的概念，与国民经济发展，科学技术进步，乃至人的素质高低有密切关系。许多固体废弃物其实是宝贵的资源，例如废纸的利用，若每年利用 500 万吨废纸来制造新纸，等于每年少砍伐 $1200km^2$ 的森林。

固体废弃物可分为三大类：工业遗弃物、农业遗弃物和生活垃圾。

（一）工业遗弃物

包括采矿废石、选矿尾砂、冶炼废渣（钢渣、合金铁矿渣和各种有色金属矿渣）、化工废渣（酸渣、碱渣、白土渣、电石渣、赤泥、硼泥、磷渣、铬渣、盐泥、粉煤灰、放射性渣）、建筑和装修垃圾（砖、砂、灰、混凝土碎块、碎木）、工业垃圾（切削、研磨碎屑、废型砂、废旧钢材，废旧设备）、废水处理污泥、食品工业废渣、林业采伐和木材加工业中的木屑、锯末等。

（二）农业遗弃物

包括农作物秸秆、蔬菜叶茎根、家畜家禽粪便等。

（三）生活垃圾

包括城镇生活垃圾如炉灰炉渣、烹调残余物、剩饭菜、各种废包装、废纸、废物品、人和宠物粪便等；市政建筑垃圾如沥青、石子、渣土等；商业垃圾如各种包装材料、广告宣传品等。

二、固体废弃物的污染

固体废弃物对土壤污染十分严重。固体废弃物不同于水、大气，可通过稀释、扩散、转移和净化来降低乃至消除污染。固体废弃物排出数量巨大，占地面积大，侵占大量良田，给农业生产带来毁灭性打击。我国每年大约排出 2.4 亿吨固体废弃物，要占用大量耕地和非耕地。

固体废弃物不仅侵占农田，其中的有害气体逐渐挥发到大气中而污染空气。所含有毒的重金属和其他污染物，经雨水淋洗可污染地面水、河流湖泊、地下水和土壤。放射性的废渣还会造成放射性污染。

工业垃圾的排放量惊人。2010 年，全国工业固体废物产生量为 204943.5 万吨，比上年增加 18.1%；排放量为 498.2 万吨，比上年减少 29.9%；综合利用量（含利用往年贮存量）、贮存量、处置量分别为 161772.0 万吨、23918.3 万吨、57263.8 万吨，分别占产生量的 67.1%、9.9%、23.8%。危险废物产生量为 1586.8 万吨，综合利用量（含利用往年贮存量）、贮存量、处置量分别为 976.8 万吨、166.3 万吨、512.7 万吨。据计算，生产 100t 生铁就要排出 30～90t 矿渣；开采 1t 煤就要排出 1t 煤矸石；生产 1t 硫酸就要排出 0.5t 废渣。工业废弃物酸渣或碱渣以及赤泥、硼泥可使土壤的 pH 值巨变，能使庄稼颗粒无收。

城市生活垃圾处理是城市管理和环境保护的重要内容，是社会文明程度的重要标志，关系人民群众的切身利益。近年来，我国城市生活垃圾收运网络日趋完善，垃圾处理能力不断提高，城市环境总体上有了较大改善。但也要看到，由于城镇化快速发展，城市生活垃圾激增，垃圾处理能力相对不足，一些城市面临"垃圾围城"的困境，严重影响城市环境和社会稳定。各地区、各有关部门要充分认识加强城市生活垃圾处理的重要性和紧迫性，进一步统一思想，提高认识，全面落实各项政策措施，推进城市生活垃圾处理工作，创造良好的人居环境，促进城市可持续发展。城市生活垃圾的发展目标是到 2015 年，全国城市生活垃圾无害化处理率达到 80% 以上，直辖市、省会城市和计划单列市生活垃圾全部实现无害化处理。每个省（自治区）建成一个以上生活垃圾分类示范城市。50% 的设区城市初步实现餐厨垃圾分类收运处理。城市生活垃圾资源化利用比例达到 30%，直辖市、省会城市和计划单列市达到 50%。建立完善的城市生活垃圾处理监管体制机制。到 2030 年，全国城市生活垃圾基本实现无害化处理，全面实行生活垃圾分类收集、处置。城市生活垃圾处理设施和服务向小城镇和乡村延伸，城乡生活垃圾处理接近发达国家平均水平。

农村大田使用的蔬菜大棚、地膜，由于延长作物生长的无霜期，使蔬菜、瓜果提前上市，甚至冬季也可供应新鲜蔬菜而广泛应用。大棚、地膜淘汰的塑料薄膜，散入农田，混入土壤，阻断土壤中空气的流通，影响植物根系的发育、呼吸，不利于微生物的繁殖，也影响土壤水分、肥料的迁移，对农作物危害极大；而且混在土壤中的塑料薄膜不易降解，半衰期长，要经 200 年才分解完毕。

三、固体废弃物的综合利用

固体废弃物的综合利用可向人类提供能源、材料，变废为宝。

工业废渣、粉煤灰是热电厂的垃圾，但可以用于改良土壤。粉煤灰还是微量复合肥料，也是建筑材料，能生产轻质建材、水泥、粉煤灰页岩砖等。

城市垃圾应进行分类，回收有用物质：废纸、纤维类可作造纸原料；废铁、有色金属可作冶金原料；碎玻璃、玻璃制品类可重新制作玻璃或玻璃粉末制品；塑料、橡胶、化纤类一般可再生；厨房垃圾可成为沼气原料；焚烧可燃垃圾可获取能源。

农村中大量的秸秆是潜在的巨大的能源和肥源。秸秆还田可保持土壤肥力，形成土壤肥力的良性循环，还可提高土壤团粒结构、自净能力。秸秆还田可以直接还田，也可以间接还田，即将秸秆粉碎进行高温堆肥或制成沼气后，再用作肥料。燃烧秸秆的方法不仅污染大气，还对肥料形成浪费，慢性消耗土壤的肥力。

第五节　肥料的污染

施肥是农业增产的重要举措。近半个世纪来，化学肥料工业蓬勃发展，化肥产量扶摇直上，在肥料中已占据绝对优势。化肥的施用使谷物、蔬菜、水果、牧草，甚至观赏花卉产量成倍增长。但化肥的施用也会造成土壤、大气和水体的污染。

氮肥施用的利用率低，一般在 30%～60%，有 30% 左右挥发到大气中，10% 则随水淋失进入水体。挥发的化肥进入大气引起臭味。

化肥的施用可造成土壤板结，如长期施用硫铵可造成土壤中硫酸根离子富集，土壤的酸性增加，而生成硫酸钙（石膏），使土壤发生板结现象。

化肥尤其是氮肥的施用可导致土壤硝酸盐和亚硝酸盐的大幅度增加，污染农作物，特别是蔬菜、水果、瓜类等。施用化肥还污染地下水，使其含过量的硝酸盐和亚硝酸盐，人和动物饮用后，也可在人体内生成亚硝胺，危害人畜的健康。施用氮肥可使牲畜草料含氮量过高，在牛胃里草料内的硝酸盐还原为亚硝酸盐，结果导致牛患病和死亡。

过量地施用化肥，土壤中残余的氮、磷、钾肥经雨水淋洗或灌溉水的漫浇，流入河流、湖泊、海洋，会引起水体的富营养化。

施用有机肥人畜粪尿，可引起致病微生物、寄生虫卵对土壤的污染。人接触被污染的土壤，食用被污染的蔬菜、瓜果，饮用土壤被雨水冲刷和渗漏的地下水，都会造成感染。

污泥是坑塘、沟渠的底泥，可直接作为肥料。污水处理厂、生活和工矿的污泥越来越多，污泥的处理也成为一个涉及环保的问题。用污泥作肥料不仅可改善土壤的理化性质、增加土壤肥力、提高自净能力，而且是消纳污泥的重要途径，但应去除重金属离子。其他可用于烧砖，制作碳材料。

第六节　荒漠化和沙化

"荒漠化"是指包括气候变异和人为活动在内的种种因素造成的干旱、半干旱和亚湿润干旱区的土地退化。这些地区的退化土地为荒漠化土地。

"沙化"是指在各种气候条件下，由于各种因素形成的、地表呈现以沙（砾）物质为主要标志的土地退化，具有这种明显特征的退化土地为沙化土地。

我国北方地区干旱、风沙飞舞的天气越来越频繁，越来越严重。由于风和水等自然力的作用，引起土壤被剥蚀、迁移或沉积的过程称为土壤的自然侵蚀，也称为地质侵蚀，这种侵蚀不很显著。人的活动导致植被破坏而加速或扩大自然力（风和水）的作用，引起地表土壤破坏和土体物质的迁移、流失，加速土壤侵蚀的过程或现象称为土壤侵蚀。通常所指的土壤侵蚀均表示该种侵蚀。

土壤侵蚀主要发生在坡地上，尤其在坡度大于 $25°$ 的陡坡上开垦荒地、大修梯田，可造成严重的土壤侵蚀，甚至露出土层下的岩石，成为不毛之地。土壤侵蚀不仅破坏土壤的肥力，危害农业生产，还会危害水利、交通和工矿生产等，如淤积水库、阻塞河道、引发水灾。我国黄土高原每年流失大量土壤，黄河携带成亿吨的泥沙流入大海，在下游成了高出地面的"悬河"。

在干旱和半干旱地区，因过度放牧、滥垦草原、滥伐森林，再加上厄尔尼诺现象和拉尼娜现象，气候反复无常、旱涝捉摸不定、土地干旱严重，植被遭到破坏，结果使土壤受到严重风蚀。土壤由于干旱、风蚀，最终变成沙漠的过程或现象，称为土地的荒漠化。新疆塔克拉玛干大沙漠，内蒙古的伊克昭盟和陕西北部的毛乌素沙漠历史上都曾是绿洲，水草丰盛。我国内蒙古地区由于过度放牧，加上滥垦和干热气候，土地荒漠化十分严重。令人忧虑的是，最近的沙漠已侵袭到离北京只有 200km 的地方，昔日"风吹草低见牛羊"的动人美景只能出现在书本上。

土地荒漠化可引起所谓的浮尘、扬沙和沙尘暴。浮尘是指在无风或风力较小的条件下，细沙、尘土均匀地浮游在空中，使水平能见度小于 10km。浮游的尘土和细沙多为远地沙尘经上层气流传播而来，或为沙尘暴和扬沙出现后尚未下沉的沙尘，俗称"下黄土"。扬沙是指风力较大，将地面沙尘吹起，空气相当混浊，水平能见度在 1～10km 之间。沙尘暴是强风把地面的大量沙尘卷入空中，使空气特别浑浊，水平能见度低于 1km。强烈的沙尘暴（瞬时风速大于 25m·s^{-1}，风力 10 级以上）可使地面水平能见度低于 50m，俗称"黑风"。沙尘暴所到之处，天昏地暗，日月无光，危害极大。沙尘暴给工农业生产、交通运输和人民生活带来巨大灾难，给环境，尤其是大气带来严重的污染。我国大气污染中最有中国特色的、一直居高不下的就是"可吸入颗粒物"，其主要原因就是浮尘、扬沙和沙尘暴。

2001 年 9 月，我国颁布的《防沙治沙法》是我国和世界上第一部关于防沙治沙的专门法律，表明我国政府防沙治沙的决心。

2011 年 1 月，我国国家林业局发布的"中国荒漠化和沙化状况公报"指出：截至 2009 年底，全国荒漠化土地总面积 262.37 万平方公里，占国土陆地总面积的 27.33％。全国沙化土地面积为 173.11 万平方公里，占国土陆地总面积的 18.03％。全国具有明显沙化趋势的土地面积为 31.10 万平方公里，占国土陆地总面积的 3.24％。主要分布在内蒙古、新疆、青海、甘肃 4 省（自治区）。

监测结果显示，我国土地荒漠化、沙化呈整体得到初步遏制，荒漠化、沙化土地持续减少，局部仍呈扩展的局面。

（1）荒漠化、沙化土地面积持续净减少。2000～2004 年荒漠化、沙化土地分别年均净减少 7585km^2、1283km^2，2005～2009 年分别年均净减少 2491km^2、1717km^2。

（2）土地荒漠化和沙化程度减轻。

（3）植被状况进一步改善。

监测分析表明，我国土地荒漠化、沙化的严峻形势尚未根本改变，土地沙化仍然是当前最为严重的生态问题。

（1）我国是世界上荒漠化、沙化面积最大的国家，而且还有 31 万平方公里，具有明显沙化趋势的土地。

（2）川西北、塔里木河下游等局部地区沙化土地仍在扩展。

（3）我国北方荒漠化地区植被总体上仍处于初步恢复阶段，自我调节能力仍较弱，稳定性仍较差，难以在短期内形成稳定的生态系统。

（4）人为活动对荒漠植被的负面影响远未消除，超载放牧、盲目开垦、滥采滥挖和不合理利用水资源等破坏植被行为依然存在。

（5）气候变化导致极端气象灾害（如持续干旱等）频繁发生，对植被建设和恢复影响甚大，土地荒漠化、沙化的危险仍然存在。

上述情况表明，土地荒漠化、沙化仍是中华民族的心腹之患，严重威胁国家生态安全，严重制约社会经济可持续发展，是重大的民生问题。加大力度，加速荒漠化、沙化防治刻不容缓。

（1）强化植被保护。继续推行禁止滥樵采、禁止滥放牧、禁止滥开垦的"三禁"制度，加大林草植被保护力度。充分发挥生态系统自我修复功能，依法推进沙化土地封禁保护区建设，促进荒漠植被自然修复。

（2）推进工程治理。深入推进防沙治沙重点工程建设，进一步完善工程布局，加大沙尘源区治理力度。坚持因地制宜，因害设防，适地适树，乔灌草相结合，大力开展林草植被建设，努力增加沙区植被覆盖度。

（3）优化政策机制。大力推进沙区林权制度改革，进一步明晰产权、活化机制，落实各项优惠政策。遵循物质利益驱动原则，坚持增绿与增收、治沙与治穷相结合，优化扶持政策，活化工作机制，调动广大群众参与防沙治沙的积极性。

（4）严格落实责任。认真落实防沙治沙工作政府负责制，推动防沙治沙单位治理责任制。认真实施省级政府防沙治沙目标责任考核办法，并根据考核结果严格奖惩。

（5）依靠科技进步。推广和应用适用技术和模式，加强技术示范和培训，增加科技含量，提高建设质量。

（6）搞好预警监测。加强监测基础设施建设，建立健全荒漠化和沙化监测预警体系，对荒漠化和沙化动态变化进行适时跟踪监测，为防沙治沙工作提供科学依据。

（7）加强部门协作。落实责任、密切配合、齐抓共管，共同做好防沙治沙工作。

第七节　土壤污染防治

一、土壤污染的预防

预防土壤污染的根本方法是消除与控制土壤污染源及污染途径。

消除与控制工矿企业和居民生活的废水、废渣和废气的排放，实行污染物排放总量控制。开展固体废弃物的综合利用，植树造林，防止土地荒漠化和沙化。

控制农药的施用量。淘汰毒性大、残留量高而在环境中造成长期危害的农药。严格控制农药的使用范围、次数和总施用量。保护人类的朋友，害虫的天敌，益鸟、益虫和益兽等。例如，一只猫头鹰一个夏季能捕杀上千只田鼠，等于从鼠口中夺回 1000kg 粮食；一对家燕可除掉 200～400 亩玉米地的害虫。

合理施用化肥，提倡施用腐熟的有机肥料，合理施用硝酸盐和磷酸盐类及氮肥，选择使用盐酸盐和硫酸盐类的化肥，避免土壤的板结与污染。

发展规模种植，发展无土栽培，发展肥料农药滴灌。

科学灌溉。利用污水灌溉时，严格掌握水质标准，控制次数和面积。结合土壤环境容量、作物品种，制定灌溉允许年限。加强对土壤和作物的检测，注意土壤的污染极限。对井水和地下水灌溉，要根据土壤质地、矿化度和地下水的深度而具体分析，防止土壤盐渍化。

二、污染土壤的治理

土壤已被污染，再进行治理，绝非易事，需要多年坚持不懈的努力，采取综合治理措施，才能缓慢地恢复土壤的原来面貌。

污染土壤治理的主要方法有：生物治理、施加抑制剂、增施有机肥、加强水浆管理、改变耕作制度、深翻和换客土等。

（一）轻度污染土壤的治理

增施有机肥对于被农药和重金属轻度污染的土壤可达到一定效果。有机肥可提高土壤的胶体作用，增强土壤对农药和重金属的物理、化学吸附和吸附-催化水解的能力；有机质又是还原剂，可使部分离子还原沉淀，成为不可给态；有机质能增强土壤团粒结构，增加养分，改善土壤的保水、透气性能，有利于微生物的繁殖，提高生物去毒作用。总之，有机肥料可提高土壤对污染物的净化能力，尤其对含有机质少的沙性土壤，效果较为明显。

加强水浆管理对被重金属轻度污染的土壤很有效。土壤中发生的氧化还原反应能控制土壤中重金属的迁移转化。在淹水的情况下，一定时间后土壤呈现缺氧状态，厌气性微生物活跃，分解有机物产生大量 H_2S。土壤中的汞、镉、铅、锌等重金属离子可与 H_2S 反应生成不溶于水的硫化物沉淀，减少了植物对重金属的吸收。

对轻度盐渍化的土壤，大量水，少次灌溉，可淋洗、下压盐碱类物质，大大改善盐碱土的土壤性质。

改变耕作制度对于被六六六、DDT 等农药轻度污染的土壤是有效的治理措施。六六六、DDT 难于降解，尤其在旱田，需几年或十几年的时间才降解，但在水田里只需一年就可基本降解完毕。旱田改水田，可较快消除它们的污染。

农作物对农药的吸收有选择性，采用稻麦或稻棉水旱轮作，也是预防和治理轻度农药污染土壤的有效措施。可选种抗性农作物，保证作物质量；也可选择种耐性、嗜好性的非食用作物，通过收割逐年将污染物从土壤中除掉。

施加抑制剂可治理重金属污染的酸性土壤。重金属在酸性土壤中呈离子状态，溶解度较大，碱性时生成难溶物质，加石灰可使汞、镉、铅、锌等离子生成氢氧化物不溶物，加碱性磷酸盐可使重金属离子生成磷酸盐沉淀等。

（二）重度污染土壤的治理

深翻改土适于面积较小的重度污染土地。将表层被污染的土壤翻到 30cm 以下植物根系达不到的土层，再多施有机肥料。一般条件下，30cm 以下的土层中重金属化合物或离子向表层土壤的迁移可能性很小。也可改换新土即客土。

植树造林适宜面积较大的重度污染土地。深翻或改换客土难度较大的污染土地可选择抗污染的树木品种，种植树木，用做材林或薪炭林。

习　题

1. 土壤是如何定义的？土壤有哪些组成？
2. 土壤中的有机质如何分类？
3. 土壤的污染物有哪些？污染源有哪些？
4. 重金属元素在土壤中的污染有何特点？其在土壤中的化学行为包括哪些？
5. 汞如何进入土壤形成污染物？
6. 镉在土壤中的分布有何特点？
7. 农药的使用在环境中所面临的问题是哪些？
8. 农药在土壤中如何降解？
9. 为何要制定农药安全间隔区？安全间隔区如何定义？
10. 你认为农药展望中哪一种方向最有发展前景？
11. 固体废弃物可分为哪几类？
12. 固体废弃物的污染有哪些特点？
13. 秸秆还田对土壤和环境保护有何意义？
14. 施用化肥有何弊端？
15. 污水灌溉如何规范化？
16. 什么是土壤侵蚀？土壤侵蚀发生的原因是什么？
17. 什么是浮尘、扬沙和沙尘暴？它们的起因是什么？
18. 土壤污染的预防包括哪些内容？
19. 污染土壤治理的主要方法有哪些？对轻度污染和重度污染的土壤治理方法有何不同？

第十一章 食品污染

食品污染指食品在生产、加工、运输、储藏、销售和烹调的各个环节中，混入或产生出化学物质和致病微生物，使得食品含有对人体有害的毒素，引起人体不良反应的过程。食品污染主要分为两大类：化学性污染和生物性污染。

食品的化学性污染主要是指食品从种植直到烹调进入人腹的整个过程各环节被有毒化学物质污染，包括农药、化肥、重金属、多环芳烃、亚硝胺、杂环芳胺、二噁英、添加剂等。

食品的生物性污染则指食品被致病微生物、寄生虫卵和霉菌污染，包括黄曲霉菌、肉毒杆菌、大肠杆菌等。

第一节 食品添加剂污染

一、食品添加剂

食品生产过程中，为达到食品长途运输、长期储存的保质保鲜，满足人们对食品色、香、味、美的要求，除主料外，有意添加防腐剂等各种助剂，以改善食品的外观、口味；增加食品的营养范围和强化食品的营养深度；抑制食品中有害微生物的繁殖，防止食品的腐败，延长食品的保质期等。这种在食品中加入的化学合成或天然物质就成为食品添加剂。

食品添加剂应用范围很广：为提高营养价值，在牛奶中添加维生素 D 或铁、锌、钙等；为发色或防腐，在香肠中加入亚硝酸钠；在肉罐头和香肠中加入维生素 C 则是为阻断肉食品中亚硝胺的生成；中餐炒糖色用于红烧肉的着色等。

添加剂的用量根据功用和物质而不同，可以从百万分之几到百分之几不等。对食品添加剂的要求是生理活性小，对人体无毒或低毒性。食品添加剂的最大允许使用量通常是根据动物实验证实的"无作用量"提出的，再用安全系数，一般是动物慢性中毒剂量的 100 倍进行修正，以抵消个体和种属差异。

联合国粮农组织（FAO）和世界卫生组织（WHO）的联合食品标准方案食谱委员会规定了人们每日食品添加剂允许摄入量，并证明摄入对人体终生无害。

根据《食品安全国家标准》，我国卫生部 2011 年 4 月 20 日发布了《食品添加剂使用标准》（GB 2760—2011），该标准自 2011 年 6 月 20 日开始实施，其中明确给出食品添加剂的定义："为改善食品品质和色、香、味，以及为防腐、保鲜和加工工艺的需要而加入食品中的人工合成或者天然物质。营养强化剂、食品用香料、胶基糖果中基础剂物质、食品工业用加工助剂也包括在内。"其中明确指出食品添加剂使用时应符合以下基本要求：（a）不应对人体产生任何健康危害；（b）不应掩盖食品腐败变质；（c）不应掩盖食品本身或加工过程中的质量缺陷或以掺杂、掺假、伪造为目的而使用食品添加剂；（**d**）不应降低食品本身的营养价值；（e）在达到预期目的前提下尽可能降低在食品中的使用量。同时还给出了在下列情况下可使用食品添加剂：（a）保持或提高食品本身的营养价值；（b）作为某些特殊膳食用食品的必要配料或成分；（c）提高食品的质量和稳定性，改进其感官特性；（d）便于食品的生产、加工、包装、运输或者贮藏。

人们一日三餐，几十种食品添加剂进入人体，在胃中混合经人体代谢后，对人体的影响还是很大的。为了保障消费者的健康，我国对食品添加剂的毒理学评价作出了明确的规定。毒理学评价分为四个阶段，即急性毒性试验；蓄积毒性试验和致毒性试验；亚慢性试验（包括繁殖、致畸试验）；慢性试验（包括致癌）。国外对食品添加剂的问题也很重视，规定了食品添加剂使用的标准，对使用目的、使用对象、使用量等作出了具体规定。凡被认为存在有害疑问的，一律禁止使用。已确认的约 500 种有致癌嫌疑的物质，25％历史上曾被用作食品添加剂。

我国古人早就有"病从口入"的科学论断，深刻揭示了环境与人体健康的内在联系。对食品添加剂进行全面研究、筛选无污染的食品添加剂，加深对食品添加剂的认识，对保障中华民族的健康体魄有着极其现实的意义。

（一）分类

1. 防腐剂　为防止食物变质和腐败，在食品加工过程中往往要添加防腐、防菌剂，以杀灭、抑制细菌的繁衍。我们日常生活中所接触的各类食品中几乎都含有防腐、防菌剂，调味汁、罐头、酒类、果汁、水果、蔬菜、方便面、豆制品、点心等所含的防腐、防菌剂达几十种之多。防腐、防菌剂一般带有一定毒性，故食品的防腐、防菌剂必须严格规定其用量，并且选择安全性高、毒性小、副作用小的品种。

常用的防腐剂有苯甲酸（安息香酸）钠，杀灭细菌、酵母较好，对人体较为安全，允许用于大多数食品。酱油最大用量为 $0.2g \cdot L^{-1}$，醋最大用量为 $0.1g \cdot L^{-1}$，水果表皮中允许含量为 $0.21g \cdot kg^{-1}$，成人每日最大允许摄入量为 $0 \sim 5mg \cdot kg^{-1}$（体重）。还有山梨酸，对霉菌特别有效。也可用二氧化硫、亚硫酸盐等。

目前在国内市场上，发现用双氧水，即 3％过氧化氢（H_2O_2）的水溶液，来漂白、泡发、保存诸如牛百叶、鸭掌、虾仁、鱿鱼等。双氧水有漂白、杀菌作用，但残留的过氧化氢能与食品中的蛋白质、淀粉发生反应生成过氧化物，进入人的胃后破坏消化酶，刺激消化道，并有诱发癌症的危险。

为了防止食品，特别是油脂和含油脂食品的腐败变质，避免所谓的"哈喇"味，在食品中还加入抗氧化剂，以减缓空气中氧气等对食品的氧化。这些抗氧化剂通常用在黄油、人造奶油、沙拉油、虾油、辣椒油以及炸花生米、奶粉、方便面、点心等。常用的抗氧化剂有丁化羟基茴香醚、丁化羟基甲苯、没食子酸钠（丙酯）等。最大用量为 $0.03 \sim 0.05g \cdot kg^{-1}$，成人每日最大允许摄入量为 $0.3 \sim 0.5mg \cdot kg^{-1}$。

2. 发色剂　发色剂主要指硝酸钠和亚硝酸钠。食品工业中用于香肠、腊肠、蒜肠、腌肉、腊肉、孜然牛肉、火鸡肉等熟肉制品以及午餐肉、火腿等罐头食品，可使肉色鲜红并保持稳定，防止褐色化，保持肉的风味品质。但是肉中添加的亚硝酸盐，可和肉中蛋白质降解产物胺类如二甲胺反应，生成致癌物二甲基亚硝胺。

卫生标准规定亚硝酸钠残留量为：肉类罐头不得超过 $0.05g \cdot kg^{-1}$，肉制品不得超过 $0.03g \cdot kg^{-1}$。成人每日最大允许摄入量为 $0 \sim 5mg \cdot kg^{-1}$。硝酸钠的允许含量应小于 0.05％。由于亚硝酸钠无可替代的发色防腐作用，人们一直沿用至今。对消费者来讲，尽量食用新鲜肉，并注意烹调时避免肉的过度加热，减少肉中蛋白质的热解和亚硝胺的生成。

为减少食品中亚硝胺的含量，在食品加工过程中，可加入亚硝胺合成抑制剂，如维生素C、α-生育酚、没食子酸丙酯等。维生素C对亚硝胺的致癌有极强的阻断作用，同时喂小鼠亚硝胺及维生素C与单喂小鼠亚硝胺的对比实验证实，前者无一患癌瘤。因此，罐头肉食品、香肠类食品等都应添加维生素C，例如我国的午餐肉一般加有 $200mg \cdot kg^{-1}$ 的维生素C。

利用天然食品来阻断亚硝胺合成是一种简便、经济、有效的方法。原产于我国的猕猴桃和酸枣、大枣、柑橘等含有丰富的维生素C和其他营养成分。实验证实，猕猴桃在体内外均能阻断亚硝化反应，经常食用这类水果对预防癌症有一定的意义。此外，多吃些胡萝卜、马铃薯、黄瓜、菠菜、苹果、草莓等蔬菜水果等都对抑制亚硝胺的合成有益。研究结果表明，人对水果和蔬菜的摄入量与一些肿瘤发病率之间存在负相关性。

3. 甜味剂　从农作物提取的甜味素有砂糖（蔗糖和甜菜糖）、葡萄糖、果糖、麦芽糖等，中药甘草也含有 $5\% \sim 10\%$ 的甜味剂甘草酸铵，用水稀释 4000 倍后仍感觉到甜味。

人工合成的甜味剂有糖精、山梨糖醇、D-甘露糖醇等。人们为减肥而煞费苦心少摄入热量，无任何营养价值的人工甜味剂自然引起人们的青睐。但有关人工甜味剂对人体的影响一直在研究与争论。

糖精是安息香酸的亚磺化物，甜度为砂糖的 550 倍。遇热分解后稍有苦味。糖精从 1879 年研制成功，使用至今，广泛用于饮料、果脯、话梅、酱咸菜等。基于百年来食用糖精并未发现引起有害病症以及部分学者坚持认为糖精有致癌嫌疑的对立观点，对糖精的使用问题一直争论不休。我国规定使用量为 $<0.15g \cdot kg^{-1}$，各种婴儿食品禁止使用糖精，成人每日最大允许摄入量为 $0 \sim 5mg \cdot kg^{-1}$。

山梨糖醇是无害的甜味剂，从菊科类甘草中的主要有效成分甘草酸二钠和甘草酸三钠制成，甜度为蔗糖的 300 倍。菊科类甘草产于巴西，我国也有栽培。

甜菊糖又称甜叶菊糖，是一种甜菊苷，从多年生草本植物甜叶菊中提取的甜味剂，有当今"最佳甜源"之美称。1964 年首次在巴拉圭将野生的甜叶菊变成人工栽培，现在已在全世界普遍栽种。从甜叶菊干叶加工提取的甜菊糖的甜度为蔗糖的 200 倍以上，而热量仅为蔗糖的三百分之一。这种天然甜菊糖安全，不存在人工合成甜味剂的副作用。甜菊糖在医学保健上用于防治肥胖症、糖尿病、高血压、心脏病和小儿龋齿等。因此又称"植物糖王"。

4. 食品着色剂　心理学测定表明，人们判断食品的好坏，首先注意到的是食品的色泽、形状，漂亮、引人注目的色泽能激起人的食欲和购买欲。为了满足人们对视觉的需求，人们早就使用色素将食品染成五光十色。

食品着色剂又称食用色素，可分为天然食用色素和人工合成食用色素。天然食用色素较为安全，常用的有胡萝卜素、叶黄素、姜黄素、辣椒红色素、果红等。果红最大用量为 $0.1g \cdot kg^{-1}$，成人每日最大允许摄入量为 $0 \sim 1.25mg \cdot kg^{-1}$，胡萝卜素的最大用量为 $5mg \cdot kg^{-1}$，成人每日最大允许摄入量为 $0 \sim 5mg \cdot kg^{-1}$。

天然色素花色苷在自然界存在很广泛，葡萄、草莓、苹果、玫瑰花、浆果等所显示的红色、蓝色、紫色等绚丽多彩的五光十色，都是因为花色苷的色彩。甜菜苷为红色素，是红蔓菁果实等成色原因。叶红素是胡萝卜、西红柿、植物叶等多种红橙色的成色原因，有 α、β、γ 等多种叶红素。此外还有叶绿素，是植物叶的色素。核黄素更多用于维生素制品的添加剂。

天然食用色素作为食品着色剂的缺点是有异味，而且色的浓度不够，所以食品行业中常用的着色剂大都是人工合成食用色素。

人工合成食用色素种类很多，大部分是从煤焦油中提取而来，因此我国规定，在食品中不准使用苋菜红、胭脂红、柠檬黄、靛蓝、苏丹黄、苏丹红等合成色素。合成色素最大用量为 $0.05g \cdot kg^{-1}$，成人每日最大允许摄入量为 $0 \sim 12.5 mg \cdot kg^{-1}$。

人工合成食用色素常常用在冷饮如冰激凌、汽水、果汁、可乐等，各种低度色酒如葡萄酒、果料酒等，糖果食品、干果、话梅等，鱼、肉、禽制品如香肠、肴肉、咸鱼、腊肉、风鸡、板鸭、叉烧肉等，米面制品如蛋糕、点心、饼干、面包、馒头、面条、豆腐、腐乳、粉丝、粉皮等，调味品如酱油、蚝油、番茄酱等，加工菜如咸菜、霉干菜等，各种罐头，医药片剂、汤剂等。甚至连小贩卖鱼也知道在所谓的"白咕鱼"肚皮涂上黄色颜料以冒充"黄花鱼"。

19 世纪末，美国就已使用约 80 种着色剂，欧洲也使用了多种着色剂。限于当时的科学技术水平，人们还没有认识到有些色素具有毒性。18 世纪的英国使用铅丹给奶酪着色，使用铅化合物和铜化合物给糖果着色，使用石墨作为红茶的增色剂，以使红茶的颜色更加浓艳。

历史上最著名的食用色素"奶油黄"就是为增加奶油，特别是人造奶油的黄色而常用的着色剂。但后来发现，作为"奶油黄"原料的 N,N-二甲基偶氮苯（DAB）能引发肝癌，是强致癌剂，作为食品色素的 DAB 才被禁用。

制定食品色素的使用标准要考虑到：着色剂等应在动物或人体内有正常的代谢产物；在体内应比较容易排泄掉；无毒；无致癌作用；不被人体吸收；不附着于体内的组织；与其他物质并用时不产生附加作用。

美国食品药物管理局（USFDA）对食品着色剂的使用，首先要进行许多实验以确保食品着色剂对人体的安全性。以混有食品着色剂的宠物食品进行 90d 的狗饲养实验，无慢性中毒表现，也不发生急性中毒症；经两种以上的动物进行慢性中毒实验，在 $24 \sim 30$ 个月内不出现中毒症状；不影响生殖作用；胚胎不发生胎盘转移；不发生催乳现象；不诱发畸形；不发生遗传基因变异；对不同年龄组动物进行实验，都没有伤害作用。

由于合成色素问题较多，所以提倡使用天然色素或模拟天然色素的人工合成色素。

5. 调味剂　味精是常用的调味剂，学名为 L-谷氨酸钠。味精可增加肉制品等汤料食品的鲜味，又有一定营养价值，以淀粉为原料制得。WHO 规定 L-谷氨酸钠的每日的摄入量为 $120mg \cdot kg^{-1}$，成人每日摄入量不得超过 6g，过多食用会引起头痛、眩晕等。

食盐也是一种调味剂，除了改善食品的口味外，还能维持人体渗透压和血液酸碱平衡，保持肌肉和神经的正常生理机能。但是，过量的钠离子会引起人体内的平衡失调，加重肾的负担，引起浮肿，最重要的是引起高血压。每人每天食盐的摄入量不应超过 10g，以不超过 6g 为佳。我国北方地区较南方地区饮食偏咸，所以，北京高血压的患病率远高于广东。常用调味剂还有酱油、醋、料酒等。

6. 香辛剂　香辛剂是赋予食品以特别风味的食品添加剂。香辛剂可以去除食品，尤其是肉、禽、鱼等的腥膻气味，提高食品的美味，使食品加工烹调后具有芳香气味，例如，五香味、咖喱味、胡椒味、椒盐味、熏味、孜然味等；还可以改变食品的味道，例如，使加工烹调后的食品具有辣味、酸味、麻味、酸甜味等。我国著名的地方特产金华火腿、镇江肴肉、北京烤鸭、四川腊肉、广东香肠、天津"狗不理"包子、湖广烧腊加入了传统的调味剂，才能至今保持老字号天下一绝的风味。肯德基炸鸡、可口可乐也是加入了调味剂后，才有了今天誉满全球的光彩。

　　我国有历史悠久的传统调料，有的还是中药，不仅能调和食品味道，还有医疗保健作用。常用的有八角（大料）、花椒、桂皮、小茴香、丁香、砂仁、豆蔻、胡椒、辣椒、芥末、葱、姜、蒜等。

　　芥末有强烈的刺鼻气味，这是由芥末中的异硫氰酸烯丙酯，俗称烯丙基芥子油所致，其化学式为 $CH_2=CHCH_2NCS$，结构与丙烯醛 $CH_2=CHCHO$ 相似。将少量异硫氰酸烯丙酯掺入饲料中，不间断地喂给动物，发现实验动物有胃肥厚、肝脏炎症等慢性中毒反应。异硫氰酸烯丙酯对大鼠的 LD_{50}（半数致死浓度），口服为 $339mg \cdot kg^{-1}$，兔的注射 LD_{50} 为 $1500mg \cdot kg^{-1}$。人的皮肤对异硫氰酸烯丙酯的刺激相当敏感。

　　辣椒也是常用的调味剂。辣椒的辣味出自主要成分为辣椒素以及正二羟辣椒素和二氢化辣椒素。辣椒素对皮肤及黏膜有刺激作用，触及皮肤及黏膜有烧灼感，使皮肤和黏膜起泡而疼痛。辣椒素的大白鼠 LD_{50} 口服为 $60～75mg \cdot kg^{-1}$。但辣椒素也有活血、化瘀等医疗功效，可用来防止风湿性疾病和冻疮等症。我国四川、云贵、西北等地，辣椒已成为每餐不可少的菜肴，没有辣椒素的辣味刺激，人们感到饭菜索然无味。这种饮食习惯与历史上这些地区高寒、阴湿的天气有关。

　　胡椒与辣椒的辣味相似，但胡椒中的有效成分为胡椒碱。

　　对芥末、辣椒、胡椒等刺激性较大的香辛剂，应以适量、间断食用为宜，有胃溃疡等消化道疾病的人更应禁止食用这些香辛剂。

　　其他香辛剂还有常见的葱、洋葱、姜、蒜等。这些香辛剂不仅有调味作用，还有杀菌、保健如降血脂、降血压、降血糖等作用。

　　大蒜的有效成分是蒜氨酸和大蒜素。蒜氨酸与芥末的有效成分异硫氰酸烯丙酯结构相似。蒜氨酸无味，但在蒜酶的作用下，生成有强烈刺激气味的大蒜素，这也说明了大蒜在切开之前气味并不重，但一经切开捣碎后，则蒜味刺鼻的原因。大蒜经烹调失去原味，大蒜素变成无味的烯醚。

　　洋葱含有催泪物质，但受热后，这些催泪物质就变成丙醛和二丙基二硫化物，从而失去刺激作用。

　　7. 甲醛　不法商人为追求暴利，用含有甲醛的化学物质代替增白剂，应用在快餐面、水发鱿鱼、海参、牛百叶、虾仁、香肠、血豆腐、白糖、米粉、粉丝、腐竹、豆制品和馒头等的加工中。"吊白块"实际上是甲醛次硫酸氢钠的俗称，甲醛次硫酸氢钠是一种化工原料，不法分子将其作为食物漂白剂应用，使食品美观，成本降低。甲醛次硫酸氢钠不仅破坏食物的营养成分，人食用后会引起过敏、肠道刺激，对肝、肾等有严重损害，一次摄入 $10g$ "吊白块"，将有生命危险。还有加工面粉时添加甲醛，可把小麦表皮漂白，以提高出粉率。为保持血豆腐形状，口感有韧劲，也加入甲醛。这都给广大人民健康带来巨大隐患。

　　所有的现代化食物都含有添加剂，关键是严格按照标准使用添加剂。

　　（二）我国的管理现状

　　我国目前批准使用的食品添加剂有增味剂、乳化剂、抗结剂、防腐剂、着色剂、调味品、稳定剂、甜味剂、膨松剂、增稠剂、增白剂、凝固剂、疏松剂、抗氧化剂、品质改良剂及其他添加剂。

　　新公布的《食品添加剂使用标准》包括了食品添加剂、食品用加工助剂、胶母糖基础剂和食品用香料等 2314 个品种，涉及 16 大类食品、23 个功能类别。新标准与以往标准相比，进一步提高了标准的科学性和实用性，删除了不再使用的、没有生产工艺必要性的食品添加剂和加工助剂，如过氧化苯甲酰、过氧化钙、甲醛等品种。

　　根据有关法律法规，任何单位和个人禁止在食品中使用食品添加剂以外的任何化学物质和其他可能危害人体健康的物质，禁止在农产品种植、养殖、加工、收购、运输中使用违禁药物或其他可能危害人体健康的物质。这类非法添加行为性质恶劣，对群众身体健康危害大，涉嫌生产销售有毒有害食品等犯罪，依照法律要受到刑事追究，造成严重后果的，直至判处死刑。为严厉打击食品生产经营中违法添加非食用物质、滥用食品添加剂以及饲料、水产养殖中使用违禁药物，卫生部、农业部等部门根据风险监测和监督检查中发现的问题，不断更新非法使用物质名单，至今已公布151种食品和饲料中非法添加名单，包括48种可能在食品中"违法添加的非食用物质"、22种"易滥用食品添加剂"和82种"禁止在饲料、动物饮用水和畜禽水产养殖过程中使用的药物和物质"的名单。表11-1列出了食品中可能违法添加的非食用物质名单；表11-2列出了食品中可能滥用的食品添加剂品种名单。

表 11-1　食品中可能违法添加的非食用物质名单

序号	名　称	可能添加的食品品种	检测方法
1	吊白块	腐竹、粉丝、面粉、竹笋	GB/T 21126—2007 小麦粉与大米粉及其制品中甲醛次硫酸氢钠含量的测定；卫生部《关于印发面粉、油脂中过氧化苯甲酰测定等检验方法的通知》（卫监发〔2001〕159号）附件2 食品中甲醛次硫酸氢钠的测定方法
2	苏丹红	辣椒粉、含辣椒类的食品（辣椒酱、辣味调味品）	GB/T 19681—2005 食品中苏丹红染料的检测方法 高效液相色谱法
3	王金黄、块黄	腐皮	
4	蛋白精、三聚氰胺	乳及乳制品	GB/T 22388—2008 原料乳与乳制品中三聚氰胺检测方法　GB/T 22400—2008 原料乳中三聚氰胺快速检测 液相色谱法
5	硼酸与硼砂	腐竹、肉丸、凉粉、凉皮、面条、饺子皮	无
6	硫氰酸钠	乳及乳制品	无
7	玫瑰红B	调味品	无
8	美术绿	茶叶	无
9	碱性嫩黄	豆制品	无
10	工业用甲醛	海参、鱿鱼等干水产品、血豆腐	SC/T 3025—2006 水产品中甲醛的测定
11	工业用火碱	海参、鱿鱼等干水产品、生鲜乳	无
12	一氧化碳	金枪鱼、三文鱼	无
13	硫化钠	味精	无
14	工业硫黄	白砂糖、辣椒、蜜饯、银耳、龙眼、胡萝卜、姜等	无
15	工业染料	小米、玉米粉、熟肉制品等	无
16	罂粟壳	火锅底料及小吃类	
17	革皮水解物	乳与乳制品含乳饮料	乳与乳制品中动物水解蛋白鉴定-L(—)-羟脯氨酸含量测定[①]该方法仅适应于生鲜乳、纯牛奶、奶粉

续表

序号	名　称	可能添加的食品品种	检测方法
18	溴酸钾	小麦粉	GB/T 20188—2006 小麦粉中溴酸盐的测定 离子色谱法
19	β-内酰胺酶（金玉兰酶制剂）	乳与乳制品	液相色谱法[①]
20	富马酸二甲酯	糕点	气相色谱法[②]
21	废弃食用油脂	食用油脂	无
22	工业用矿物油	陈化大米	无
23	工业明胶	冰淇淋、肉皮冻等	无
24	工业酒精	勾兑假酒	无
25	敌敌畏	火腿、鱼干、咸鱼等制品	GB T5009.20—2003 食品中有机磷农药残留的测定
26	毛发水	酱油等	无
27	工业用乙酸	勾兑食醋	GB/T 5009.41—2003 食醋卫生标准的分析方法
28	肾上腺素受体激动剂类药物（盐酸克伦特罗，莱克多巴胺等）	猪肉、牛羊肉及肝脏等	GB-T 22286—2008 动物源性食品中多种β-受体激动剂残留量的测定 液相色谱串联质谱法
29	硝基呋喃类药物	猪肉、禽肉、动物性水产品	GB/T 21311—2007 动物源性食品中硝基呋喃类药物代谢物残留量检测方法 高效液相色谱-串联质谱法
30	玉米赤霉醇	牛羊肉及肝脏、牛奶	GB/T 21982—2008 动物源食品中玉米赤霉醇、β-玉米赤霉醇、α-玉米赤霉烯醇、β-玉米赤霉醇、玉米赤霉酮和赤霉烯酮残留量检测方法 液相色谱-质谱/质谱法
31	抗生素残渣	猪肉	无
32	镇静剂	猪肉	参考 GB/T 20763—2006 猪肾和肌肉组织中乙酰丙嗪、氯丙嗪、氟哌啶醇、丙酰二甲氨基丙吩噻嗪、甲苯噻嗪、阿扎哌垄阿扎哌醇、咔唑心安残留量的测定 液相色谱串联质谱法
33	荧光增白物质	双孢蘑菇、金针菇、白灵菇、面粉	蘑菇样品可通过照射进行定性检测，面粉样品无检测方法
34	工业氯化镁	木耳	无
35	磷化铝	木耳	无
36	馅料原料漂白剂	焙烤食品	无
37	酸性橙Ⅱ	黄鱼、鲍汁、腌卤肉制品、红壳瓜子、辣椒面和豆瓣酱	无
38	氯霉素	生食水产品、肉制品、猪肠衣、蜂蜜	GB/T 22338—2008 动物源性食品中氯霉素类药物残留量测定
39	喹诺酮类	麻辣烫类食品	无
40	水玻璃	面制品	无
41	孔雀石绿	鱼类	GB 20361—2006 水产品中孔雀石绿和结晶紫残留量的测定 高效液相色谱荧光检测法
42	乌洛托品	腐竹、米线等	无
43	五氯酚钠	河蟹	SC/T 3030—2006 水产品中五氯苯酚及其钠盐残留量的测定 气相色谱法

续表

序号	名　称	可能添加的食品品种	检测方法
44	喹乙醇	水产养殖饲料	水产品中喹乙醇代谢物残留量的测定　高效液相色谱法（农业部 1077 号公告－5-2008）；水产品中喹乙醇残留量的测定 液相色谱法（SC/T 3019—2004）
45	碱性黄	大黄鱼	无
46	磺胺二甲嘧啶	叉烧肉类	GB 20759—2006 畜禽肉中十六种磺胺类药物残留量的测定 液相色谱串质谱法
47	敌百虫	腌制食品	GB/T 5009.20—2003 食品中有机磷农药残留量的测定
48	邻苯二甲酸酯类物质③	乳化剂类食品添加剂、使用乳化剂的其他类食品添加剂或食品等	GB/T 21911 食品中邻苯二甲酸酯的测定

① 检测方法由中国检验检疫科学院食品安全所提供。

② 检测方法由中国疾病预防控制中心营养与食品安全所提供。

③ 主要包括：邻苯二甲酸二（2-乙基）己酯（DEHP）、邻苯二甲酸二异壬酯（DINP）、邻苯二甲酸二苯酯、邻苯二甲酸二甲酯（DMP）、邻苯二甲酸二乙酯（DEP）、邻苯二甲酸二丁酯（DBP）、邻苯二甲酸二戊酯（DPP）、邻苯二甲酸二己酯（DHXP）、邻苯二甲酸二壬酯（DNP）、领苯二甲酸二异丁酯（DIBP）、邻苯二甲酸二环己酯（DCHP）、邻苯二甲酸二正辛酯（DNOP）、邻苯二甲酸丁基苄基酯（BBP）、邻苯二甲酸二(2-甲氧基)乙酯（DMEP）、邻苯二甲酸二(2-乙氧基)乙酯（DEEP）、邻苯二甲酸二(2-丁氧基)乙酯（DBEP）、邻苯二甲酸二(4-甲基-2-戊基)酯（BMPP）等。

表 11-2　食品中可能滥用的食品添加剂品种名单

序号	食品品种	可能滥用的添加剂品种	检测方法
1	渍菜（泡菜等）、葡萄酒	着色剂（胭脂红、柠檬黄、诱惑红、日落黄等）	GB/T 5009.35—2003 食品中合成着色剂的测定；GB/T 5009.141—2003 食品中诱惑红的测定
2	水果冻、蛋白冻类	着色剂、防腐剂、酸度调节剂（己二酸等）	
3	腌菜	着色剂、防腐剂、甜味剂（糖精钠、甜蜜素等）	
4	面点、月饼	乳化剂（蔗糖脂肪酸酯等、乙酰化单甘脂肪酸酯等）、防腐剂、着色剂、甜味剂	
5	面条、饺子皮	面粉处理剂	
6	糕点	膨松剂（硫酸铝钾、硫酸铝铵等）、水分保持剂磷酸盐类（磷酸钙、焦磷酸二氢二钠等）、增稠剂（黄原胶、黄蜀葵胶等）、甜味剂（糖精钠、甜蜜素等）	GB/T 5009.182—2003 面制食品中铝的测定
7	馒头	漂白剂（硫黄）	
8	油条	膨松剂（硫酸铝钾、硫酸铝铵）	
9	肉制品和卤制熟食、腌肉料和嫩肉粉类产品	护色剂（硝酸盐、亚硝酸盐）	GB/T 5009.33—2003 食品中亚硝酸盐、硝酸盐的测定
10	小麦粉	二氧化钛、硫酸铝钾	
11	小麦粉	滑石粉	GB 21913—2008 食品中滑石粉的测定
12	臭豆腐	硫酸亚铁	

序号	食品品种	可能滥用的添加剂品种	检测方法
13	乳制品(除干酪外)	山梨酸	GB/T 21703—2008 乳与乳制品中苯甲酸和山梨酸的测定方法
14	乳制品(除干酪外)	纳他霉素	参照 GB/T 21915—2008 食品中纳他霉素的测定方法
15	蔬菜干制品	硫酸铜	无
16	酒类(配制酒除外)	甜蜜素	
17	酒类	安赛蜜	
18	面制品和膨化食品	硫酸铝钾、硫酸铝铵	
19	鲜瘦肉	胭脂红	GB/T 5009.35—2003 食品中合成着色剂的测定
20	大黄鱼、小黄鱼	柠檬黄	GB/T 5009.35—2003 食品中合成着色剂的测定
21	陈粮、米粉等	焦亚硫酸钠	GB5009.34—2003 食品中亚硫酸盐的测定
22	烤鱼片、冷冻虾、烤虾、鱼干、鱿鱼丝、蟹肉、鱼糜等	亚硫酸钠	GB/T 5009.34—2003 食品中亚硫酸盐的测定

注：滥用食品添加剂的行为包括超量使用或超范围使用食品添加剂的行为。

二、饲料添加剂

饲料添加剂可促进牲畜、家禽快速生长，预防和治疗牲畜常见的疾病或寄生虫病，使得人类获得更多更好的肉、奶、蛋、鱼等高蛋白食品。饲料添加剂主要有促生长的激素如己烯雌酚、雌二醇、黄体酮等；抗微生物的抗生素如红霉素、青霉素、链霉素等，磺胺类抗生素如磺胺二甲嘧啶、磺胺噻唑等以及硝基呋喃类如呋喃西林等；抗寄生虫类如蝇毒磷、敌敌畏、皮蝇磷等。发达国家居民消费的肉、奶、蛋约有80%以上来自加有添加剂的饲料喂养的家畜家禽。饲料添加剂可经食物链进入人体，所以对饲料添加剂应该控制使用，选择对人体影响小、在牲畜体内残留量低的品种。还应注意添加剂加入的时间，在牲畜宰杀前的一段时间不准使用，以确保牲畜胴体内不残存添加剂。残留的饲料添加剂如促生长剂类激素对人体有害，可引起儿童的早熟等。为提高生猪的瘦肉率，不法养猪户利欲熏心，使用国家禁止使用的含兴奋剂和激素的"瘦肉精"盐酸克仑特罗，引起人心跳加快、心慌、四肢颤抖等，对人体极为有害。

第二节 食品霉变污染

食物霉变指食物在微生物的作用下，降低或失去食用价值，甚至产生毒素的变化过程。食物霉变时，各种微生物活动猖獗，产生毒素和致病菌。使食物发生腐败变质的微生物有细菌、酵母和霉菌，通常情况下，细菌比酵母和霉菌占优势。有些细菌会产生色素，发光，使肉、蛋、鱼、禽及其腌制品带有红色、黄色、黄褐色、黑色、荧光、磷光等；有些细菌使食物变粘，使食物的香、味和形发生变化。但变质的食物有时不一定有腐败的现象，表面看起来完好，食后则引起中毒。

黄曲霉素可以诱发肝癌已被事实和实验所证实，黄曲霉素也可引起急性中毒。我国台湾地区曾经发生因食用三周黑霉变大米而引起黄曲霉素急性中毒事件，一家10口9人受害，5岁的小孩中毒后6h即死亡，所食用的大米中黄曲霉素含量高达$200\mu g \cdot kg^{-1}$。我国西北地区也发生因食用发霉玉米，致使 272 名农民严重中毒的惨剧。

花生、花生油、大豆、芝麻、棉籽、玉米、大米感染黄曲霉素的机会最多，其次是小麦、大麦、白薯干、高粱等。在花生酱、啤酒和果酱等食品中，也不同程度地存在有黄曲霉素。一些坚果如杏仁、胡桃、椰干、榛子、棉籽等收获或储藏时，一定温度和湿度下也可能受到黄曲霉菌的污染。我国食品卫生标准规定，玉米、花生油、花生及其制品，黄曲霉素不得超过 20×10^{-9}；大米和其他食用油不得超过 10×10^{-9}；其他粮食与豆类发酵食品不得超过 5×10^{-9}；婴儿食品不得检出。

黄曲霉素耐热，一般烹调方法对其破坏很少，即使在锅内煮两个小时，也只能破坏 20%，280℃ 以上黄曲霉素才发生裂解。防止食品黄曲霉素污染首先是控制食物储存环境温度不超过 20℃，湿度应低于 17%；所要储存谷粒的含水量应在 13% 以下，玉米在 12.5% 以下，花生在 8% 以下，使得黄曲霉菌难以繁殖。其次，对大米、玉米、花生等应进行去毒处理。通过精碾多淘、深加工、化学熏蒸与吸附、使用添加剂、照射可除去其中大部分的毒素。

不法商人为追求暴利，将发霉变质、黄曲霉素严重超标的有毒稻米，经去皮、漂白、抛光和添加矿物油等程序加工，假冒成优质品牌米，坑害百姓。广东 2001 年夏季就发生了震惊全国的"毒大米"事件。所以在购买大米时应注意米粒的完整，因为经过去皮、漂白和拌油抛光的大米往往有部分米粒不完整，较为细碎；米粒闻不到米香，有时还可闻到霉味；使用抛光的毒米手感较黏，水洗时水面有油花。

第三节　食品加工污染

一、加工过程的污染

（一）米糠油事件

1968 年开始，日本北九州地区发现 40 万只鸡死亡，调查研究发现，所使用的鸡饲料拌有提取米糠油的副产物黑油。以后该地区还出现一种怪病，人脸上、身上出现皮疹，有的肿得像鹌鹑蛋大，眼皮肿，全身起红疙瘩，恶心、呕吐、黄疸、肝功能降低，后来全身肌肉疼痛，咳嗽不止，有的因急性肝炎死亡。患者达 1648 人，30 多人不治而亡，还有 11 个婴儿生出来全身发黑，被称为"黑娃娃"。经调查，病人都食用同一个工厂生产的含有多氯联苯的米糠油。该工厂在米糠油的脱臭过程中，作为热载体的多氯联苯，泄漏混入米糠油中，造成食用者中毒。1978 年台湾彰化地区也发生米糠油中毒事件，近 2000 人中毒，53 人死亡。美国、瑞典也多次发生多氯联苯污染食品事件。2000 年 5 月比利时发现一家饲料厂生产的饲料中多氯联苯含量高出法定限量的 925 倍，来源于变压器油。

（二）比利时污染鸡事件

1999 年 1 月间，比利时肯特市维克斯特父子公司，将动物油和免费收集的废机油共 8t 混油，卖给比利时、德国、法国、荷兰的 13 家饲料公司，在加工饲料过程中，含有二噁英的混油作为设备的润滑剂，混入饲料中，引起肉、蛋和奶制品的污染。2 月中旬，在比利时发现食用这种饲料的鸡生长和产蛋都出现异常，有饲料中毒迹象。4 月化验结果表明，鸡肉脂肪中含二噁英 740×10^{-12}，鸡蛋脂肪中含 $(250 \sim 680) \times 10^{-12}$，而动物脂肪中含二噁英许可值为 $(3 \sim 5) \times 10^{-12}$，鸡蛋脂肪中二噁英的许可含量仅为 20×10^{-12}。5 月比利时将二噁英污染鸡情况通知荷兰和法国，继而通知欧盟，并作出决定，撤掉市场上的鸡和鸡蛋。6月，比利时农业部长引咎辞职。二噁英再次化验的结果已高出标准 1500 倍，比利时又宣布禁止出售以鸡和鸡蛋为原料的 200 多种食品。随后，比利时福格拉公司被确认为二噁英污染食品的源头，比利时政府宣布辞职。我国也于 1999 年 6 月 11 日发出通告，暂停进口和禁止经销比利时、荷兰、法国、德国进口的动物、动物饲料、肉、禽、蛋、乳和乳制品。

（三）三聚氰胺奶制品污染事件

2008 年中国奶制品污染事件（或称 2008 年中国奶粉污染事件、2008 年中国毒奶制品事件、2008 年中国毒奶粉事件）是中国大陆的一起食品安全事件。事件起因是很多食用三鹿集团奶粉的婴儿被发现患有肾结石，随后在其奶粉中发现化工原料三聚氰胺。根据公布数字，截至 2008 年 9 月 21 日，因使用婴幼儿奶粉而接受门诊治疗咨询且已康复的婴幼儿累计 39965 人，正在住院的有 12892 人，此前已治愈出院 1579 人，死亡 4 人，另截至 9 月 25 日，香港有 5 人、澳门有 1 人确诊患病。事件引起各国的高度关注和对乳制品安全的担忧。中国国家质检总局公布对国内的乳制品厂家生产的婴幼儿奶粉的三聚氰胺检验报告后，事件迅速恶化，包括伊利、蒙牛、光明、圣元及雅士利在内的 22 个厂家 69 批次产品中都检出三聚氰胺。该事件亦重创中国制造商品信誉，多个国家禁止了中国乳制品进口。9 月 24 日，中国国家质检总局表示，牛奶事件已得到控制，9 月 14 日以后新生产的酸乳、巴氏杀菌乳、灭菌乳等主要品种的液态奶样本的三聚氰胺抽样检测中均未检出三聚氰胺。2011 年中国中央电视台《每周质量报告》调查发现，仍有 7 成中国民众不敢买国产奶。

（四）酱油

酱油是中华民族特有的调味品，历史源远流长。酱油的生产方法可分为酿造和配制两大类。两种酱油生产方法不同，风味也不同，酿造酱油制作周期长、口味醇厚，而配制酱油则鲜味突出。

由于配制酱油中加入了酸水解植物蛋白液而鲜味突出，但不纯净的酸水解植物蛋白液含有的三氯丙醇超标，有潜在致癌危险。更有的企业利用头发等生产酸水解植物蛋白液，而将酱油的问题复杂化。

2000 年，英国食物标准管理局称 22 种食用酱油中三氯丙醇含量超标，英国对我国生产的酱油下达封杀令，之后欧共体对从我国进口的酱油也提出类似问题。

我国国家技术监督局行业标准司从 2001 年 9 月 1 日起，对有关酱油、食醋和酸水解蛋白液三项行业标准正式实施。标准规定调味液中三氯丙醇的含量必须小于 1×10^{-6}，而且必须用豆粕生产，并在产品上注明"酿造"或"配制"。

二、烹调过程的污染

我国饮食文化举世闻名，烹饪是几千年来我国人民智慧的结晶。中餐的八大菜系源远流长，各具特色。中餐讲究色、香、味，烹调方式有：炒、炸、烤、煮、蒸、煨、熘、渍、腌、腊、熏、煎等。但有些烹调方式会产生许多多环芳烃、杂环芳胺，污染食品、大气等。

（一）熏烤

熏烤食品以其风味独特受到食客，尤其青少年的青睐，大有风靡全国之势。

1977 年苏吉姆（Sugimura）发现烟熏火烤的欲火鱼或牛肉具有高度的致突变能力，继而发现高蛋白的含氮食品，即肉类、鱼类和禽蛋类等经炙烤、油炸、熏烤过程都会产生致突变物质。分析证明，在高温的褐化过程中，肉食品中的肌酸、氨基酸及糖的相互反应将产生少量的致癌致突物的杂环芳胺。

肉食品中按西方方式加入牛奶烹调，由于为肌酸（甲胍乙酸）或肌酸酐（甲胍乙酸内酰胺）提供了糖和氨基酸，则致突变的杂环芳胺的产生将成倍增加。味精在高温加热，发现可产生微量的氨基二吡啶并咪唑型的致突变物质。

熏烤食品除了产生杂环芳胺致癌物外等，还有大量的多环芳烃生成，其中强力致癌的苯并[a]芘的含量具有重要的病因意义。

（二）炸

炸油在加热的过程中，温度升至 270℃ 以上时，可生成苯并[a]芘等致癌多环芳烃。油炸食品除了产生多环芳烃、杂环芳胺外，由于油脂和油炸食品在高温下被氧化，一些营养成分如维生素被破坏，还产生其他有害物质，油脂中的甘油成分会生成特殊气味的丙烯醛，刺激人的黏膜，对身体有害；不饱和的脂肪酸可生成有毒的聚合物。

三、厨具、餐具

（一）陶瓷

陶瓷制品是人们普遍使用的家庭生活用品。陶瓷制品多由瓷质胚体和附着于胚体表面的玻璃质釉面组成。玻璃质釉往往直接与盛装的食品接触，所以玻璃质釉的成分与瓷器的污染有很大关系。

陶瓷釉质可分为两大类，一种是在 1300℃ 烧制而成的氧化钙釉和长石质釉；另一种是在 1100℃ 烧成的硼釉、铅釉和锶硼釉等。第二种釉常常用于美术陶瓷、砂锅、酸菜坛等表面，其中含铅釉的光泽好。釉中所含的铅易溶于酸性溶液中，如醋、酸菜等酸性食品较长时间置于铅釉的陶瓷容器中，就有微量的铅溶出。

陶瓷制品又可分为素瓷和彩瓷两种。彩瓷又分为釉上彩和釉下彩。所谓釉上彩是指在陶瓷的玻璃质釉面上通过人工彩绘或贴花，将图案在 800℃ 的窑中烧附其上，而釉下彩则是图案被覆盖在一层透明玻璃釉下面。由于彩色料加入了大量铅，釉上彩的彩色料又在釉质外面，所以铅易进入食品中。选购陶瓷制品时，要先选择素瓷，选择彩瓷时要先考虑釉下彩类。陶瓷经过长时间使用，其玻璃釉面变粗糙、变薄，有毒铅、镉等易溶出。所以，旧的陶瓷都不要长时间盛放食物，尤其是酸性食物。彩釉常含有铀、钍等元素，也可能作为辐射的污染源，因此应提倡生产以透明釉料覆盖的彩釉的瓷器。

（二）塑料餐具

塑料饭盒、口杯、盘等在日常生活中普遍使用。日本小学生中曾一度出现视野狭窄症，经调查后确认是由于当时小学生多使用轻便、不易破碎的尿素树脂制作的饭盒含有甲醛所致。检测患者使用的饭盒发现，其甲醛的含量平均为 1mg，最高达 4.8mg。

我国目前常用的塑料餐具，包括纯净水桶、微波炉专用餐具，大都以聚乙烯（PE）、聚丙烯（PP）、聚苯乙烯（PS）、聚碳酸酯（PC）和聚酯（PET）为原料制成。它们使用的着色剂为无机颜料、有机颜料的酞菁系列以及士林蓝（RSM）、分散红（3B）、还原黄（4GF）等。PS发泡饭盒在盛放热的食品或在微波炉中二次加热时，饭盒所残余的发泡剂如石油醚、氯氟烃（CFC）和残余单体等对人体都有一定影响。许多塑料器皿如食品袋、纯净水桶大都含不经处理的废旧回收料，甚至还有医院废弃的输液器、针管等，污染相当严重。应加强冷饮容器、一次性快餐盒甚至一次性塑料注射器的回收管理。

（三）铁皮罐头

马口铁皮罐头食品中多含有溶解出的锡。铁皮罐头打开后，放置 8h，则在果汁与罐头内壁接触处约有 $150mg \cdot kg^{-1}$ 的锡溶出；放置 2d 后，溶解出的锡可高达 $300mg \cdot kg^{-1}$。食用铁皮罐头果汁可引起腹痛、泻肚等病症。所以，铁皮罐头食品一经打开，尽快食用，避免锡中毒。

（四）铝制品

1825 年丹麦人厄斯泰德首次制得金属铝，价格超过黄金。拿破仑三世在宴会上用铝杯喝酒以示其高贵。用合金铝制成的高压锅、炒勺、水壶、饭盒、盆、汤勺等器皿外表光亮、质轻坚韧、不蚀不锈、导热快和节省燃料，成为现代人类的日常用品。摄入过量的铝对人体有害（详见第五章）。现代人身体内的铝含量比古代人增加了 2 倍，人体含铝量以不超过 $1mg \cdot kg^{-1}$ 为宜。

不正确的使用铝制炊具不仅导致铝的摄入量增加，还隔绝了人们摄取铁，易导致缺铁性贫血，尤其是妇女儿童更为明显。

所以使用铝制炊具应避免盛放过咸、过酸或碱性食物，以免破坏其表面保护膜，氧化铝被溶解成胶体溶液；炒菜最好用铁锅、铁铲；铝锅烧煮食物时间不宜太长，应控制在 4h 以内；不要在铝锅内炸食品；不宜用铝铲、铝勺刮铲食品。

第四节　环境激素污染

一、野生动物和人类的异常现象

20 世纪后期，野生动物和人类的内分泌系统、免疫系统、神经系统出现异常的现象接二连三地发生。人类内分泌系统异常表现是生殖异常，趋势是"阴盛阳衰"。最早发现一些鱼类雌雄同体率增多，雄性退化，种群退化。1999 年调查发现，日本 7 条河流中的雄鲤鱼有四分之一雌性化。

人类男性的精液中精子密度在减小，质量在下降。调查显示，1940 年到 1990 年，人类精子密度下降 50%，精液量减少 25%。目前发达国家有大约 20% 的夫妇苦于没有孩子。1998 年底统计数字表明，我国每 8 对夫妇当中就有 1 对不育，该比例比 20 年前上升了 3%。20 世纪 40 年代，我国男性的平均精子密度是 6×10^7 个·mL^{-1}，到了 20 世纪 90 年代，只有 2×10^7 个·mL^{-1} 左右。

女性乳腺癌等发病率急剧上升。全球每年有 120 万名妇女被确诊为乳腺癌，50 万名妇女死于乳腺癌，发病率每年以 5%～20% 的速度上升。雌雄同体的"阴阳人"现象日益严重。

二、环境激素污染

调查发现，环境中存在着能像激素一样影响人和动物内分泌功能的物质。这就是所谓的"环境激素"（environmental hormone），也称"环境荷尔蒙"，学术上称为"内分泌干扰物"（endocrine disrupter 或 endocrine disrupting chemicals）。它们数量极少，却使生物体的内分泌失衡。环境激素是影响和扰乱生物体内分泌系统化学物质的总称，既有天然产物，也有人工合成物质。环境激素进入人和动物体内，可与特定的激素受体结合，进而诱导产生雌激素，或与 DNA 特定的片段结合，干扰内分泌系统的正常功能。

环境激素问题受到许多国家政府和有关国际组织的高度重视，被视为世界范围的重大环境问题。环境激素已成为国际环境科学的热门研究课题，发达国家已开展环境激素的种类、污染途径、污染源、生态危害、分子作用机理、污染控制和防治研究，我国环境科学界也在开展环境激素研究。

三、环境激素的种类

环境激素主要分为工业有机化合物、杀真菌剂、杀虫剂、除草剂、杀线虫剂以及金属等。工业有机化合物包括苯并[a]芘、双酚 A（2,2-双酚基丙烷）、二苯酮等；杀真菌剂包括苯菌灵（苯来特）、六氯（代）苯、代森锰锌等；杀虫剂有 β-六氯化苯（β-六六六）、甲萘威（西威因）、氯丹（八氯）等；除草剂有甲草胺（杂草索、澳特拉索）、杀草强（氨三唑）、阿特拉津（莠去津）等；杀线虫剂有 1,2-二溴-3-氯丙烷、涕灭威（丁醛肪威）等；金属镉、铅、汞等。

它们用于生产染料、香料、涂料、合成洗涤剂、塑料及助剂、激素药物、食品添加剂、化妆品等。环境激素也包括天然和合成的激素药物，如雌三醇、雌酮、己烯雌酚等，用作药物及饲料添加剂；还包括豆科植物及白菜、芹菜等植物的植物性激素。

四、环境激素进入人体的途径

人工合成的环境激素当中有 43 种是农药的成分，它们残留在农产品上，被人类直接食用；含有环境激素的牧草和添加激素的配合饲料被畜、禽食用，向人类提供含有环境激素的肉、蛋、奶；含有环境激素的生物体死亡以后，经腐败分解，再次进入土壤、水体，通过多种渠道进入人体。

人们在日常生活中大量使用洗涤剂、消毒剂以及口服避孕药，污染水体，科学家从湖水中已化验出多种环境激素；焚烧垃圾和塑料制品可释放出二噁英等多种环境激素；环境激素类物质的生产厂排放出含环境激素的废物。

人类食用豆科植物和某些蔬菜，摄入植物雌激素，改变人体的激素平衡；环境激素一般脂溶性好，微溶于水，在食物链中进行生物浓缩，再进入人体，在脂肪中存留，浓度进一步增大；母亲可以通过胎盘或乳汁把环境激素传给子女。

双酚 A 是聚碳酸酯、环氧树脂、聚酚氧的原料，婴幼儿用品很多是塑料制品，有人在聚碳酸酯的塑料奶瓶里倒进开水，水里双酚 A 的含量就会达到 $3.1\sim5.5\mu g\cdot L^{-1}$。从 2011 年 9 月 1 日起，我国禁止进口和销售含双酚 A 的婴幼儿奶瓶。环境激素酞酸酯（邻苯二甲酸酯）类用作塑料制品的增塑剂，塑料微波炉餐具、薄膜中都有酞酸酯类。聚苯乙烯主要用于一次性餐具，发泡方便面碗和一次性快餐盒都能溶解出聚苯乙烯的单体和低聚物。

五、台港"塑化剂事件"

2011 年，台湾发生了"塑化剂事件"。塑化剂在大陆地区称为增塑剂，可被添加到塑料聚合物中增加塑料的可塑性，种类可达百余种。台湾地区不法企业添加的是邻苯二甲酸酯类物质，是一类常见的增塑剂，包括邻苯二甲酸二（2-乙基）己基酯（DEHP）、邻苯二甲酸二异壬酯（DINP）等。起云剂是台湾产复配食品添加剂的名称，通常是由阿拉伯胶、乳化剂、棕榈油及多种食品添加物混合制成，其主要目的是帮助食品乳化，并起到改善产品口感和其他感官品质的作用。邻苯二甲酸酯类物质不是食品原料，也不是食品添加剂，严禁违法添加到食品中。我国卫生部 2011 年 6 月 1 日发布第 16 号公告将邻苯二甲酸酯类物质列入第六批"食品中可能违法添加的非食用物质"黑名单。据台湾方面调查，不法厂商为了降低成本，在起云剂中非法添加 DEHP 等邻苯二甲酸酯类物质，代替起云剂中的棕榈油，使得采用不法厂商生产的"起云剂"作为原料生产的食物、饮料等产品受到污染。DEHP和DINP急性毒性均较低。动物试验发现长期大量摄入 DEHP 和 DINP，会产生内分泌干扰作用，可造成生殖和发育障碍，并能诱发动物肝癌。这是台湾近 30 年来出现的最严重的食品安全事件。最早发现"毒素"的，是一位在食品药物管理局服务近 26 年的检验员杨明玉，她发现了不应出现在食品当中的塑化剂。这才使台湾卫生部门顺藤摸瓜查出这起"有毒食品案"。6月1日，国家质检总局进一步叫停了有关台湾问题食品的进口。内容包括"将暂停进口台湾方面通报的问题产品生产企业生产的运动饮料、果汁、茶饮料、果酱果浆、胶锭粉类产品和食品添加剂"。台湾有关部门 5 月 30 日晚间公布的最新含塑化剂污染的产品清单，总计可能受污染的产品超过 500 项。

第五节　食品污染的预防

一、改进传统的烹调方式

（1）提倡蒸、煮，减少煎、炒、炸、烤、熏　我国传统的烹调方式多以炒、炸、烤、熏、煎，并配以口味较重的调料，北方地区尤为突出。应尽量减少炸、炒等，采用蒸煮烹调方式；以清淡为主，少加或不加调味剂，如酱油、辣酱、大料、花椒和辣椒等。中餐强调"起锅"时再加入味精，可减少鲜味损失，还能避免杂环芳胺的产生。少食油炸食品，炸油不能反复使用，油温不可太高。

（2）提倡新鲜蔬菜生食，减少熟食，更忌长时间烧煮　能生食的蔬菜尽量生食，既避免烹调污染，又可使维生素免遭破坏。"急火快炒"、盖严锅盖也可避免蔬菜中的营养损失，长时间烧煮不仅食品营养受到损失，而且增加食品硝酸盐的含量。

二、树立科学饮食习惯

（一）提倡饮食清淡

改变口味重、过咸、过辣、过烫的习惯；适量饮酒，以葡萄酒为好，改变过量饮酒、饮烈酒、狂饮啤酒的劣习；少食烟熏、盐渍、烧腊食品和咸菜、发酵酸菜、泡菜等；坚决拒绝发霉食品，少吃发酵食品；不要钟情于快餐食品，无论洋快餐还是国产快餐。追求营养搭配合理的东方式饮食，避免过度营养、片面营养；禁止吃饭、饮酒时吸烟。

（二）科学饮食

黄豆、豆浆要充分煮熟后食用；扁豆等应先用水浸泡，充分炒熟后食用；苦杏仁不能生食，热水浸泡、炸、煮熟后食用；不吃发芽马铃薯和未成熟的马铃薯；食用棉籽油应高温轧制，并加碱精制以除去棉酚；禁食色彩鲜艳的毒蘑、蓖麻子。尽量食用彻底熟透的肉、禽、蛋，低温储存、再食用前须热透；禁食河豚及腐败变质的鱼类、鱼胆。

（三）新鲜蔬菜

提倡食用含硝酸盐少的新鲜蔬菜，避免久存。30℃下新鲜蔬菜放置24h，维生素 C 几乎全部损失，硝酸盐成倍增加。英美等国居民每天摄入的硝酸盐，来源蔬菜的占 64.8%～86.3%。腌菜的发酵过程主要为乳酸发酵，但盐渍过程中混入一些菌类不仅可将硝酸盐还原为亚硝酸盐，还可将蛋白质分解为各种胺类，极易合成亚硝胺。腌菜的亚硝酸盐含量与温度、盐浓度、盐渍过程的密封性有关。腌菜应在盐渍50d后食用，不可久存，尽量水洗、炒熟后食用。与盐渍菜相似，隔夜菜里的硝酸盐在几个小时内可还原成亚硝酸盐，应尽量不吃隔夜菜。

（四）提倡绿色食品与有机食品

1. 绿色食品　绿色食品是指经过国家认证，并标有"无公害绿色食品"标识的食品。绿色食品应对整个生产、运输、储存进行全过程的质量监控。北京市已在 2000 年 5 月全面推行"北京市食用农产品安全生产暂行标准"，对化肥、农药、添加剂、兽药等的使用要求和规范操作有明确规定，到 2001 年 5 月份初步达到农产品的达标生产。最终实现全面禁止销售、使用剧毒、高残留农药、添加剂、兽药等。

2. 有机食品　有机食品是不使用农药和杀虫剂等化学品而生产出的食品，对技术要求、原料来源、加工、认证等方面比绿色食品要求更严、档次更高：对大气、水土要求很高，不可直接喷洒除草剂，只能用人工除草；为防止害虫的侵袭，要盖上植物纤维制成的防护网；有机食品生产区和非有机食品生产区要有隔离带等。而绿色食品的生产对化学物质只是限制使用。

习　题

1. 食品污染如何分类？各包括哪些主要污染因子？

2. 食品添加剂主要分为哪几类？

3. 食品发色剂主要指哪些化学物质？其对人体健康有哪些危害？如何减少这些危害？

4. 甜叶菊糖为何是最佳甜源？

5. 每人每天食盐的摄入量最佳为多少？过咸食品有哪些危害？

6. 哪些食品易感染黄曲霉菌？黄曲霉素有哪些危害？如何防止食品黄曲霉素的污染？

7. 米糠油事件、比利时污染鸡事件和酱油事件的诱发原因有哪些？

8. 肉类、鱼类和禽蛋类等经炙烤、油炸、熏烤过程会产生哪两类致癌物质？

9. 用于炸食品的食油为何不能反复使用？

10. 陶瓷制品在使用中对人有何危害？如何避免这种危害？

11. 发泡快餐盒为何不能盛放热的食品或再进行微波炉加热？

12. 人类内分泌系统异常主要是指什么？

13. 什么是环境激素？

14. 环境激素进入人体的途径有哪些？

15. 如何改进我国传统的烹调方式？

16. 树立科学饮食习惯包括哪些内容？

17. 鲜菜为何不能久存？隔夜菜对人体有哪些危害？

18. 绿色食品和有机食品有哪些不同？

第十二章　日常生活污染

人们往往重视大环境的污染，而对自己周围的污染却熟视无睹。近来，因装修热而引起的甲醛、放射性污染被媒体炒作得沸沸扬扬，人们对居室污染才重视。比利时污染鸡事件使得二噁英这一化学术语人人皆知。再加上疯牛病、口蹄疫、鸡瘟、毒大米、毒大蒜、毒韭菜、致癌酱油、含 PPA 的感冒药、苏丹红、对位红等，无不引起国人的惊愕、关注，环保意识急剧增强。解决了温饱直奔小康的中国人，已不满足于追求有鱼有肉的一日三餐，而是从关注食品中含胆固醇、脂肪、热量的多少到关注所谓的绿色食品；再不片面强调住房面积，而是更加关注居室周围的绿地、环境地理；再不盲目追求家庭装修的豪华，而是注重简洁装修与装饰。环境保护不仅关注沙尘暴、酸雨、"厄尔尼诺"和可吸入颗粒物等等，人们还将环保眼光投向日常生活。

第一节　居室环境污染

国家、民众都把大气的污染放在首位，花巨资治理，但居室小环境空气质量与人关系更为密切。室内空气质量（indoor air quality，IAQ）日趋恶化，并导致了一系列的病态建筑物综合征（sick building syndrome，SBS）。儿童在室内时间较长，身体又处在发育期，单位体重呼吸量比成人高 50%，因而儿童最易受到室内空气污染的影响，孕妇、老人、慢性病人也深受其害。人在室内的时间占人生的 80% 多。世界卫生组织宣布，全世界每年有 10 万人因为室内空气污染而致死，其中 35% 为儿童。

现代室内空气污染物来源广，危害大，美国环保局调查说明，室内空气污染的严重程度常是室外空气的 2~3 倍，在某些情况下甚至可高达 100 倍。因此已将其与大气污染、工作间有毒化学品污染和水污染并列为对公众健康危害最大的四种环境因素。在经历了工业革命带来的"煤烟型污染"和"光化学烟雾污染"之后，现代人正经历以"室内空气污染"为标志的第三污染时期。

室内污染特点是污染物多，易积累，污染源杂，污染持久，不易觉察。

一、室内污染物

室内污染物主要为气体，可多达数十种乃至数百种。据测定主要有：一氧化碳、二氧化碳，挥发性有机化合物（VOC）如甲醛、苯、甲苯、二甲苯、乙苯、苯乙烯等，多环芳烃、氨、二氧化氮、四氯乙烯、四氯化碳、三氯乙烯、1,1,1-三氯乙烷、二氯乙烷、二氯苯、硫化氢、二氧化硫、3-甲基吲哚等。

室内污染还有生物污染：致病细菌、病毒和螨虫、蟑螂、臭虫、跳蚤、白蚁、苍蝇、蚊子以及老鼠等。随着生活的丰富多彩，饲养宠物如雨后春笋，从狗、猫、鸟、鸽子、兔子到传统的蝈蝈、蛐蛐、金鱼、乌龟等以及室内各种花草。

其他飘尘、花粉、石棉等以及放射性污染物等也是室内的污染物。

二、室内污染源

室内污染源与居室建筑、装修、居室主人的生活方式、室外环境等有密切关系。

（一）生存污染

人通过呼吸道、皮肤汗腺排出大量污染物，不断向周围空间辐射热量，呼出二氧化碳、水蒸气以及散发出多种病原菌及各种有味的气体，每天都产生排泄物、排遗物。研究报道，人的肺可排出二十多种有害物质，如二甲胺、硫化氢、乙酸、丙酮、酚、氮氧化物、二乙胺、二乙醇胺、甲醇、丁烷、丁烯、丁二烯、异丙烯、甲乙酮、苯乙烷、乙酸乙烯酯、甲苯、乙烯丙酮、甲基乙烯、氮萘、甲氧酚、二氧化碳等。在公共汽车、火车和地铁车厢、售票厅、候车厅、DISCO舞厅、教室、医院、影剧院、商场超市、教堂等处，人满为患，有限空间污染严重，人感到不适，长时间逗留会头晕、困倦、注意力涣散、免疫力下降等。

各种宠物类似于人，也产生大量污染物。宠物身上的各种寄生虫、病菌使室内污染雪上加霜。

室内潮湿的卫生间、厨房、冰箱，容易滋生细菌、霉菌和致病微生物。真菌在繁殖的过程中，散发出大量恶臭。

夏季人们关闭门窗，缩在空调房内。空调只交换少量的室内空气，造成空气污浊，负离子匮乏，导致空调综合征，使人头痛、肌肉痛、关节痛、嗜睡、呼吸道阻塞、咳痰、哮喘、易发鼻炎等。冬季为躲避寒冷，更是门窗紧闭，足不出户。

室内人抽烟、烹调、家庭装修、使用新家具、家务清洁都排放大量污染物。室内地毯、家用电器、衣物等也使得室内污染物增加。

居室外扬尘、飘尘、汽车尾气、锅炉房烟筒、周围的工厂、医院、餐馆、学校都给居室带来各种污染物。

夏季空气湿度大，气压低，室内外的空气对流相应减少；室内温度高，人体自身的新陈代谢加快；室内用品、衣物等生活日用品以及各种生活废弃物的挥发成分增加，研究表明，室内温度为30℃时，室内有毒气体的释放量最高；夏季灭蚊、灭蟑螂等又加强了室内的污染。

室内的有机化合物的种类和来源见表12-1。

表12-1 室内的有机化合物

化学物质	来　源	化学物质	来　源
甲醛	建筑装修、家具、烹调	三氯乙烯	清洁干洗剂、地板蜡
烷、烯烃	汽油、溶剂、烹调	氯苯	油漆、清漆、杀虫剂
苯	油漆、装修、家具、吸烟	多氯联苯	电器、塑料、纸张
二甲苯	油漆、装修、家具、吸烟	杀虫剂	家用杀虫剂
甲苯	油漆、装修、家具、吸烟	CFC	化妆品、空调
乙苯	油漆、装修、家具、吸烟	三氯乙烷	化妆品、杀虫剂

（二）厨房污染

烹调过程中的炸、炒、熏、烤等，各种燃料如液化石油气、煤气、天然气、煤油、煤的燃烧，尤其在不完全燃烧时，都排放着大量的多环芳烃、杂环芳烃、氮氧化物、硫氧化物、一氧化碳、甲醛等。数据显示，最严重的污染区是烹调晚餐时的厨房，污染物局部浓度最高。我国采暖季节室内一氧化碳浓度普遍高于室外，用煤炉的厨房内一氧化碳浓度在通风不良时可高达 $50\sim100mg\cdot m^{-3}$，用液化石油气的厨房，浓度达 $30mg\cdot m^{-3}$。

煤的燃烧还可引起放射性的 ^{210}Pb、^{228}Ra 和 ^{222}Rn，通过煤渣和飞尘污染。天然气也可能是室内放射性 ^{222}Rn 的污染源。流行病学调查证明，辐射可引起白血病，也促发其他癌症。

厨房中还有老鼠、蟑螂、蚂蚁、各种食品蛀虫，它们污染食品，传播疾病。人们喷洒或熏蒸杀虫剂、投放灭鼠药以杀灭它们，又造成厨房内新的污染。

（三）卫生间污染

室内的卫生间也是主要的污染区。便池、下水道会释放出臭气，不仅刺激人体的感官，引起呕吐和食欲降低，而且带有毒性。

卫生间的臭气主要是人体排泄物和洗涤下水中的有机物质，经微生物的作用而产生的硫化氢、硫醇、二甲硫醇、乙胺、吲哚等。无论气味大小，它们都构成室内污染的"隐形杀手"。硫化氢在空气中含量达到 $0.03\sim0.04mg\cdot L^{-1}$ 时，人会感到刺鼻、窒息、引起眼睛和呼吸道症状；当含量达到 $0.05\sim0.07mg\cdot L^{-1}$ 时，会引起急性或慢性结膜炎。长期接触低浓度的硫化氢、硫醇、吲哚也会导致头痛、困倦、乏力、精神萎靡、记忆力下降和免疫功能降低，引起神经衰弱和植物神经紊乱等症状。

卫生间潮湿、温暖、阴暗，是致病细菌、致病原虫、蟑螂等繁衍的温床。人们在卫生间使用的各种化妆品、除臭剂、消毒液、洗涤剂等也产生各种污染。

（四）家庭装修，建筑材料，室内设施污染

现代化的建筑材料，装饰材料和各种家具、设施对居室有污染。

工业生产的甲醛 50% 以上用于生产建筑材料和绝缘材料。各种胶合板材、中密度板材（大芯板）的生产都使用甲醛树脂作为黏合剂。有些建筑还使用脲甲醛泡沫树脂作为室内墙体保温隔热板材。这些板材在室内连续、长期释放甲醛，遇热和潮解释放量更大。2001 年 7 月在北京地区的监测数据统计，仅室内甲醛一项，超过国家标准一倍以上的占 67.5%，最高的超过国家标准二十多倍。不同浓度甲醛的人体健康效应见表 12-2。

表 12-2　不同浓度甲醛的人体健康效应

健 康 效 应	甲醛浓度/10^{-6}[①]	健 康 效 应	甲醛浓度/10^{-6}[①]
无症状	$0.0\sim0.05$	上呼吸道刺激	$0.10\sim25$
嗅觉刺激	$0.05\sim1.0$	下呼吸道和肺部作用	$5.0\sim30$
神经生理效应	$0.05\sim1.5$	肺水肿、炎症、肺炎	$50\sim100$
（脑电图改变，光反应）		死亡	>100
眼刺激	$0.01\sim2.0$		

① 质量分数。

室内装修材料、家具、油漆、涂料、黏合剂、腻子不仅含有甲醛，还含有苯及苯系物、多环芳烃、臭氧等以及重金属如铅、钡、铬、镍和镉等有毒元素。建筑物的防水施工通常使用沥青，混凝土施工常用铵盐作为防冻剂，它们可释放大量苯类、多环芳烃、氨气。

建筑物中的石材、瓷砖、砖、混凝土等建筑材料可产生无色无味的放射性气体 ^{222}Rn。建筑物地下室和第一层内氡的浓度较高，室内氡的浓度较室外高出 $2\sim10$ 倍。石棉制品在建筑上用作保温、防火、绝缘、管道材料，它们经过长时间的磨损，可产生石棉粉尘，被人吸入体内，引发石棉肺、肺气肿、肺癌等。

家庭装修引起的"新居综合征"常常使人感到憋闷、恶心、头昏目眩、咳嗽、打喷嚏、嗓子有异物感、呼吸不畅、皮肤过敏、免疫力下降、不孕、胎儿畸形等。

三、居室内污染的防治

通风换气是排除室内空气污染物最有效的措施之一。为节约能源，国外设计建造的居室，每小时的换气次数已低于1，有的仅为0.2～0.3次。实验表明，面积为80m² 的房间，当室内外温差为20℃时，开窗9min就能把室内空气交换一遍。还可在厨房、卫生间安装抽油烟机、排气扇，进行强制性的空气对流，加快空气交换速度。居室冬天要适当开窗户，夏天开空调也应注意换气。在交通要道、工业污染源附近，室内通风换气时间要尽量避开每天早晨7～9时，下午4～6时的两个污染高峰。利用日光对室内致病微生物进行杀灭。不洁玻璃可减少40%的光线，使透过玻璃的光线杀灭细菌时间延长，应该经常保持玻璃窗的洁净透明。不在居室内吸烟。

保持室内清洁。冰箱不要出现异味，垃圾应及时清倒，地毯定期吸尘，脏衣脏袜等及时洗涤，经常清洗地面、擦抹家具，不仅减少室内飘尘，也可增加室内空气湿度，减少空气中负离子的消失。

适当养些绿色花卉吸收二氧化碳、吸附飘尘，吊兰、芦荟可吸收甲醛，常春藤、铁树、葡萄可吸收三氯乙烯。

选择绿色建筑施工，提倡绿色家装，力求简洁，重装饰、轻装修，提倡建筑、装修同时到位，尽量挑选刺激气味小的家具，装修好的新居应开窗通风，监测合格后再入住。

厨房尽量选用电饭煲、微波炉、电磁炉、电热水器。提倡使用太阳能热水器。排气扇在关闭炉灶后继续运转10min，彻底排尽污染气体。改变污染大的传统烹调方式。

卫生间下水道应加装回水弯头和防臭器，避免臭气发散到室内。合理选择化妆品、杀虫剂、空气清新剂、除味剂和净化剂等，防止卫生间内的空气污染加剧。

第二节　生活用品污染

一、化妆品

在现代五光十色的生活中，人们愈加注重自己的仪表，希望通过化妆追求漂亮、潇洒。这不仅是爱美心态的表现，也是当代求职、供职的基本要求，化妆品成为人们每天的生活必需品。现代化妆品与化妆技巧已成为一门涉及化学、美学、环境学、皮肤学、毒理学、中医学、微生物学和心理学的综合类科学。

化妆品可去除面部和皮肤的脏物，维护口腔卫生，保持清洁；可保护面部和皮肤的光滑、弹性和光泽，毛发的柔顺、亮泽；抵御烈日、紫外线的辐射，防范沙尘暴、干热、严寒、蚊蝇的侵袭，预防皮肤粗糙、开裂、老化。化妆品还可营养面部、皮肤、牙齿、毛发；保持皮肤角质层的含水量，减少皮肤细小皱纹，促进毛发生理机能。化妆品能美化面部、皮肤、牙齿、毛发，增白美容、发散香气。有些化妆品具有医疗保健作用。

化妆品与人体直接接触，被皮肤吸收，进入人体，因此，质量的可靠、使用的安全性成为化妆品的首选条件。国内外对化妆品的生产和产品质量都有严格的管理制度和措施，有相应的标准，规定各种新化妆品必须通过动物安全试验，甚至原料也须经过皮肤的安全性试验，合格后才能投放市场。我国从 1987 年开始实施的化妆品卫生标准系列中规定了化妆品卫生标准；化妆品卫生化学检验方法；化妆品微生物学标准检验方法；化妆品安全性评价程序及检验方法等。规定化妆品汞含量不得大于 1×10^{-6}；铅含量不得大于 40×10^{-6}；砷含量不得大于 10×10^{-6}；甲醇含量不得大于 0.2%。染发剂所使用的主要成分甲基苯二胺、二氨基酚的最大含量为 10%；间、对苯二胺最大含量为 6%；间苯二酚的最大含量为 5%；α-萘酚的最大含量为 0.5%。香波的去头皮屑剂二硫化硒的含量不大于 0.5%；香波中的间苯二酚的含量不大于 2%；巯基乙酸及其盐类、酯类的含量在护发用品中不大于 2%，脱毛剂中不大于 5%，卷发剂中不大于 8%。

所有化妆品不得检出大肠杆菌、绿脓杆菌和金黄色葡萄球菌；用于眼部、口唇、口腔黏膜以及儿童的化妆品中的杂菌数不得大于 500 个·g^{-1} 或 500 个·mL^{-1}，其他化妆品中的杂菌数不得大于 1000 个·g^{-1} 或 1000 个·mL^{-1}。

化妆品的标准检验方法规定了对有毒、有害物质的处理和测定方法。在化妆品安全性评价程序和方法中规定五个阶段、十六个试验。整个程序中包括从动物试验到人体试验，从局部试验到整体试验，从体外试验到体内试验，从一般毒性试验到短期生物致突变、致畸以及致癌试验。

绿色化妆品是直接采用天然原料的化妆品，备受人们青睐，如应用天然羊毛脂、磷脂、植物汁液、中草药等制成化妆品。科学地使用化妆品，了解化妆品的成分、功能及使用方法，选择适合自己身体、皮肤特点的化妆品才可保证正确使用。

化妆品切忌涂抹过多、浓彩重妆，尽量减少化妆品中有毒物质和皮肤接触。皮肤病变部位不能涂抹化妆品，化脓、发炎生疖部位也不能使用化妆品。护肤脂不可乱用，油性皮肤的人可不用或少用，直接用甘油加水也有很好的润肤保湿作用。少用或不用色泽艳、香味浓的化妆品。化妆品一经启用，尽量在三个月内用完，避免因空气和人手的接触，加快化妆品变质。增白剂类化妆品应选择非汞类和非氢醌类。尽量少用合成洗涤剂，不仅为环境保护，也为了保护皮肤。用香波洗头要冲洗干净，不要溅入眼内。使用冷烫精卷发时，切忌将冷烫精溅入眼内，更不要与皮肤接触，冷烫次数不宜过多，一年两次为宜。尽量减少染发的次数，防止染发剂与皮肤接触。使用染发剂后，不能用碱性洗发剂洗头。避免头发长时间在烈日下曝晒，以使染发剂长期有效。

二、合成高分子日用品

(一) 塑料制品

塑料制品因其美观、轻便、易清洗、价廉而受到欢迎。

聚乙烯（PE）注塑产品广泛用于日常生活：盆、碗、勺子、瓶子等。PE 本身没有毒性，但其制品往往加入染料、防老剂等。染料一般为酞菁等非食用性染料，这些染料都是脂溶性的，所以带色 PE 容器不能用来盛装食物，尤其含油脂的食物如肉、油炸食品等。应该绝对禁止用红色塑料盆、桶盛肉、拌饺子馅、炸丸子馅等。

市场上一些塑料制品是使用回收下脚料加入一定量新料制成的，有些回收料原使用场合复杂，又无法清洗干净，这些料往往含有重金属、化学污染物等，制成成品后，不能用作食品容器。所以对一般集贸市场上的塑料制品要慎用，不要用于食品的盛装。

塑料还大量用于制造玩具、文具、家庭生活用品。除应选用无毒原料外，还要在塑料颜料、增塑剂、防老剂等方面关注污染问题；尤其是儿童玩具，更要严格要求，制定规范，认真监测，以保护儿童的健康。

市场上还有不少聚氯乙烯（PVC）制品，如塑料凉鞋等。塑料凉鞋舒适大方，物美价廉，深受大众欢迎，但有的人穿上塑料鞋后发生接触性皮炎，出现了"塑料鞋综合征"。该病发病部位都在皮肤与鞋接触处，形态与鞋形一致，轻者出现红斑、疱疹，严重者全身出现皮炎症状，这是由 PVC 塑料的各种助剂引起的过敏反应。PVC 制品要加入毒性较低的邻苯二甲酸二丁酯（酞酸二丁酯）、邻苯二甲酸二辛酯（酞酸二辛酯）增塑剂、填料、润滑剂、硬脂酸钙、毒性较大的硬脂酸锌、硬脂酸铝以及防老剂、N-苯基-2-萘胺、1-硫醇基苯并噻唑等。一般的 PVC 袋不能用来包装食品，PVC 制品也不可盛装食品。

塑料制品的身份符号在哪里呢？每个塑料容器都有一个小小身份证，那就是一个三角形的符号，一般就在塑料容器的底部。三角形里边有 1～6 数字，每个编号代表一种塑料容器，它们的制作材料不同，使用禁忌也不同。塑料制品材料有 140 余种，详细代表可参见 2008 年 10 月 1 日正式实施的 GB/T 16288—2008《塑料制品的标志》。常用的见表 12-3。

表 12-3　塑料制品的身份符号

代号	英文缩写	中文名称	英文全文	举　　例
♲1	PET	聚对苯二甲酸乙二醇酯	polyethylene terephthalate	矿泉水瓶、碳酸饮料瓶、纯净水桶等
♲2	HDPE	高密度聚乙烯	high density polyethylene	盛装清洁用品、沐浴产品的塑料容器、塑料袋等
♲3	PVC	聚氯乙烯	polyvinyl chloride	信用卡、保鲜膜等
♲4	LDPE	低密度聚乙烯	low density polyethylene	保鲜膜、塑料膜等
♲5	PP	聚丙烯	polypropylene	微波炉餐盒、一次性塑料餐饮具等
♲6	PS	聚苯乙烯	polystyrene	一次性水杯、糕点盒、发泡餐盒等

（二）合成纤维

合成纤维有尼龙，又称锦纶，结实耐磨；聚酯，又称涤纶，挺括不皱；腈纶，又称人造羊毛，蓬松保暖；丙纶，轻盈坚牢；氯纶，耐腐耐磨；维尼纶，又称人造棉，舒适结实。合成纤维在强度、挺括上具有天然纤维比不上的优点，但致命的缺点：其一是透气性不好。天然纤维分子上有许多羟基可与皮肤分泌的汗水形成氢键，吸收汗水，使人感到舒适；合成纤维不吸汗，所以穿着不如天然纤维感觉好。其二，化纤衣服直接与皮肤接触会引起皮炎。其三，穿着化纤衣服，静电感应严重。有学者认为这对风湿性关节炎有利；但也有人认为静电干扰可改变体表电势差，而使心脏电传导改变，引起心律失常。

国外证实，由尼龙、腈纶、丙纶、氯纶和维尼纶等面料做成的贴身内衣会引起接触皮炎及接触性荨麻疹，并引发过敏性哮喘。对合成纤维过敏的人，可使体内释放出组胺类物质，引起心律失常而发生早搏。化纤内衣透气性不好，容易使细菌生长繁殖，引发尿道炎和膀胱炎。国外禁止化纤的童装进口。在重返大自然的今天，人们又重视天然棉、麻、丝的衣服，不仅穿着舒适，也没有过敏等反应，绿色消费正是今天的时髦。

三、衣物

在人们摒弃化纤衣服的时候，纯棉衣服又成为今天的新宠。但纯棉衣服的缺点是易起皱，不挺括，洗涤后须熨烫。于是纯棉免烫衬衫应运而生，但是，由于免烫工艺中有大量甲醛的残余，造成纯棉免烫衬衫的甲醛浓度超标，引起甲醛污染。所以选择纯棉免烫衬衫时要注意其中的甲醛含量。

童装不仅要求是纯棉的、色彩鲜艳的，而且要有生动活泼的卡通或图案才能博得小朋友的欢心。但目前的童装甲醛含量过高，究其原因，甲醛主要来自纺织品和服装的染料和助剂、印花图案的黏合剂。所以，采用无甲醛的印染工艺，应用绿色印花粘接剂是服装工业，尤其是童装厂必须解决的问题。

服装掉色也是亟待解决的问题。衣服掉色不仅是混染其他衣物的问题，重要的是掉出的染料可通过汗水与皮肤接触，经皮肤吸收进入人体。服装染料对人体有害，所以对易掉色的衣服，应多洗几次，尽量将"色"洗出，以减少皮肤的吸收。

四、合成洗涤剂

根据肥皂去垢原理，人工合成出洗涤剂烷基苯磺酸钠（详见第六章）。与肥皂比较，其最大优点是不与钙、镁离子作用生成沉淀，可在硬水中使用，而且加入大量三聚磷酸盐可大大提高洗净度，同时还降低洗涤剂的成本。

三聚磷酸盐常用三聚磷酸钠（$Na_5P_3O_{10}$），占合成洗涤剂质量的15%，其多价螯合作用可使钙、镁、铁等离子形成配合物，使硬水软化，提高洗涤效率；并使水保持一定碱度，减少对皮肤的刺激；还可使衣服上的污垢在水中悬浮、扩散、乳化，提高洗涤剂的去垢作用。合成洗涤剂还需要加入其他助剂，如硫酸钠、碳酸钠、羧甲基纤维素钠、荧光增白剂和香料等，有的还加入蛋白质分解酶。硫酸钠可使污垢从织物脱落后不再附着，占洗涤剂的20%；碳酸钠能使系统的污垢在水中溶解或悬浮，并可防锈，占洗涤剂的3%～10%；羧甲基纤维素钠可使油垢凝结，悬浮在水中，防止污垢再沉积，占洗涤剂的0.05%～0.1%；荧光增白剂可使衣物色彩鲜艳，增强衣物清洁感觉的效果，占洗涤剂的0.1%；香料使衣物在洗涤后存留特殊的香味，令人愉快，占洗涤剂的0.05%～0.1%；蛋白质分解酶可使蛋白质污垢分解，利于洗涤。

三聚磷酸钠随废水排入水体，导致水体出现富营养化。城市污水中的磷，30%～75%来自合成洗涤剂。藻类等水生植物需要C、N、P、K、Ca、Mg等20多种元素。碳可通过光合作用从空气中二氧化碳获取，某些藻类具有固氮能力，因此磷成为藻类生长的焦点。

合成洗涤剂可由生物进行降解，最终产物为二氧化碳和硫酸钠，分解过程中消耗水中溶解氧。合成洗涤剂在水中容易产生大量泡沫，不仅影响景观，还降低水体的复氧速度和程度。

洗净剂分为两大类，一类以次氯酸钠为主要成分，用于杀菌和消毒，为含氯洗净剂；另一类是以盐酸为主要成分，起去污、洁净作用的含酸洗净剂。前者如84消毒液、洗消净、洗净灵、漂白粉等，后者如除臭剂、厕所清洗剂、除垢剂等。上述两种清洗剂千万不可混用，否则会放出氯气。

氯气对人体有害，当空气中氯气含量达 15×10^{-6} 时，人的眼、呼吸道就会有刺痛感；氯气含量达到 50×10^{-6} 时，人感到胸痛、咳嗽；氯气含量达到 100×10^{-6} 时，人感到呼吸困难、脉搏微弱、血压下降，甚至最后导致休克、死亡。氯气密度大，常常不易扩散，沉积在室内靠近地板处，因而容易使人中毒。日本、美国都曾报道因混用这两种洗净剂造成氯气释放而使人窒息死亡，我国广东 2001 年也发生类似事件。

五、家用电器

（一）电冰箱综合征

电冰箱进入我国千家万户，成了家庭生活的必需品。电冰箱带给人们生活上的各种方便和享乐，延缓了食品的腐败、变质，避免了食品的浪费，但是电冰箱也潜伏着对人体消化系统所构成的威胁。"电冰箱综合征"伴随而生。

最常见的"电冰箱综合征"是食物中毒。电冰箱没有杀菌作用，而且冰箱内仍有细菌在繁殖。冰箱的低温，尤其是冷藏室中的低温对多数怕热不怕冷的细菌实际上是繁殖的环境温度。猪肉中的布氏杆菌可以在冻肉里生存数日不死。冷藏室中存放的剩饭剩菜，也会受到细菌的污染而逐渐变质。误食冰箱中长时间放置的食品可引起腹泻、呕吐、急性肠胃炎，而且，长时间存放的蔬菜、剩菜、剩饭中的亚硝酸盐和硝酸盐含量急剧增多，更不宜食用。

为避免"电冰箱综合征"，应注意食品无论在冷冻室，还是在冷藏室都不能储存过久。冷冻室食物的存储期限应根据冷冻食品说明，冷藏室中的食物更不能放置时间过长；尽量不要剩饭或剩菜，若实在剩下饭菜，再食用时，应热透再食用。生、熟食不要混放，腐败变质的食品不要存放；储存的食物应该用乙烯二乙酸乙烯酯（EVA）共聚物包装膜密封；冰箱应定期用漂白剂类洗涤剂清洗消毒。

（二）电磁辐射与噪声

家用电器对居室的重要污染是电磁辐射和噪声。家庭电气化在我国得到迅速普及，我国也成为世界家电生产第一大国。

交变的电场和磁场相互激发，在空间传播开来，形成电磁波。电磁波常常被称为电磁辐射。电磁辐射被世界卫生组织列为继水源、大气、噪声之后的第四大环境污染源。医学研究表明，长期、过量的电磁辐射会对人体免疫系统、神经系统、造血系统、生殖系统造成伤害，其中重要的一条就是促发癌症，并可导致胚胎、胎儿或新生儿死亡，婴儿严重发育不全或畸形等。家电辐射还是儿童哮喘的重要原因，并影响儿童发育。

1. 最常接触的辐射源——电脑

电脑已经超越其他家用电器成为现代人面对时间最长的电器。电脑产生的电磁辐射对人体的影响不容忽视。电脑辐射源主要来自传统的 CRT 显示器，其内部的高压电子枪通过发射电子束实现画面显示，会产生严重的电磁辐射。电脑主机、键盘等虽然也存在不同程度的辐射，但多是由工作电路引起，辐射强度相对轻很多。

孕妇是受电脑电磁辐射影响最大的人群之一，电磁辐射对胎儿有相当程度的不良影响。普通人群如果长期受电脑电磁波辐射，可导致眼睛疲劳、视力减退、头痛和食欲不振等，并易对皮肤造成伤害，产生脸部色斑，色素沉着，鱼尾纹、眼袋和黑眼圈等。

2. 最常见的辐射源——电视

传统的普通电视机辐射较大。这些电视使用电子射枪式进行逐行扫描，产生的辐射存在电视周围，尤其是在电视的 1m 近距离内危害最大。

电视电磁波对人体主要有三方面伤害：一是强光与反射光造成眼睛疲劳、近视、散光、白内障等；二是正电离子影响中枢神经系统、破坏红细胞、损伤造血功能等；三是低频辐射，这是最严重也最不为人察觉的一种伤害，它是电视机屏幕内的显像管发射的微量紫外线，导致人类癌变和婴儿畸形。

3. 最常用的辐射源——手机

手机是现代人必备的通讯工具，人们一般都随身携带，所产生的电磁辐射不容忽视。手机在接通时，产生的辐射比通话时产生的辐射高 20 倍。当手机在接通阶段，使用者应避免将其贴近耳朵，这样将减少 80％～90％的辐射量。手机充电器的变压器磁场也较高，所以要保持距离 30cm 以上。

权威医学杂志"The Lancet"的报告显示，使用手提电话有机会造成记忆力受损、睡眠紊乱、头痛、癫痫及血压上升等症状，而儿童受影响的可能性较大。此外，手机挂在胸前，会对心脏和内分泌系统产生一定影响；如果男性将手机经常挂在腰部或腹部旁，电磁波可能会影响使用者的生育机能。

4. 最大体积的辐射源——冰箱

冰箱在工作状态下是高磁场所在地。特别是冰箱在制冷时，发出嗡嗡声，辐射强度特别大，冰箱后侧或下方的散热管线释放的磁场更是高出前方几十甚至几百倍。此外，冰箱的散热管灰尘太多也会对电磁辐射有影响，灰尘越多电磁辐射就越大。

冰箱在工作过程中，释放出来的不同波长和频率的电磁波，会形成一种穿透力极强的电子雾，透过体表深入深层组织和器官，严重影响人的神经系统和生理功能。

5. 辐射最强的辐射源——微波炉

微波炉的电磁辐射强度也是众多家电产品中最强的，它所产生的电磁辐射是其他家电的几倍。微波炉所产生的微波辐射有 40％被人体吸收，伤及器官而人无感觉。如果微波炉密封不好，辐射泄露，就会对人体造成伤害。离微波炉 15cm 处磁场强度最低为 100MG（MG：毫克斯是磁场强度单位），最高达到 300MG，质量好的微波炉在 30cm 以外就基本上检测不到了。开启微波炉后，人最好离开一米左右；微波炉工作结束后，等待一段时间再开启；食物取出后，先放几分钟再吃。最好使用微波炉护罩，经常使用则需要穿屏蔽围裙、屏蔽大褂。

人如果受到过量的微波炉电磁辐射，会产生头昏、睡眠障碍、记忆力减退、心动过缓、血压下降等现象，如果眼睛较长时间受到微波炉工作时所产生的电磁波辐射，视力可能会下降，甚至诱发白内障。此外，低强度微波对胎儿会产生一定的不良影响；高强度微波可致胎儿畸形、流产或死胎等严重后果。

6. 家庭电器的噪声污染

凡是与环境不协调的声音，人们感到吵闹或不需要的声音，通称为噪声或噪音。评价噪声的物理量是"分贝"。按一般国际标准，城市市内允许的声强为 42 分贝，我国城市区域环境噪声标准是居民、文教区白天的噪声应为 50 分贝，室内 40 分贝；夜间室外为 40 分贝，室内 30 分贝。

我们使用的电视机声强为 50～70 分贝，电冰箱为 30～40 分贝，洗衣机为 60～80 分贝等。声强大的随身听低音量就达 85 分贝，最强音可达 130 分贝。研究表明，一般人在声强为 40 分贝的环境中，睡眠就会受到影响；50 分贝时，入睡就有困难；超过 60 分贝，就会影响工作、谈话和娱乐；当噪声超过 85 分贝时，听觉细胞就会受到损伤。年轻人在迪斯科舞厅里享受激烈的节奏刺激时，不仅听力器官受到伤害，还使得前庭器官受噪声的影响，引起呕吐、恶心；也会产生心动过速、血压升高、头痛眩晕、耳鸣失眠等症状。长期听随身听的青少年会耳痛、脑胀、眩晕、烦躁、注意力不集中、反应迟钝、思维能力减弱等。

减少电磁污染和噪声污染是我们生活中不容忽视的问题。家庭不要同时使用多个电器；尽量将声音调至最小，既消除噪声污染，也不影响邻里关系；选购电器应注意噪声、电磁辐射等技术指标；使用手机尽量用耳机；看电视、用电脑要与屏幕保持适当距离；家用电器如微波炉运转时，尽量远离。家庭装饰可悬挂柔软的厚窗帘，种植花草，借以吸收声波；也可吊挂金属装饰件、金属画以吸收电磁波。

第三节　白色污染和废旧家用电器污染

一、白色污染

"白色污染"一词出现在 20 世纪 90 年代初，当时是指塑料薄膜碎片、各种类型的塑料袋，发泡餐具、发泡包装材料等在环境中长期积累，给人造成的视觉污染。这些材料基本以白色为主，化学性质非常稳定，可在环境中长期存在，除了影响市容景观外，还给土壤、大气和地下水等造成长期污染，占用大量良田，已成为重要的环境污染源之一。

我国 2010 年合成树脂的年产量为 4361 万吨，进口为 3069 万吨，进口废塑料原料 300 万吨，每年产生的废旧塑料约为 500 万～600 万吨，基本混在垃圾中。北京塑料垃圾年产达 30 多万吨。

（一）塑料薄膜的污染

几乎每一个人都离不开塑料袋，小至牙签袋、糖果袋、话梅袋、方便面袋、大到食品袋、购物袋、服装包装袋、垃圾袋、彩电袋，再到大的冰箱、洗衣机、家具包装袋等。塑料袋是由低密度聚乙烯 LDPE 或聚丙烯 PP 经吹塑成膜，然后热合而成。LDPE 塑料无毒，用来制作食品袋；而 PP 塑料袋因其透明度好常用于服装包装。塑料袋生产工艺简单、价格低廉、使用方便，因而获得了广泛应用。

农用塑料大棚的诞生以及地膜的广泛应用，给农业，尤其是蔬菜水果生产带来划时代的革命。但大棚膜和地膜更新换代时遗留在土壤中，则成为白色污染的重要原因。农用塑料薄膜除了采用 PE 薄膜，还使用聚氯乙烯 PVC 薄膜，后者对环境危害更大。

聚苯乙烯 PS 发泡薄膜常用于包装材料，例如皮鞋的内包装。

塑料薄膜在充气建筑、充气玩具，雨衣台布等领域都有广泛的应用。

由于塑料薄膜材料价廉，都是一次性使用，再加上人们环保意识差，随手丢弃，或是垃圾处理不当，大风吹过，漫天飞舞着塑料袋，街道、树枝、田野布满了五颜六色的塑料袋，造成严重的环境污染。

（二）发泡塑料餐具以及发泡材料的污染

白色发泡饭盒是第二种"白色污染"。随着生活节奏的加快，快餐行业蓬勃发展，发泡饭盒应运而生。发泡餐具包括饭盒、汤碗、饮水杯、方便面外包装桶等，均由发泡聚苯乙烯薄片制成。发泡餐具生产效率高，质轻、价廉，一次性产品，极具竞争力。餐厅、食堂、超市、郊外野餐、家庭聚会、乘车旅游等都离不开它。

同白色塑料袋一样，到处可见沾满油污的白色发泡饭盒。全国每年消耗一次性发泡饭盒 120 亿只，方便面以及快餐盒 30 亿只，一次性杯子 80 亿只，北京市全年一次性快餐盒用量约 7 亿只。

"白色污染"的第三位就是白色 PS 泡沫材料。家用电器、工艺品、玻璃制品等都以其包装，还用作冷库保温材料，冷冻品的包装箱等。

"白色污染"最大的问题是 PE、PP 和 PS 都是化学性质非常稳定的高聚物。无论是其膜材料，还是发泡材料都难于降解。模拟实验表明，这三种塑料入土掩埋或常温和常湿下200 年才分解，因而对土壤、大气和地下水乃至市容造成长期污染，而且"白色污染"混在土壤中影响土壤中空气流通，阻挠农作物吸收养分和水分，影响农业生产。家畜误食可导致死亡，甚至动物园的长颈鹿、海狮和猩猩也因误食塑料袋而死亡。发泡饭盒实际对人体有害，尤其处于热的状态下，可散发出 CFC、石油醚、苯乙烯等污染物，损害人的肝脏。

对于"白色污染"，应首先进行城市垃圾分类处理，积极回收废旧塑料，根据废旧塑料的特点进行清洗、粉碎、造粒、回收，或者进行催化裂解提取化工原料，或者用作燃料回收能源。

利用废旧塑料可制造燃油、多功能胶、芳烃如：苯、甲苯、二甲苯等、装饰板、防水材料、塑料编织袋等。也可直接用作燃料。

值得注意的是在回收造粒和催化裂解过程中应避免对大气、水的二次污染，还有利用二次回收料加工塑料制品的过程中，应有相应的卫生标准。例如韩国的废旧塑料薄膜仅用于制造城市下水管道，而不可再用于食品包装，而我国的废旧塑料添加到新塑料中常用于再生产食品袋、塑料盆、水杯、水桶等食品容器，对人的健康产生不利影响。

加强研究快速降解塑料的途径，特别是寻找用量最大的聚烯烃类塑料降解的高科技方法对环境保护有着巨大的意义。

加强舆论宣传，实施学生的环保教育课，不断提高人们的素质，培养人们的环保意识，从我做起，不乱抛垃圾，做好垃圾分类。

二、废旧家用电器污染

21 世纪的家庭，各种各样的家用电器和人们的生活息息相关，人们离开家用电器似乎已经无法生活。随着科学技术的飞跃发展，人们生活的不断提高，家用电器的更新换代愈来愈快，废旧家用电器愈来愈多，对环境的压力愈来愈大。

废旧家用电器俗称电子垃圾，包括各种废旧电脑、手机、电话机、电视机、电冰箱、洗衣机、收音机、录音机、电池以及被淘汰的电子仪器仪表等。

欧盟发表的有关电子及电器废物的报告指出，每 5 年电子垃圾便增加 16%～28%，比总废物量的增长速度要快 3 倍。

作为网络时代的高科技垃圾，已经成为地球的负担，废弃电脑所造成的垃圾增长速度超乎人们想像，电子垃圾已经成为人类最大的污染源之一，如何处理这些新兴的电子垃圾，已成为摆在人类面前的一个新课题。

以电脑为例，随着高科技的发展，电脑使用周期愈来愈短，据统计 1997 年，电脑主机平均寿命为 4～6 年，电脑显示器为 6～7 年，而到 2005 年，这两部分的使用寿命减至不足 2 年。

近两年我国电脑销售近千万台，未来 5～10 年的年增量估计为 25%左右，废弃电脑估计每年在 500 万台以上，我国约 4000 万台 CRT 球面显示器也将面临液晶显示器的挑战而逐步淘汰。"十五"时期是我国电器进入废弃的高峰期。

电脑材料主要是金属、玻璃和塑料。一台 PC 电脑需要 700 多种化学原料，其中一半以上对人体有害。

首先，显示器的污染较大：废显示器属于危险固体废弃物，随着使用时间的延长，显像管玻璃机械强度下降，有发生爆炸的危险。显像管含有大量的铅以及钡等，氧化铅 PbO 在管锥和管颈的含量分别为 22.30%和 32.50%（质量分数），氧化钡 BaO 则占管屏质量的

5.70％。废弃电脑和显示器的含铅量已占美国垃圾填埋物总含铅量的40％。

其次，主机中各种板卡含有锡、镉、汞、砷、铬等重金属以及聚氯乙烯、酚醛等塑料和溴化阻燃剂等物质。经分析，一吨随意搜集的电子板卡中，可以分离出130kg铜、0.5kg黄金、20kg锡、58kg汞、24.6kg镉、340.5kg砷以及其他有毒物质。

机壳、鼠标、打印机外壳、键盘是由丙烯腈、丁二烯、苯乙烯的共聚物ABS、改性聚苯乙烯PS等塑料制成，涂有卤烃类的防火涂料；中央处理器（CPU）、散热器、主板与硬盘等含银、金等贵金属以及铜、铝等，中央处理器上的芯片和磁盘驱动器含有汞和铬；半导体器件、SMD芯片电阻和紫外线探测器中含有镉；开关和位置传感器含有汞；机箱含有铬；电池含有镍、锂、镉等；电线、电缆外皮为聚氯乙烯和聚乙烯。

目前对废旧电脑的处理方法是传统的掩埋和焚烧。焚烧ABS机壳、PVC电缆线、酚醛印刷线路板会释放大量有害气体如多环芳烃、杂环芳烃，更是释放二噁英重要的污染源，这将会严重污染大气环境。填埋废旧电脑不仅侵占大片良田，还造成地下水、土壤和大气的重金属严重污染。

其他如废弃手机的污染，废弃手机尤其是手机电池中含有铅、砷、汞、镉、铬等几百种有毒化学物质。

据国家统计局统计，我国手机拥有量超过1.206亿户，国内平均每年有7000万部手机退役，产生约7000吨电子废弃物。目前北京市的手机已经超过1000万部，最保守地估计，北京市目前至少每年有100万～200万部手机会被彻底淘汰进入废旧处理状态。这些手机大部分随意丢弃，有毒金属会慢慢释放，对环境造成极大污染，可能引发人神经系统和免疫系统等疾病。

废弃电池的污染也到了非治不可的地步。电池中的主要有害物质为汞、镉、铅、镍、锌等重金属和铅酸电池中的硫酸、各种碱性电池中的氢氧化钾和锂电池中的$LiPF_6$等电解液。

我国是世界电池生产和使用第一大国，每年废弃电池的数量已经超过50亿只，达100多万吨。到目前为止，除了铅酸蓄电池在废弃后可有部分得到回收，其他的各种电池基本无人过问，用后随随便便一扔了之，造成环境污染。

必须着手开展废旧家用电器回收利用、资源化的研究。废弃家用电器回收规模化、产业化，提高工艺水平，提高技术含量。国家应立法对家用电器生产厂商和进口商进行约束，明确制造商有义务对废旧产品回收再处理；制造商应承担处理废弃家用电器所需的费用；制造商在设计、生产和销售时应考虑废弃家用电器回收利用成本；开发低污染、资源效率高的产品。

积极宣传、提高民众的环保意识，激励全社会关心废弃家用电器的处理和利用。消费者有将旧家用电器交给零售商，作价回收的义务。使得生产、流通、消费各个环节都有明确的义务。

废旧家用电器回收有巨大商业潜力。政府应给予政策上的支持，鼓励有眼光、有社会责任心的企业进入回收行业。

生产企业的源头控制是保护环境的积极因素。企业在生产过程中，要节省原材料，淘汰有毒原料，降低所有废弃物的数量和毒性；对于产品，要减少从原材料提炼到产品最终废弃整个生命周期的不利影响；对于服务，要把环境因素纳入到设计和所提供的服务中。

第四节　不良生活习惯危害

一、吸烟与被动吸烟

吸烟是一种社会现象。吸烟危害健康已是众所周知的事实，但全世界约有33％的人吸烟，我国约有 50％～70％的人吸烟。我国每年 600 万死亡人群中有 100 万死于烟草引发的疾病。据世界卫生组织资料显示，我国目前儿童和青少年中，将有两亿人成为烟民，他们之中至少 500 万人将最终死于与吸烟有关的疾病。北京市每 100 个死者中，由心脑血管疾病引起的有 52 人，癌症引起的占 42 人，都是与吸烟相关的疾病所引起。

香烟中有 3800 多种化合物，其中有毒物质达几百种，如烟焦油、尼古丁、一氧化碳、有机酸类、醛类、醇类等。它们在空气中以气态、气溶胶形式存在，其中气态形式占 90％以上。实验证实，一支香烟中的尼古丁可以毒死一只小白鼠，25 支香烟中的尼古丁可以毒死一头牛，40～60mg 的尼古丁能毒死一个人。气溶胶的主要成分是烟焦油，而烟焦油的主要成分是多环芳烃等。

肺癌是人类的最大死神之一，80％以上的肺癌是由于吸烟引起的。我国肺癌死亡率正在急剧上升，男女性肺癌死亡率已在许多城市中居癌症死亡率的第一位。大量事实表明，吸烟人群的肺癌死亡率比不吸烟人群高 6～9 倍。每日吸烟量越多，吸烟年代越长，开始吸烟年龄越小，所吸香烟的焦油含量越高，则患肺癌的危险性就越大。除肺癌外，吸烟还可引起其他癌症发生，如喉癌、口腔癌、唇癌、舌癌、食道癌、肾癌、女性的宫颈癌和乳腺癌。

吸烟可引起肺气肿，45～64 岁的男性吸烟者患支气管炎和肺气肿的死亡率为不吸烟者的 6 倍多。吸烟可导致冠心病、心肌梗死、动脉硬化、猝死、中风等。吸烟还影响消化系统。吸烟时烟雾经呼吸道进入体内，一部分随唾液进入消化道，刺激食道、胃及小肠，引起消化道黏膜发炎，胃液及胰液分泌减少，胃黏膜血管收缩，而导致胃炎、胃及十二指肠溃疡甚至导致癌症。饭后吸烟可使消化系统对香烟烟雾中毒素如尼古丁的吸收率较平常提高 3～4 倍。喝酒时吸烟，会加强人体对烟中有毒物质的吸收。香烟过滤嘴对烟雾中有害物质的消除十分有限，如对烟油的过滤只有 2％左右。

吸烟也影响性功能，能增加阳痿的发病率，引起精子的畸形；女性的阴虚性弱；妊娠期妇女吸烟可使胎儿发育迟缓。

吸烟者房间里 85％的烟雾是由香烟燃烧后直接飘散到房间内，生活工作在同一房间的人不得不跟着"吸烟"，这就是所谓的"被动吸烟"。烟草烟雾可分为主流烟雾和侧流烟雾。主流烟雾是指吸烟者吸烟直接吸入体内的烟雾；侧流烟雾是指烟草燃烧时直接进入环境的烟雾。烟雾中各种有害物质在侧流烟雾中的含量普遍高于主流烟雾。侧流烟雾和主流烟雾中的尼古丁、焦油、一氧化碳的含量见表 12-4，显示出主侧烟流中含量的巨大不同。

表 12-4　主侧烟流中有害物质平均含量/(μg/支烟)

物　质	侧　流	主　流	合　计
焦油	24.1	11.4	35.5
尼古丁	4.1	0.8	4.9
一氧化碳	53.0	12.0	65.0

被动吸烟对不吸烟者有急性刺激作用，使不吸烟者烦躁、眼睛不适，还可引起肺功能降低。双亲吸烟使不吸烟的孩子最大呼气流速和每秒最大呼气量降低，双亲吸烟家庭的孩子咳嗽、肺炎、支气管炎的发病率远高于双亲不吸烟的家庭。儿童中受影响最大的是一周岁以下的婴儿，在英国对 2205 名婴儿进行了连续五年的追踪调查，发现吸烟双亲的一周岁婴儿肺炎和支气管炎的发病率约为双亲不吸烟的二倍。

二、吸毒

据世界卫生组织统计：每年全世界大约有 10 万人死于吸毒过量，有 1000 万人因吸毒而丧失劳动力。世界上毒品的走私贩卖仅次于军火交易，年交易额达 5000 亿美元。当前吸毒的新趋势是除了传统的鸦片、海洛因、吗啡、可卡因、大麻外，兴奋剂的滥用成了当前一个令人头痛的问题。

兴奋剂代表冰毒的化学名称为甲基苯丙胺，商品名也称甲基非他明或去氧麻黄素，属于苯丙胺类中枢神经兴奋剂，是我国规定管制的精神药品。其外观为纯白结晶体，晶莹剔透，故被吸毒、贩毒者称为"冰"，现通称为冰毒。冰毒会对人的中枢神经产生极大的刺激作用，在人体内作用快而强，用药后兴奋，常导致激动不安和暴力行为；还可产生强烈的依赖性，一旦断药，会出现戒断症状。

摇头丸（MDMA）是冰毒甲基苯丙胺的衍生物，为亚甲基二氧甲基安非他明的片剂，也是中枢神经兴奋剂，是我国规定管制的精神药品，1971 年被联合国反毒署列入违禁毒品。"摇头丸"有强烈的中枢神经兴奋作用，会使人产生幻觉，长期服用可产生强烈的精神依赖性。摇头丸因其对人作用十分剧烈，又被称为"疯狂丸"、"快乐丸"。经有关专家预测，摇头丸将成为 21 世纪的主要毒品。

联合国反毒署的专项报告指出，进入 20 世纪 90 年代以来，随着社会的发展，兴奋剂滥用迅速发展和蔓延，目前已成燎原之势。该机构预测，兴奋剂在 21 世纪将超过海洛因，成为全球最广泛的毒品。滥用兴奋剂后，滥用者对周围人群产生敌对情绪和侵犯行为，导致打架斗殴、杀人、强奸等违法行为，严重者产生精神疾病，长期滥用者会对心脏、脑等重要器官产生损害，可发生心跳骤停、猝死或脑出血等严重后果。人们面对竞争激烈的社会，试图用兴奋剂摆脱压力，犹如饮鸩止渴。

1987 年 6 月 12 日至 26 日，在维也纳召开了有 138 个国家和地区的 3000 名代表参加的"麻醉品滥用和非法贩运问题"部长级会议。会议上通过了《管制麻醉品滥用今后活动的综合性多学科纲要》，向各国政府和有关国际组织提出了在今后的禁毒活动中开展综合治理的建议，并提出"爱生命，不吸毒"的口号。为纪念这次意义重大的会议，与会代表一致建议，将每年的 6 月 26 日定为"国际禁毒日"，联合国同年采纳了这项建议。

我国禁毒形势日益严峻，国内吸毒贩毒活动十分严重。截至 2004 年，中国现有吸毒人员 79.1 万，同比上升 6.8%；其中滥用海洛因 67.9 万人，占 85.8%。吸毒人员中 35 岁以下青少年、农民、无业闲散人员分别占 70.4%、30% 和 45%。鸦片、海洛因等传统毒品滥用规模趋于稳定，娱乐场所内滥用摇头丸、氯胺酮等新型毒品人数迅速上升，一些地区滥用大麻、冰毒片剂、杜冷丁、安钠咖情况较为普遍。中国已形成了海洛因、摇头丸及其他麻醉药品、精神药品等多种毒品交叉滥用的局面。全国绝大多数城市都有毒品问题。

吸毒严重危害人的身心健康，能损害人的大脑、心脏功能、呼吸系统功能等，并使免疫力下降，吸毒者极易感染各种疾病，吸毒成瘾者还会因吸毒过量导致死亡。据调查统计，吸食海洛因成瘾的吸毒者平均存活时间为 8～10 年。

静脉注射毒品的吸毒者如果与他人共用注射器，极易导致艾滋病，全国因注射毒品而感染艾滋病者占艾滋病毒感染者总数的 66%。

我国《刑法》从第三百四十七条到第三百五十五条和第三百五十七条以及全国人大常委会"关于禁毒的决定"都对吸毒、贩毒、种毒、制毒等作出了明确的处罚规定。

年轻人更应珍爱生命，拒绝毒品，一旦失足成千古恨；坚决不能尝试毒品，不能以任何好奇、侥幸心理，去偷食禁果；生活、学习、工作中遇到挫折时，绝不能选择吸毒以求解脱。

习　题

1. 室内空气污染的特点有哪些？
2. 室内空气污染物有哪些？
3. 室内生存污染有哪些？
4. 卫生间的臭味由哪几种气体引起？对人有何危害？
5. 装修可引起哪些污染？
6. 如何防止室内污染？
7. 化妆品有何功能？使用化妆品应注意哪些问题？
8. 白色污染包括哪几类污染物？白色污染有何危害？如何根除白色污染的危害？
9. 废旧家用电器有何危害？如何消除废旧家用电器的环境污染？
10. 使用塑料制品应注意哪些问题？选购衣服为何要避免化纤内衣裤？
11. 合成洗涤剂中引起水体富营养化的成分是什么？
12. 电冰箱综合征是如何引起的？如何避免？
13. 吸烟有哪些危害？什么是被动吸烟？
14. 吸毒有哪些危害？
15. 吸毒在新世纪的新动向是哪些？有何危害？
16. 年轻人应如何对待毒品？

第十三章　可持续发展战略与中国的环境保护

第一节　可持续发展战略

一、可持续发展战略的由来

（一）《寂静的春天》

20世纪50年代末，身患绝症的美国女海洋生物学家卡逊（R. Carson）花了4年时间遍阅美国官方和民间关于使用杀虫剂造成危害情况的报告，写成《寂静的春天（Silent Spring）》一书，这是世界上较早出版的一本环境科学普及读物。1962年在美国波士顿出版，以后被译成12种文字，1980年出版了中文译本。

《寂静的春天》描述了DDT等杀虫剂污染带来严重危害的景象，并通过对污染物迁移、转化的描写，阐明了人类同大气、海洋、河流、土壤、动物和植物之间的密切关系，初步揭示了污染对生态系统的影响，提出了现代生态学研究所面临的污染生态问题。

1963年，美国总统的科学顾问委员会发表了杀虫剂问题的报告，证实了卡逊的论断，人们确实在不顾后果地大规模使用一些致命的化学品。政府的一些委员会邀请她作证，并且接受了她关于生命是相互联系的观点，以后很多杀虫剂得到严格控制甚至禁用。

1964年4月14日，她离开了人世，终年56岁，但是《寂静的春天》对现代环境科学的发展起了积极的推动作用。

（二）《增长的极限》

1968年4月，来自10个国家的科学家、教育家、经济学家、人类学家、实业家、国家和国际的文职人员，约30人聚集在罗马山猫科学院，讨论现在和未来的人类困境这个令人震惊的问题。这次会议诞生出一个"无形的学院"——罗马俱乐部。它的目的是促进对构成我们生活在其中的全球系统的多样但相互依赖的各个部分——经济的、政治的、自然的和社会的组成部分的认识，促使全世界制定政策的人和公众都来注意这种新的认识，并通过这种方式，促成具有首创精神的新政策和行动。《增长的极限》是罗马俱乐部提交给国际社会的第一个报告，成为1972年度最畅销的图书，并被译成28种文字，发行量达900万册。这本书指出，按当时的发展速度，地球将在未来100年内达到增长的极限。他们鼓吹要"谨慎地反省"经济增长和人口增长问题。该书出版以后，曾在社会上引起轩然大波，反对者甚至抨击该书"荒谬之极"。

在《增长的极限》出版 20 多年后的 1997 年，该书作者之一丹尼斯·米都斯女士在接受美联社记者采访时表示，在该书出版后的这些年里，让她最感到意外的就是：全球对能源和资源的利用效率有了大幅度提高，另外全球人口的低增长率也让她欢欣不已。可以用该书作者的一句话来评价其作用：这本书对人类的极度关切，鼓舞着我们和其他许多人来思考世界各种长期问题。

（三）联合国人类环境会议

1972 年 6 月 5 日至 16 日，联合国人类环境会议在瑞典斯德哥尔摩举行，这是世界各国政府共同讨论当代环境问题、探讨保护全球环境战略的第一次国际会议。会议通过了《人类环境宣言》，宣言宣布了 37 个共同观点和 26 项共同原则，向全球呼吁：保护和改善人类环境是关系到全世界各国人民的幸福和经济发展的重要问题，是全世界各国人民的迫切希望和各国政府的责任，也是人类的紧迫目标，各国政府和人民必须为全体人民和自身后代的利益而作出共同的努力。

会议建议联合国大会把联合国人类环境会议开幕日 6 月 5 日定为"世界环境日"。1972年，第 27 届联合国大会接受并通过这项建议。世界环境日的意义在于提醒全世界注意全球环境状况和人类活动对环境的危害，要求联合国系统和各国政府在这一天开展各种活动来强调保护和改善人类环境的重要性，联合国环境署（UNEP）在每年世界环境日发表环境现状的年度报告书。

（四）《我们共同的未来》

1983 年 3 月，联合国成立了以挪威首相布伦特兰夫人任主席的世界环境与发展委员会。经过 3 年多深入研究和充分论证，这个委员会于 1987 年向联合国提交了研究报告——《我们共同的未来》。报告分为"共同的问题"、"共同的挑战"和"共同的努力"三个部分，关注的焦点在人口、粮食、物种和遗传资源、能源、工业和人类居住等问题，第一次提出了"可持续发展"的概念。报告指出，在过去，我们关心的是经济发展对生态环境带来的影响，而现在，我们正迫切地感到生态的压力对经济发展所带来的重大影响，因此，我们需要有一条新的发展道路，这条道路不是一条仅能在若干年内、在若干地方支持人类进步的道路，而是一直到遥远的未来都能支持全球人类进步的道路，这就是"可持续发展道路"。

（五）联合国环境与发展大会

1992 年 6 月，联合国环境与发展大会在巴西里约热内卢召开。183 个国家的代表团和 70 个国际组织的代表出席了会议，102 位国家元首或政府首脑到会讲话。会议通过了《里约环境与发展宣言》（又名地球宪章）和《21 世纪议程》两个纲领性文件。《里约环境与发展宣言》是开展全球环境与发展领域合作的框架性文件，是为了保护地球永恒的活力和整体性，建立一种新的、公平的全球伙伴关系的"关于国家和公众行为基本准则"的宣言。它提出实现可持续发展的 27 条基本原则。《21 世纪议程》是全球范围内可持续发展的行动计划，旨在建立 21 世纪世界各国在人类活动对环境产生影响的各个方面的行动规则，为保障人类共同的未来提供一个全球性措施的战略框架。可持续发展得到世界最广泛和最高级别的政治承诺。这次大会为人类的环境与发展树立了一座重要的里程碑。

（六）2002 年联合国大会

以"拯救地球，重在行动"为宗旨的可持续发展世界首脑会议 2002 年 8 月 26 日在南非约翰内斯堡隆重开幕。120 多个国家的领导人出席。会议在通过《可持续发展世界首脑会议执行计划》、《约翰内斯堡宣言》等文件后于 9 月 4 日闭幕。

二、可持续发展

在布伦特兰夫人提交的报告《我们共同的未来》中，把可持续发展定义为："既满足当代人的需求，又不对后代人满足其自身需求的能力构成危害的发展"。1989年联合国环境署第15届理事会通过的《关于可持续发展的声明》接受和认同了这种观念。可持续发展是指满足当前需要，又不削弱子孙后代满足其需要的能力的发展，而且决不包含侵犯国家主权的含义。UNEP理事会指出，可持续发展涉及国内合作和跨越国界的合作。可持续发展意味着国家内和国际间的公平，意味着要有一种互相支援的国际经济环境，从而使各国，特别是发展中国家经济持续增长，这对良好的环境管理也是至关重要的。可持续发展还意味着维护、合理使用并且加强自然资源基础，正是这种基础支撑着生态环境的良性循环和经济增长。此外，可持续发展表明在发展计划和政策中加入人们对环境的关注与考虑，而不是在援助和发展资助方面的一种新形式的附加条件。这些论述，涵盖了两种重要的观念，第一，人类要发展，要满足人类的发展需求；第二，不能损害自然界支持当代人和后代人的生存发展能力。

三、可持续发展的基本原则

（一）公平性原则

公平是指机会选择的平等性。可持续发展的公平性有两个方面：一个是本代人的公平，也就是同代人之间的横向公平。可持续发展要满足所有人的基本需求，给他们机会，去实现过上幸福生活的愿望。当今世界贫富悬殊、两极分化的不合理状况是不符合可持续发展的公平性原则的，所以，要保障世界各国公平的发展权、公平的资源使用权，在可持续发展的进程中消除贫困。各国拥有按本国的环境与发展政策开发本国自然资源的主权，也负有确保在自己管辖范围内的活动，不损害其他国家的环境。另一个是代际间的公平，也就是世代间的纵向公平。自然资源是有限的，当代人不要因为自己的发展和需求，损害后代人发展和需求的条件——自然资源和环境，要保障后代人公平利用自然资源和环境的权利。

（二）持续性原则

有许多因素在制约着可持续发展，其中最主要的就是资源和环境。资源的持续利用和生态环境的可持续性是可持续发展的重要保证。人类发展必须不损害养育地球生命的大气、水、土壤、生物等自然条件，必须充分考虑资源的临界性，必须适应资源和环境的承载能力。人类在经济和社会发展中，要根据持续性原则调整自己的生活方式，确定自身的消费标准，不能盲目地、过度地生产和消费。

（三）共同性原则

可持续发展关系到全球的发展。尽管不同国家的历史、经济、文化和发展水平不同，可持续发展的具体目标、政策和实施步骤也有差异，但是公平性和持续性的原则是一致的。要实现可持续发展的总目标，必须争取全球共同的配合行动，因此，达成既尊重各方的利益，又保护全球环境与发展体系的国际协定是十分重要的一种形式。《我们共同的未来》中提出"今天我们最紧迫的任务也许是要说服各国，认识回到多边主义的必要性"，"进一步发展共同的认识和共同的责任感，是这个分裂的世界十分需要的。"

四、中国与可持续发展

（一）经过努力，我国实施可持续发展取得了举世瞩目的成就

1. 经济发展方面。国民经济持续、快速、健康发展，综合国力明显增强，国内生产总

值已超过 47 万亿元，成为吸引外国直接投资最多的国家和世界第一大贸易国，人民物质生活水平和生活质量有了较大幅度的提高，经济增长模式正在由粗放型向集约型转变，经济结构逐步优化。

2. 社会发展方面。人口增长过快的势头得到遏制，科技教育事业取得积极进展，社会保障体系建设、消除贫困、防灾减灾、医疗卫生、缩小地区发展差距等方面都取得了显著成效。

3. 生态建设、环境保护和资源合理开发利用方面。国家用于生态建设、环境治理的投入明显增加，能源消费结构逐步优化，重点江河水域的水污染综合治理得到加强，大气污染防治有所突破，资源综合利用水平明显提高，通过开展退耕还林、还湖、还草工作，生态环境的恢复与重建取得成效。

4. 可持续发展能力建设方面。各地区、各部门已将可持续发展战略纳入了各级各类规划和计划之中，全民可持续发展意识有了明显提高，与可持续发展相关的法律法规相继出台并正在得到不断完善和落实。

（二）我国在实施可持续发展战略方面仍面临着许多矛盾和问题

1. 制约我国可持续发展的突出矛盾主要是：经济快速增长与资源大量消耗、生态破坏之间的矛盾，经济发展水平的提高与社会发展相对滞后之间的矛盾，区域之间经济社会发展不平衡的矛盾，人口众多与资源相对短缺的矛盾，一些现行政策和法规与实施可持续发展战略的实际需求之间的矛盾等。

2. 亟待解决的问题主要有：人口综合素质不高，人口老龄化加快，社会保障体系不健全，城乡就业压力大，经济结构不尽合理，市场经济运行机制不完善，能源结构中清洁能源比重仍然很低，基础设施建设滞后，国民经济信息化程度依然很低，自然资源开发利用中的浪费现象突出，环境污染仍较严重，生态环境恶化的趋势没有得到有效控制，资源管理和环境保护立法与实施还存在不足。

随着经济全球化的不断发展，国际社会对可持续发展与共同发展的认识不断深化，行动步伐有所加快。我国应进一步发挥政府在组织、协调可持续发展战略中的作用，正确处理好经济全球化与可持续发展的关系，进一步积极参与国际合作，维护国家的根本利益，保障我国的国家经济安全和生态环境安全，促进我国可持续发展战略的顺利实施。

第二节　循环经济

循环经济以资源的高效利用和循环利用为目标，以"减量化（reducing）、再利用（reusing）、资源化（recycling）（3R）"为原则，以物质闭路循环和能量梯次使用为特征，按照自然生态系统物质循环和能量流动方式运行的经济模式。它要求运用生态学规律来指导人类社会的经济活动，其目的是通过资源高效和循环利用，实现污染的低排放甚至零排放，保护环境，实现社会、经济与环境的可持续发展。循环经济是把清洁生产和废弃物的综合利用融为一体的经济，本质上是一种生态经济，它要求运用生态学规律来指导人类社会的经济活动。

一、循环经济的起源及发展

循环经济的思想萌芽可以追溯到环境保护兴起的 20 世纪 60 年代。1962 年美国生态学家雷切尔·卡逊发表了《寂静的春天》，指出生物界以及人类所面临的危险。"循环经济"（cyclic economy）一词，首先由美国经济学家 K·波尔丁提出，主要指在人、自然资源和科学技术的大系统内，在资源投入、企业生产、产品消费及其废弃的全过程中，把传统的依赖资源消耗的线形增长经济，转变为依靠生态型资源循环来发展的经济。其"宇宙飞船经济理论"可以作为循环经济的早期代表。大致内容是：地球就像在太空中飞行的宇宙飞船，要靠不断消耗自身有限的资源而生存，如果不合理开发资源、破坏环境，就会像宇宙飞船那样走向毁灭。因此，宇宙飞船经济要求一种新的发展观：第一，必须改变过去那种"增长型"经济为"储备型"经济；第二，要改变传统的"消耗型经济"，而代之以休养生息的经济；第三，实行福利量的经济，摒弃只着重生产量的经济；第四，建立既不会使资源枯竭，又不会造成环境污染和生态破坏、能循环使用各种物资的"循环式"经济，以代替过去的"单程式"经济。

20 世纪 90 年代之后，发展知识经济和循环经济成为国际社会的两大趋势。同期我国引入了关于循环经济的思想。此后对于循环经济的理论研究和实践不断深入。

1998 年引入德国循环经济概念，确立"减量化、再利用、资源化（3R）"原理的中心地位；1999 年从可持续生产的角度对循环经济发展模式进行整合；2002 年从新兴工业化的角度认识循环经济的发展意义；2003 年将循环经济纳入科学发展观，确立物质减量化的发展战略；2004 年提出从不同的空间规模：城市、区域、国家层面大力发展循环经济。

二、循环经济的基本特征

传统经济是"资源-产品-废弃物"的单向直线过程，创造的财富越多，消耗的资源和产生的废弃物就越多，对环境资源的负面影响也就越大。循环经济则以尽可能小的资源消耗和环境成本，获得尽可能大的经济和社会效益，从而使经济系统与自然生态系统的物质循环过程相互和谐，促进资源永续利用。因此，循环经济是对"大量生产、大量消费、大量废弃"的传统经济模式的根本变革。其基本特征是：

在资源开采环节，要大力提高资源综合开发和回收利用率；

在资源消耗环节，要大力提高资源利用效率；

在废弃物产生环节，要大力开展资源综合利用；

在再生资源产生环节，要大力回收和循环利用各种废旧资源；

在社会消费环节，要大力提倡绿色消费。

三、循环经济发展的三条技术路径

从资源利用的技术层面来看，循环经济的发展主要是从资源的高效利用、循环利用和无害化生产三条技术路径来实现。

（1）资源的高效利用　依靠科技进步和制度创新，提高资源的利用水平和单位要素的产出率。在农业生产领域，一是通过探索高效的生产方式，集约利用土地、节约利用水资源和能源等。二是改善土地、水体等资源的品质，提高农业资源的持续力和承载力。在工业生产领域，资源利用效率提高主要体现在节能、节水、节材、节地和资源的综合利用等方面，是通过一系列的"高"与"低"、"新"与"旧"的替代、替换来实现的。在生活消费领域，提倡节约资源的生活方式，推广节能、节水用具。

（2）资源的循环利用　通过构筑资源循环利用产业链，建立起生产和生活中可再生利用资源的循环利用通道，达到资源的有效利用，减少向自然资源的索取，在与自然和谐循环中促进经济社会的发展。在农业生产领域，农作物的种植和畜禽、水产养殖本身就要符合自然生态规律，通过先进技术实现有机耦合农业循环产业链，是遵循自然规律并按照经济规律来组织有效的生产。在工业生产领域，以生产集中区域为重点区域，以工业副产品、废弃物、余热余能、废水等资源为载体，加强不同产业之间建立纵向、横向产业链接，促进资源的循环利用、再生利用。在生活和服务业领域，重点是构建生活废旧物质回收网络，充分发挥商贸服务业的流通功能，对生产生活中的二手产品、废旧物资或废弃物进行收集和回收，提高这些资源再回到生产环节的概率，促进资源的再利用或资源化。

（3）废弃物的无害化排放　通过对废弃物的无害化处理，减少生产和生活活动对生态环境的影响。在农业生产领域，主要是通过推广生态养殖方式，实行清洁养殖。在工业生产领域，推广废弃物排放减量化和清洁生产技术，应用燃煤锅炉的除尘脱硫脱硝技术，工业废油、废水及有机固体的分解、生化处理、焚烧处理等无害化处理，大力降低工业生产过程中的废气、废液和固体废物的产生量。在生活消费领域，提倡减少一次性用品的消费方式，培养垃圾分类的生活习惯。

四、中国的循环经济

"以人为本，全面、协调、可持续发展"的科学发展观，"要加快转变经济增长方式，将循环经济的发展理念贯穿到区域经济发展、城乡建设和产品生产中，使资源得到最有效的利用。"大力发展循环经济，把发展循环经济作为调整经济结构和布局，实现经济增长方式转变的重大举措。国务院下发了《国务院关于做好建设节约型社会近期重点工作的通知》和《国务院关于加快发展循环经济的若干意见》等一系列文件，"十一五"规划也把大力发展循环经济，建设资源节约型和环境友好型社会列为基本方略。

我国循环经济的发展要注重从不同层面协调发展。即小循环、中循环、大循环加上资源再生产业（也可称为第四产业或静脉产业）。

小循环——在企业层面，选择典型企业和大型企业，根据生态效率理念，通过产品生态设计、清洁生产等措施进行单个企业的生态工业试点，减少产品和服务中物料和能源的使用量，实现污染物排放的最小化。

中循环——在区域层面，按照工业生态学原理，通过企业间的物质集成、能量集成和信息集成，在企业间形成共生关系，建立工业生态园区。

大循环——在社会层面，重点进行循环型城市和省区的建立，最终建成循环经济型社会。

资源再生产业——建立废物和废旧资源的处理、处置和再生产业，从根本上解决废物和废旧资源在全社会的循环利用问题。

中国的循环经济立法主要体现在两个基本法律，即：2002 年 6 月全国人大常委会通过，2003 年 1 月 1 日起实施的《清洁生产促进法》；2008 年 8 月全国人大常委会通过，2009 年 1 月 1 日起实施的《循环经济促进法》。

《循环经济促进法》以"减量化、再利用、资源化"为主线，主要规定了下述一些重要的法律制度和措施：循环经济的规划制度；抑制资源浪费和污染物排放总量控制制度；循环经济的评价和考核制度；以生产者为主的责任延伸制度；对高耗能、高耗水企业设立重点监管制度；强化经济措施，建立激励机制，鼓励走循环经济的发展道路。

第三节　清　洁　生　产

一、清洁生产的由来

19 世纪工业革命以来，世界经济得到迅速发展，创造了人类前所未有的物质财富，但传统的工业是追求高投入与高产出为目标的单向线型经济发展模式，其结果是资源利用率低、排放物高，污染大。资源过度地被消耗，环境越来越遭到破坏，人类赖以生存的生态系统受到严重威胁。工业生产也面临丧失发展后劲的威胁。这就是"繁荣的代价"。

美国和欧洲工业发达国家从 1984 年至 1990 年相继开展了源头控制、预防污染的环保政策讨论。1984 年欧洲经济委员会在塔什干召开的国际会议上提出了"无废工艺"；美国环保局在 1984 年提出了"废物最少化"，1990 年又颁布了《污染预防法》，提出"通过源削减和环境安全的回收利用来减少污染物的数量和毒性，从而达到污染控制的要求。"对环境政策的讨论和实践使人们认识到，通过污染预防和废物的源削减，要比在废物产生后再进行治理有着更显著的经济与环境效益。

1989 年，联合国环境署工业与环境规划活动中心（UNEP/PAC）综合各国的预防污染研究成果，提出了"清洁生产"的概念，定义为"清洁生产是指将综合预防污染的环境策略持续地应用于生产过程和产品中，以减少对人类和环境的风险性。"清洁生产是环保战略由被动走向主动的一种转变。清洁生产的要求是在可持续的工业发展观的推动下产生的。

至此，一种新的预防污染战略——"清洁生产"诞生了，并在 1992 年的巴西"环境与发展"大会上作为可持续发展的战略之一，得到了各国政府认可。

二、我国推行清洁生产的进程

1993 年我国国家环保总局的世行环境援助项目开始在中国推行清洁生产，并在第一批企业进行了清洁生产审核示范。在第二次全国工业污染防治会议上，确定了清洁生产在我国工业污染防治中的作用。1994 年我国政府的《中国 21 世纪议程》中，清洁生产成为中国可持续发展战略的组成部分。1999 年国家发改委颁布了"实施清洁生产示范的通知"，此后，在 10 个重点行业 500 多家企业开展了清洁生产审核示范。国家为了推进清洁生产相继出台了一系列法律法规，2002 年颁布了《中华人民共和国清洁生产促进法》，2004 年国家发改委与国家环保总局联合颁布了《清洁生产审核暂行办法》（16 号令）。提出了强制实施清洁生产的要求，并陆续出台了鼓励企业实施清洁生产的优惠政策。从此企业清洁生产审核普遍开展起来。2007 年，国务院把实施清洁生产与落实节能减排工作结合起来，更加推动了企业开展清洁生产。清洁生产已经成为企业可持续发展的主要行动计划。

三、清洁生产

（一）清洁生产的目标

1. 通过资源的综合利用，短缺资源的代用，二次能源的利用，以及节能、降耗、节水，合理利用自然资源，减缓资源的耗竭，达到自然资源和能源利用的最合理化。

2. 减少废物和污染物的排放，促进工业产品的生产、消耗过程与环境相融，降低工业活动对人类和环境的风险，达到对人类和环境的危害最小化以及经济效益最大化。

（二）清洁生产的内容

1. 清洁能源。包括开发节能技术，尽可能开发利用再生能源以及合理利用常规能源。

2. 清洁生产过程。包括尽可能不用或少用有毒有害原料和中间产品。对原材料和中间产品进行回收，改善管理、提高效率。

3. 清洁产品。包括以不危害人体健康和生态环境为主导因素来考虑产品的制造过程甚至使用之后的回收利用，减少原材料和能源使用。

（三）清洁生产的定义

清洁生产的定义包含了两个全过程控制：生产全过程和产品整个生命周期全过程。对生产过程而言，清洁生产包括节约原材料与能源，尽可能不用有毒原材料并在生产过程中就减少它们的数量和毒性；对产品而言，则是从原材料获取到产品最终处置过程中，尽可能将对环境的影响减少到最低。

四、ISO 14000 和环境管理体系

（一）ISO 14000

1. ISO 简介　国际标准化组织（International Organization for Standardization）的英语简称，成立于 1947 年 2 月 23 日。ISO 负责除电工、电子领域和军工、石油、船舶制造之外的很多重要领域的标准化活动。ISO 现有 117 个成员，包括 117 个国家和地区。ISO 的最高权力机构是每年一次的全体大会，其日常办事机构是中央秘书处，设在瑞士日内瓦。ISO 的宗旨是"在世界上促进标准化及其相关活动的发展，以便于商品和服务的国际交换，在智力、科学、技术和经济领域开展合作。"ISO 通过它的 2856 个技术机构开展技术活动，其中技术委员会（简称 SC）共 611 个，工作组（WG）2022 个，特别工作组 38 个。中国于 1978 年加入 ISO，在 2008 年 10 月的第 31 届国际标准化组织大会上，中国正式成为 ISO 的常任理事国。

ISO 的主要功能是为人们制订国际标准达成一致意见提供一种机制。其主要机构及运作规则都在一本名为 ISO/IEC 技术工作导则的文件中予以规定。ISO 已经发布了 9200 个国际标准，如 ISO 公制螺纹、ISO 的 A4 纸张尺寸、ISO 的集装箱系列（目前世界上 95% 的海运集装箱都符合 ISO 标准）、ISO 的胶片速度代码、ISO 的开放系统互联（OS2）系列（广泛用于信息技术领域）和有名的 ISO9000 质量管理系列标准。

2. ISO14000　国际标准化组织（ISO）于 1993 年 6 月成立了 ISO/TC3207 环境管理技术委员会，正式开展环境管理系列标准的制定工作，以规划企业和社会团体等所有组织的活动、产品和服务的环境行为，支持全球的环境保护工作。该系列标准融合了世界上许多发达国家在环境管理方面的经验，是一种完整的、操作性很强的体系标准，包括为制定、实施、实现、评审和保持环境方针所需的组织结构、策划活动、职责、惯例、程序过程和资源。其中 ISO14001 是环境管理体系标准的主干标准，它是企业建立和实施环境管理体系并通过认证的依据 ISO14000 环境管理体系的国际标准，目的是规范企业和社会团体等所有组织的环境行为，以达到节省资源、减少环境污染、改善环境质量、促进经济持续、健康发展的目的。ISO14000 系列标准的用户是全球商业、工业、政府、非赢利性组织和其他用户，其目的是用来约束组织的环境行为，达到持续改善的目的，对消除非关税贸易壁垒即"绿色壁垒"，促进世界贸易具有重大作用。为了更加清晰和明确 ISO14001 标准的要求，ISO 对该标准进行了修订，并于 2004 年 11 月 15 日颁布了新版标准 ISO14001：2004 环境管理体系要求及使用指南。

ISO14000 作为一个多标准组合系统，按标准性质分三类。

第一类：基础标准——术语标准。

第二类：基础标准——环境管理体系、规范、原则、应用指南。

第三类：支持技术类标准（工具），包括：①环境审核；②环境标志；③环境行为评价；④生命周期评估。

目前 ISO14000 系列中共有 21 项标准出版，其中 ISO14001 和 ISO14004 提供了要求和

指南，其余各项标准涉及环境问题各个方面，包括标识、产品设计、绩效评估、温室气体、生命周期评价、通讯和审核等。

3. ISO 14000 的基本特点

（1）权威性　ISO 14000 是国际标准化组织制订的国际通用标准，其权威性得到世界各国的普遍认同，对其内容不能随意增删，也不能任意解释。

（2）普适性　ISO 14000 规定了各国通用的有关环境管理体系的各项要求，适用于各种性质、类型和规模的组织，也适用于不同的地理、文化和社会条件，还适用于组织的各种活动。

（3）自愿性　ISO 14000 是非政府国际组织推行的，并不具有法律上的强制性，只是一种非官方的规范。采用这个国际标准是组织自愿的选择，而不是被强制的行动。

（4）可操作性　ISO 14000 提供的不是些抽象、笼统或松散的原则，而是规范了为建立一个结构化、程序化和文件化的环境管理体系所应具备的各项制度、程序、体系的运行和评审方法。

（5）持续性　ISO 14000 的环境管理体系不是摆设品和宣传品，而应该是一台充满活力、时刻不断运转的机器，不断采取措施加以改进、充实和完善。

（二）ISO 14000 在中国

1995 年，中国环境管理标准化技术委员会成立，负责与 ISO 14000/TC 207 联络、跟踪、研究 ISO 14000 系列标准，并结合中国具体情况开展标准的转化、宣传和试点工作。国家技术监督局决定，把 ISO 14000 等同转化为中国国家标准。1997 年，中国环境管理体系认证国家指导委员会成立，实施环境管理体系的认证认可制度，对环境管理体系认证机构进行资格认可和审核人员注册管理。为了开展实施 ISO 14000 试点工作，国家环保局环境管理体系审核中心成立，进行调查、培训、宣传和咨询工作。一些地方也成立了地方的环境管理体系认证中心。

我国环境保护部先后在 13 个城市环保局开展了实施 ISO 14000 系列标准的区域试点工作，1999 年开始在全国 46 个环境保护重点城市开展创建 ISO 14000 国家示范区工作，先后制定了《关于开展创建 ISO 14000 国家示范区活动的通知（创建 ISO 14000 国家示范区实施办法）》、《ISO 14000 国家示范区创建条件》。目前，已有 32 个区域（经济技术开发区、高新技术产业开发区、国家重点风景名胜区、市级行政区）被国家环保总局批准为 ISO 14000 国家示范区。实践表明，创建示范区工作是我国引进国际先进的环境管理思想和模式、提高环境管理水平、有效预防污染、改善环境质量、提升区域国际竞争力的有效形式，在促进区域经济与环境的协调发展方面发挥了重要的示范作用。

第四节　低　碳

低碳（low carbon），指较低（更低）的温室气体（二氧化碳为主）排放。随着世界工业经济的发展、人口的剧增、人类欲望的无限上升和生产生活方式的无节制，世界气候面临越来越严重的问题，二氧化碳排放量越来越大，全球灾难性气候变化屡屡出现，已经严重危害到人类的生存环境和健康安全，即使人类曾经引以为豪的高速增长或膨胀的国内生产总值 GDP 也因为环境污染、气候变化而大打折扣（也因此，各国曾呼吁"绿色 GDP"的发展模式和统计方式）。

一、低碳历程

面对全球气候变化，急需世界各国协同减低或控制二氧化碳排放，1997 年 12 月，《联合国气候变化框架公约》第三次缔约方大会在日本京都召开。149 个国家和地区的代表通过了旨在限制发达国家温室气体排放量以抑制全球变暖的《京都议定书》。《京都议定书》规定，到 2010 年所有发达国家二氧化碳等 6 种温室气体的排放量，要比 1990 年减少 5.2％。2007 年 3 月，欧盟各成员国领导人一致同意，单方面承诺到 2020 年将欧盟温室气体排放量在 1990 年基础上至少减少 20％。2012 年之后如何进一步降低温室气体的排放，即所谓"后京都"问题是在内罗毕举行的《京都议定书》第 2 次缔约方会议上的主要议题。2007 年 12 月 15 日，联合国气候变化大会产生了"巴厘岛路线图"，"路线图"为 2009 年前应对气候变化谈判的关键议题确立了明确议程。2005 年 2 月 16 日，《京都议定书》正式生效。这是人类历史上首次以法规的形式限制温室气体排放。为了促进各国完成温室气体减排目标，议定书允许采取以下四种减排方式。

（1）两个发达国家之间可以进行排放额度买卖的"排放权交易"，即难以完成削减任务的国家，可以花钱从超额完成任务的国家买进超出的额度。

（2）以"净排放量"计算温室气体排放量，即从本国实际排放量中扣除森林所吸收的二氧化碳的数量。

（3）可以采用绿色开发机制，促使发达国家和发展中国家共同减排温室气体。

（4）可以采用"集团方式"，即欧盟内部的许多国家可视为一个整体，采取有的国家削减、有的国家增加的方法，在总体上完成减排任务。

二、低碳内涵

低碳内涵为：低碳社会、低碳经济、低碳生产、低碳消费、低碳生活、低碳城市、低碳社区、低碳家庭、低碳旅游、低碳文化、低碳哲学、低碳艺术、低碳音乐、低碳人生、低碳生存主义、低碳生活方式。

低碳经济和低碳生活又是其核心内容。

低碳经济，是以低能耗、低污染、低排放为基础的经济模式，是人类社会继农业文明、工业文明之后的又一次重大进步。"低碳经济"的理想形态是充分发展"阳光经济"、"风能经济"、"氢能经济"、"生物质能经济"。它的实质是提高能源利用效率和清洁能源结构、追求绿色 GDP 的问题，核心是能源技术创新、制度创新和人类生存发展观念的根本性转变。低碳经济是目前最可行的可量化的可持续发展模式。从世界范围看，预计到 2030 年太阳能发电也只达到世界电力供应的 10％，而全球已探明的石油、天然气和煤炭储量将分别在今后 46、58 和 118 年左右耗尽。因此，在"碳素燃料文明时代"向"太阳能文明时代"（风能、生物质能都是太阳能的转换形态）过渡的未来几十年里，"低碳经济"、"低碳生活"的重要含义之一，就是节约矿物能源的消耗，为新能源的普及利用提供时间保障。所谓低碳经济，是指在可持续发展理念指导下，通过技术创新、制度创新、产业转型、新能源开发等多种手段，尽可能地减少煤炭石油等高碳能源消耗，减少温室气体排放，达到经济社会发展与生态环境保护双赢的一种经济发展形态。发展低碳经济，一方面是积极承担环境保护责任，完成国家节能降耗指标的要求；另一方面是调整经济结构，提高能源利用效益，发展新兴工业，建设生态文明。特别从中国能源结构看，低碳意味节能，低碳经济就是以低能耗低污染为基础的经济。低碳经济几乎涵盖了所有的产业领域。被称之为"第五次全球产业浪潮"。

所谓低碳生活。就是把生活作息时间所耗用的能量要尽量减少，从而减低二氧化碳的排放量。低碳生活对于普通人来说是一种生活态度，也成为人们推进潮流的新方式。它给我们提出的是一个愿不愿意和大家共创造低碳生活的问题。我们应该积极提倡并去实践低碳生活，要注意节电、节气、熄灯一小时……从这些点滴做起。除了植树，还有人买运输里程很短的商品，有人坚持爬楼梯，等等。

三、我国低碳的发展

2006 年底，我国科技部、气象局、发改委、环保总局等六部委联合发布了我国第一部《气候变化国家评估报告》。

2007 年 8 月，国家发改委发布《可再生能源中长期发展规划》，可再生能源占能源消费总量的比例将从 7%大幅增加到 2010 年的 10%和 2020 年的 15%；优先开发水力和风力作为可再生能源；为达到此目标，到 2020 年共需投资 2 万亿元；国家将出台各种税收和财政激励措施，包括补贴和税收减免，出台市场导向的优惠政策，包括设定可再生能源发电的较高售价。

2007 年 9 月 8 日，亚太经合组织第十五次领导人非正式会议在澳大利亚悉尼召开，我国提四项建议应对全球气候变化，其中提出：应该加强研发和推广节能技术、环保技术、低碳能源技术，并建议建立"亚太森林恢复与可持续管理网络"，共同促进亚太地区森林恢复和增长，增加碳汇，减缓气候变化。

2008 年 1 月，国家发改委和 WWF（世界自然基金会）共同选定了上海和保定作为低碳城市发展项目试点。

2009 年 9 月，我国在联合国气候变化峰会上承诺，"中国将进一步把应对气候变化纳入经济社会发展规划，并继续采取强有力的措施。一是加强节能、提高能效工作，争取到 2020 年单位国内生产总值二氧化碳排放比 2005 年有显著下降。二是大力发展可再生能源和核能，争取到 2020 年非矿物能源占一次能源消费比重达到 15%左右。三是大力增加森林碳汇，争取到 2020 年森林面积比 2005 年增加 4000 万公顷，森林蓄积量比 2005 年增加 13 亿立方米。四是大力发展绿色经济，积极发展低碳经济和循环经济，研发和推广气候友好技术。"

在 2010 年上海世博会上，许多低耗环保的新型材料也一一亮相，会"呼吸"的墙壁、地板随处可见。世博会很多场馆使用的都是可回收利用的绿色材料，除了住、行，衣也可以低碳。比如，德国馆的工作人员身上所穿的制服采用了一种生态循环纤维，这种特殊的涤纶纤维可以循环回收使用。上海世博园还是目前国内最大的太阳能光伏发电应用园区。

国家发改委 2010 年 8 月 10 日发布《关于开展低碳省区和低碳城市试点工作的通知》，确定将在部分省市开展低碳试点工作，广东、辽宁、湖北、陕西、云南 5 个省，天津、重庆、深圳、厦门、杭州、南昌、贵阳、保定 8 个城市成为首批试点地区。上述地区低碳试点工作主要包括：编制低碳发展规划，制定支持低碳绿色发展配套政策，建立以低碳排放为特征的产业体系，建立温室气体排放数据统计和管理体系，倡导低碳绿色生活方式和消费模式。

四、关于低碳的争议

随着低碳问题日益成为热点，越来越多的人开始关注低碳，同时也出现了关于低碳的争议。随着气候门事件的爆发，联合国 IPCC 的科学家私自篡改数据以迎合全球变暖的事实令全世界震惊。国内的许多学者也相继表示：全球变暖存在巨大争议，低碳不等于环保！许多文章和书籍（例如《以碳之名》）更是系统地揭露了低碳骗局的前前后后。甚至有反对派把低碳说成了一种原教旨主义的歇斯底里。

当然，环境问题与人们的生活息息相关，这里为二氧化碳申冤并不是纵容人们破坏环境，比起那些以碳之名的做秀，我们更应该将精力投入到那些真正需要我们治理的环境问题中去。

第五节　绿 色 化 学

绿色化学（green chemistry）又称环境无害化学（environmental benign chemistry），在其基础上发展的技术称环境友好技术（environmental friendly technology）或洁净技术（clean technology）。

一、绿色化学的兴起和原则

（一）绿色化学的兴起

在人类历史上，对环境污染的治理经历了三个时期。

在 20 世纪中期，人们对化学物质毒性的时间性（chronic toxicity）、生物聚集作用（bioaccumulation）和致癌性（carcinogenicity）尚没有清醒的认识，对废水、废气和废渣的排放没有立法来限制，普遍认为只要把废水、废气和废渣稀释排放就可以高枕无忧了，这个时期的环境保护对策可以称为"稀释废物来防治环境污染"。

后来人们对化学品的环境危害有了更多的了解，制定了环境保护法规，开始限制废物的排放量，主要是限制废物排放的浓度，这个时期的环境保护对策就进入了"管制与控制"的时代。由于环境保护法规越来越严格，所以人们不得已对一些废水、废气和废渣进行后处理以后，才能排放，于是一系列废物的后处理技术应运而生，比如中和废液、洗涤排放废气、焚烧废渣等等。

1990 年，美国通过了《污染防治条例（the Pollution Prevention Act，PPA)》，这是美国全国的环境保护对策，申明环境保护的首选对策是在源头防止废物的生成，这就可以避免对化学废物进一步处理和控制。于是开辟了环境保护的第三个时期，即在继续对环境污染废物进行后处理的同时，大力加强从源头消除环境污染。

绿色化学就是从源头消除污染的一项措施，其内容包括重新设计化学合成、制造方法和化工产品来根除污染源，这是最为理想的防治环境污染的方法。

（二）绿色化学的原则

安纳斯塔斯(P. T. Anastas)和沃纳(J. C. Waner)提出了绿色化学的 12 条原则：

（1）防止废物的生成比在其生成以后再处理更好；

（2）设计的合成方法应该使生产过程中所采用的原料最大限度地进入产品之中；

（3）在设计合成方法时，只要可能，不论原料、中间产物和最终产品，都应该对人体健康和环境无毒、无害；

（4）设计化工产品时，必需使其具有高效，同时减少其毒性；

（5）应该尽可能避免使用溶剂、助剂，如果不可避免，也要选择无毒无害的；

（6）合成方法必须考虑能耗对成本与环境的影响，应该设法降低能耗，最好采用在常温常压下的合成方法；

（7）在技术可行和经济合理的前提下，要采用可再生资源代替消耗性资源；

（8）在可能的条件下，尽量不用非必要的衍生物，如限制性基团、保护/去保护作用、临时调变物理/化学工艺；

（9）在合成方法中采用高选择性的催化剂比使用化学计量（stoichiometric）助剂更优越；

（10）要把化工产品设计成当其使用功能终结以后，不会在环境中长期存在，而是能分解成可降解的无害产物；

（11）进一步开发分析方法，对危险物质在其生成以前就进行在线监测和控制；

（12）精心选择化学生产过程中的物质，使化学意外事故（包括渗透、爆炸、火灾等）的危险性降低到最小程度。

这12条原则现在已经为国际化学界公认，反映了近年来在绿色化学领域中多方面研究工作的内容，也指明了未来发展绿色化学的方向。

图13-1突出了绿色化学的主要研究领域，概括了绿色化学的关键内容。

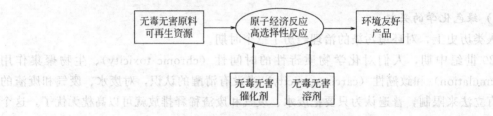

图13-1　绿色化学示意图

二、各国政府对绿色化学的政策和奖励

（一）美国"总统绿色化学挑战奖"

1995年3月16日，美国总统克林顿宣布设立"总统绿色化学挑战奖"，并于1996年7月在华盛顿国家科学院颁发了第一届奖项，其目的是通过把美国环保局与化学工业部门作为环境保护的合作伙伴，用这种新的模式来促进防治污染，建立工业生态的平衡。这个奖项为了重视和支持具有基础性和创新性、对工业界有实用价值的化学工艺新方法，通过减少资源的消耗实现防治环境污染。美国"总统绿色化学挑战奖"设立变更合成路线奖、变更溶剂/反应条件奖、设计更安全化学品奖、小企业奖以及学术奖五个奖项。美国在国家实验室、大学与企业之间组成了绿色化学研究院。

（二）日本的"新阳光计划"

20世纪90年代，日本政府规划的"新阳光计划"开始实施，目的在于防止全球气候变暖、在21世纪重建绿色地球，主要内容是能源和环境技术的研究开发。这项计划提出了"简单化学"的概念，即采用最大限度节约能源、资源和减少排放的简化生产工艺来实现未来的化学工业，为了地球环境而变革现有技术。

（三）中国的绿色化学活动

1995年中国科学院化学部组织了《绿色化学与技术——推进化工生产可持续发展的途径》院士咨询活动，对国内外绿色化学的现状与发展趋势进行了大量调研，并结合国内情况，提出了发展绿色化学与技术、消灭和减少环境污染源的七条建议。1997年由国家自然科学基金委员会和中国石油化工总公司联合资助的"九五"重大基础研究项目《环境友好石油化工催化化学与化学反应工程》正式启动；同年在《国家重点基础研究发展规划》中，把绿色化学的基础研究项目列为重要方向。

三、绿色化学与技术的发展动向

（一）采用"原子经济"反应

美国斯坦福大学的特罗斯特（B. M. Trost）教授最早提出"原子经济性"概念，即考虑在化学反应中究竟有多少原料的原子进入了产品之中，把"原子经济性"作为评估化学工艺的标准之一，要求尽可能地节约那些一般不可再生的原料资源，又要求最大限度地减少废物排放。"原子经济"的重要性现在已经被普遍承认，特罗斯特因此获得 1998 年度美国"总统绿色化学挑战奖"的学术奖。

要提高反应的原子经济性，就要通过开发新的反应途径，采用催化反应代替化学计量反应等手段，1997 年的美国"总统绿色化学挑战奖"的变更合成路线奖的获得者 BHC 公司的工作就是一个范例。这家公司开发了一种合成布洛芬（一种广泛使用的非类固醇类的镇静、止痛药物）的新工艺，传统生产工艺包括六步化学计量反应，原子的有效利用率低于 40％，新工艺采用三步催化反应，原子的有效利用率接近 80％。

2000 年的美国"总统绿色化学挑战奖"的新工艺奖授予了科罗拉多公司开发生产的一种抑制病毒的药物鸟嘌呤三酯的新工艺。新工艺比起老工艺来，把反应试剂和中间产物的数量从 22 种减少到 11 种，减少了 66％的废气和 89％的固体废弃物。5 种反应试剂中有 4 种不进入最终产物，在工艺过程中循环使用。

（二）在反应过程中尽可能采用无毒无害的原料、催化剂和溶剂

美国"总统绿色化学挑战奖"专门设立了变更合成路线奖和变更溶剂/反应条件奖，其中引人注目的有：孟山都公司从无毒无害的原料二乙醇胺出发，经过催化脱氢，开发了安全生产氨基二乙酸钠的新工艺，避免使用剧毒的原料氢氰酸，因此获得 1996 年变更合成路线奖。

美国弗莱克西斯公司在生产一种防治橡胶降解剂的中间体 4-ADPA 过程中，开发了一个新的环境友好路线，使用碱性促进剂实现氢对芳环的亲核取代反应，替代了传统的氯化反应，不仅消除了大量剧毒氯气的贮存、使用和处理，而且大大减少了废物的排放，因此获得 1998 年变更合成路线奖。

2000 年的美国"总统绿色化学挑战奖"授予了匹兹堡的拜耳公司开发的新型有机涂料，这种涂料是由聚异氰酸酯和聚醇反应得到的聚脲，将挥发性有机物减少 50％～90％，废气减少 50％～99％。

（三）用生物质作化工原料

150 年前，大多数工业有机化学品都来自植物提取的生物质（biomass），少数来自动物物质。后来煤被用作化工原料。在发明了从地下抽取石油的便宜方法以后，石油又成了主要的化工原料，现在 95％以上的有机化学品来自石油。但是地球上煤和石油储量有限，而且从 20 世纪 60 年代以来，人类已经逐渐认识到煤和石油化学工业对环境的负面影响。因此，科学家们已经开始考虑如何重新利用生物质代替煤和石油来生产人类需要的化学品。

生物质主要有两类。

（1）淀粉：玉米、小麦、土豆是淀粉类的代表。

（2）木质纤维素：农业废物（例如玉米秆和麦草秆）、森林废物和草类是木质纤维素的典型。

淀粉和木质纤维素都含有糖类聚合物，把它们破碎成单体以后就可以用于发酵，目前美

国政府补贴的用玉米生产燃料乙醇就是一个例子。他们先用湿磨和干磨技术磨粉，然后把淀粉转化成葡萄糖，再用酵母发酵。我国也开展用玉米生产燃料乙醇的研究，2001 年 9 月，吉林 60 万吨燃料乙醇工程举行开工典礼。车用乙醇汽油，是指将燃料乙醇和汽油按照体积比例调配后形成的乙醇含量为 10% 的车用燃料。现在，我国的 5 个重要产粮大省黑龙江、吉林、辽宁、河南和安徽已经开始利用当地的农产品资源生产有机燃料以节约对汽油的消耗。从 2004 年 11 月 1 日开始，黑龙江、吉林等省的所有车辆都必须使用车用乙醇汽油，同时我国陆续在其他地区推广这一做法。到 2005 年底，我国把乙醇汽油的试点范围扩大到 9 个省，其中黑龙江、吉林、辽宁、河南、安徽 5 省将实行全封闭试运行，湖北、山东、河北、江苏 4 个省的 27 个地市将逐渐扩大试点范围。我国 9 个省上百个地市基本上实现使用车用乙醇汽油。

地球上最多的生物质是木质纤维素，其中最丰富的成分是纤维素，探索如何把它们用作便宜的化工原料是用生物质代替煤和石油的关键之一。人们也可以用纤维素生产葡萄糖，但是更困难。为了分解木质纤维素，可以用几种"爆破"技术破坏它的结构，例如通高压蒸汽，再迅速降压，还可以用稀酸、有机溶胶技术和超临界萃取处理。

1996 年度美国"总统绿色化学挑战奖"的首届学术奖就授予了得克萨斯 A&M 大学的霍尔扎普尔（M. Holtzapple）教授，因为他开发了一套用石灰处理和细菌发酵等简单技术，可以把废弃的生物质转化成动物饲料、工业化学品和燃料。

1999 年度美国"总统绿色化学挑战奖"的小企业奖授予拜耳费恩公司，因为他们开发了一种把廉价的废弃纤维素转化为乙酰丙酸及其衍生物的新技术。

（四）采用超临界流体作化学合成中的溶剂

挥发性有机化合物被人们广泛用做化学合成中的溶剂，并在油漆、涂料的喷雾剂和泡沫塑料的发泡剂中使用，它们是环境的严重污染源。绿色化学研究的另一个重点就是用无毒无害的液体代替这些挥发性有机化合物作溶剂。在过去 20 多年当中，物理化学家们对超临界流体已经进行了大量研究，并在诸如临界现象、溶解度和溶剂团簇等问题上取得了重大进展。超临界流体已经有几种商业化或接近商业化应用，像萃取（例如用超临界二氧化碳从咖啡中萃取咖啡因）和色谱、高精度的清洗和在超临界水中的废物处理等。目前正在研究把超临界流体溶剂用于化学合成中。

当二氧化碳被压缩成超临界流体时，具有许多优良性能：无毒、不可燃、廉价，而且可以使许多反应的速率加快和（或）选择性增加，因此可以成为一种优良的绿色化学溶剂。道尔化学公司用 100% 的二氧化碳代替氯氟烃作为聚苯乙烯塑料的发泡剂，因此获得 1996 年度美国"总统绿色化学挑战奖"的变更溶剂/反应条件奖。

1997 年度美国"总统绿色化学挑战奖"的学术奖授予北卡罗来纳大学的德西蒙（J. M. DeSimone）教授，奖励他设计了一类表面活性剂，可以产生亲二氧化碳和亲溶质的两性作用，从而使二氧化碳可以广泛地作为溶剂使用，代替含卤素的常规有机溶剂。

（五）设计、生产和使用环境友好的产品

环境友好的产品在加工、应用及功能消失以后都不会对人类健康和生态环境产生危害，美国"总统绿色化学挑战奖"的设计更安全化学品奖就是对这一类绿色化学产品的奖励。1996 年至 1999 年度的获奖项目分别是：罗姆和海斯公司开发成功对环境安全的海洋生物防污剂，用于阻止海洋船底的生物污损；阿尔布赖特和威尔森公司基于一个新的抗微生物的化学原理，发明了全新的低毒性、能快速降解的 THPS 杀菌剂；罗姆和海斯公司发明和成功应用了一类安全高效、具有选择性杀虫效果的杀虫剂系列产品，在环境中不积累、不挥发，现在已经被美国环保局作为减小危害农药来推广。

2000 年的美国"总统绿色化学挑战奖"的小企业奖授予了瑞夫泰克公司开发的一种光致聚合涂料，可以在啤酒瓶上印上彩色商标，不再使用有毒的含铬黄色颜料和含镉红色颜料，只使用有机染料，啤酒瓶回收后只需用碱就能把瓶子上的商标洗掉。

第六节　中国的环境保护

一、环境状况公报

根据《中华人民共和国环境保护法》第 11 条"国务院和省、市、自治区、直辖市人民政府的环境保护行政主管部门，应当定期发布环境状况公报"的规定，国家环境保护局自 1990 年起，每年世界环境日前后发布上一年的公报。这项措施对于提高全民族的环境意识、促进环境建设和环境管理的发展，具有十分重要的意义。编写《中国环境状况公报》的主持单位是国家环境保护总局，成员单位有国土资源部、建设部、水利部、农业部、国家统计局、国家林业局、国家海洋局、中国气象局和中国地震局。内容包括水环境、海洋环境、大气环境、声环境、工业固体废物、辐射环境、耕地/土地、森林/草地、生物多样性、气候与自然灾害等多项，每一项中既有上一年的状况，又有措施和行动。

在公报中我们看到：2010 年，中国部分环境质量指标持续好转。全国地表水国控断面高锰酸盐指数年均浓度为 $4.9mg/m^3$，比上年下降 3.9%，比 2005 年下降 31.9%；全国城市空气中二氧化硫年平均浓度为 $0.034mg/m^3$，达到国家环境空气质量二级标准，比上年下降 2.8%，比 2005 年下降 19.0%。但是，环境总体形势依然十分严峻，面临许多困难和挑战。

全国地表水污染依然较重。长江、黄河、珠江、松花江、淮河、海河和辽河等七大水系总体为轻度污染。204 条河流 409 个国控断面中，Ⅰ～Ⅲ类、Ⅳ～Ⅴ类和劣Ⅴ类水质的断面比例分别为 59.9%、23.7%和 16.4%。长江、珠江总体水质良好，松花江、淮河为轻度污染，黄河、辽河为中度污染，海河为重度污染。湖泊（水库）富营养化问题依然突出，在监测营养状态的 26 个湖泊（水库）中，富营养化状态的湖泊（水库）占 42.3%。

全国近岸海域水质总体为轻度污染。一、二类海水比例为 62.7%，三类海水为 14.1%，四类和劣四类海水为 23.2%。四大海区中，黄海和南海近岸海域水质良好，渤海近岸海域水质差，东海近岸海域水质极差。与上年相比，胶州湾一、二类海水比例上升 25.0%，渤海湾、长江口和珠江口一、二类海水比例下降 20.0%以上。

全国开展酸雨监测的 494 个城市（县）中，出现酸雨的城市 249 个，占 50.4%，酸雨程度严重或较重（降水年均 pH 值<5.0）的城市有 107 个，占 21.6%，与上年基本持平。

全国城市空气质量总体良好，但部分城市污染仍较重；酸雨分布区域保持稳定，但酸雨污染仍较重。全国 471 个县级及以上城市开展环境空气质量监测，其中 3.6%的城市达到一级标准，79.2%的城市达到二级标准，15.5%的城市达到三级标准，1.7%的城市劣于三级标准。113 个环境保护重点城市达到二级标准的比例为 73.5%，较上年提高 6.2 个百分点。

全国城市声环境质量总体较好。全国 73.7%的城市区域声环境质量处于好或较好水平，环境保护重点城市区域声环境质量处于好或较好水平的占 72.5%；全国 97.3%的城市道路交通声环境质量为好或较好；全国城市各类功能区昼间达标率为 88.4%，夜间达标率为 72.8%。

全国辐射环境质量总体良好。环境电离辐射水平保持稳定，核设施、核技术利用项目周围环境电离辐射水平总体未见明显变化；环境电磁辐射水平总体情况较好，电磁辐射设施周围环境电磁辐射水平总体未见明显变化。

全国部分生态系统功能有所改善，但主要生态环境问题依然突出。生物多样性下降趋势尚未得到有效遏制，遗传资源不断丧失和流失。

农村环境问题日益显现，农业源污染物排放总量较大，局部地区形势有所好转，但总体形势仍十分严峻。

二、《中国 21 世纪议程》

1994 年 3 月 25 日，国务院第 10 次常务会议讨论通过了《中国 21 世纪议程》，即《中国 21 世纪人口、环境与发展》白皮书。

《中国 21 世纪议程》是从中国的具体国情和环境与发展的总体出发，提出的促进经济、社会、资源、环境以及人口、教育相互协调、可持续发展的总体战略和政策措施方案。它是制定中国国民经济和社会发展中长期计划的一个指导性文件。

《中国 21 世纪议程》共 24 章、78 个方案领域，20 余万字。共四大部分。

第一部分：可持续发展总战略。从总体上论述了中国可持续发展的背景、必要性、战略与对策，提出了到 2000 年各主要产业发展目标、社会发展目标和与上述目标相适应的可持续发展对策。包括建立中国可持续发展的法律体系，通过立法保障妇女、青少年、少数民族、工人、科技界等社会各阶层参与可持续发展以及相应的决策过程。制定和推行有利于可持续发展的经济政策、技术政策和税收政策，包括考虑将资源和环境因素纳入经济核算体系。逐步建立《中国 21 世纪议程》发展基金，广泛争取民间和国际资金支持。加强现有信息系统的联网和信息共享。重视对各级领导和管理人员实施能力培训等。

第二部分：社会可持续发展。包括控制人口增长和提高人口素质。引导民众采用新的消费方式和生活方式。在工业化和城市化的进程中，发展中心城市和小城镇，发展社区经济，注意扩大就业容量，大力发展第三产业。加强城乡就业规划，合理使用土地，注意将环境的分散治理协调统一管理机制。增强贫困地区与自身经济发展相适应的自身灾害防治体系。

第三部分：经济可持续发展。包括利用市场机制和经济手段推动可持续发展，提供新的就业机会。完善农业和农村经济可持续发展综合管理体系。要在工业生产中积极推广清洁生产，尽快发展环保产业，发展多种交通模式，提高能源效率与节能，推广少污染的煤炭开发开采技术和清洁煤技术，开发利用新能源和可再生能源。

第四部分：资源的合理利用与环境保护。包括在自然资源管理决策中推选可持续发展影响评价制度。通过科学技术引导，对重点区域的流域进行综合开发整治。完善生物多样性保护法规体系，建立和扩大自然保护区网络。建立全国土地荒漠化的监测和信息系统，采用新技术和先进设备控制大气污染和防治酸雨。开发消耗臭氧层物质的替代产品和替代技术。大面积造林。建立有害物质处理利用的法规、技术标准等。

《中国 21 世纪议程》优先项目的计划目标：

(1) 近期目标（1994～2000 年） 重点是针对中国存在的环境与发展突出的矛盾采取应急行动，并为长期可持续发展的重大举措打下坚实基础，使中国在保持 10% 左右经济增长速度的情况下，使环境质量、生活质量、资源状况不再恶化，并局部有所改善；加强可持续发展的能力建设也是近期的重点目标。

（2）中期目标（2000～2010 年）　重点是为改变发展模式和消费模式而采取的一系列可持续发展行动：完善适用于可持续发展的管理体制、经济产业政策、技术体系和社会行为规范。

（3）长期目标（2010 年以后）　重点是恢复和健全中国经济-社会-生态系统调控能力，使中国经济、社会发展保持在环境和资源的承受能力之内，探索一条适合中国国情的高效、和谐、可持续发展的现代化道路，对全球的可持续发展进程做出应有的贡献。

《中国 21 世纪议程》优先项目计划框架的优先领域：

（1）资源与环境保护　资源综合管理与政策；土地、森林、淡水、海洋、矿产等资源保护与可持续利用；水土保持与荒漠化防治；环境污染控制。

（2）全球环境问题　气候变化问题；生物多样性保护问题；臭氧层保护问题。

（3）人口控制与社会可持续发展　控制人口数量，提高人口素质；扶贫；中国城市可持续发展；卫生与健康；防灾减灾。

（4）可持续发展能力建设　强化和完善可持续发展管理机制；可持续发展立法与实施；转变传统观念，提高公众可持续发展意识；技术能力建设。

（5）工业交通的可持续性发展　强化市场条件下具有可持续发展能力的工业管理体制与政策；改善工业布局与结构；开展清洁生产与废物最小量化；开发高效节能型工业污染治理技术；发展环保产业，生产绿色产品；加强交通、通讯业的可持续发展。

（6）农业可持续性发展　强化农业发展的宏观调控政策；选择可持续性农业科学技术；促进农村人口资源开发和充分就业；发展生态农业；制定和实施有利于乡镇建设的规划与政策，控制乡镇企业环境的污染。

（7）持续的能源生产与消费　提高能源效率与节能；清洁煤技术；新能源和可再生能源。

三、节能减排

《中华人民共和国节约能源法》所称节约能源（简称节能），是指加强用能管理，采取技术上可行、经济上合理以及环境和社会可以承受的措施，从能源生产到消费的各个环节，降低消耗、减少损失和污染物排放、制止浪费，有效、合理地利用能源。我国快速增长的能源消耗和过高的石油对外依存度促使政府在 2006 年年初提出：希望到 2010 年，单位国民生产总值 GDP 能耗比 2005 年降低两成、主要污染物排放减少一成。这两个指标结合在一起，就是我们所说的"节能减排"。

我国经济快速增长，各项建设取得巨大成就，但也付出了巨大的资源和环境被破坏的代价，这两者之间的矛盾日趋尖锐，群众对环境污染问题反应强烈。这种状况与经济结构不合理、增长方式粗放直接相关。不加快调整经济结构、转变增长方式，资源支撑不住，环境容纳不下，社会承受不起，经济发展难以为继。只有坚持节约发展、清洁发展、安全发展，才能实现经济又好又快发展。同时，温室气体排放引起全球气候变暖，备受国际社会广泛关注。进一步加强节能减排工作，也是应对全球气候变化的迫切需要。

《中华人民共和国节约能源法》指出"节约资源是我国的基本国策。国家实施节约与开发并举、把节约放在首位的能源发展战略。"

国务院印发的发改委会同有关部门制定的《节能减排综合性工作方案》，明确了 2010 年中国实现节能减排的目标任务和总体要求。

《方案》指出，到 2010 年，中国万元国内生产总值能耗将由 2005 年的 1.2 吨标准煤下降到 1 吨标准煤以下，降低 20％左右；单位工业增加值用水量降低 30％。"十一五"期间，中国主要污染物排放总量减少 10％，到 2010 年，二氧化硫排放量由 2005 年的 2549 万吨减少到 2295 万吨，化学需氧量（COD）由 1414 万吨减少到 1273 万吨；全国设市城市污水处理率不低于 70％，工业固体废物综合利用率达到 60％以上。

"十一五"期间，关停小火电机组 7000 多万千瓦，淘汰炼铁落后产能超过 1 亿吨，水泥产能超过 2.6 亿吨。此外，通过实施工业锅炉改造余热余压利用、节约和替代石油、建筑节能、绿色照明等十大重点节能工程，形成 2.6 亿吨标准煤的节能能力；大力建设城镇污水、垃圾处理设施，新增城镇污水日处理能力 4560 万吨；普遍建设了火电厂烟气脱硫装置，投运的脱硫装置达到 4.6 亿千瓦，采取财政补贴方式推广节能灯 3.6 亿支以上，节能汽车 20 万辆以及高效节能电机等节能产品。

2010 年，中国化学需氧量排放总量 1238.1 万吨，比上年下降 3.09％；二氧化硫排放总量 2185.1 万吨，比上年下降 1.32％。与 2005 年相比，化学需氧量和二氧化硫排放总量分别下降 12.45％和 14.29％，均超额完成 10％的减排任务。

"十二五"期间，将把大幅度地降低能源消耗强度、二氧化碳排放强度和主要污染物的排放总量作为重要的约束性指标，强化各项政策措施，加快建立节能减排长效机制。

"十二五"节能减排专项规划重点涉及六大方面：

一要依法节能，确保各项制度的落实，使节能由劝导、鼓励逐步转向依法强制执行的硬性要求；

二要强化目标责任，科学确定、分解落实节能减排和应对气候变化的各项目标任务，合理控制能源消费总量，加强评价考核，实行严格的责任制和问责制；

三要加快结构调整，实行固定资产投资项目节能评估审查和环境影响评估审查；

四要加大技术推广力度，大力支持先进节能技术产业化、节能技术改造、节能产品惠民工程，城镇污水垃圾处理机配套设施建设，烟气脱硫脱硝、清洁生产、重金属污染治理等重点工程建设；

五要完善政策机制，理顺煤、电、油、气、水、矿产等资源类产品价格关系，严格落实差别电价、惩罚性电价和脱硫电价；

六要引导绿色消费，鼓励使用节能节水的认证产品、环境标志产品和再生利用产品。

《环境保护部关于 2010 年度全国城市环境综合整治定量考核结果的通报》公布 2010 年度全国城市环境综合整治定量考核（简称"城考"）结果。

2010 年，全国设市城市已全部纳入年度"城考"范围。考核结果显示：一是全国城市环境质量基本保持稳定。2010 年，全国城市全年空气优良天数比率平均为 70.85％；全国城市地表水环境功能区（城区）水质达标率平均为 86.81％；全国城市区域声环境质量和城市道路交通声环境质量较 2009 年均有所好转。

二是全国城市环境基础设施建设水平进一步提高。2010 年，全国城市生活污水集中处理率为 65.12％，城市生活垃圾无害化处理率为 72.91％。

三是全国城市污染控制水平有待进一步提升。2010 年，全国城市工业固体废弃物处置利用率平均为 90.66％，工业危险废物处置利用率平均为 93.59％。全国城市机动车环保定期检验（达标）率平均为 57.86％。

四、中国跨世纪绿色工程

这个规划主要包括地区和流域环境综合整治项目、城市环保基础设施建设项目、生态恢复和保护项目等。国家重点进行三河（淮河、辽河、海河）、三湖（滇池、巢湖、太湖）、两区（二氧化硫污染控制区、酸雨控制区）、一市（北京市）、一海（渤海）的污染控制工作（简称 33211 工程），同时，还对"三区"即特殊生态功能区、重点资源开发区以及生态良好区进行重点生态环境保护，以确保国家环境安全，促进可持续发展战略的实施。

习　题

1.《寂静的春天》这本书的作者是谁？书的主要内容是什么？

2. 每年的"世界环境日"是哪一天？为什么选中这一天？

3.《21 世纪议程》是在联合国哪次会议上通过的？

4. 什么是可持续发展？可持续发展有哪几项基本原则？

5. 循环经济以什么为原则？

6. 什么是清洁生产？其目标和内容是什么？

7. ISO 14000 是有关什么的标准？有什么基本特点？

8. 低碳的核心内容是什么？

9. 绿色化学的主要原则是什么？有哪些主要研究领域？

10. 什么是"原子经济性"？

11.《中国环境状况公报》每年什么时候发布？由哪个机构发布？

12.《中国 21 世纪议程》的主要内容有哪几方面？

13. 中国跨世纪绿色工程规划的重点（33211 工程）是什么？

货币标价项目。国际通用货币三种（美元、北约马克、欧元），三国（南非、单独、无利）、西以（乙和化合价生化氧化），废标计划区），一种（北无市）；一群（高等）能完保护工作等称 S521工程。同时，比好 3℃以，曲线指本态识温度，重点临离石等民以土态足以反击调查监态本态保险业，给分运均当水的方。用可以化设保险证的关标

附　　录

附录一　一些弱酸、弱碱的解离常数

1. 弱酸的 $K_a^{\ominus}$（298.15K）

弱酸	$K_a^{\ominus}$	$pK_a^{\ominus}$	弱酸	$K_a^{\ominus}$	$pK_a^{\ominus}$
H_3AsO_4	5.50×10^{-3}	2.26	H_3PO_4	6.92×10^{-3}	2.16
$H_2AsO_4^-$	1.74×10^{-7}	6.76	$H_2PO_4^-$	6.17×10^{-8}	7.21
$HAsO_4^{2-}$	5.13×10^{-12}	11.29	HPO_4^{2-}	4.79×10^{-13}	12.32
$H_2AsO_3^-$	5.13×10^{-10}	9.29	H_3PO_3	5.01×10^{-2}	1.3
H_3BO_3	5.37×10^{-10}	9.27	$H_2PO_3^-$	2.0×10^{-7}	6.70
$HBrO$	2.82×10^{-9}	8.55	H_2SO_3	1.41×10^{-2}	1.85
H_2CO_3	4.47×10^{-7}	6.35	HSO_3^-	6.31×10^{-8}	7.20
HCO_3^-	4.68×10^{-11}	10.33	HSO_4^-	1.02×10^{-2}	1.99
HCN	6.17×10^{-10}	9.21	H_2Se	1.3×10^{-4}	3.89
H_2CrO_4	0.18	0.74	HSe^-	1.0×10^{-11}	11.0
$HCrO_4^-$	3.24×10^{-7}	6.49	H_2S	8.91×10^{-8}	7.05
HF	6.31×10^{-4}	3.20	HS^-	1.0×10^{-19}	19.0
HIO	3.16×10^{-11}	10.5	$HCOOH$	1.78×10^{-4}	3.75
HIO_3	1.66×10^{-1}	0.78	CH_3COOH	1.75×10^{-5}	4.757
HNO_2	5.62×10^{-4}	3.25	CH_2CHCO_2H	5.62×10^{-5}	4.25
H_2O_2	2.40×10^{-12}	11.62			

2. 弱碱的 $K_b^{\ominus}$（298.15K）

弱酸	$K_b^{\ominus}$	$pK_b^{\ominus}$	弱酸	$K_b^{\ominus}$	$pK_b^{\ominus}$
$NH_3\cdot H_2O$	1.80×10^{-5}	4.74	NH_2NH_2(联氨)	1.41×10^{-6}	5.85
NH_2OH(羟胺)	8.81×10^{-9}	8.055	C_5H_5N(吡啶)	1.80×10^{-9}	8.74

注：摘自参考文献 [2]。

附录二　一些配离子的稳定常数（298.15K）

配离子	$K_稳^{\ominus}$	配离子	$K_稳^{\ominus}$
$Ag^+ + 2CN^- = [Ag(CN)_2]^-$	1.0×10^{21}	$Ag^+ + 2S_2O_3^{2-} = [Ag(S_2O_3)_2]^{3-}$	1.0×10^{13}
$Ag^+ + NH_3 = [Ag(NH_3)]^+$	2.5×10^3	$Al^{3+} + 6F^- = [AlF_6]^{3-}$	6.9×10^{19}
$[Ag(NH_3)]^+ + NH_3 = [Ag(NH_3)_2]^+$	6.3×10^3	$Al(OH)_3 + OH^- = [Al(OH)_4]^-$	40
$Ag^+ + 2NH_3 = [Ag(NH_3)_2]^+$	1.7×10^7	$Cd^{2+} + 4CN^- = [Cd(CN)_4]^{2-}$	7.1×10^{16}

配 离 子	$K_稳^\ominus$	配 离 子	$K_稳^\ominus$
$Cd^{2+}+4I^-=[CdI_4]^{2-}$	2×10^6	$Fe^{3+}+4Cl^-=[FeCl_4]^-$	8×10^{-2}
$Cd^{2+}+4NH_3=[Cd(NH_3)_4]^{2+}$	4.0×10^6	$Fe^{3+}+SCN^-=[Fe(SCN)]^{2+}$	1.4×10^2
$Co^{2+}+6NH_3=[Co(NH_3)_6]^{2+}$	7.7×10^4	$[Fe(SCN)]^{2+}+SCN^-=[Fe(SCN)_2]^+$	16
$Co^{3+}+6NH_3=[Co(NH_3)_6]^{3+}$	4.5×10^{33}	$[Fe(SCN)_2]^++SCN^-=Fe(SCN)_3$	1
$Cr(OH)_3+OH^-=[Cr(OH)_4]^-$	1×10^{-2}	$Hg^{2+}+4CN^-=[Hg(CN)_4]^{2-}$	2.5×10^{41}
$Cu^++4CN^-=[Cu(CN)_4]^{3-}$	2.0×10^{27}	$Hg^{2+}+4Cl^-=[HgCl_4]^{2-}$	1.7×10^{16}
$Cu^{2+}+4Cl^-=[CuCl_4]^{2-}$	4.0×10^5	$Hg^{2+}+4I^-=[HgI_4]^{2-}$	2.0×10^{30}
$Cu^++2NH_3=[Cu(NH_3)_2]^+$	1×10^{11}	$I^-+I_2=I_3^-$	7.1×10^2
$Cu^{2+}+NH_3=[Cu(NH_3)]^{2+}$	$2.0\times10^4(K_1^\ominus)$	$Ni^{2+}+6NH_3=[Ni(NH_3)_6]^{2+}$	4.8×10^7
$[Cu(NH_3)]^{2+}+NH_3=[Cu(NH_3)_2]^{2+}$	$4.2\times10^3(K_2^\ominus)$	$Pb(OH)_2+OH^-=[Pb(OH)_3]^-$	50
$[Cu(NH_3)_2]^{2+}+NH_3=[Cu(NH_3)_3]^{2+}$	$1.0\times10^3(K_3^\ominus)$	$Sn(OH)_4+2OH^-=[Sn(OH)_6]^{2-}$	5×10^3
$[Cu(NH_3)_3]^{2+}+NH_3=[Cu(NH_3)_4]^{2+}$	$1.7\times10^2(K_4^\ominus)$	$Zn^{2+}+4CN^-=[Zn(CN)_4]^{2-}$	5×10^{16}
$Cu^++4NH_3=[Cu(NH_3)_4]^{2+}$	1.4×10^{13}①	$Zn(OH)_2+2OH^-=[Zn(OH)_4]^{2-}$	10
$Fe^{2+}+6CN^-=[Fe(CN)_6]^{4-}$	1.0×10^{35}	$Zn^{2+}+4NH_3=[Zn(NH_3)_4]^{2+}$	3.8×10^9
$Fe^{3+}+6CN^-=[Fe(CN)_6]^{3-}$	1.0×10^{42}		

① $K_稳^\ominus=K_1^\ominus K_2^\ominus K_3^\ominus K_4^\ominus$

注：摘自参考文献 [11].

附录三　溶度积常数（298.15K）

化合物	$K_{sp}^\ominus$	化合物	$K_{sp}^\ominus$	化合物	$K_{sp}^\ominus$
$AgAc$	1.94×10^{-3}	$CdC_2O_4\cdot3H_2O$	1.42×10^{-8}	$MgCO_3$	6.82×10^{-6}
$AgBr$	5.35×10^{-13}	$Cd(OH)_2$	7.2×10^{-15}	MgF_2	5.16×10^{-11}
Ag_2CO_3	8.46×10^{-12}	CdS	8.0×10^{-27}	$Mg(OH)_2$	5.61×10^{-12}
$AgCl$	1.77×10^{-10}	$Co(OH)_2$	5.92×10^{-15}	$MnCO_3$	2.24×10^{-11}
$Ag_2C_2O_4$	5.40×10^{-12}	$CuBr$	6.27×10^{-9}	$Mn(OH)_2$	2×10^{-13}
Ag_2CrO_4	1.12×10^{-12}	$CuCN$	3.47×10^{-20}	$MnS(结晶)$	3×10^{-13}
AgI	8.52×10^{-17}	$Cu(OH)_2$	4.80×10^{-20}	$NiCO_3$	1.42×10^{-7}
$AgIO_3$	3.17×10^{-8}	$CuCl$	1.72×10^{-7}	$Ni(OH)_2$	5.48×10^{-16}
Ag_3PO_4	8.89×10^{-17}	CuI	1.27×10^{-12}	$Pb(OH)_2$	1.43×10^{-20}
Ag_2S	6×10^{-50}	$Cu_3(PO_4)_2$	1.40×10^{-37}	PbS	3×10^{-27}
Ag_2SO_4	1.2×10^{-5}	CuS	6×10^{-36}	$PbBr_2$	6.60×10^{-6}
$BaCO_3$	2.58×10^{-9}	$FeCO_3$	3.13×10^{-11}	$PbCO_3$	7.40×10^{-14}
$BaCrO_4$	1.17×10^{-10}	$Fe(OH)_2$	4.87×10^{-17}	$PbCl_2$	1.70×10^{-5}
BaF_2	1.84×10^{-7}	$Fe(OH)_3$	2.79×10^{-39}	PbI_2	9.8×10^{-9}
$BaSO_3$	5.0×10^{-10}	FeS	6×10^{-18}	$PbSO_4$	2.53×10^{-8}
$BaSO_4$	1.08×10^{-10}	Hg_2Cl_2	1.43×10^{-18}	$Sn(OH)_2$	5.45×10^{-27}
$CaCO_3$	3.36×10^{-9}	Hg_2I_2	5.2×10^{-29}	$SrCO_3$	5.60×10^{-10}
$CaC_2O_4\cdot H_2O$	2.32×10^{-9}	$HgS(红)$	4.0×10^{-53}	$SrSO_4$	3.44×10^{-7}
CaF_2	3.45×10^{-11}	$HgS(黑)$	2×10^{-52}	$ZnCO_3$	1.46×10^{-10}
$Ca(OH)_2$	5.02×10^{-6}	Hg_2SO_4	6.5×10^{-7}	$ZnC_2O_4\cdot2H_2O$	1.38×10^{-9}
$Ca_3(PO_4)_2$	2.07×10^{-33}	KIO_4	3.71×10^{-4}	$Zn(OH)_2$	3×10^{-17}
$CaSO_4$	4.93×10^{-5}	$K_2[PtCl_6]$	7.48×10^{-6}	$\alpha\text{-}ZnS$	2×10^{-24}
$CaSO_3\cdot0.5H_2O$	3.1×10^{-7}	Li_2CO_3	8.15×10^{-4}	$\beta\text{-}ZnS$	3×10^{-22}
$CdCO_3$	1.0×10^{-12}	LiF	1.84×10^{-3}		

注：摘自参考文献 [2].

附录四 标准电极电势

（298.15K 本表按 $E^{\ominus}$ 代数值由小到大编排）

1. 在酸性溶液中

电 极 反 应	$E^{\ominus}$/V	电 极 反 应	$E^{\ominus}$/V
$Li^+ + e^- = Li$	-3.0401	$VO^{2+} + 2H^+ + e^- = V^{3+} + H_2O$	0.337
$Cs^+ + e^- = Cs$	-3.026	$Cu^{2+} + 2e^- = Cu$	0.3419
$Rb^+ + e^- = Rb$	-2.98	$Ag_2CrO_4 + 2e^- = 2Ag + CrO_4^{2-}$	0.4470
$K^+ + e^- = K$	-2.931	$H_2SO_3 + 4H^+ + 4e^- = S + 3H_2O$	0.449
$Ba^{2+} + 2e^- = Ba$	-2.912	$Cu^+ + e^- = Cu$	0.521
$Sr^{2+} + 2e^- = Sr$	-2.899	$I_2 + 2e^- = 2I^-$	0.5355
$Ca^{2+} + 2e^- = Ca$	-2.868	$MnO_4^- + e^- = MnO_4^{2-}$	0.558
$Na^+ + e^- = Na$	-2.71	$H_3AsO_4 + 2H^+ + 2e^- = HAsO_2 + 2H_2O$	0.560
$Mg^{2+} + 2e^- = Mg$	-2.372	$TeO_2 + 4H^+ + 4e^- = Te + 2H_2O$	0.593
$\frac{1}{2}H_2 + e^- = H^-$	-2.23	$O_2 + 2H^+ + 2e^- = H_2O_2$	0.695
$Sc^{3+} + 3e^- = Sc$	-2.077	$H_2SeO_3 + 4H^+ + 4e^- = Se + 3H_2O$	0.74
$Be^{2+} + 2e = Be$	-1.847	$H_3SbO_4 + 2H^+ + 2e^- = H_3SbO_3 + H_2O$	0.75
$Al^{3+} + 3e^- = Al$	-1.662	$Fe^{3+} + e^- = Fe^{2+}$	0.771
$Ti^{2+} + 2e^- = Ti$	-1.630	$Hg_2^{2+} + 2e^- = 2Hg$	0.7973
$Mn^{2+} + 2e^- = Mn$	-1.185	$Ag^+ + e^- = Ag$	0.7996
$V^{2+} + 2e^- = V$	-1.175	$2NO_3^- + 4H^+ + 2e^- = N_2O_4 + 2H_2O$	0.803
$Cr^{2+} + 2e^- = Cr$	-0.913	$Hg^{2+} + 2e^- = Hg$	0.851
$H_3BO_3 + 3H^+ + 3e^- = B + 3H_2O$	-0.8698	$NO_3^- + 3H^+ + 2e^- = HNO_2 + H_2O$	0.934
$Zn^{2+} + 2e^- = Zn$	-0.7618	$NO_3^- + 4H^+ + 3e^- = NO + 2H_2O$	0.957
$Cr^{3+} + 3e^- = Cr$	-0.744	$HIO + H^+ + 2e^- = I^- + H_2O$	0.987
$As + 3H^+ + 3e^- = AsH_3$	-0.608	$HNO_2 + H^+ + e^- = NO + H_2O$	0.983
$Ga^{3+} + 3e^- = Ga$	-0.549	$N_2O_4 + 4H^+ + 4e^- = 2NO + 2H_2O$	1.035
$Fe^{2+} + 2e^- = Fe$	-0.447	$N_2O_4 + 2H^+ + 2e^- = 2HNO_2$	1.065
$Cr^{3+} + e^- = Cr^{2+}$	-0.407	$Br_2(l) + 2e^- = 2Br^-$	1.066
$Cd^{2+} + 2e^- = Cd$	-0.4030	$IO_3^- + 6H^+ + 6e^- = I^- + 3H_2O$	1.085
$PbI_2 + 2e^- = Pb + 2I^-$	-0.365	$SeO_4^{2-} + 4H^+ + 2e^- = H_2SeO_3 + H_2O$	1.151
$PbSO_4 + 2e^- = Pb + SO_4^{2-}$	-0.3588	$ClO_4^- + 2H^+ + 2e^- = ClO_3^- + H_2O$	1.189
$Co^{2+} + 2e^- = Co$	-0.28	$MnO_2 + 4H^+ + 2e^- = Mn^{2+} + 2H_2O$	1.224
$H_3PO_4 + 2H^+ + 2e^- = H_3PO_3 + H_2O$	-0.276	$O_2 + 4H^+ + 4e^- = 2H_2O$	1.229
$Ni^{2+} + 2e^- = Ni$	-0.257	$2HNO_2 + 4H^+ + 4e^- = N_2O + 3H_2O$	1.297
$AgI + e^- = Ag + I^-$	-0.15224	$HBrO + H^+ + 2e^- = Br^- + H_2O$	1.331
$Sn^{2+} + 2e^- = Sn$	-0.1375	$Cl_2 + 2e^- = 2Cl^-$	1.35827
$Pb^{2+} + 2e^- = Pb$	-0.1262	$Cr_2O_7^{2-} + 14H^+ + 6e^- = 2Cr^{3+} + 7H_2O$	1.36
$WO_3 + 6H^+ + 6e^- = W + 3H_2O$	-0.090	$ClO_4^- + 8H^+ + 7e^- = \frac{1}{2}Cl_2 + 4H_2O$	1.39
$2H^+ + 2e^- = H_2$	0.00000	$BrO_3^- + 6H^+ + 6e^- = Br^- + 3H_2O$	1.423
$AgBr + e^- = Ag + Br^-$	0.07133	$ClO_3^- + 6H^+ + 6e^- = Cl^- + 3H_2O$	1.451
$S_4O_6^{2-} + 2e^- = 2S_2O_3^{2-}$	0.08	$PbO_2 + 4H^+ + 2e^- = Pb^{2+} + 2H_2O$	1.455
$S + 2H^+ + 2e^- = H_2S(aq)$	0.142	$ClO_3^- + 6H^+ + 5e^- = \frac{1}{2}Cl_2 + 3H_2O$	1.47
$Sn^{4+} + 2e^- = Sn^{2+}$	0.151	$HClO + H^+ + 2e^- = Cl^- + H_2O$	1.482
$SO_4^{2-} + 4H^+ + 2e^- = H_2SO_3 + H_2O$	0.172	$2BrO_3^- + 12H^+ + 10e^- = Br_2 + 6H_2O$	1.482
$AgCl + e^- = Ag + Cl^-$	0.22233	$Au^{3+} + 3e^- = Au$	1.498
$Hg_2Cl_2 + 2e^- = 2Hg + 2Cl^-$	0.26808		

续表

电 极 反 应	$E^{\ominus}/V$	电 极 反 应	$E^{\ominus}/V$
$MnO_4^- + 8H^+ + 5e^- = Mn^{2+} + 4H_2O$	1.507	$H_2O_2 + 2H^+ + 2e^- = 2H_2O$	1.776
$HClO + H^+ + e^- = \frac{1}{2}Cl_2 + H_2O$	1.611	$Co^{3+} + e^- = Co^{2+}$	1.92
$MnO_4^- + 4H^+ + 3e^- = MnO_2 + 2H_2O$	1.679	$S_2O_8^{2-} + 2e^- = 2SO_4^{2-}$	2.010
$Au^+ + e^- = Au$	1.692	$O_3 + 2H^+ + 2e^- = O_2 + H_2O$	2.076
$Ce^{4+} + e^- = Ce^{3+}$	1.72	$F_2 + 2e^- = 2F^-$	2.866

2. 在碱性溶液中

电 极 反 应	$E^{\ominus}/V$	电 极 反 应	$E^{\ominus}/V$
$Mg(OH)_2 + 2e^- = Mg + 2OH^-$	-2.690	$IO_3^- + 2H_2O + 4e^- = IO^- + 4OH^-$	0.15
$Al(OH)_3 + 3e^- = Al + 3OH^-$	-2.31	$Co(OH)_3 + e^- = Co(OH)_2 + OH^-$	0.17
$Mn(OH)_2 + 2e^- = Mn + 2OH^-$	-1.56	$IO_3^- + 3H_2O + 6e^- = I^- + 6OH^-$	0.26
$Cr(OH)_3 + 3e^- = Cr + 3OH^-$	-1.48	$ClO_3^- + H_2O + 2e^- = ClO_2^- + 2OH^-$	0.33
$Zn(OH)_2 + 2e^- = Zn + 2OH^-$	-1.249	$Ag_2O + H_2O + 2e^- = 2Ag + 2OH^-$	0.342
$Sn(OH)_6^{2-} + 2e^- = HSnO_2^- + 3OH^- + H_2O$	-0.93	$ClO_4^- + H_2O + 2e^- = ClO_3^- + 2OH^-$	0.36
$2NO_3^- + 2H_2O + 2e^- = N_2O_4 + 4OH^-$	-0.85	$O_2 + 2H_2O + 4e^- = 4OH^-$	0.401
$2H_2O + 2e^- = H_2 + 2OH^-$	-0.8277	$IO^- + H_2O + 2e^- = I^- + 2OH^-$	0.485
$2SO_3^{2-} + 3H_2O + 4e^- = S_2O_4^{2-} + 6OH^-$	-0.571	$MnO_4^- + 2H_2O + 3e^- = MnO_2 + 4OH^-$	0.595
$Fe(OH)_3 + e^- = Fe(OH)_2 + OH^-$	-0.56	$MnO_4^{2-} + 2H_2O + 2e^- = MnO_2 + 4OH^-$	0.60
$S + 2e^- = S^{2-}$	-0.47627	$BrO_3^- + 3H_2O + 6e^- = Br^- + 6OH^-$	0.61
$NO_2^- + H_2O + e^- = NO + 2OH^-$	-0.46	$ClO_3^- + 3H_2O + 6e^- = Cl^- + 6OH^-$	0.62
$Cu(OH)_2 + 2e^- = Cu + 2OH^-$	-0.222	$ClO_2^- + H_2O + 2e^- = ClO^- + 2OH^-$	0.66
$CrO_4^{2-} + 4H_2O + 3e^- = Cr(OH)_3 + 5OH^-$	-0.13	$BrO^- + H_2O + 2e^- = Br^- + 2OH^-$	0.761
$O_2 + H_2O + 2e^- = HO_2^- + OH^-$	-0.076	$ClO^- + H_2O + 2e^- = Cl^- + 2OH^-$	0.81
$NO_3^- + H_2O + 2e^- = NO_2^- + 2OH^-$	0.01	$HO_2^- + H_2O + 2e^- = 3OH^-$	0.878
$2NO_2^- + 3H_2O + 4e^- = N_2O + 6OH^-$	0.15	$O_3 + H_2O + 2e^- = O_2 + 2OH^-$	1.24

注：摘自参考文献 [2]。

附录五　常用单位换算和物理常数

1. 常用单位换算

1 米(m) = 100 厘米(cm) = 10^3 毫米(mm) = 10^6 微米(μm)

　　　 = 10^9 纳米(nm) = 10^{10} 埃(Å) = 10^{12} 皮米(pm)

1 大气压(atm) = 1.01325 巴(Bar) = 1.01325×10^5 帕(Pa)

　　　 = 1033.26 厘米水柱(cmH_2O)(4℃)

　　　 = 760 毫米汞柱(mmHg)(0℃)

1 热化学卡(cal) = 4.1840 焦(J)

1 电子伏(eV) = $1.60217653(14) \times 10^{-19}$ 焦(J)

0℃ = 273.15K

$1 升(L)=1 分米^3(dm^3)=10^{-3} 米^3(m^3)$

2. 一些常用物理常数

物 理 量	符号	数 值	物 理 量	符号	数 值
真空中的光速	c	$2.99792458 \times 10^8 \, m \cdot s^{-1}$	里得堡（Rydberg）常数	R_∞	$1.0973731568527 \times 10^7 \, m^{-1}$
电子电荷	e	$1.602176487(40) \times 10^{-19} \, C$	普朗克（Planck）常数	h	$6.62606896(33) \times 10^{-34} \, J \cdot s$
质子质量	m_p	$1.672621637(83) \times 10^{-27} \, kg$	法拉第（Faraday）常数	F	$9.64853399(24) \times 10^4 \, C \cdot mol^{-1}$
电子质量	m_e	$9.10938215(45) \times 10^{-31} \, kg$	玻尔兹曼（Boltzmann）常数	k	$1.3806504(24) \times 10^{-23} \, J \cdot K^{-1}$
摩尔气体常数	R	$8.314472(15) \, J \cdot mol^{-1} \cdot K^{-1}$	原子质量单位	m_u	$1.660538782(83) \times 10^{-27} \, kg$
阿佛加德罗（Avogadro）常数	N_A	$6.02214179(30) \times 10^{23} \, mol^{-1}$			

注：摘自参考文献 [2]。

附录六　我国地表水环境质量标准（GB 3838—2002）

水域功能和标准分类

依据地表水水域环境功能和保护目标，按功能高低依次划分为五类：

Ⅰ类　主要适用于源头水、国家自然保护区；

Ⅱ类　主要适用于集中式生活饮用水地表水源地一级保护区、珍稀水生生物栖息地、鱼虾类产卵场、仔稚幼鱼的索饵场等；

Ⅲ类　主要适用于集中式生活饮用水地表水源地二级保护区、鱼虾类越冬场、洄游通道、水产养殖区等渔业水域及游泳区；

Ⅳ类　主要适用于一般工业用水区及人体非直接接触的娱乐用水区；

Ⅴ类　主要适用于农业用水区及一般景观要求水域。

对应地表水上述五类水域功能，将地表水环境质量标准基本项目标准值分为五类，不同功能类别分别执行相应类别的标准值。水域功能类别高的标准值严于水域功能类别低的标准值。同一水域兼有多类使用功能的，执行最高功能类别对应的标准值。实现水域功能与达功能类别标准为同一含义。

表 1　地表水环境质量标准基本项目标准限值　　　　　　　　单位：mg/L

序号	标准值　分类　项目	Ⅰ类	Ⅱ类	Ⅲ类	Ⅳ类	Ⅴ类
1	水温(C)	人为造成的环境水温变化应限制在：周平均最大温升≤1　周平均最大温降≤2				
2	pH 值（无量纲）	6～9				
3	溶解氧 ≥	饱和率90%（或7.5）	6	5	3	2
4	高锰酸盐指数 ≤	2	4	6	10	15
5	化学需氧量（COD） ≤	15	15	20	30	40

续表

序号	项目　标准值	I类	II类	III类	IV类	V类
6	五日生化需氧量(BOD₅) ≤	3	3	4	6	10
7	氨氮(NH₃-N) ≤	0.15	0.5	1.0	1.5	2.0
8	总磷(以P计) ≤	0.02 (湖、库0.01)	0.1 (湖、库0.025)	0.2 (湖、库0.05)	0.3 (湖、库0.1)	0.4 (湖、库0.2)
9	总氮(湖、库,以N计) ≤	0.2	0.5	1.0	1.5	2.0
10	铜 ≤	0.01	1.0	1.0	1.0	1.0
11	锌 ≤	0.05	1.0	1.0	2.0	2.0
12	氟化物(以F⁻计) ≤	1.0	1.0	1.0	1.5	1.5
13	硒 ≤	0.01	0.01	0.01	0.02	0.02
14	砷 ≤	0.05	0.05	0.05	0.1	0.1
15	汞 ≤	0.00005	0.00005	0.0001	0.001	0.001
16	镉 ≤	0.001	0.005	0.005	0.005	0.01
17	铬(六价) ≤	0.01	0.05	0.05	0.05	0.1
18	铅 ≤	0.01	0.01	0.05	0.05	0.1
19	氰化物 ≤	0.005	0.05	0.2	0.2	0.2
20	挥发酚 ≤	0.002	0.002	0.005	0.01	0.1
21	石油类 ≤	0.05	0.05	0.05	0.5	1.0
22	阴离子表面活性剂 ≤	0.2	0.2	0.2	0.3	0.3
23	硫化物 ≤	0.05	0.1	0.2	0.5	1.0
24	粪大肠菌群(个/L) ≤	200	2000	10000	20000	40000

表2　集中式生活饮用水地表水源地补充项目标准限值　　单位：mg/L

序　号	项　目	标准值	序　号	项　目	标准值
1	硫酸盐(以SO₄²⁻计)	250	4	铁	0.3
2	氯化物(以Cl⁻计)	250	5	锰	0.1
3	硝酸盐(以N计)	10			

表3　集中式生活饮用水地表水源地特定项目标准限值　　单位：mg/L

序号	项　目	标准值	序号	项　目	标准值
1	三氯甲烷	0.06	7	氯乙烯	0.005
2	四氯化碳	0.002	8	1,1-二氯乙烯	0.03
3	三溴甲烷	0.1	9	1,2-二氯乙烯	0.05
4	二氯甲烷	0.02	10	三氯乙烯	0.07
5	1,2-二氯乙烷	0.03	11	四氯乙烯	0.04
6	环氧氯丙烷	0.02	12	氯丁二烯	0.002

续表

序号	项　目	标准值	序号	项　目	标准值
13	六氯丁二烯	0.0006	47	吡啶	0.2
14	苯乙烯	0.02	48	松节油	0.2
15	甲醛	0.9	49	苦味酸	0.5
16	乙醛	0.05	50	丁基黄原酸	0.005
17	丙烯醛	0.1	51	活性氯	0.01
18	三氯乙醛	0.01	52	滴滴涕	0.001
19	苯	0.01	53	林丹	0.002
20	甲苯	0.7	54	环氧七氯	0.0002
21	乙苯	0.3	55	对硫磷	0.003
22	二甲苯①	0.5	56	甲基对硫磷	0.002
23	异丙苯	0.25	57	马拉硫磷	0.05
24	氯苯	0.3	58	乐果	0.08
25	1,2-二氯苯	1.0	59	敌敌畏	0.05
26	1,4-二氯苯	0.3	60	敌百虫	0.05
27	三氯苯②	0.02	61	内吸磷	0.03
28	四氯苯③	0.02	62	百菌清	0.01
29	六氯苯	0.05	63	甲萘威	0.05
30	硝基苯	0.017	64	溴氰菊酯	0.02
31	二硝基苯④	0.5	65	阿特拉津	0.003
32	2,4-二硝基甲苯	0.0003	66	苯并[a]芘	2.8×10^{-6}
33	2,4,6-三硝基甲苯	0.5	67	甲基汞	1.0×10^{-6}
34	硝基氯苯⑤	0.05	68	多氯联苯⑥	2.0×10^{-5}
35	2,4-二硝基氯苯	0.5	69	微囊藻毒素-LR	0.001
36	2,4-二氯苯酚	0.093	70	黄磷	0.003
37	2,4,6-三氯苯酚	0.2	71	钼	0.07
38	五氯酚	0.009	72	钴	1.0
39	苯胺	0.1	73	铍	0.002
40	联苯胺	0.0002	74	硼	0.5
41	丙烯酰胺	0.0005	75	锑	0.005
42	丙烯腈	0.1	76	镍	0.02
43	邻苯二甲酸二丁酯	0.003	77	钡	0.7
44	邻苯二甲酸二(2-乙基己基)酯	0.008	78	钒	0.05
45	水合肼	0.01	79	钛	0.1
46	四乙基铅	0.0001	80	铊	0.0001

① 二甲苯：指对-二甲苯、间-二甲苯、邻-二甲苯。
② 三氯苯：指1,2,3-三氯苯、1,2,4-三氯苯、1,3,5-三氯苯。
③ 四氯苯：指1,2,3,4-四氯苯、1,2,3,5-四氯苯、1,2,4,5-四氯苯。
④ 二硝基苯：指对-二硝基苯、间-二硝基苯、邻-二硝基苯。
⑤ 硝基氯苯：指对-硝基氯苯、间-硝基氯苯、邻-硝基氯苯。
⑥ 多氯联苯：指PCB-1016、PCB-1221、PCB-1232、PCB-1242、PCB-1248、PCB-1254、PCB-1260。

附录七 我国环境空气质量标准（GB 3095—2012）

环境空气功能及质量要求：一类区适用一级浓度限值，二类区适用二级浓度限值。一、二类环境空气功能区质量要求见表1和表2。

表1 环境空气污染物基本项目浓度限值

序号	污染物项目	平均时间	浓度限值 一级	浓度限值 二级	单位
1	二氧化硫（SO_2）	年平均	20	60	$\mu g/m^3$
		24 小时平均	50	150	
		1 小时平均	150	150	
2	二氧化氮（NO_2）	年平均	40	40	
		24 小时平均	80	80	
		1 小时平均	200	200	
3	一氧化碳（CO）	24 小时平均	4	4	mg/m^3
		1 小时平均	10	10	
4	臭氧（O_3）	日最大 8 小时平均	100	160	$\mu g/m^3$
		1 小时平均	160	200	
5	颗粒物（粒径小于等于 $10\mu m$）	年平均	40	70	
		24 小时平均	50	150	
6	颗粒物（粒径小于等于 $2.5\mu m$）	年平均	15	35	
		24 小时平均	35	75	

表2 环境空气污染物其他项目浓度限值

序号	污染物项目	平均时间	浓度限值 一级	浓度限值 二级	单位
1	总悬浮颗粒物（TSP）	年平均	80	200	$\mu g/m^3$
		24 小时平均	120	300	
2	氮氧化物（NO_x）	年平均	50	50	
		24 小时平均	100	100	
		1 小时平均	250	250	
3	铅（Pb）	年平均	0.5	0.5	
		季平均	1	1	
4	苯并[a]芘（BaP）	年平均	0.001	0.001	
		24 小时平均	0.0025	0.0025	

注：本标准自 2016 年 1 月 1 日起在全国实施。基本项目（表1）在全国范围内实施；其他项目（表2）由国务院环境保护行政主管部门或省级人民政府根据实际情况，确定具体实施方式。

附录八 我国土壤环境质量标准（GB 15618—1995）

标准值/（mg·kg⁻¹）

项目		一级 自然背景	二级 <6.5	二级 6.5～7.5	二级 >7.5	三级 >6.5
pH 值		自然背景	<6.5	6.5～7.5	>7.5	>6.5
镉	≤	0.20	0.30	0.30	0.60	1.0
汞	≤	0.15	0.30	0.50	1.0	1.5
砷 水田	≤	15	30	25	20	30
旱地	≤	15	40	30	25	40
铜 农田等	≤	35	50	100	100	400
果园	≤	—	150	200	200	400
铅	≤	35	250	300	350	500
铬 水田	≤	90	250	300	350	400
旱地	≤	90	150	200	250	300
锌	≤	100	200	250	300	500
镍	≤	40	40	50	60	200
六六六	≤	0.05		0.50		1.0
滴滴涕	≤	0.05		0.50		1.0

参 考 文 献

1 BP. BP 世界能源统计年鉴，2011 年 6 月. bp. com/statistical review. 2011

2 David R. Lide. CRC Handbook of Chemistry and Physics. 91st. ed. 2010～2011

3 中华人民共和国水利部编. 中国水资源公报. 2009. 北京：中国水利水电出版社，2010

4 天津大学无机化学教研室. 无机化学. 北京：高等教育出版社，2010

5 GB/T13745－2009 学科分类与代码. 北京：中国标准出版社，2009

6 康立娟，朴凤玉主编. 普通化学. 北京：高等教育出版社，2009

7 朱明华，胡坪. 仪器分析. 第四版. 北京：高等教育出版社，2008

8 曹瑞军主编. 大学化学. 北京：高等教育出版社，2008

9 IPCC. IPCC 第 4 次评估报告：气候变化 2007. 2007

10 戴树桂. 环境化学. 第二版. 北京：高教出版社，2006

11 J. G. Speight. Lange's Handbook of Chemistry. 16th. ed. MCGRAW-Hill HANDBOOKS. 2005

12 徐光宪. 21 世纪化学的前瞻. 大学化学. 2001，16（1）：1～6，25

13 徐丕玉主编，张新荣、孙东升副主编. 现代自然科学技术概论. 北京：首都经济贸易大学出版社，2001

14 何培之，王世驹，李续娥. 普通化学. 北京：科学出版社，2001

15 钱易，唐孝炎主编. 环境保护与可持续发展. 北京：高等教育出版社，2000

16 闵恩泽，吴巍等编著. 绿色化学与化工. 北京：化学工业出版社，2000

17 胡忠鲠. 现代化学基础. 北京：高等教育出版社，2000

18 戴乾圜. 双区理论. 北京：科学出版社，2000

19 中国环境科学会. 妇女与环境. 北京：中国建筑工业出版社，2000

20 曾政权，甘孟瑜，刘咏秋. 大学化学. 重庆：重庆大学出版社，1999

21 大连理工大学普通化学教研室. 大学普通化学. 第三版. 大连：大连理工大学出版社，1999

22 朱裕贞，顾达，黑恩成. 现代基础化学. 北京：化学工业出版社，1998

23 宋文顺. 化学电源工艺学. 北京：中国轻工业出版社，1998

24 唐有祺，王夔主编. 化学与社会. 北京：高等教育出版社，1997

25 北京大学化学系仪器分析教学组. 仪器分析教程. 北京：北京大学出版社，1997

26 张学铭，任仁，吕秀开编. 普通化学. 北京：北京工业大学出版社，1996

27 唐森本等. 环境有机污染化学. 北京：冶金工业出版社，1996

28 浙江大学普通化学教研组. 普通化学. 第五版. 北京：高等教育出版社，2002

29 王晓蓉编著. 环境化学. 南京：南京大学出版社，1993

30 朱明华. 仪器分析. 第二版. 北京：高等教育出版社，1993

31 廖自基编著. 微量元素的环境化学及生物效应. 北京：中国环境科学出版社，1992

32 唐永銮编著. 大气环境化学. 广州：中山大学出版社，1992

33 环境科学大辞典编辑委员会编. 环境科学大辞典. 北京：中国环境科学出版社，1991

34 龚书椿，陈应新，韩玉莲，张静贞编著. 环境化学. 上海：华东师范大学出版社，1991

35 邓勃，宁永成，刘密斯. 仪器分析. 北京：清华大学出版社，1991

36 [美] G. C. Pimentel，J. A. Coonrod. 化学中的机会——今天和明天. 北京：北京大学出版社，1990

37 李惕川主编. 环境化学. 北京：中国环境科学出版社，1990

38 中国大百科全书·化学编辑委员会. 中国大百科全书·化学. 北京：中国大百科全书出版社，1989

39 周文敏等. 环境优先污染物. 北京：中国环境科学出版社，1989

40 陈静生主编. 水环境化学. 北京：高等教育出版社，1987

41 中国大百科全书·环境科学编辑委员会. 中国大百科全书·环境科学卷. 北京：中国大百科全书出版社，1983

42 邢其毅等. 基础有机化学. 北京：高等教育出版社，1983

元素周期表

IUPAC 2013

氧化态(单质的氧化态为0，未列入；常见的为红色)

以 $^{12}C=12$ 为基准的原子量
(注∗的是半衰期最长同位素的原子量)

95 原子序数
Am 镅 — 元素符号(红色的为放射性元素)
— 元素名称(注∗的为人造元素)
$5f^{7}7s^{2}$ — 价层电子构型

- s区元素
- d区元素
- ds区元素
- f区元素
- p区元素
- 稀有气体

周期\\族	1 IA	2 IIA	3 IIIB	4 IVB	5 VB	6 VIB	7 VIIB	8	9 VIIIB(VIII)	10	11 IB	12 IIB	13 IIIA	14 IVA	15 VA	16 VIA	17 VIIA	18 VIIIA(0)	电子层
1	1 H 氢 $1s^{1}$ 1.008																	2 He 氦 $1s^{2}$ 4.002602(2)	K
2	3 Li 锂 $2s^{1}$ 6.94	4 Be 铍 $2s^{2}$ 9.0121831(5)											5 B 硼 $2s^{2}2p^{1}$ 10.81	6 C 碳 $2s^{2}2p^{2}$ 12.011	7 N 氮 $2s^{2}2p^{3}$ 14.007	8 O 氧 $2s^{2}2p^{4}$ 15.999	9 F 氟 $2s^{2}2p^{5}$ 18.998403163(6)	10 Ne 氖 $2s^{2}2p^{6}$ 20.1797(6)	L K
3	11 Na 钠 $3s^{1}$ 22.98976928(2)	12 Mg 镁 $3s^{2}$ 24.305											13 Al 铝 $3s^{2}3p^{1}$ 26.9815385(7)	14 Si 硅 $3s^{2}3p^{2}$ 28.085	15 P 磷 $3s^{2}3p^{3}$ 30.973761998(5)	16 S 硫 $3s^{2}3p^{4}$ 32.06	17 Cl 氯 $3s^{2}3p^{5}$ 35.45	18 Ar 氩 $3s^{2}3p^{6}$ 39.948(1)	M L K
4	19 K 钾 $4s^{1}$ 39.0983(1)	20 Ca 钙 $4s^{2}$ 40.078(4)	21 Sc 钪 $3d^{1}4s^{2}$ 44.955908(5)	22 Ti 钛 $3d^{2}4s^{2}$ 47.867(1)	23 V 钒 $3d^{3}4s^{2}$ 50.9415(1)	24 Cr 铬 $3d^{5}4s^{1}$ 51.9961(6)	25 Mn 锰 $3d^{5}4s^{2}$ 54.938044(3)	26 Fe 铁 $3d^{6}4s^{2}$ 55.845(2)	27 Co 钴 $3d^{7}4s^{2}$ 58.933194(4)	28 Ni 镍 $3d^{8}4s^{2}$ 58.6934(4)	29 Cu 铜 $3d^{10}4s^{1}$ 63.546(3)	30 Zn 锌 $3d^{10}4s^{2}$ 65.38(2)	31 Ga 镓 $4s^{2}4p^{1}$ 69.723(1)	32 Ge 锗 $4s^{2}4p^{2}$ 72.630(8)	33 As 砷 $4s^{2}4p^{3}$ 74.921595(6)	34 Se 硒 $4s^{2}4p^{4}$ 78.971(8)	35 Br 溴 $4s^{2}4p^{5}$ 79.904	36 Kr 氪 $4s^{2}4p^{6}$ 83.798(2)	N M L K
5	37 Rb 铷 $5s^{1}$ 85.4678(3)	38 Sr 锶 $5s^{2}$ 87.62(1)	39 Y 钇 $4d^{1}5s^{2}$ 88.90584(2)	40 Zr 锆 $4d^{2}5s^{2}$ 91.224(2)	41 Nb 铌 $4d^{4}5s^{1}$ 92.90637(2)	42 Mo 钼 $4d^{5}5s^{1}$ 95.95(1)	43 Tc 锝 $4d^{5}5s^{2}$ 97.90721(2)∗	44 Ru 钌 $4d^{7}5s^{1}$ 101.07(2)	45 Rh 铑 $4d^{8}5s^{1}$ 102.90550(2)	46 Pd 钯 $4d^{10}$ 106.42(1)	47 Ag 银 $4d^{10}5s^{1}$ 107.8682(2)	48 Cd 镉 $4d^{10}5s^{2}$ 112.414(4)	49 In 铟 $5s^{2}5p^{1}$ 114.818(1)	50 Sn 锡 $5s^{2}5p^{2}$ 118.710(7)	51 Sb 锑 $5s^{2}5p^{3}$ 121.760(1)	52 Te 碲 $5s^{2}5p^{4}$ 127.60(3)	53 I 碘 $5s^{2}5p^{5}$ 126.90447(3)	54 Xe 氙 $5s^{2}5p^{6}$ 131.293(6)	O N M L K
6	55 Cs 铯 $6s^{1}$ 132.90545196(6)	56 Ba 钡 $6s^{2}$ 137.327(7)	57~71 La~Lu 镧系	72 Hf 铪 $5d^{2}6s^{2}$ 178.49(2)	73 Ta 钽 $5d^{3}6s^{2}$ 180.94788(2)	74 W 钨 $5d^{4}6s^{2}$ 183.84(1)	75 Re 铼 $5d^{5}6s^{2}$ 186.207(1)	76 Os 锇 $5d^{6}6s^{2}$ 190.23(3)	77 Ir 铱 $5d^{7}6s^{2}$ 192.217(3)	78 Pt 铂 $5d^{9}6s^{1}$ 195.084(9)	79 Au 金 $5d^{10}6s^{1}$ 196.966569(5)	80 Hg 汞 $5d^{10}6s^{2}$ 200.592(3)	81 Tl 铊 $6s^{2}6p^{1}$ 204.38	82 Pb 铅 $6s^{2}6p^{2}$ 207.2(1)	83 Bi 铋 $6s^{2}6p^{3}$ 208.98040(1)	84 Po 钋 $6s^{2}6p^{4}$ 208.98243(2)∗	85 At 砹 $6s^{2}6p^{5}$ 209.98715(5)∗	86 Rn 氡 $6s^{2}6p^{6}$ 222.01758(2)∗	P O N M L K
7	87 Fr 钫 $7s^{1}$ 223.01974(2)∗	88 Ra 镭 $7s^{2}$ 226.02541(2)∗	89~103 Ac~Lr 锕系	104 Rf 𬬻 $6d^{2}7s^{2}$ 267.122(4)∗	105 Db 𬭊 $6d^{3}7s^{2}$ 270.131(4)∗	106 Sg 𬭳 $6d^{4}7s^{2}$ 269.129(3)∗	107 Bh 𬭛 $6d^{5}7s^{2}$ 270.133(2)∗	108 Hs 𬭶 $6d^{6}7s^{2}$ 278.156(5)∗	109 Mt 鿏 $6d^{7}7s^{2}$ 281.165(4)∗	110 Ds 𫟼 $6d^{8}7s^{2}$ 281.166(6)∗	111 Rg 𬬭 $6d^{9}7s^{2}$ 285.177(4)∗	112 Cn 鿔 $6d^{10}7s^{2}$ 286.182(5)∗	113 Nh 鿭 289.190(4)∗	114 Fl 𫓧 289.190(4)∗	115 Mc 镆 293.204(4)∗	116 Lv 𫟷 293.208(6)∗	117 Ts 石田 294.211∗	118 Og 𬭩 294.214(5)∗	Q P O N M L K

★ 镧系

57 La 镧 $5d^{1}6s^{2}$ 138.90547(7)	58 Ce 铈 $4f^{1}5d^{1}6s^{2}$ 140.116(1)	59 Pr 镨 $4f^{3}6s^{2}$ 140.90766(2)	60 Nd 钕 $4f^{4}6s^{2}$ 144.242(3)	61 Pm 钷 $4f^{5}6s^{2}$ 144.91276(2)∗	62 Sm 钐 $4f^{6}6s^{2}$ 150.36(2)	63 Eu 铕 $4f^{7}6s^{2}$ 151.964(1)	64 Gd 钆 $4f^{7}5d^{1}6s^{2}$ 157.25(3)	65 Tb 铽 $4f^{9}6s^{2}$ 158.92535(2)	66 Dy 镝 $4f^{10}6s^{2}$ 162.500(1)	67 Ho 钬 $4f^{11}6s^{2}$ 164.93033(2)	68 Er 铒 $4f^{12}6s^{2}$ 167.259(3)	69 Tm 铥 $4f^{13}6s^{2}$ 168.93422(2)	70 Yb 镱 $4f^{14}6s^{2}$ 173.045(10)	71 Lu 镥 $4f^{14}5d^{1}6s^{2}$ 174.9668(1)

★ 锕系

89 Ac★ 锕 $6d^{1}7s^{2}$ 227.02775(2)∗	90 Th 钍 $6d^{2}7s^{2}$ 232.0377(4)	91 Pa 镤 $5f^{2}6d^{1}7s^{2}$ 231.03588(2)	92 U 铀 $5f^{3}6d^{1}7s^{2}$ 238.02891(3)	93 Np 镎 $5f^{4}6d^{1}7s^{2}$ 237.04817(2)∗	94 Pu 钚 $5f^{6}7s^{2}$ 244.06421(4)∗	95 Am 镅 $5f^{7}7s^{2}$ 243.06138(2)∗	96 Cm 锔 $5f^{7}6d^{1}7s^{2}$ 247.07035(3)∗	97 Bk 锫 $5f^{9}7s^{2}$ 247.07031(4)∗	98 Cf 锎 $5f^{10}7s^{2}$ 251.07959(3)∗	99 Es 锿 $5f^{11}7s^{2}$ 252.0830(3)∗	100 Fm 镄 $5f^{12}7s^{2}$ 257.09511(5)∗	101 Md 钔 $5f^{13}7s^{2}$ 258.09843(3)∗	102 No 锘 $5f^{14}7s^{2}$ 259.1010(7)∗	103 Lr 铹 $5f^{14}6d^{1}7s^{2}$ 262.110(2)∗